建筑构造与识图(第二版)

主　编　印宝权　黎　旦
副主编　王小艳　刘赛红　林晓庆
参　编　陈晓瑜　郑秋风　刁　玲
　　　　李思璐　张建波
主　审　杨树峰　刘丘林

华中科技大学出版社
中国·武汉

内 容 提 要

本书结合“建筑构造与识图”课程的特点和高等职业教育教学的需求，采用最新的国家标准和行业规范，由校企合作共同开发。

全书分为三个模块，第一个模块为建筑制图基础，第二个模块为建筑构造，第三个模块为建筑施工图识图。建筑制图基础模块分为制图的基本知识和技能、投影的基本知识、绘制组合体投影、剖面图与断面图四个任务；建筑构造模块分为民用建筑概述、基础与地下室、墙体、楼地层、楼梯、屋顶、门窗七个任务；建筑施工图识图模块分为房屋建筑工程施工图概述、建筑施工图识图、结构施工图识图三个任务。

本书可作为高职高专土建类相关专业的教学指导书使用，也可作为土建类专业职业资格考试建筑构造与建筑施工图部分的参考书籍，还可供建筑类相关技术人员自学参考。

《建筑构造与识图实训（第二版）》为本书的配套教材，同时出版，供读者参考选用。

图书在版编目（CIP）数据

建筑构造与识图/印宝权，黎旦主编. —2 版. —武汉：华中科技大学出版社，2018.7（2023.9 重印）
ISBN 978-7-5680-4186-7

Ⅰ.①建… Ⅱ.①印… ②黎… Ⅲ.①建筑构造-高等职业教育-教材 ②建筑制图-识别-高等职业教育-教材 Ⅳ.①TU2

中国版本图书馆 CIP 数据核字（2018）第 164241 号

建筑构造与识图（第二版） 印宝权 黎 旦 主编
Jianzhu Gouzao yu Shitu(Di-er Ban)

策划编辑：金 紫
责任编辑：陈 骏
数字出版编辑：刘 竣 邓 颖
封面设计：原色设计
责任校对：刘 竣
责任监印：朱 玢
出版发行：华中科技大学出版社（中国·武汉） 电话：（027）81321913
武汉市东湖新技术开发区华工科技园 邮编：430223
录 排：华中科技大学惠友文印中心
印 刷：武汉科源印刷设计有限公司
开 本：787mm×1092mm 1/16
印 张：20.5
字 数：420 千字
版 次：2023 年 9 月第 2 版第 14 次印刷
定 价：59.90 元

第二版前言

习近平总书记在二十大报告中提出，教育、科技、人才是全面建设社会主义现代化国家的基础性、战略性支撑。必须深入实施科教兴国战略、人才强国战略、创新驱动发展战略，开辟发展新领域新赛道，不断塑造发展新动能新优势。

本教材结合高等职业教育的教学特点和建筑类专业需要，通过“制图一识图一构造”等环节，涵养精益求精的工匠精神；通过系列典型工作任务，培养土木建筑工程专业领域具有家国情怀、德才兼备的高素质技术技能人才。本教材按照国家颁布的现行标准、规范和规程的要求编写。

“建筑构造与识图”是高职高专建筑类专业的专业主干课程，旨在培养学生的空间想象能力、施工图识图能力、建筑构造节点处理能力。本教材尽量做到理论以够用为度，突出对学生实际动手能力的培养，每一任务均提出了相应的学习目标，让学生在学习之前就能明确学习完本部分知识后能做什么，每一任务均选取一些经典课后习题，帮助学生巩固本部分所学的基本知识。

教材的内容选取根据人才培养方案的要求，分为建筑制图基础、建筑构造与施工图识图三个模块的内容，其中：建筑制图基础部分介绍了建筑制图的基本知识、投影的相关知识以及剖面图与断面图的相关理论；建筑构造部分主要介绍建筑物各部分的构造原理与做法；施工图识图部分为本课程的教学重点，优选施工图纸，图文并茂地阐述了施工图识读过程；附图以一套完整的住宅楼建筑结构施工图为实训任务，培养学生的综合识图能力。教材内容的选取遵循本课程的教学规律。

本教材适合高职高专院校建筑工程技术、工程造价、工程管理、工程监理等建筑类专业的学生使用，也可用于工程技术人员学习参考。教材每个任务都提出了相应的学习目标，课后习题供读者学习与参考。

教材在编写过程中注意到了以下几点。

1. 注重规范性。本教材把最新的国家标准规范和最新图集融入课堂教学，如建筑制图基础严格按照国家制图标准执行，培养学生严谨的治学态度，建立遵守规范、按图施工、参照最新图集的理念。

2. 注重实用性。教材附图选自广州城建职业学院教师住宅楼施工图，本工程具备全套完整的施工图纸以及其他施工资料。工程取自校园，学生可以对照图纸实地去参观该栋建筑物，并且能做到同一套施工图纸，多门课程循序渐进使用。

3. 注重岗位需求，突出能力培养。教材内容按模块化、任务化教学，注重理论以够用为度,突出对学生实际动手能力的培养,每一任务都提出了能力目标。同时,在教学内容的选取与实训任务的设置方面征求了企业一线专家的意见,尽可能做到学习内容与相关建筑岗位零距离对接,部分企业人员参与了本教材的编写。

本教材由印宝权、黎旦担任主编,王小艳、刘赛红、林晓庆担任副主编,陈晓瑜、郑秋凤、刁玲、李思璐、张建波担任参编,杨树峰、刘丘林担任主审。全书由印宝权统稿审定。

本教材在编写的过程中参考了有关标准、规范、图片,以及同学科的教材、习题集等文献,在此谨向文献的作者表示深深的谢意!

由于编者水平有限,教材中的疏漏、不妥之处在所难免,敬请使用本教材的教师和读者批评指正。

编　者

2023 年 5 月

资源配套说明

本教材是“十四五”职业教育国家规划教材，经全国职业教育教材审定委员会审定。为了配合本书的讲解，全书引入了视频动画作为辅助教学的手段，便于教师授课和学生自学使用，本书会随时更新、增加相应的配套资源。

目前，身处信息化时代，教育事业的发展方向备受社会各方的关注。信息化时代，云平台、大数据、互联网＋等诸多技术与理念被借鉴于教育，协作式、探究式、社区式……各种教与学的模式不断出现，为教育注入新的活力，也为教育提供新的可能。

教育领域的专家学者在探索，国家也在为教育的变革指引方向。教育部在2010年发布的《国家中长期教育改革和发展规划纲要（2010—2020年）》中提出要“加快教育信息化进程”；在2012年发布的《教育信息化十年发展规划（2011—2020年）》中具体指明了推进教育信息化的方向；在2016年发布的《教育信息化“十三五”规划》中进一步强调了信息化教学的重要性和数字化资源建设的必要性，并提出了具体的措施和要求。2017年十九大报告中也明确提出了要“加快教育现代化”。

教育源于传统，延于革新。发展的新方向已经明确，发展的新技术已经成熟并在不断完备，发展的智库已经建立，发展的行动也必然需践行。作为教育事业的重要参与者，我们特邀专业教师和相关专家共同探索契合新教学模式的新形态教材，对传统教材内容进行更新，并配套数字化拓展资源，以期帮助建构符合时代需求的智慧课堂。

本套教材正在逐步配备如下数字教学资源，并根据教学需求不断完善。

· 教学视频：软件操作演示、课程重难点讲解等。

· 教学课件：基于教材并含丰富拓展内容的PPT课件。

· 图书素材：模型实例、图纸文件、效果图文件等。

· 参考答案：详细解析课后习题。

· 拓展题库：含多种题型。

· 拓展案例：含丰富拓展实例与多角度讲解。

数字资源使用方式：

扫描书中相应页码二维码直接观看教学视频。

本书各模块数字资源列表

模块一　建筑制图基础

任务 1.1 制图的基本知识与技能

任务 1.2 投影的基本知识

任务 1.3 绘制组合体投影

任务 1.4 剖面图与断面图

模块二　建筑构造

任务 2.1 民用建筑概述

任务 2.2 基础与地下室

任务 2.3 墙体

任务 2.4 楼地层

任务 2.5 楼梯

任务 2.6 屋顶

任务 2.7 门窗

模块三　建筑施工图识图

任务 3.1　房屋建筑工程施工图概述

任务 3.2　建筑施工图识图

目　　录

模块三　建筑施工图识图

模块一　建筑制图基础

任务 1.1　制图的基本知识与技能

能力目标	知识目标
能正确使用制图工具仪器 能对简单形体进行尺寸标注 能按制图标准绘制简单图样	掌握绘图工具与仪器的使用 了解常用的建筑材料图例 掌握制图的基本标准 熟悉制图的一般方法与步骤

1.1.1　制图的相关标准

工程图样是工程技术语言，是房屋建造的依据，是工程上技术交流的工具。为了有效地使用工程技术语言，保证工程图样图纸清晰、图形准确，国家有关部门组织制定了“国家标准”，简称国标。国家标准也是衡量建筑制图是否合格的依据，任何人都应遵守相关国家标准，如《房屋建筑制图统一标准》(GB/T 50001—2017)、《总图制图标准》(GB/T 50103—2010)、《建筑制图标准》(GB/T 50104—2010)、《建筑结构制图标准》(GB/T 50105—2010)、《建筑给水排水制图标准》(GB/T 50106—2010)和《暖通空调制图标准》(GB/T 50114—2010)。房屋建筑制图，除应符合《房屋建筑制图统一标准》外，还应符合国家现行有关强制性标准的规定以及各有关专业的制图标准。所有工程技术人员在设计、施工、管理中必须严格遵照执行标准，其基本内容一般包括图幅、图线、字体、比例、尺寸标注、专用符号、代号、图例、图样画法、专用表格等项目。下面介绍标准中的部分内容。

一、图纸和标题栏

图纸的幅面是指图纸尺寸规格的大小，图框是图纸上所供绘图的范围的边线。A0～A3 宜横式使用，必要时也可立式使用，如图 1-1-1、图 1-1-2 所示。

图纸规格大小有 A0、A1、A2、A3、A4，见表 1-1-1。

表 1-1-1　图框及图框尺寸　　单位：mm

	A0	A1	A2	A3	A4
$b \times l$	841×1189	594×841	420×594	297×420	210×297
c	10			5	
a	25				

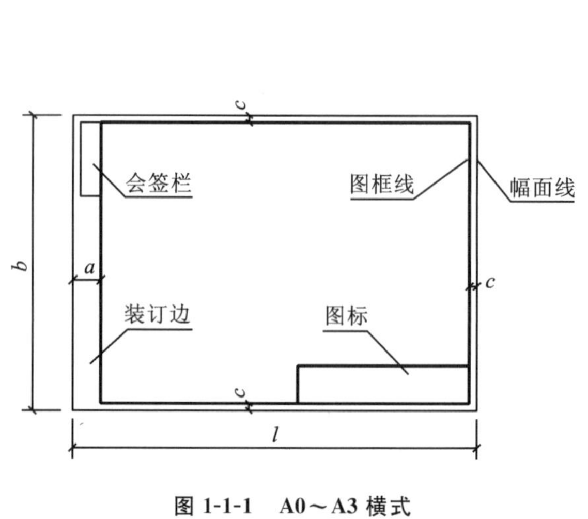

图 1-1-1　A0～A3 横式

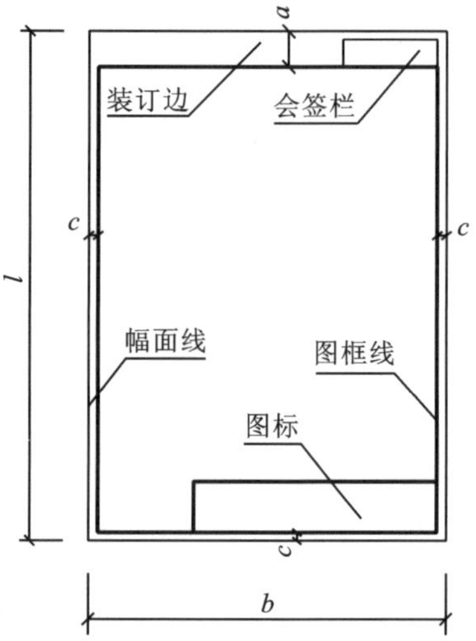

图 1-1-2　A0～A3 立式

绘制图样时，优先使用表 1-1-1 规定的幅面尺寸，必要时可以加长，但是图纸短边不得加长，长边可加长。其加长尺寸应符合表 1-1-2 的规定。

表 1-1-2　图纸加长的尺寸　　单位：mm

幅面尺寸	长边尺寸	长边加长后的尺寸
A0	1189	1486、1635、1783、1932、2080、2230、2378
A1	841	1051、1261、1471、1682、1892、2102
A2	594	743、891、1041、1189、1338、1486、1635、1783、1932、2080
A3	420	630、841、1051、1261、1471、1682、1892

图纸的标题栏（图标）位于图纸的右下角，用来填写工程名称、图名、图纸编号等内容。标题栏外框线用粗实线绘制，分格线用细实线绘制，如图 1-1-3 所示。

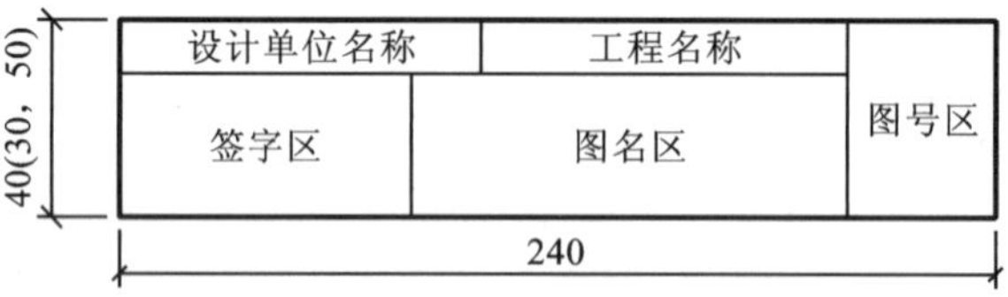

设计单位名称	工程名称	图号区
签字区	图名区	

40(30，50)　240

图 1-1-3　标题栏

会签栏位于图纸左上角的图框外，栏内填写会签人员专业、姓名、日期等，会签栏的位置尺寸如图 1-1-4 所示。不需要会签的图纸，可不设会签栏。学生作业用的标题栏可简化处理，不设会签栏，如图 1-1-5 所示。

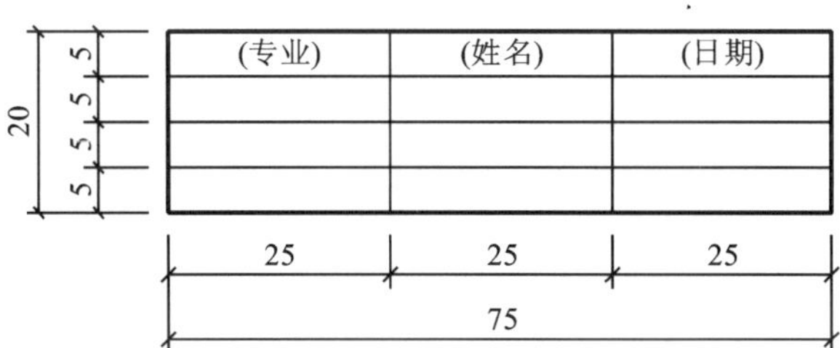

图 1-1-4　会签栏

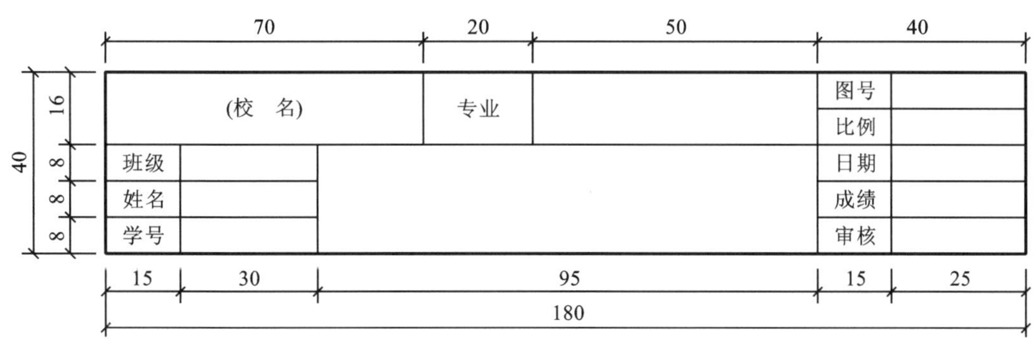

图 1-1-5　作业用标题栏

二、图线

1. 线宽与线型

图线分为粗线、中粗线和细线。有粗、中、细之分的图线有实线、虚线、单点画线与双点画线。只有细线的是折断线与波浪线，如表 1-1-3 所示。

表 1-1-3　图线

名称		线型	线宽	用途
实线	粗		b	主要可见轮廓线
	中		$0.5b$	可见轮廓线
	细		$0.25b$	可见轮廓线、尺寸线、图例线
虚线	粗		b	见各专业制图标准
	中		$0.5b$	不可见轮廓线
	细		$0.25b$	不可见轮廓线、图例线
单点画线	粗		b	见各专业制图标准
	中		$0.5b$	见各专业制图标准
	细		$0.25b$	中心线、轴线、对称线等

续表

名称		线型	线宽	用途
双点画线	粗	━━ · · ━━	b	见各专业制图标准
	中	—— - - ——	$0.5b$	见各专业制图标准
	细	—— · · ——	$0.25b$	假想轮廓线、成型前原始轮廓线
折断线	细	——∕\\——	$0.25b$	断开界线
波浪线	细	～～～	$0.25b$	断开界线

绘图时先确定图样中所用粗线宽,再确定中线宽,最后定出细线宽,粗、中、细线形成一组,叫做线宽组(见表 1-1-4)。绘图时,在同一张图纸内,比例一致的各个图样应采用相同的线宽组。

表 1-1-4　线宽组

线宽比	线宽组/mm					
b	2.0	1.4	1.0	0.7	0.5	0.35
$0.5b$	1.0	0.7	0.5	0.35	0.25	0.18
$0.25b$	0.5	0.35	0.25	0.18	0.13	—

2. 图线画法

在确定线型和线宽后,画图时还应注意以下几个方面。

① 在同一张图纸内,相同比例的各图样应采用相同的线宽组。

② 相互平行的图线,其间隙不宜小于其中的粗线宽度,且不宜小于 0.7 mm。

③ 虚线、单点画线和双点画线的线段长度和间隔宜各自相等。

④ 单点画线或双点画线,当在较小图形中绘制有困难时,可用细实线代替。

⑤ 单点画线或双点画线的两端不应是点,点画线与点画线或点画线与其他图线交接时,应是线段交接。

⑥ 虚线与虚线交接或虚线与其他图线交接时,应是线段交接。虚线为实线的延长线时,不得与实线连接。它们的正确画法和错误画法见图 1-1-6。

⑦ 图线不得与文字、数字或符号重叠、混淆,不可避免时,应首先保证文字等的清晰。

三、字体

字体的书写要求:笔画清晰、字体端正、排列整齐、间隙均匀。

图纸上的汉字宜采用长仿宋体,字体的号数即为字体的高度 h,并从下列系列中选择:3.5 mm、5 mm、7 mm、10 mm、14 mm、20 mm。如需书写更大的字,其高度应按$\sqrt{2}$的比值递增,并取单位为 mm 的整数倍,字宽为字高的 2/3,字距为字高的 1/4。汉字字高

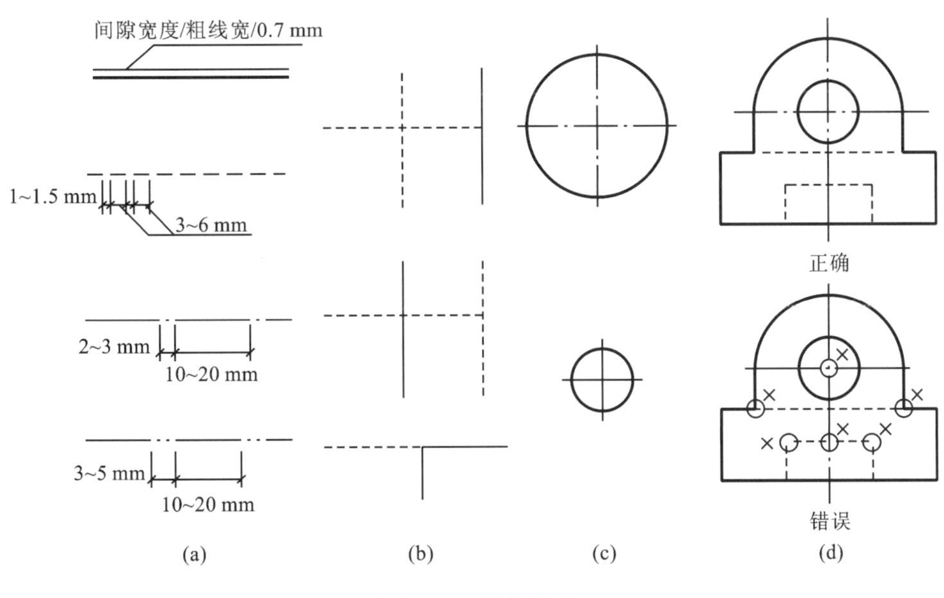

图 1-1-6　图线画法

(a)线的画法;(b)交接的画法;(c)圆的中心线画法;(d)线条相交的画法

应不小于 3.5 mm。

1）汉字

长仿宋体字的书写要领是:横平竖直,注意起落,结构匀称,填满方格(见图 1-1-7)。

字体工整　笔画清楚　间隔均匀　排列整齐

图 1-1-7　长仿宋体示例

2）字母和数字

字母和数字有一般字体和窄字体两种,其中又分为直体字和 75°斜体字两类,但同一张图纸上必须统一,一般写成斜体字。一般字体笔画宽度是字高的 1/10,窄字体为字高的 1/14。阿拉伯数字、罗马数字或拉丁字母的字高应不小于 2.5 mm(见图 1-1-8)。

1 2 3 4 5 6 7 8 9 0

ABCDEFGHIJKLM

abcdefghijklm

图 1-1-8　数字和字母的写法示例

四、比例

图样的比例,是指图形与实物相对应的线性尺寸之比。

建筑工程图上常采用缩小的比例,如表 1-1-5 所示。

表 1-1-5 建筑工程图选用的比例

常用比例	1∶1,1∶2,1∶5,1∶10,1∶20,1∶50,1∶100,1∶150,1∶200,1∶500,1∶1000
可用比例	1∶3,1∶15,1∶25,1∶30,1∶40,1∶60,1∶80,1∶250,1∶300,1∶400,1∶600

画图所选用的比例应根据绘图对象的复杂程度从表 1-1-5 中选用,并最好使用常用比例。一般情况下,一个图样应选用一种比例。

比例宜注写在图名的右侧,字的基准线应取平。比例的字高宜比图名的字高小一号或二号,如图 1-1-9 所示。

平面图 1∶100　　⑦ 1∶25

图 1-1-9 比例的注写

五、图例

为了简化作图,工程图样中采用各种图例表示所用的建筑材料,称为建筑材料图例,标准规定常用建筑材料应按表 1-1-6 所示图例画法绘制。

表 1-1-6 常用建筑材料图例

名　称	图　例	说　明
自然土壤		包括各种自然土壤
夯实土壤	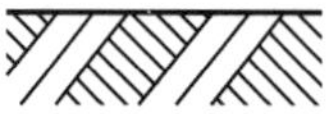	—
砂、灰土		靠近轮廓线绘制较密的点
天然石材	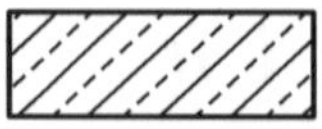	应注明大理石或花岗岩及光洁度
毛石		应注明石料块面大小及品种
普通砖	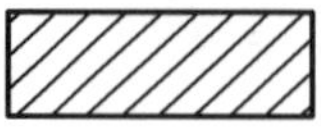	包括实心砖、多孔砖、砌块等砌体,断面较窄不易绘出图例线时,可涂红

续表

名　称	图　例	说　明
空心砖		指非承重砖砌体
耐火砖	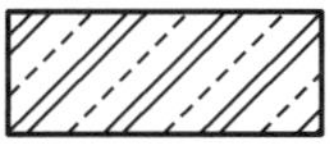	包括耐酸砖等砌体
饰面砖	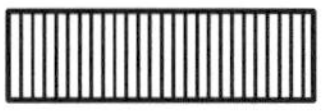	包括铺地砖、马赛克、陶瓷锦砖、人造大理石等
焦渣、矿渣	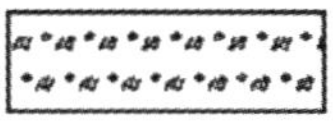	包括与水泥、石灰等混合而成的材料
混凝土		本图例是指能承重的混凝土,包括各种强度等级、骨料、添加剂的混凝土
钢筋混凝土		在剖面图上画出钢筋时,不画图例线。断面图形小、不易画出图例线时,可涂黑
多孔材料		包括水泥珍珠岩、沥青珍珠岩、泡沫混凝土、非承重加气混凝土、软木、蛭石制品等
木材	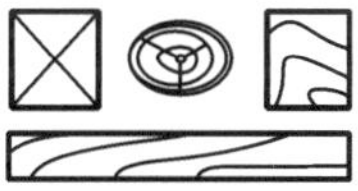	上图为横断面,上左图为垫木、木砖或木龙骨 下图为纵断面图
石膏板	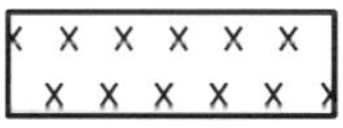	包括圆孔、方孔石膏板,防水石膏板等(应注明厚度)
金属	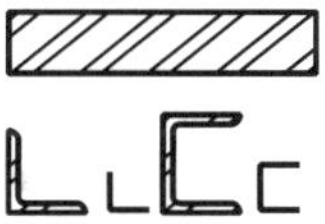	包括各种金属,图形小时,可涂黑
玻璃	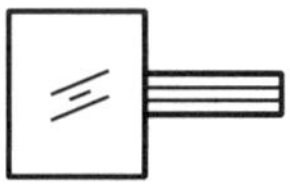	包括平面玻璃、磨砂玻璃、夹丝玻璃、钢化玻璃、中空玻璃、夹层玻璃、镀膜玻璃等(应注明厚度)
防水材料		构造层次多或比例大时,采用此图例
粉刷	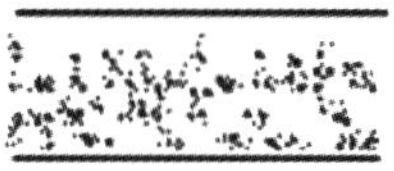	采用较稀的点
胶合板	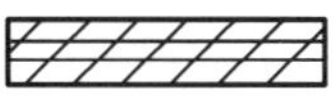	应注明为×层胶合板

续表

名　称	图　例	说　明
液体		注明液体名称

六、尺寸标注

图样有形状有大小，建筑工程施工是根据图纸上的尺寸进行的，因此，尺寸标注在整个图纸绘制中占有重要的地位，必须认真仔细，准确无误。

1. 尺寸标注的几个要素

尺寸由尺寸界线、尺寸线、尺寸起止符号和尺寸数字四部分组成，如图 1-1-10 所示。

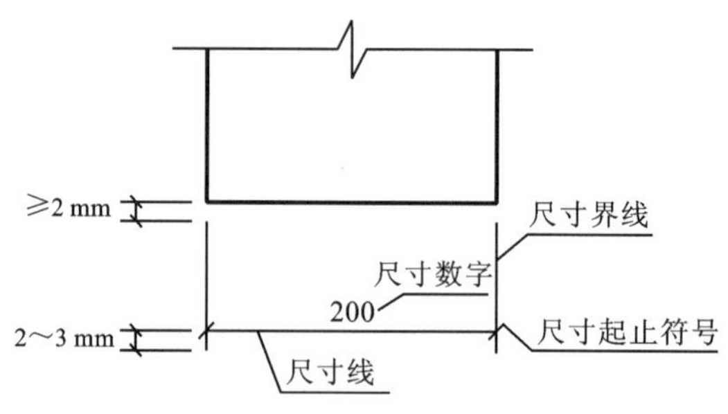

图 1-1-10　尺寸要素

尺寸界线：尺寸界线应用细实线绘制，一般应与被注长度垂直，其一端应离开图样轮廓不小于 2 mm，另一端宜超出尺寸线 2～3 mm。图样轮廓可用作尺寸界线。

尺寸线：尺寸线应用细实线绘制，一般应与被注长度平行，图样本身的任何图线不得用作尺寸线。

尺寸起止符号：一般用中粗斜短线绘制，其倾斜方向应与尺寸界线成顺时针 45°角，长度宜为 2～3 mm。半径、直径、角度与弧长的起止符号宜用箭头表示。

尺寸数字：国标规定一律用阿拉伯数字标注图样的实际尺寸，它与绘图所用比例无关，应以尺寸数字为准，不得从图上直接量取。图样上所标注的尺寸，除标高及总平面图以米(m)为单位外，其余一律以毫米(mm)为单位，图上尺寸数字都不再注写单位。尺寸数字一般应依据其方向注写在靠近尺寸线的上方中部。水平方向的尺寸数字写在尺寸线的上面，字头朝上；竖直方向的尺寸数字写在尺寸线的左侧，字头朝左。

2. 尺寸标注示例

国标所规定的一些尺寸标注，见表 1-1-7。

表 1-1-7　尺寸标注

标注内容	示　　例	标注说明
尺寸注写方向	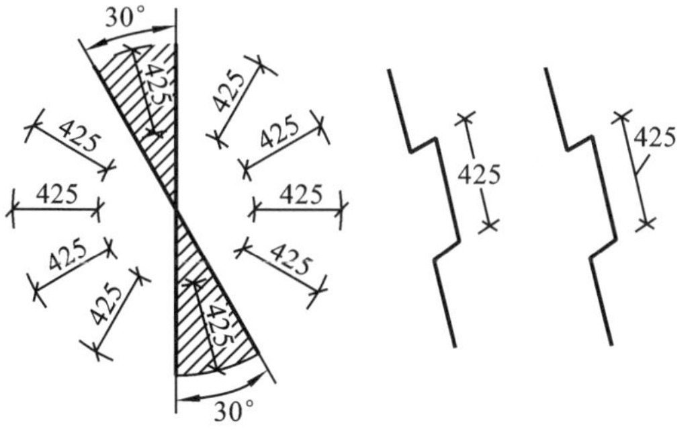	尺寸数字的注写方式应按左图所示的方向填写和识读，尽量避免在图示 30°范围内标注尺寸，当无法避免时可按右图的方式标注
线性尺寸数字注写方式	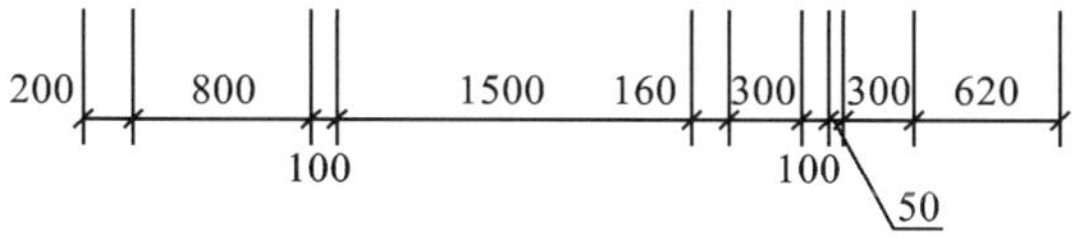	该尺寸数字应注写在尺寸线的上方中部，如没有足够的位置可错开注写或引出注写
圆及圆弧	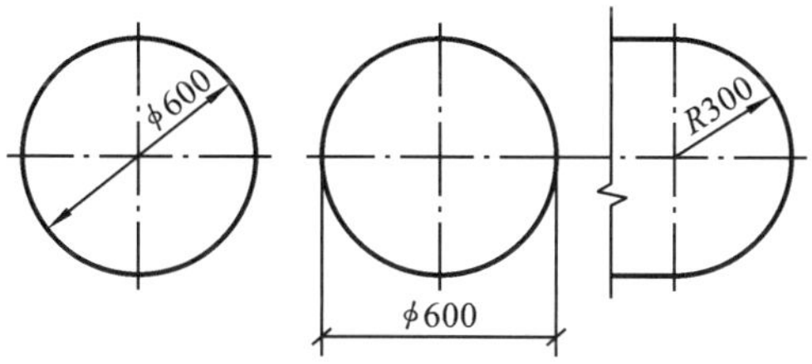	半径数字前应加注半径符号“*R*”，直径数字前应加直径符号“ϕ”。在圆内标注的尺寸线应通过圆心，两端画箭头指至圆弧
角度	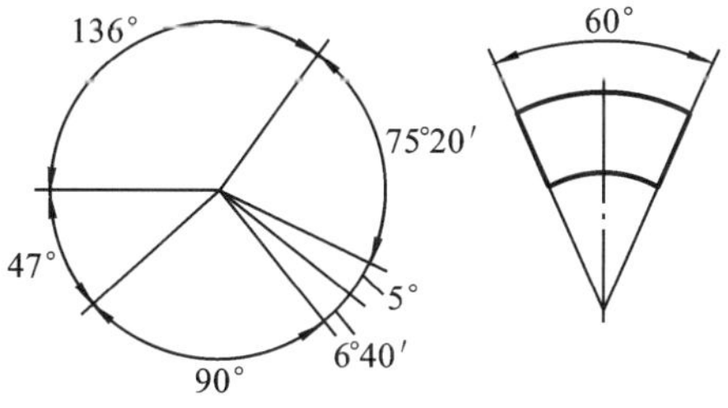	角度的尺寸线应以圆弧表示。该圆弧的圆心应是该角的顶点，角的两条边为尺寸界线。起止符号应以箭头表示，角度数字应按水平方向注写
圆弧弧长、弦长	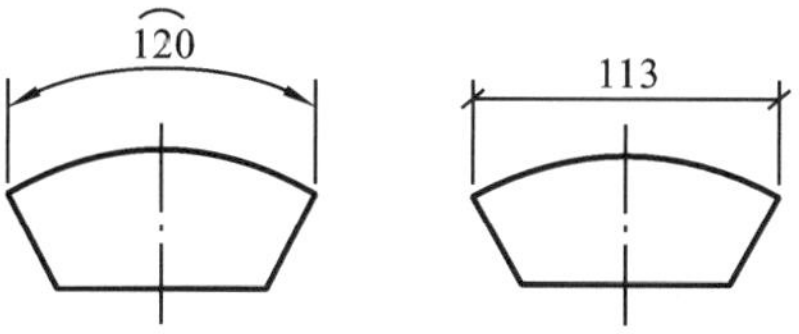	标注圆弧的弧长时，尺寸线应以与该圆弧同心的圆弧线表示，弧长数字上方应加注圆弧符号“⌒”。标注圆弧的弦长时，尺寸线应以平行该弦的直线表示

续表

标注内容	示　　例	标 注 说 明
薄板板厚	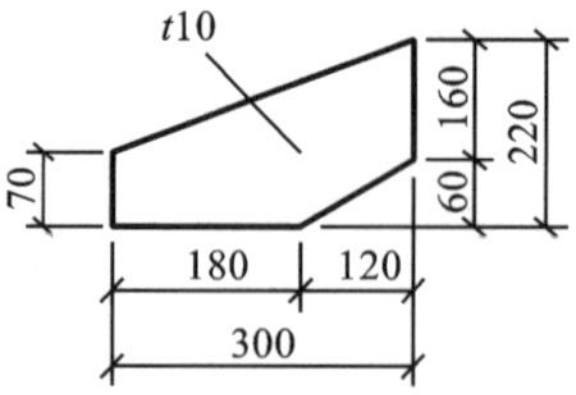 t10 160 220 70 60 180 120 300	在薄板板面标注板厚尺寸时，应在厚度数字前加厚度符号“t”
坡度	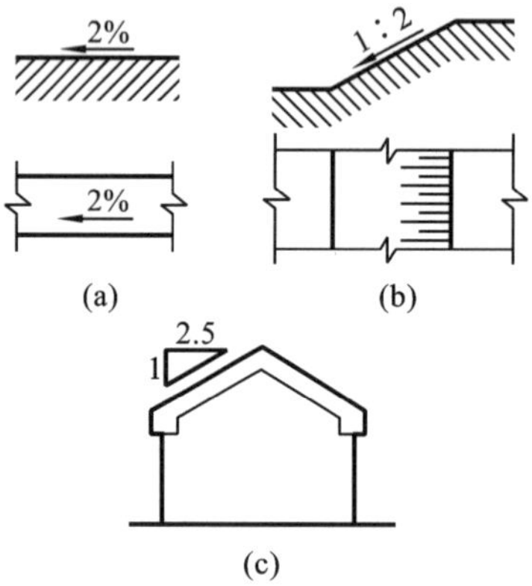 2% 1∶2 2% (a) (b) 2.5 1 (c)	标注坡度时，在坡度数字下，应加注坡度符号“←”，如图(a)、(b)所示，该符号为单面箭头，箭头应指向下坡方向。坡度也可用由斜边构成的直角三角形的对边与底边之比的形式标注，如图(c)所示
等长尺寸	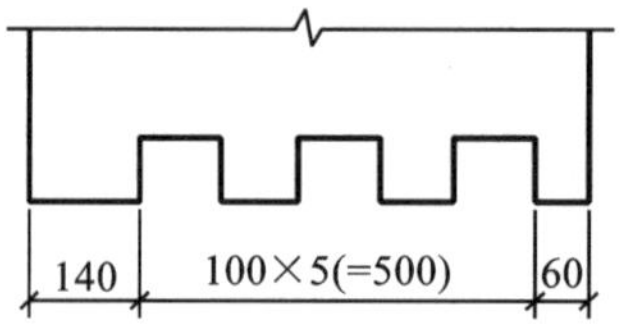 140 100×5(=500) 60	可用“个数×等长尺寸(＝总长)”的形式标注，如楼梯
对称构件	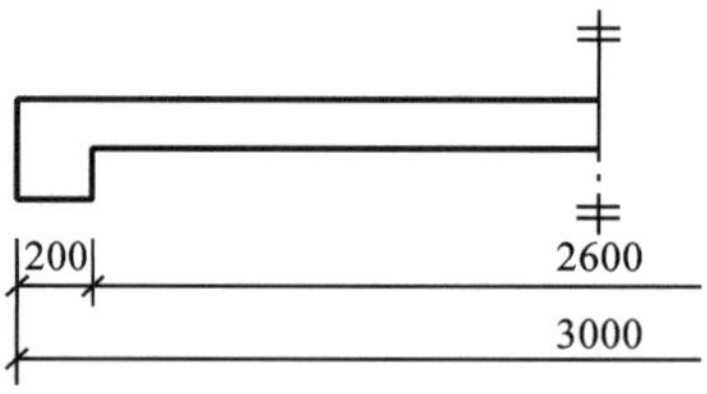 200 2600 3000	对称构配件采用对称省略画法时，该对称构配件的尺寸线应略超过对称符号，仅在尺寸线的一端画尺寸起止符号，尺寸数字应按整体全尺寸注写，其注写位置宜与对称符号对齐
重复构件	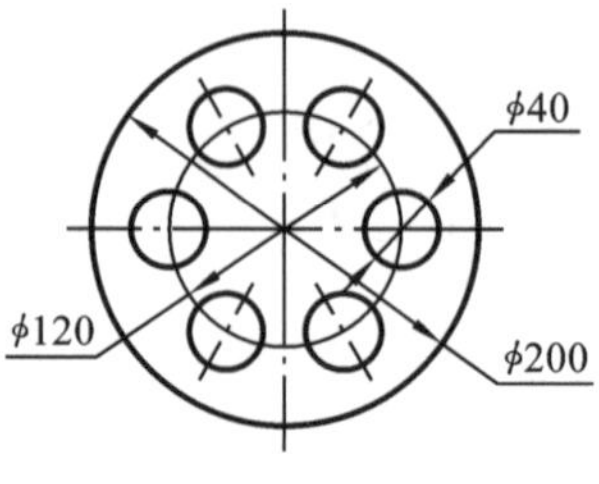 ϕ40 ϕ120 ϕ200	当构配件内的构造因素(如孔、槽等)相同时，可仅标注其中一个要素的尺寸，并在尺寸数字前注明个数

3. 尺寸类型与标注步骤

建筑形体投影图尺寸的类型有定形尺寸、定位尺寸与总尺寸之分，一般按定形尺寸→定位尺寸→总尺寸的顺序进行标注（见图 1-1-11）。

定形尺寸：确定形体各组成部分的形状、大小的尺寸。

定位尺寸：确定形体各组成部分之间的相对位置的尺寸。

总尺寸：确定形体的总长、总宽和总高的尺寸。

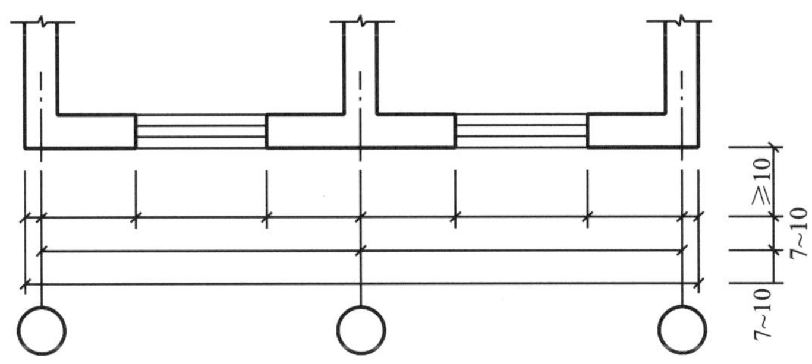

图 1-1-11　各类尺寸的排列

4. 尺寸标注应注意的几个问题

(1) 应尽可能地将尺寸标注在反映基本形体形状特征明显的视图上。

(2) 尺寸宜注写在图形轮廓之外，不宜与图线、文字及符号相交。但有些小尺寸，为了避免引出标注的距离太远，也可标注在图形之内。

(3) 两视图的相关尺寸应尽量标注在两视图之间；一个基本形体的定形和定位尺寸应尽量标注在一个或两个视图上，以便读图。

(4) 尺寸线的排列要整齐。一组相互平行的尺寸应按小尺寸在内、大尺寸在外排列，且尺寸线间的距离应相等。

(5) 为了使标注的尺寸清晰和明显，尽量不要在虚线上标注尺寸。

(6) 一般不宜标注重复尺寸，但在需要时也允许标注重复尺寸。在建筑工程中，通常从施工生产的角度来标注尺寸，尺寸标注不仅要齐全、清晰，还要保证读图时能直接读出各个部分的尺寸，到施工现场不需再进行计算等。

1.1.2　绘图工具与仪器

绘图工具与仪器的质量好坏直接关系着绘图质量的好坏与绘图效率的高低，以下是几种常用的工程图绘图工具。

一、图板、丁字尺、三角板

图板：图板是供画图时使用的垫板，用于固定图纸。要求板面平整，板边（图板的工作边)一定要平直,它是丁字尺的导边,用以保证用丁字尺画线画得水平,以提高绘图效率和精确度。图板的规格有 0 号(900 mm×1200 mm)、1 号(600 mm×900 mm)、2 号(450 mm×600 mm)、3 号(300 mm×450 mm)。

在图板上固定图纸时,要用胶带纸贴在图纸四角上,并使图纸下方留有放丁字尺的位置。

丁字尺:丁字尺又称 T 形尺,主要用于画水平线,与三角板配合使用,可以绘制垂直线或倾斜线。它由尺头和尺身两部分组成,大多由有机玻璃制成,尺头内侧为平直的移动边,与尺身垂直并连接牢固,尺身沿长度方向带有刻度的侧边为工作边。丁字尺一般有 600 mm、900 mm、1200 mm 三种规格。其正确的使用方法有:左手握尺头,使尺头放在图板的工作边,并与边缘紧贴,尺头沿图板的工作边上下移动;对准位置后,只能利用有刻度的尺身工作边画水平线,画水平线时必须以左手压住尺身,右手持笔从左向右画;画同一张图纸时,尺头不能在图板的其他各边移动,也不能用来画垂直线;过长的斜线可用丁字尺来画,较长的直平行线组也可用具有可调节尺头的丁字尺来作图,如图 1-1-12 所示。

三角板:一副三角板由两块组成,其中一块是锐角为 45°的直角三角板,另一块是两锐角分别为 30°、60°的直角三角板,可与丁字尺配合使用,用于画垂直线及与水平线成 15°角倍数的倾斜线。两块三角板配合还可以作任意方向直线的平行线和垂直线,如图 1-1-13 所示。

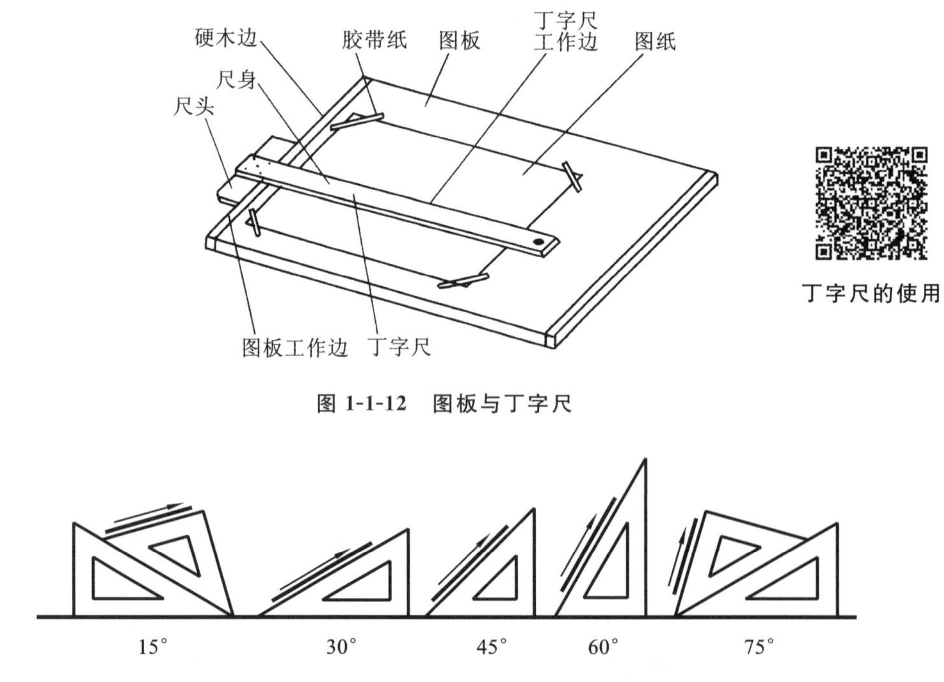

图 1-1-12 图板与丁字尺

图 1-1-13 三角板与丁字尺配合 15°倍数的斜线

二、比例尺

比例尺是直接用来放大或缩小图形用的绘图工具，如图 1-1-14 所示在比例尺上找到所需的比例，看清尺上每单位长度所表示的相应长度，找出所需长度在比例尺上的相应长度。

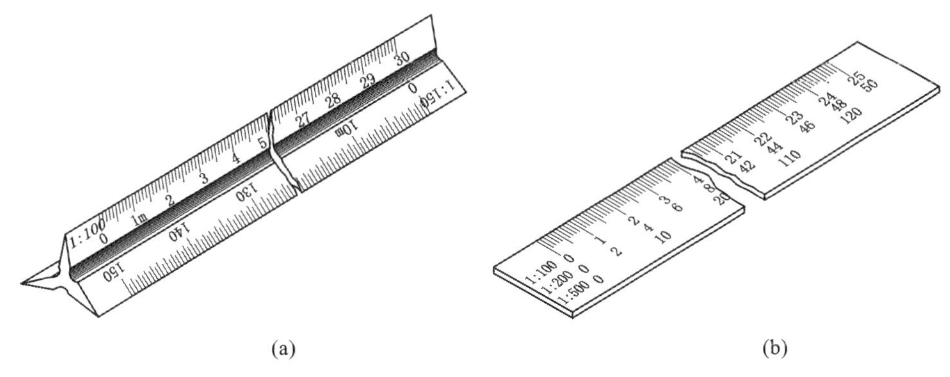

(a)　　(b)

图 1-1-14　比例尺

(a)三棱比例尺；(b)比例直尺

三、圆规和分规

尺规作图示例

圆规主要用于画圆。要求插腿与针脚高度一致。铅笔削成斜面，斜面向外。正确用法：顺时针转动圆规，并向画线方向倾斜，如图1-1-15所示。

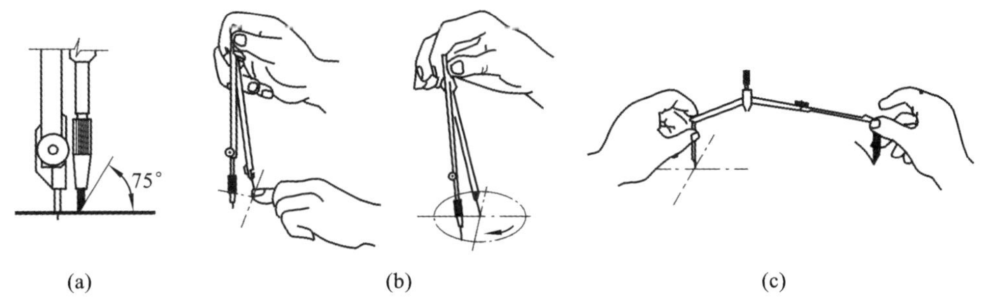

(a)　　(b)　　(c)

图 1-1-15　圆规的用法

(a)圆心钢针略长于铅芯；(b)圆的画法；(c)画大圆时加延伸杆

分规——等分线段或在线段上量截尺寸。分规是截量长度和等分线段的工具。其形状与圆规相似，但两脚都装有钢针。为了能准确地量取尺寸，分规的两脚针尖应保持尖锐，使用前，先将两脚针尖调整到平齐。即当分规两脚合拢后，两针尖必汇聚于一点。

等分线段时，经过试分，逐渐地使分规两针尖调到所需距离，然后在图纸上使两针尖沿要等分的线段依次摆动前进。

小圆规——画小半径圆。

四、墨线笔和绘图墨水笔

墨线笔分为直线笔、小钢笔、针管笔等，是上墨、描图的仪器。使用过程中需注意墨水高度、宽度、笔位(见图 1-1-16)。

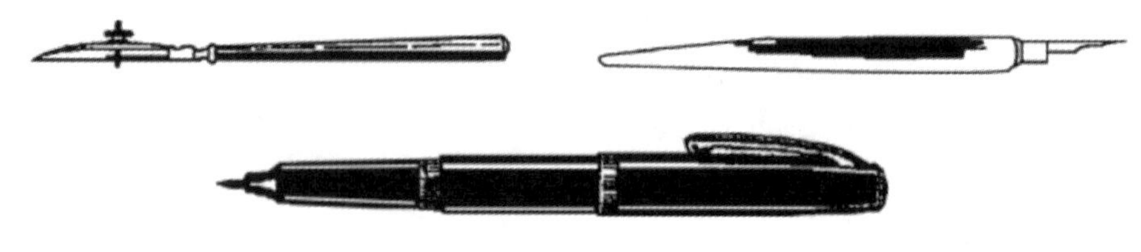

图 1-1-16　墨线笔

绘图墨水笔也称自来水直线笔，使用碳素墨水或专用绘图墨水。

使用时应先在草纸上试画，并拧动螺母来调节墨线粗细，达到要求后，再开始正式画线。画线时，直线笔应紧靠尺身，笔杆位于尺边方向的垂直面内，使笔尖两钢片同时接触图面，笔杆向前进方向(执笔的手背方向)倾斜 5°～20°，并始终保持一致。

画线时速度要均匀，一条线最好一次画完，中途不停笔。如果线太长需分几次画时，应保证接头准确、圆滑。

五、铅笔与擦图片

绘图铅笔：绘图所用的铅笔以铅芯的软硬程度划分，铅笔上标注的“H”表示硬铅笔，“B”表示软铅笔，“F”、“HB”型号的铅笔表示软硬适中，“B”前面的数字越大表示铅芯越软；“H”前面的数字越大表示铅芯越硬。通常情况下硬铅芯有 H、2H、3H、4H、5H、6H，软铅芯有 B、2B、3B、4B、5B、6B。绘制工程图时，应使用较硬的铅笔打底稿，如 3H、2H 等，用 HB 铅笔注写文字和尺寸，用 B 或 2B 铅笔加深图线。

画底稿、注写文字用的铅笔削成圆锥形，笔芯露出 6～8 mm；加深粗线用的铅笔削成扁平形。画图时，应使铅笔垂直纸面，向运动方向倾斜 75°。用圆锥形铅笔画直线时，要适当转动笔杆，可使整条线粗细均匀；用扁平铅笔加深图线时，铅芯应切削成与线条等宽的矩形断面，以保证所画线条线型的一致，如图 1-1-17 所示。

擦图片是用来修改图线的工具，如图 1-1-18 所示。当擦掉一条错误的图线时，很容易将邻近的图线也擦掉一部分，擦图片的作用是保护邻近的图线。擦图片由薄塑料片或薄金属片制成，上面刻有各种形状的孔槽。使用时，可选择擦图片上合适的槽孔，盖在图线上，使要擦去的部分从槽孔中露出，再用橡皮擦拭，以免擦坏其他部分的图线。

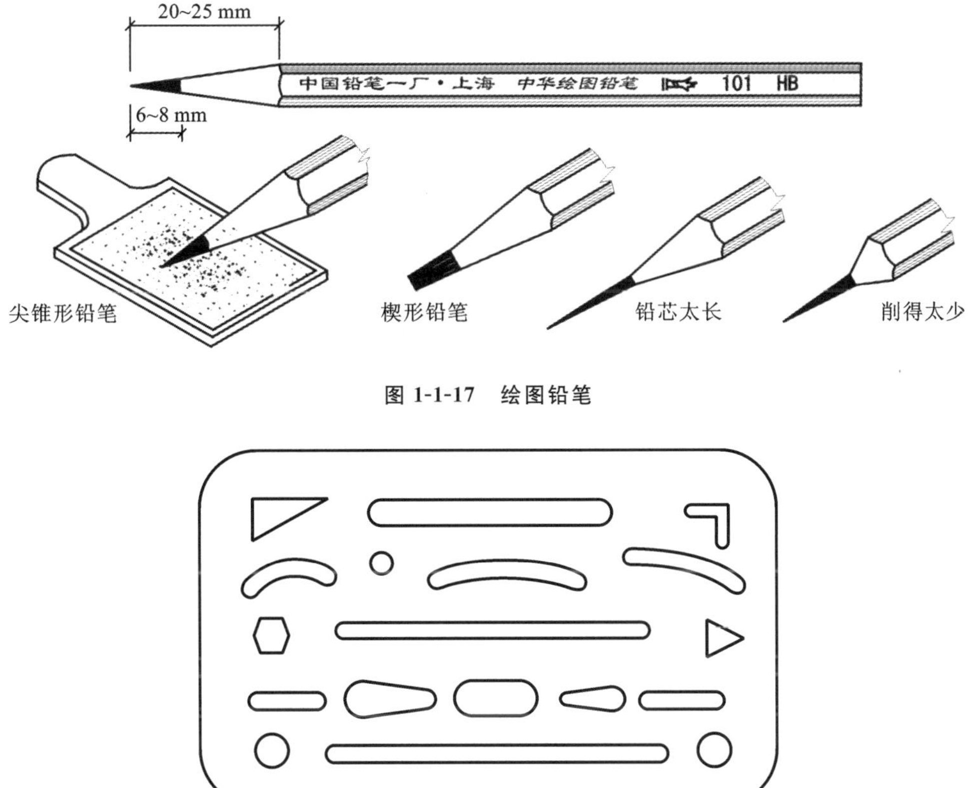

图 1-1-17　绘图铅笔

图 1-1-18　擦图片

六、曲线板与建筑模板

曲线板是用以画非圆曲线的工具，如图 1-1-19 所示。曲线板的使用方法：首先求得曲线上若干点，再徒手用铅笔过各点轻轻勾画出曲线，然后将曲线板靠上，通过曲线板的边缘画出完整的曲线。

图 1-1-19　曲线板

建筑模板主要用来画各种建筑标准图例和常用符号，如柱、墙、门的开启线，大便器污水盆，详图索引符号，标高符号等，如图 1-1-20 所示。模板上刻有用以画出各种不同图例或符号的孔，其大小符合一定的比例，只要用铅笔在孔内画一周，图例就画出来了。

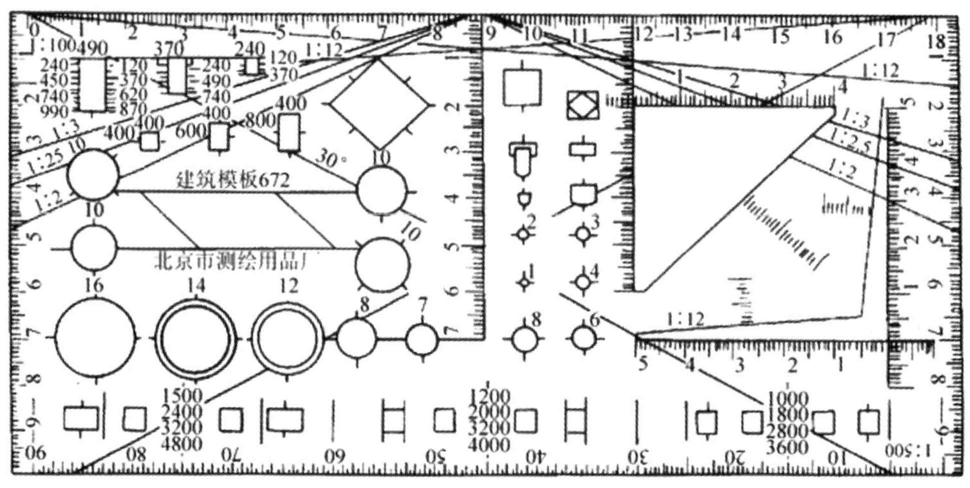

图 1-1-20 建筑模板

1.1.3 制图的一般方法与步骤

一、建筑制图的一般方法与步骤

为了保证绘图的质量,提高绘图的速度,除了应该正确使用绘图仪器、工具,熟练掌握几何作图方法和严格遵守国家建筑制图有关标准外,同时还应按照下面的方法和步骤进行绘制。

1) 准备工作

(1) 收集阅读有关的文件资料,对所绘图样的内容及要求进行了解,在学习过程中,对所绘图样的内容、目的、要求,要了解清楚,在绘图之前做到心中有数。

(2) 准备好必要的绘图仪器、工具和用品,并且把绘图工具、用品放在桌子的右边,但不能影响丁字尺上下移动。

(3) 将图纸用胶带纸固定在图板上,位置要适当,此时必须使图纸上边对准丁字尺的上边缘,然后下移使丁字尺的上边缘对准图纸的下边以方便作图。一般将图纸黏贴在图板的左下方,图纸左边至图板边缘 3~5 cm,图纸下边至图板边缘的距离略大于丁字尺的宽度。

2) 绘制底稿

(1) 按照制图标准的要求,先把图框线以及标题栏的位置画好。

(2) 根据所画图样的数量、大小及复杂程度选择好比例,然后安排各个图形的位置,定好图形的中心线,图面布置要适中、匀称,以便获得良好的图面效果。

(3) 先画图形的主要轮廓线,再由大到小,由外到里,由整体到局部,直至画出图形的所有轮廓线。

(4) 画尺寸界线、尺寸线以及其他符号等。

(5) 最后进行仔细的检查，修正底稿，改正错误，补全遗漏，擦去多余的底稿线。

3) 绘制铅笔图(铅笔加深)

(1) 当直线与曲线相连时，先画曲线后画直线。加深后的同类图线，其粗细和深浅要保持一致。加深同类线型时，要按照水平线从上到下、垂直线从左到右的顺序一次完成。

(2) 加深图线时，必须是先曲线，其次直线，最后为斜线。各类线型的加深顺序是：中心线、粗实线、虚线、细实线。

(3) 最后加深图框线、标题栏及表格，并填写其内容及说明，画出起止符号，注写尺寸数字及说明。

4) 绘制墨线图(描图)

为了满足施工上的需要，经常要用墨线把图样描绘在描图纸(也称硫酸纸)上作为底图，再用来复制成蓝图，以便进行现场施工。

描图的步骤与铅笔加深的顺序基本相同。同一粗细的线要尽量一次画出，以便提高绘图的效率。但描墨线图时，每画完一条线，一定要等墨水干透后再画。因此，要注意画图步骤，否则容易弄脏图面。

二、建筑制图的有关注意事项

(1) 绘制底稿的铅笔用 H～3H 型号，所有的线条要轻而细，不可反复描绘。

(2) 加深粗实线的铅笔用 HB 或 B，加深细实线的铅笔用 HB。写字的铅笔用 H 或 HB。加深圆弧时所用的铅芯，应比加深同类型直线所用的铅芯软一号。

(3) 加深或描绘粗实线时，要以底稿线为中心线，以保证图形的准确性。

(4) 修图时，如果是铅笔加深图，可用擦图片配合橡皮进行，尽量缩小擦拭的面积，以免损坏图纸；如果是用绘图墨水绘制的，应等墨线干透后，用刀片刮去需要修整的部分。

任务1.2　投影的基本知识

能力目标	知识目标
能说出“物体”与点、线、面的投影表达关系 会根据点、线、面的投影规律作图 能说出基本的几何形体及其投影特征	了解投影的概念和类型 掌握三面投影的规律 了解点、线、面和基本几何体的投影规律

1.2.1　掌握投影体系

一、投影的基本概念

日常生活中，物体在光线(阳光或灯光)的照射下就会在地面上产生影子，这是常见的自然现象。假设按规定方向射来的光线能够透过物体照射，形成的效果不但能反映物体的外形，同时也能反映物体上部和内部的情况，这样的效果就称为投影。影子只有外缘轮廓，内部不明朗，没有内部线条。物体的影子和物体的投影如图1-2-1、图1-2-2所示。

当光线照射的角度或距离发生改变时，影子的位置、大小、形状也随之改变，由此看来，光线、物体和影子三者之间存在着一定的联系。

要产生投影，就必须具备投影线、形体(被投射体)、投影面，这就是投影的三要素。

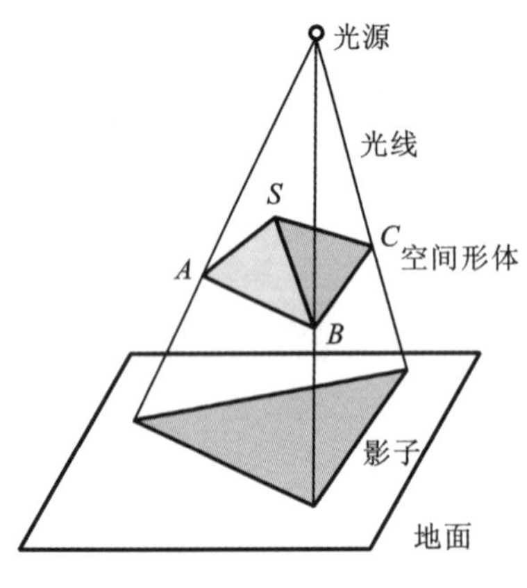

图1-2-1　物体的影子

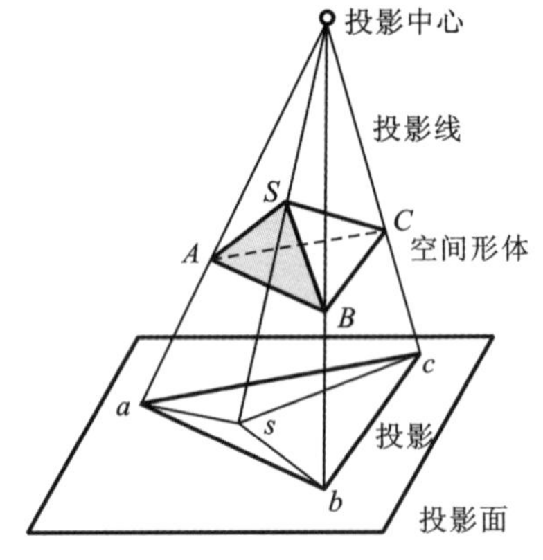

图1-2-2　物体的投影

二、投影法的类型

按投射光线的形式不同，投影法可分为中心投影法和平行投影法两种。

1. 中心投影法

由一点发出的光线照射物体形成中心投影，如图 1-2-3(a)所示。用这种方法得到的投影图，其大小和原形体不相等，不能准确地度量出形体的尺寸大小，不常用。

2. 平行投影法

由一组相互平行的光线照射物体形成平行投影。根据投射线和投影面的角度关系，平行投影又分为斜投影和正投影。

斜投影：投射线相互平行且倾斜于投影面时形成的投影，如图 1-2-3(b)所示，这种投影法不能反映物体的真实形状和大小。

正投影：投射线相互平行且垂直于投影面时形成的投影，如图 1-2-3(c)所示，这种投影法能反映物体的真实形状和大小。

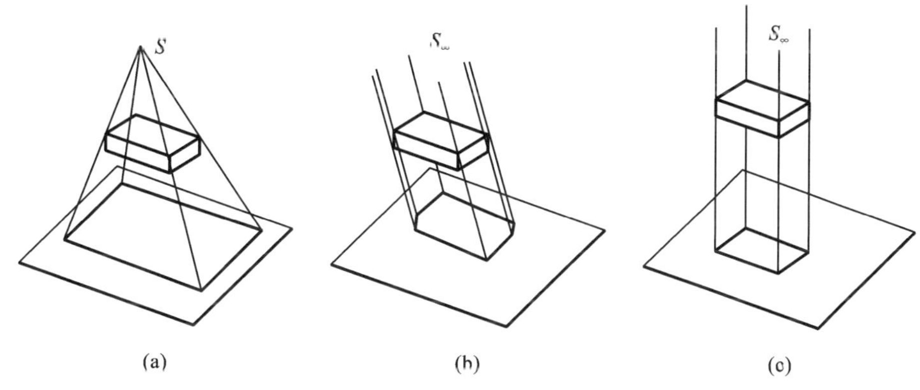

图 1-2-3　投影的分类

(a)中心投影；(b)斜投影；(c)正投影

正投影法是工程制图的主要图示方法，斜投影法主要用于画工程辅助图样轴测投影图，如图 1-2-4 所示。

经过归纳，平行投影具备以下三条基本性质。

一是积聚性。当直线或平面与投影面垂直时，直线投影积聚为点，平面投影积聚为直线。

二是显实性。当直线或平面与投影面平行时，它们在该投影面上的投影反映直线的实长或平面的实形。

三是类似性。当直线或平面倾斜于投影面时，其投影缩小，但仍能反映空间直线和平面的类似形状。

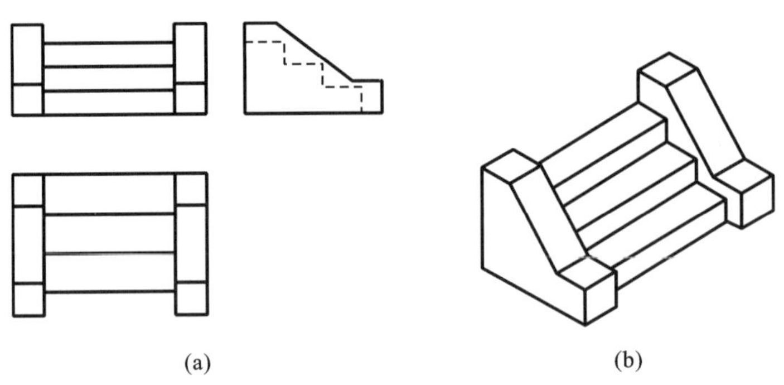

图 1-2-4 正投影图和轴测投影图(斜投影图)

(a)台阶的正投影图;(b)台阶的轴测图

三、常用的工程投影图

在土木与建筑工程中,通常根据被表达对象的不同特征和实际的需要采用不同的图示方法。常用的图示方法有正投影法、轴测投影法、透视图法和标高投影法。

1. 正投影法

正投影法将空间几何体在两个或两个以上互相垂直的投影面上进行正投影,然后将这些带有几何体的投影图展开到一个平面上,从而得到空间几何体的正投影图。如图 1-2-5 所示。这是土木建筑工程中最主要的图样,也是本书所讲述的重点。

正投影图的特点是图示方法简便,真实反映形体尺寸,工程上应用最为广泛,但是它缺乏立体感。

2. 轴测投影法

轴测投影法采用单面投影图方法,属于平行投影之一,它将空间几何体按平行投影法投射至某一投影面上得到轴测投影图,简称轴测图。如图 1-2-6 所示。

轴测图的特点是富有立体感,直观性强,但是不能完整地表达物体的形状,通常作为建筑工程图中正投影图的辅助图样,表达局部构造,如图 1-2-7 所示为房屋轴测投影图。

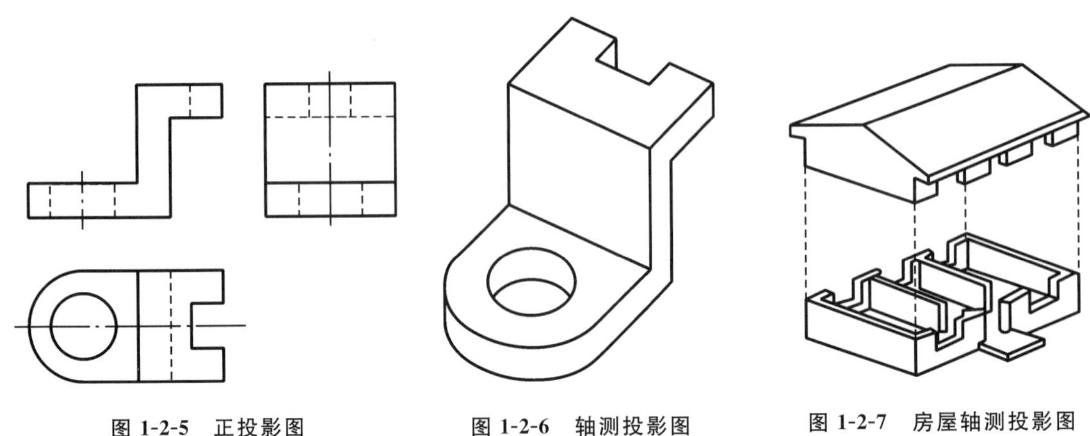

图 1-2-5 正投影图　**图 1-2-6 轴测投影图**　**图 1-2-7 房屋轴测投影图**

3. 透视图法

透视图法属于中心投影法，它利用中心投影法的原理将物体投射到单一投影面上得到透视图，如图 1-2-8 所示。由于透视图符合人们的视觉，图像接近于视觉映像，它比较逼真、直观性强，但这种投影法作图麻烦、度量性差，因而常用来绘制效果图，用于建筑方案设计，如图 1-2-9 所示。

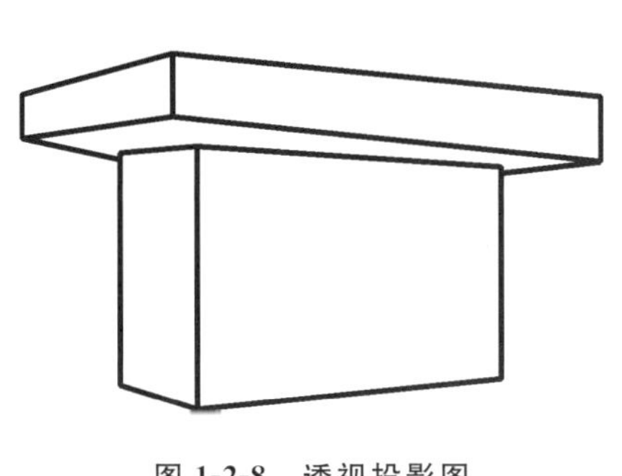

图 1-2-8　透视投影图

图 1-2-9　某高层住宅透视图

4. 标高投影法

标高投影法是将局部地面的等高线利用正投影的方法投影到水平面上，并且标出等高线的高程数值来表达该局部地形的一种投影方法，如图 1-2-10 所示。它具有正投影的优缺点，用这种方法表达地形所画出来的图形称为地形图，在工程中的应用也比较广泛。

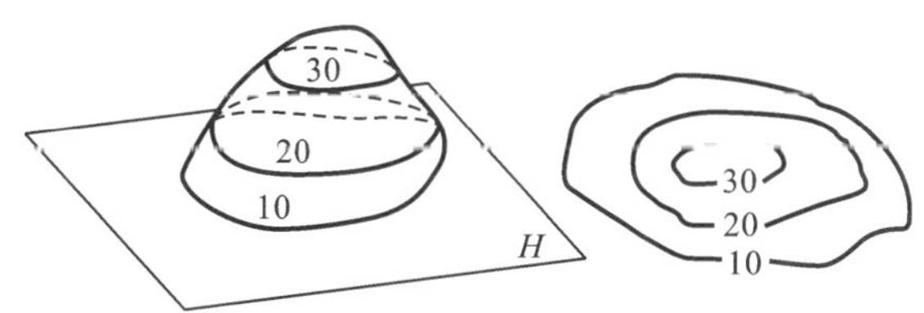

图 1-2-10　标高投影图

四、三面投影体系

工程上绘制图样的主要方法是正投影法。这种方法画图简单，且表达准确，度量方便，能满足工程要求，但是只用一个正投影图来表达物体是不够的。如图 1-2-11 所示为四个形状不同的物体，而它们在某个投影面上的投影图却完全相同，可见，单面正投影不能完全确定物体的形状。同样，两面投影也不能完全确定物体的形状，如图 1-2-12 所示。因此，为了完全确定物体的形状，必须画出物体的多面正投影图——三面投影图，如图 1-2-13 所示，将四棱柱、三棱柱和半圆区别开来。

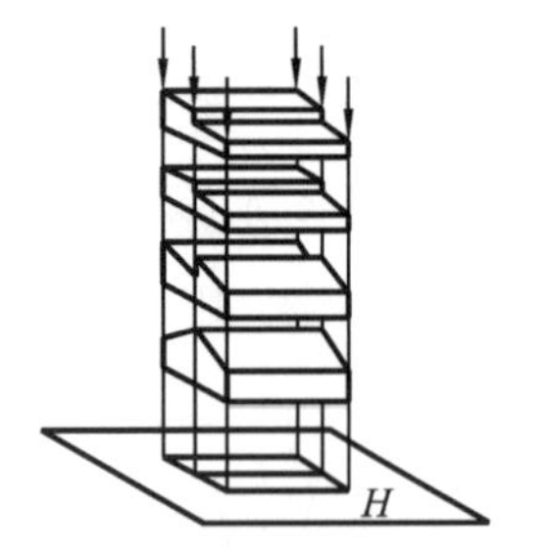

图 1-2-11　形体的单面投影

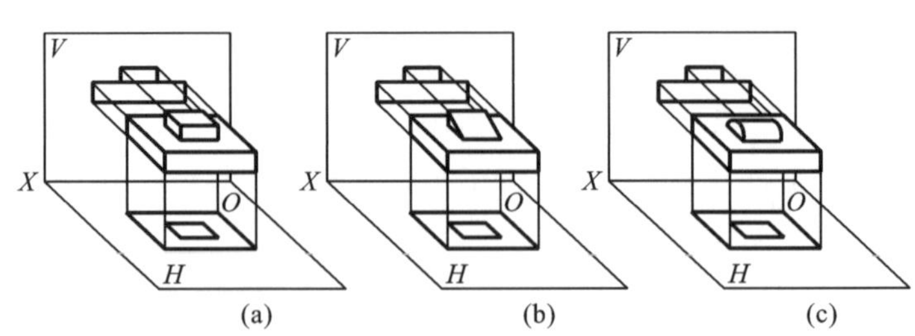

图 1-2-12　形体的双面投影

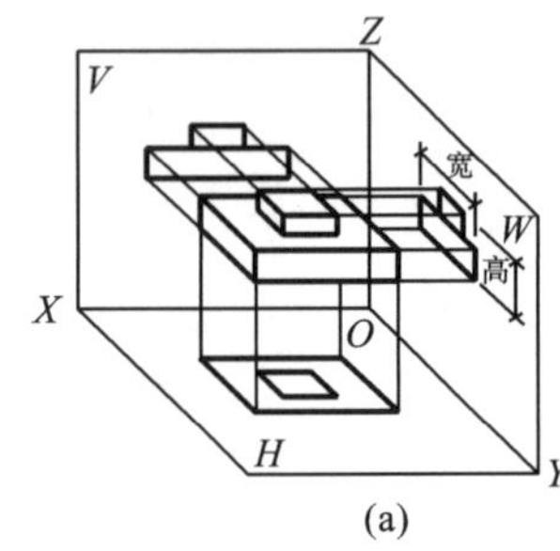

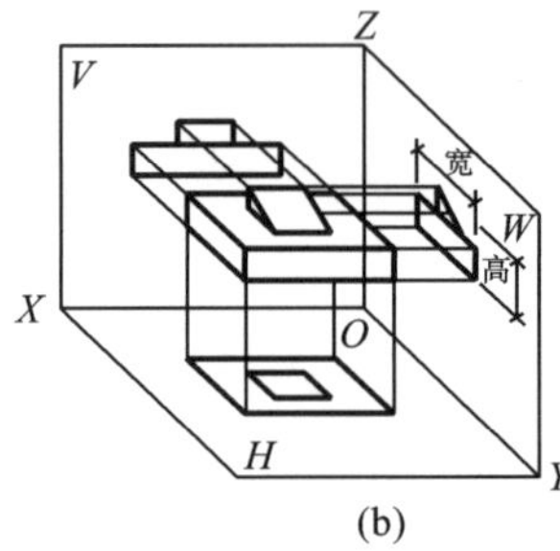

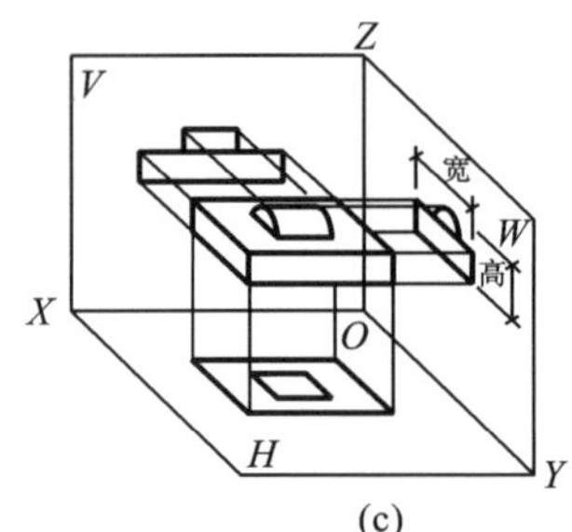

图 1-2-13　形体的三面投影

1. 三面投影的形成

三个相互垂直的投影面，构成了三面投影体系，如图 1-2-14 所示。三个互相垂直的投影面分别为 H 面、V 面、W 面。

H 面称为水平投影面(horizontal plane)，是由上到下得到形体正投影的面。

V 面称为正立投影面(vertical plane)，是由前到后得到形体正投影的面。

W 面称为侧立投影面(width plane)，是由左到右得到形体正投影的面。

三个投影面的两两相交线 OX,OY,OZ 称为投影轴，它们相互垂直且分别表示出长、宽、高三个方向。三个投影轴的交点 O 称为原点。

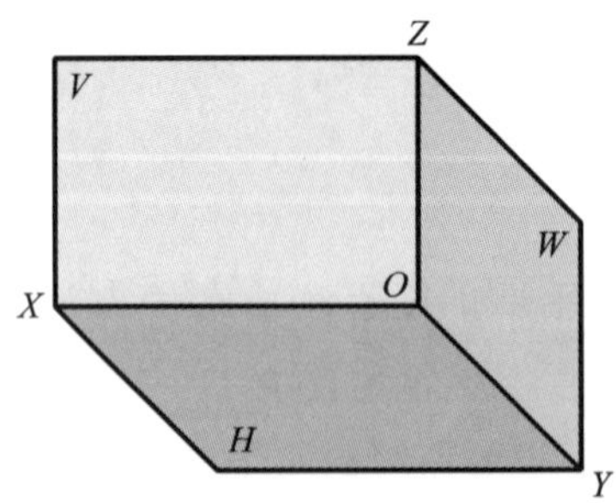

图 1-2-14　三面投影体系

2. 投影体系的展开

三面投影图位于空间三个投影图上，画图很不方便，因此考虑将三面投影展开到一个平面上。

将 H 面以 OX 为轴向下旋转 90°，W 面以 OZ 为轴向右旋转 90°，使它们与 V 面在同一个平面上，就得到了集中于同一个平面上的三个正投影图，通常简称为三视图，如图 1-2-15 所示。

三面投影体系的展开

因为投影面的边框及投影轴与表示物体的形状无关，所以在绘制工程图样时可不予绘出。初学者要求用细实线绘出坐标轴与表示对齐的辅助线，特别是 H 面与 W 面旋转对齐的辅助线。旋转对齐的辅助线在制图熟练以后可用 45°的角平分线代替。

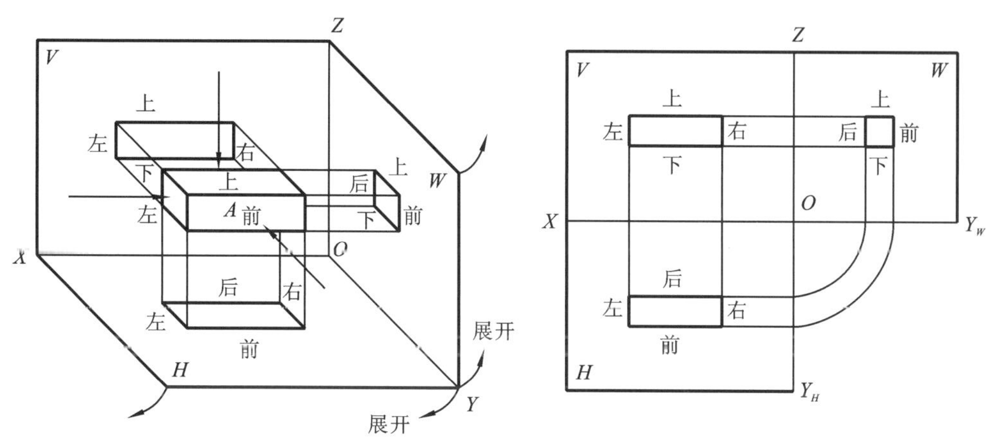

图 1-2-15 投影体系展开

在三面投影体系中，物体的水平投影反映它的长和宽，正面投影反映它的长和高，侧面投影反映它的宽和高。因此，物体的三面投影之间存在下列的对应关系。

① 水平投影和正面投影的长度必相等，且相互对正，即“长对正”。

② 正面投影和侧面投影的高度必相等，且相互平齐，即“高平齐”。

③ 水平投影和侧面投影的宽度必相等，即“宽相等”。

五、三视图与方位

物体的 X 轴方向的尺寸称为长度，Y 轴方向的尺寸称为宽度，Z 轴方向的尺寸称为高度。物体有上、下、左、右、前、后六个方位，如图 1-2-15 所示。由三面图的形成可以看出，物体的水平投影反映左、右、前、后四个方向；正面投影反映左、右、上、下四个方向；侧面投影反映上、下、前、后四个方向。

1.2.2 掌握点、线、面的投影

点、直线、平面的投影

复杂的形体都可以看成是由点、线和面所组成，因此研究点、线、面的投影非常重要。一般规定：空间形体上的点用大写字母 A,B,C…表示；其 H 面投影用相应的 a,b,c…表示；

V 面投影用相应的 a',b',c'…表示;W 面投影用相应的 a'',b'',c''…表示。

投影图中线段的标注,用线段两端的字母表示。例如,空间直线段 AB 在 H 面投影图上的标注为 ab;在 V 面投影图上标注为 $a'b'$;在 W 面投影图上标注为 $a''b''$。

空间的面通常用 P,Q,R…表示,其 H 面投影图、V 面投影图和 W 面投影图分别用相应的 p,q,r…表示、p',q',r'…表示、p'',q'',r''…表示。

点是形体最基本的单位,点的投影是研究线、面、体投影的基础。

一、点的投影

点的投影与绘制

1. 点的三视图

用 A 表示空间点,a 表示水平面投影,a'表示正立面投影,a''表示侧立面投影,如图 1-2-16 所示。将该三面投影体系展开即为点的三视图。

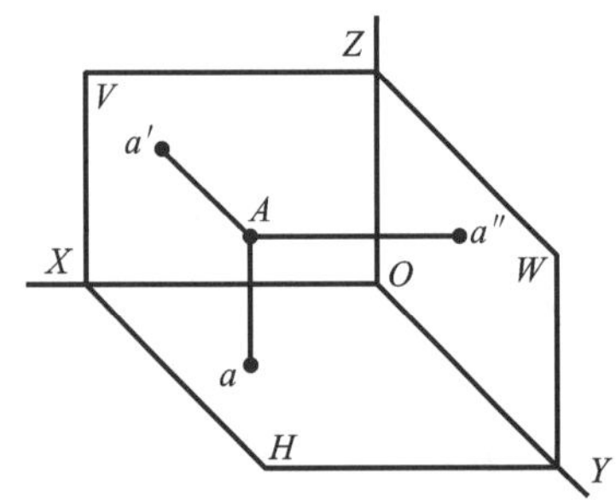

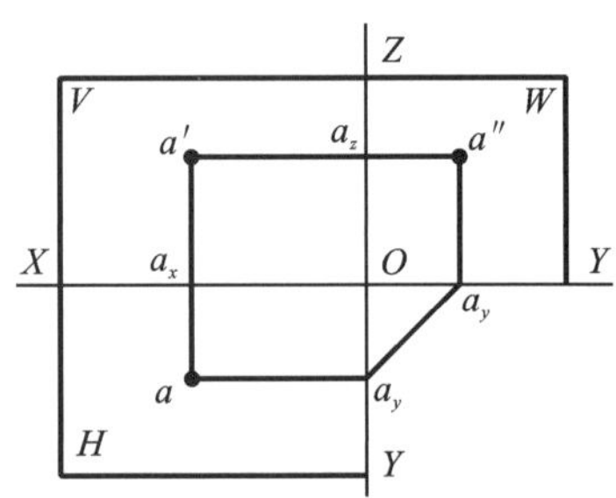

图 1-2-16 点三视图的形成

点的三面投影规律包括:点的投影还是点;点的两面投影的连线,必定垂直于投影轴;点的投影到投影轴的距离,等于空间点到相应投影面的距离。

2. 点的相对位置

空间的一个点有前、后、左、右、上、下这六个方位,如图 1-2-17 所示,两点的相对位置有上下、左右、前后关系,所以空间两点的相对位置可以用三面正投影来表达,也就是说,根据点的投影可以判断出空间两点的相对位置。

在三面投影中,两点的相对位置是根据两点的坐标差来确定的。规定 OX 轴向左为正方向,OY 轴向前为正方向,OZ 轴向上为正方向,因此,通过 X、Y、Z 坐标可以确定两点的左右、前后、上下位置关系。

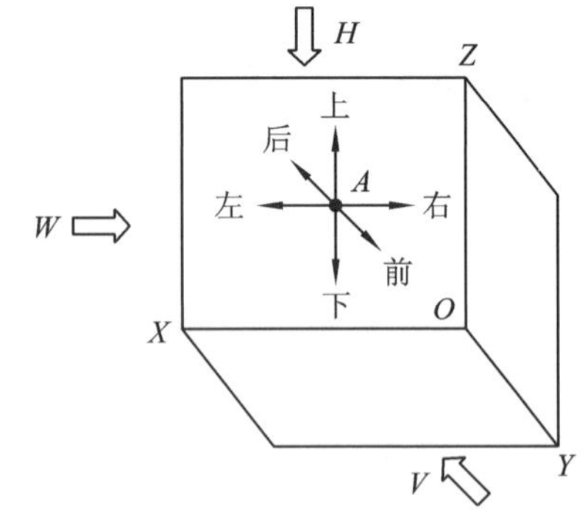

图 1-2-17 点的方位

3. 重影点

当空间两点的某两个坐标相同时,将处于某一投影面的同一条投影线上,则在该投影面上的投影相重合,成为对该投影面的重影点。水平投影重合的两个点,叫水平重影点，正面投影重合的两个点，叫正面重影点，侧面投影重合的两个点，叫侧面重影点，如图 1-2-18 所示。

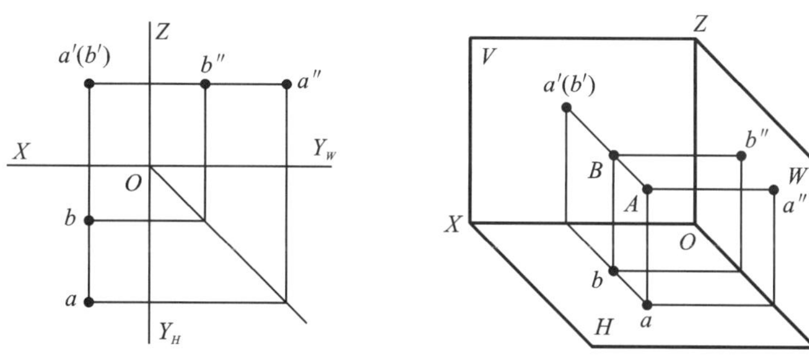

图 1-2-18 重影点的投影

沿着射线 AB 方向看，点 A 挡住了点 B，则 B 点为不可见点，为在投影图中区别点的可见性，将不可见点的投影用字母加括号表示，如重影点 A、B 的正面投影用 $a'(b')$ 表示。

二、直线的投影

直线的投影与绘制

1. 一般位置直线

要确定直线 AB 的空间位置，只要确定出 A、B 两点的空间位置，连接起来即可，如图 1-2-19 所示。因此，在作直线 AB 的投影时，只要分别作出 A、B 两点的三面投影 a、a'、a''和 b、b'、b''，再分别把两点在同一投影面上的投影连接起来，即得直线 AB 的三面投影 ab、$a'b'$、$a''b''$，如图 1-2-19 所示。

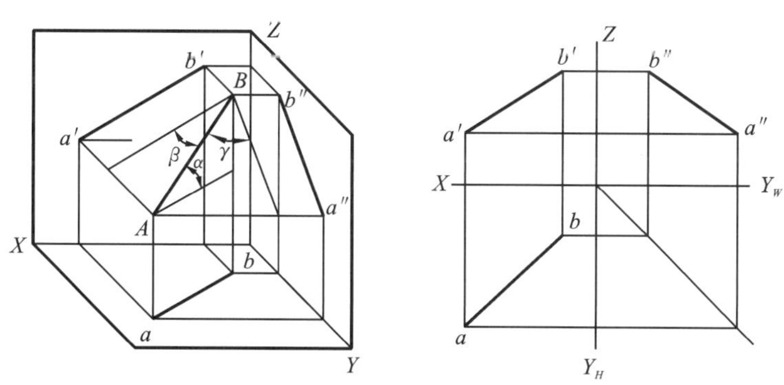

图 1-2-19 一般位置直线的三面投影

一般位置直线对三个投影面都是倾斜的直线，其投影特性有两点，即：一般位置直线的各面投影都与投影轴倾斜；一般位置直线的各面投影长度都小于实长。

2. 投影面平行线

只与 H 面平行的直线称为水平线，只与 V 面平行的直线称为正平线，只与 W 面平行的直线称为侧平线。如图 1-2-20 所示。

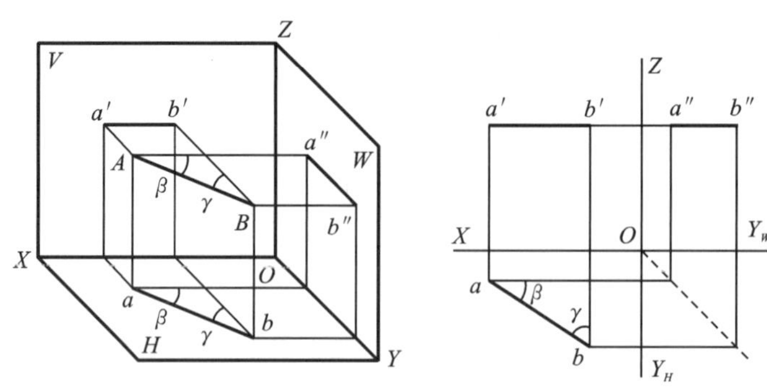

图 1-2-20　投影面平行线的三面投影

投影面平行线是平行于某一投影面而与另两投影面倾斜的直线，其投影特性为：在所平行的投影面上的投影反映实长；其他投影平行于相应的投影轴；反映实长的投影与投影轴所夹的角度等于空间直线对相应投影面的倾角。

3. 投影面垂直线

与 H 面垂直的直线称为铅垂线，与 V 面垂直的直线称为正垂线，与 W 面垂直的直线称为侧垂线。垂直线同时平行于两个投影面，如图 1-2-21 所示。

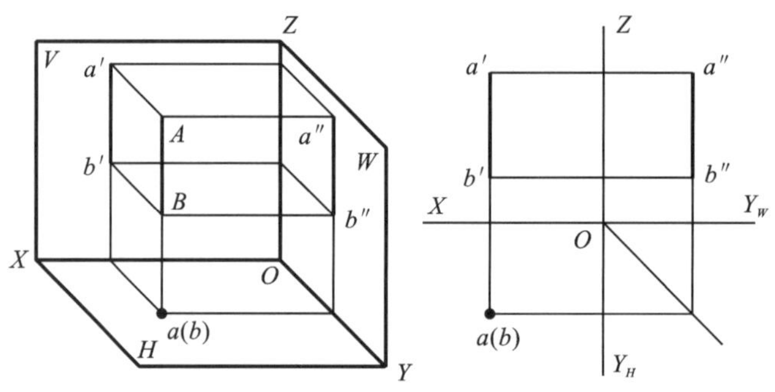

图 1-2-21　投影面垂直线的三面投影

投影面垂直线是垂直于某一投影面的直线，其投影特性为：在所垂直的投影面上的投影有积聚性；其他投影反映实长，且垂直于相应的投影轴。

特殊位置的直线与平面的示意图如 1-2-22 所示。

平面的表示方法

三、平面的投影

将平面的角点或轮廓线进行投影并连接即得平面的投影。一般常用平面图形来表示，如三角形、四边形、圆。

1. 投影面平行面

平行于一个投影面必然垂直于另两个投影面。

只与 H 面平行的平面称为水平面，只与 V 面平行的平面称为正平面，只与 W 面平行的平面称为侧平面。

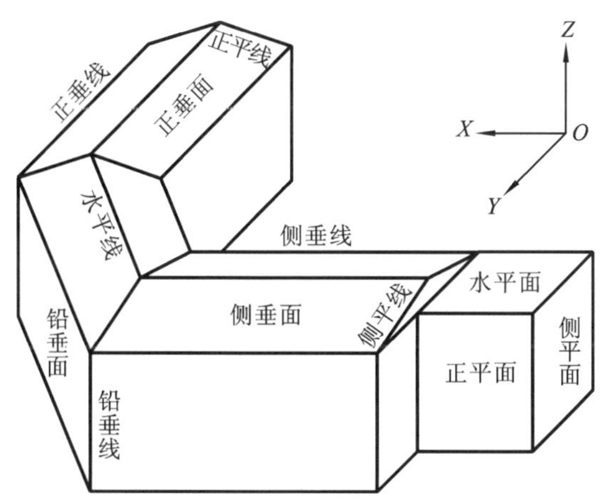

图 1-2-22 特殊的直线和平面

平行面在投影时可以显示实形，所以运用得最多。这种平行面在两个投影面表现出积聚性，在所平行的投影面显现出实形。如图 1-2-23 所示。

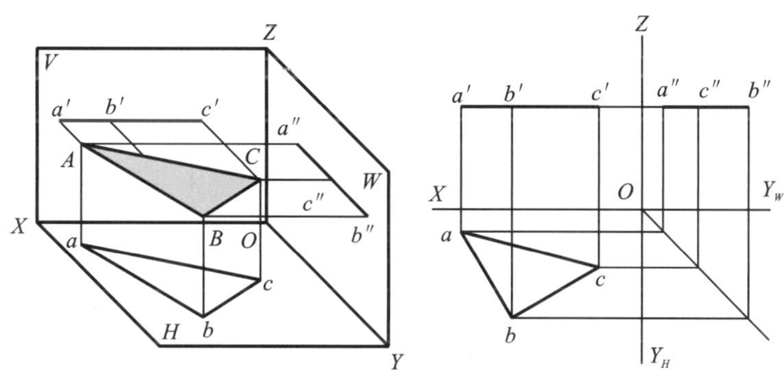

图 1-2-23 投影面平行面的三面投影

2. 投影面垂直面

只与 H 面垂直的平面称为铅垂面，只与 V 面垂直的平面称为正垂面，只与 W 面垂直的平面称为侧垂面。如图 1-2-24 所示。

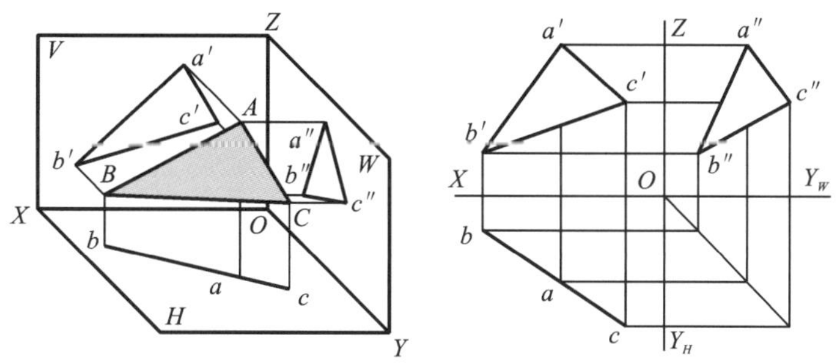

图 1-2-24 投影面垂直面的三面投影

3. 一般位置平面

与三个投影面均处于倾斜位置的平面称为一般位置平面。如图 1-2-25 所示为一般位置平面的投影,从中可以看出,三个投影均不反映平面的实形,也无积聚性,而与原图多边形的边数相同,这种边数保持不变的效果称为类似形。一般位置平面的三面投影为三个类似形。

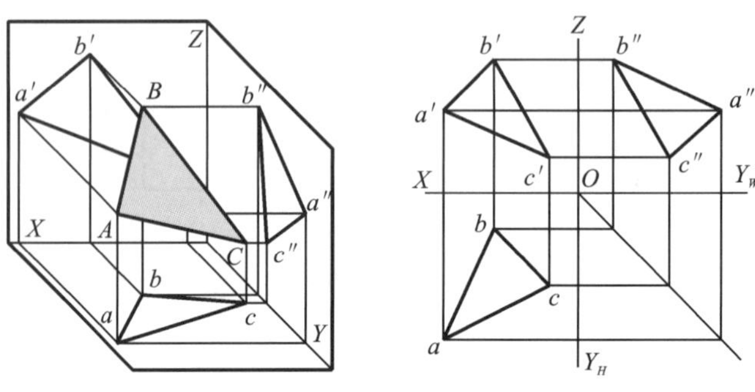

图 1-2-25　一般位置平面的三面投影

4. 圆的投影

平行于投影面的圆显现出实形,垂直时积聚为直线段,在倾斜的投影面上投影为椭圆。

如图 1-2-26 所示,圆平面垂直于正面 V,其正面投影积聚为直线段 $a'b'$,$a'b'$长度等于直径 AB;水平投影应为椭圆,其长轴 cd 为正垂线,且等于圆的直径,短轴 ab 与之垂直,其长度由短轴的正面投影 $a'b'$的相应位置确定。

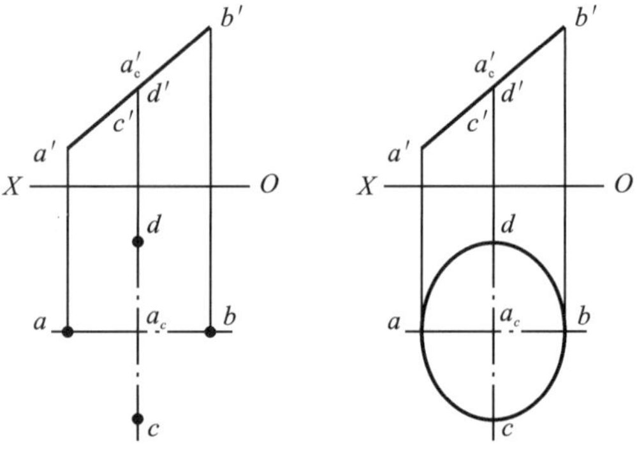

图 1-2-26　正垂圆的投影

圆的投影特性为:当圆平面垂直于某投影面时,在该投影面上的投影积聚为直线段,长度等于直径;在另外两个投影面上的投影为椭圆,椭圆长轴同时平行于另外两个投影面,即为所垂直的那个投影面的垂线,长轴的长度为直径,短轴与之垂直。

1.2.3　基本的几何体投影

建筑形体不论是简单的还是复杂的都可以看作是由若干个基本的几何体叠加或切割形成的,基本的几何体包括平面立体和曲面立体。全部面由平面构成的物体称为平面立体,如图 1-2-27,它是建筑工程中最多见的几何体。

由曲面或曲面与平面所围成的立体称为曲面立体,如图 1-2-28。

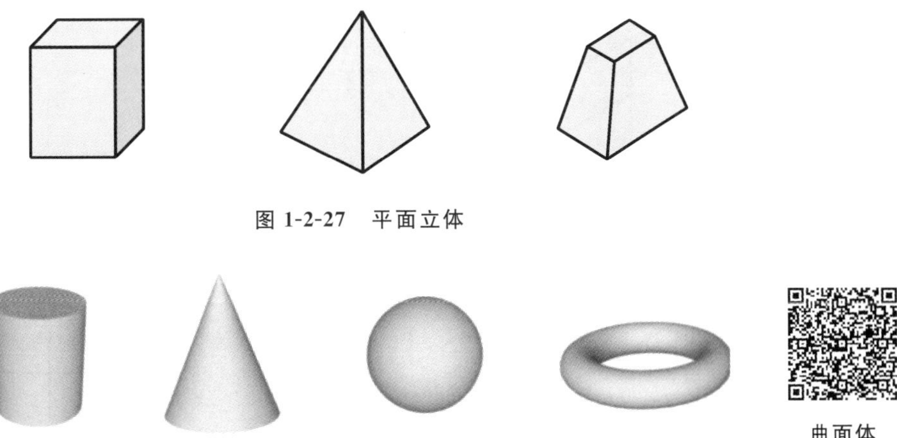

图 1-2-27　平面立体

曲面体

图 1-2-28　曲面立体

一、平面立体的三视图

建筑工程中大多数结构构件都是由平面立体构成的，常见的平面立体有长方体、棱柱体、棱锥体、棱台等。

1. 棱柱

棱柱由上、下两底面和侧面组成，侧面上的各棱互相平行，常见的棱柱有三棱柱、四棱柱、五棱柱、六棱柱等。

下面以六棱柱为例说明棱柱的三视图。

正六棱柱由顶面、底面和六个侧棱面组成，如图 1-2-29 所示。正六棱柱的顶面、底面为水平面，在俯视图中反映实形，为工六边形且形成重影，六个侧棱面均为铅垂面，投影积聚成六条边。

前后两个棱面为正平面，且在正面投影图上形成重影，反映实形，其侧面投影都积聚成两条平行于 Z 轴的直线。

其余四个面均为铅垂面，正面投影和侧面投影均体现为实形的类似形——矩形，并且在两侧面投影对应重合。

正六棱柱三视图作图步骤如下。

首先画出反映棱柱顶、底面实形的 H 面投影，然后根据“长对正、高平齐、宽相等”的规律画底面的另两面投影，再找到底面各点所对应的各棱的 V 面、W 面的投影，绘图过程应注意区分点的可见性，最后整理成三视图，如图 1-2-30 所示。

2. 棱锥

棱锥由一多边形底面和多个具有公共顶点的三角形平面所围成，这个公共顶点即棱锥的顶点，如图 1-2-31 所示为一个三棱锥的三面投影。

从图 1-2-31 左边的直观图可以看出，三棱锥的底面是水平面，后侧面为侧垂面，前

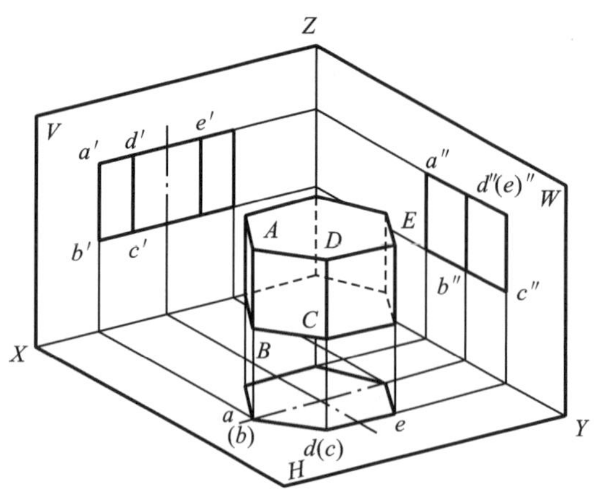

图 1-2-29　正六棱柱的投影

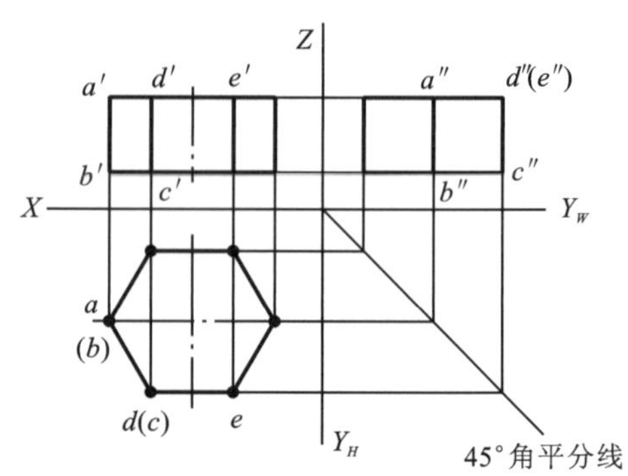

图 1-2-30　正六棱柱的投影图

面两个平面为一般位置平面。

如图 1-2-31 右边的三视图可见，由于底面是水平面，所以在 H 面投影中底面反映出形体的实形，为等边三角形，且底面在另两面投影中积聚为直线，直线所对应的长度和位置利用投影规律可以找到。由于后侧面为侧垂面，所以在 W 面中积聚为一条直线，在另外两个平面上都反映为类似形。三棱锥的前面两个平面均为一般位置平面，因此在各投影面上都反映为类似形，为三角形。

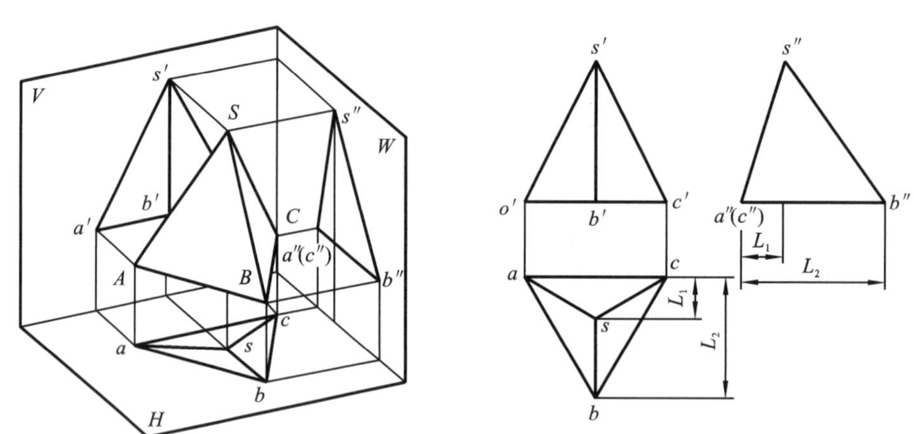

图 1-2-31　正三棱锥的投影图

3. 棱台

棱台可以看作是由一平行于棱锥底面的平面切割棱锥后，切面与底面之间的中间部分。棱台的底面与顶面平行，侧面均为梯形。

不妨使棱台的底面平行于 H 投影面，根据正投影的原理作一正四棱台的投影图，如图 1-2-32 所示。

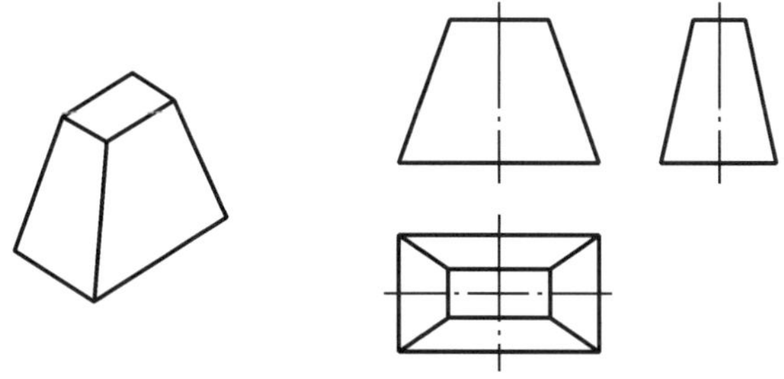

图 1-2-32　四棱台的投影图

二、曲面立体的三视图

曲面立体的曲面是由运动的直线或曲线(称为母线)绕固定的轴线运动形成的,母线在曲面上的任一位置线条称为素线,投影时应注意旋转曲面的素线。

工程中应用较多的曲面立体为圆柱、圆锥等。

用平行于底面的一平面切割圆锥,切面与底面中间的部分称为圆台。因此,圆台的投影与圆锥的投影有着较大的相似之处,可以考虑先作出圆锥的投影,再绘制切割面的投影,最后擦去多余的部分,如图 1-2-33 所示。

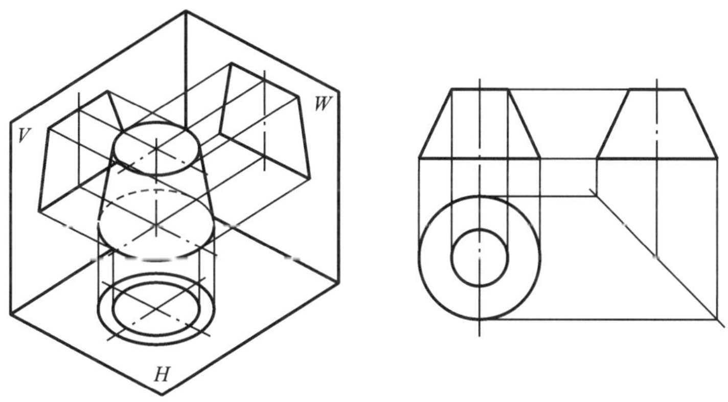

图 1-2-33　圆台的三面投影

1.2.4　初识组合体

组合体就是以基本几何体按不同方式组合而成的形体。在研究组合体时,无论组合体有多复杂,都可以将组合体分解成若干个基本体。通过分析基本体的形状、相对位置等,可以分析出组合体的空间形状和位置。建筑工程中的形体,大部分是以组合体的形式出现的。组合体按构成方式的不同可分为叠加型、切割型、综合型三种类型。

1. 叠加型

由各种基本形体相互堆积、叠加而形成的组合体称为叠加型组合体。因此,只要画出各基本形体的投影,按它们的相互位置叠加起来,即可得到组合体的正投影,见图1-2-34。

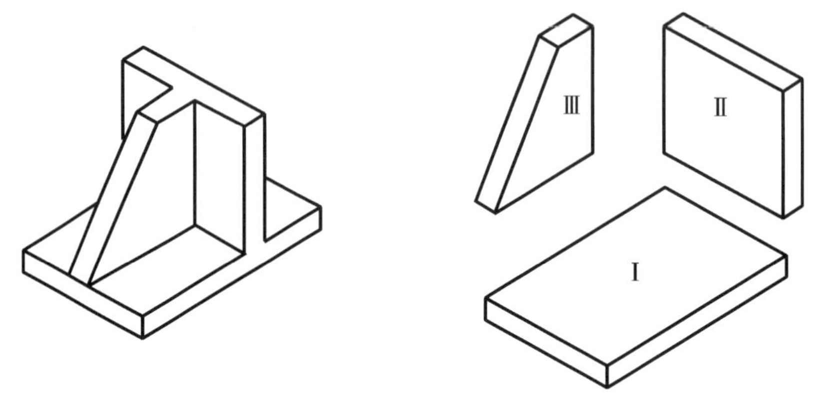

图 1-2-34 叠加型组合体的形体分析

2. 切割型

切割型组合体是由一个基本几何体经过若干次切割后形成的。当形体为切割型组合体时,先画出形体未被切割前的三面投影,然后按分析的切割顺序逐步画出切去部分的三面投影,即可得到切割型组合体的投影图,如图 1-2-35 所示。

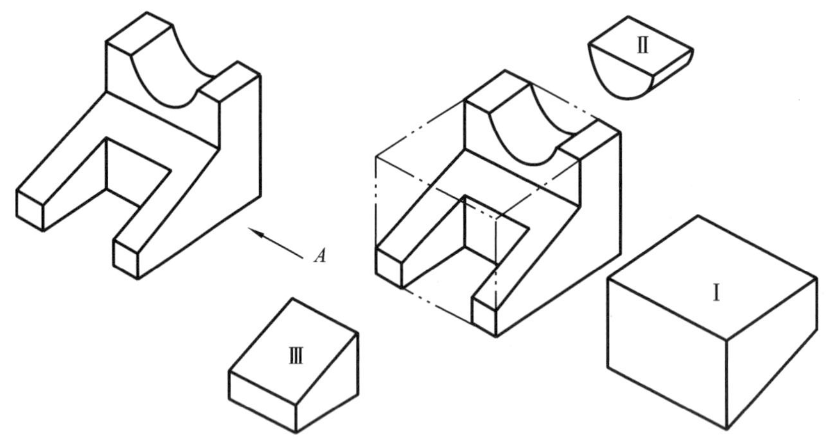

图 1-2-35 切割型组合体的形体分析

初识组合体(切割型)

3. 综合型

综合型组合体是既有叠加又有切割的组合体。一般可以将其看作先切割制成部件,再进行叠加,图 1-2-36。

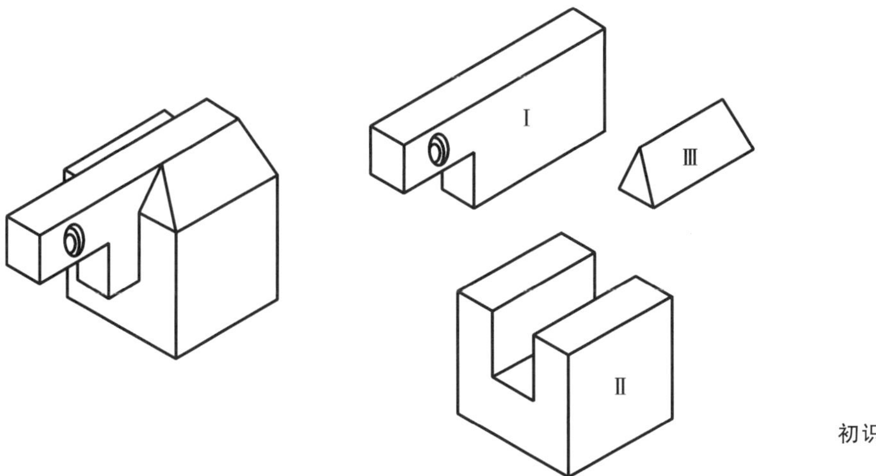

图 1-2-36　综合型组合体的形体分析

初识组合体(综合型)

任务 1.3　绘制组合体投影

能力目标	知识目标
能对组合体进行分析 能绘制简单的组合体的三视图	了解组合体投影的基本视图 了解叠加型、切割型、综合型组合体的形成 掌握组合体的读图方法，准确判断形体各部分的关系 掌握组合体三视图的绘图技巧

组合体都是由若干个基本体组合而成的，因此在研究组合体时，无论其形体多么复杂，都可以将形体分解成若干个基本体，如图 1-3-1 所示。在分析组合体时，常按其组合形式把组合体分成若干几何体，再分析各基本几何体之间的关系，从而弄清形状特征及投影特点，为准确绘制组合体的投影图提供依据。

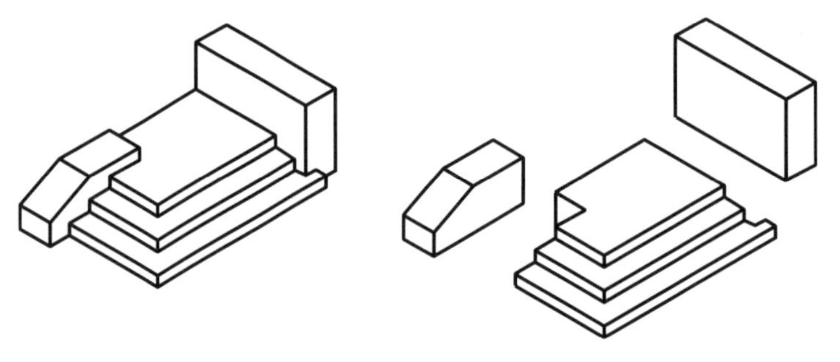

图 1-3-1　组合体——台阶

叠加型组合体

1.3.1　组合体投影的视图

工程中把表达组合体的投影图称为视图，而视图的选择非常重要。

一、基本视图

三面投影体系是由水平投影面、正立投影面和侧立投影面组成，所作形体的投影图分别是水平投影图、正立投影图和侧立投影图，在工程中分别称为平面图、正立面图和侧立面图。在很多情况下，仅采用三视图难以表达清楚整个形体，比如一个建筑物，通常其正面和背面是不同的。因此，有必要将三视图增加到六个方向进行投影，如图 1-3-2 所示，从而形成六个视图。

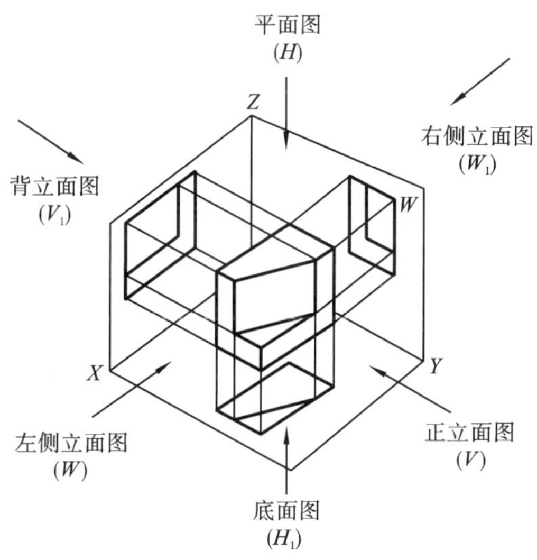

图 1-3-2　六个基本视图

六个基本视图仍然满足“长对正，高平齐，宽相等”的投影规律。实际画图时，通常无须将六个视图画出，应根据建筑物的形体特征和复杂程度，选择其中几个基本视图完整、清晰地表达形体的形状和结构。

二、投影图的选择

1. 正立面图的选择

一个组合体，一共可以画出 6 个基本视图，究竟采用哪些视图来表达是最简单、最清楚、最准确而且数量最少？关键是对视图的选择。

在工程图样中，正立面图是基本图样。通过对正立面图的识读，可以对组合体的长和高有初步的认识，然后再选择其他有必要的视图来认识组合体。通常的组合体三视图即可表达清楚，根据形体的复杂程度，可能会多需要一些视图或少需要一些视图。

一般情况下先确定正立面图，根据情况再考虑其他视图，因此正立面图的选择起主导作用。选择正立面图应遵循以下原则。

(1) 合理选择形体的安放位置。

首先确定将形体的哪一个表面放置平行于水平面，也就是确定形体的上下关系。

通常都是按照其使用位置安放，将主要平面放置成投影面平行面，并且使尽可能多的线或面平行或垂直于投影面。工程形体一般保持基面在下并处于水平位置，如图 1-3-3、图 1-3-4 所示。

(2) 清晰反映形体主要特征。

确定好形体的安放位置后，还要选择一个面作为主视面，一般选择一个能反映形体的主要轮廓特征的一面作为主视面来绘制正立面图，如图 1-3-5 所示。

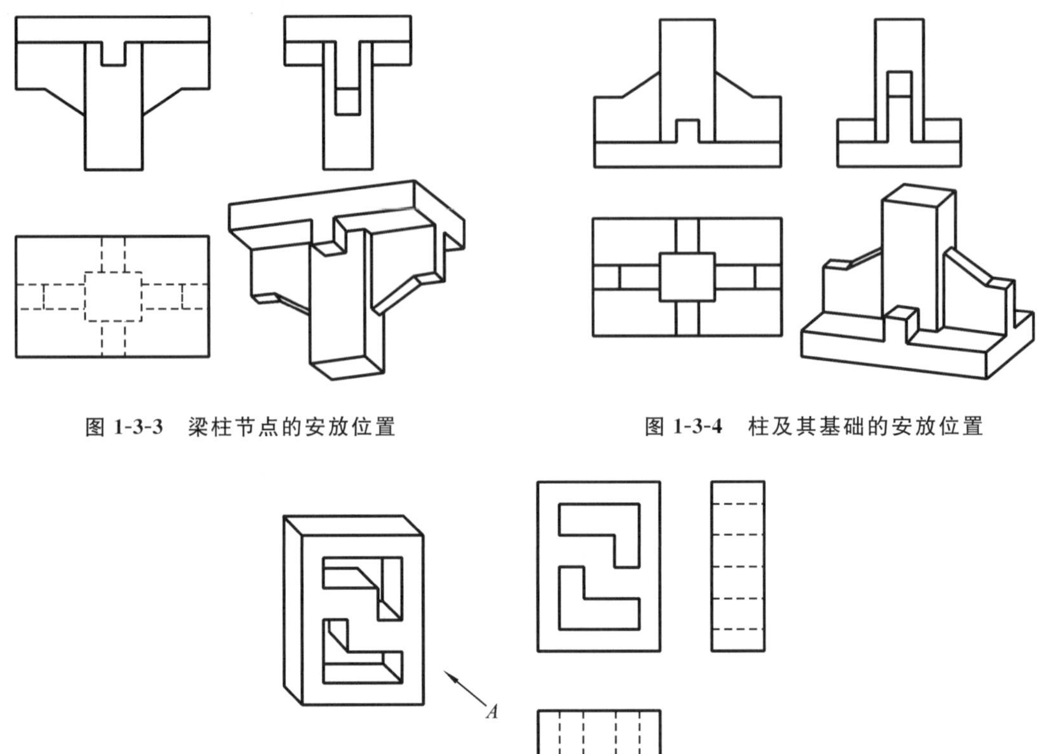

图 1-3-3　梁柱节点的安放位置

图 1-3-4　柱及其基础的安放位置

图 1-3-5　特征面的选择

(3) 尽量减少图中的虚线。

如果视图中的虚线过多,会增加读图的难度,影响对形体的认识,如图 1-3-6 所示。

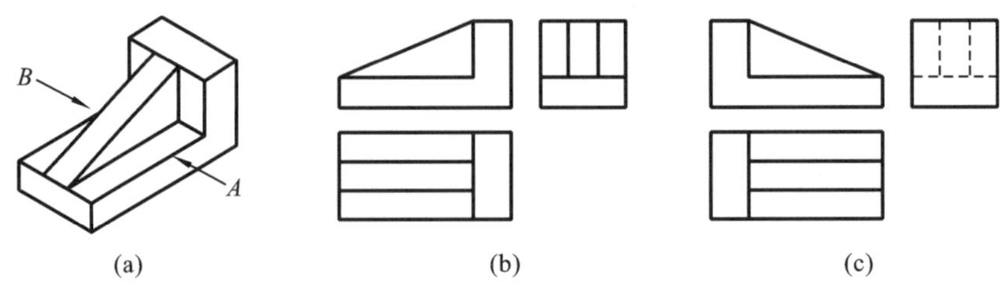

图 1-3-6　主视方向的选择

(4) 合理利用图幅。

除以上因素外,还需要考虑图面的布置是否合理。一般选择较长的一面作为正立面,这样视图占的图幅较小,整体图形均匀、协调,如图 1-3-7 所示。

2. 视图数量的选择

在能够把形体表达清楚的前提下,投影图的数量越少越好。对于常见的组合体,通常画出正立面图、平面图和左侧立面即可清楚表达;对于复杂的形体,还要增加其他的视图。

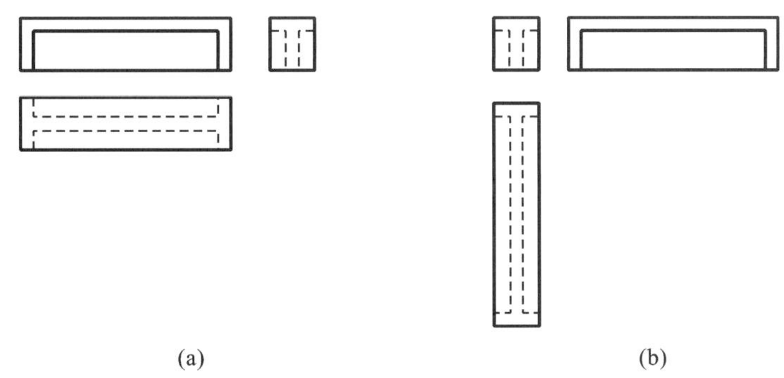

(a) (b)

图 1-3-7 图面的布置

综上所述，为了清晰地表达组合体，具体的做法是：根据表达基本体所需的投影图来确定组合体的投影图数量；抓住组合体的总体轮廓或其中部分基本体的明显特征来选择投影图的数量；选择投影图时尽量与减少虚线的要求相结合考虑。

1.3.2 组合体的表面连接

切割型组合体

组合体的组合方式有叠加式、切割式和综合式。叠加是将若干个基本形体按一定方式堆积起来组成一个整体。切割是在某一个形体上去掉某些基本形体而形成一个新的形体。综合式是指组合体有叠加和切割两种方法形成。

无论是哪一种方式的组合体，画它的投影图时都应该正确表达基本形体之间的表面连接关系，基本形体之间的表面连接关系一般可分为平齐、不平齐、相交和相切四种情况，如图 1-3-8 所示。

① 平齐关系：当简单立体上的两个平面相互平齐结合成为一个平面时，在它们之间就是共面关系，而不再有分界线，如图 1-3-9 所示。

② 不平齐关系：当简单立体上的两个平面相互平齐结合不成为一个平面时，在它们之间就不共面，之间产生一错开的前后面，投影就有分界线，如图 1-3-10 所示。

③ 相交关系：当两个简单立体的表面相交时，必须画出它们交线的投影，如图 1-3-11 所示。

④ 相切关系：当两个简单立体的表面相切时，在相切处两表面是光滑过渡的，故该处的投影不应画出分界线，如图 1-3-12 所示。

1.3.3 叠加型组合体投影图的绘制

组合体的组合形式——叠加型

叠加型组合体投影图绘制的基本方法是形体分析法，即将组合体分解成几个基本体，分别画出基本体的投影图，分析清楚其相对位置然后进行组合，从而得到组合体的投

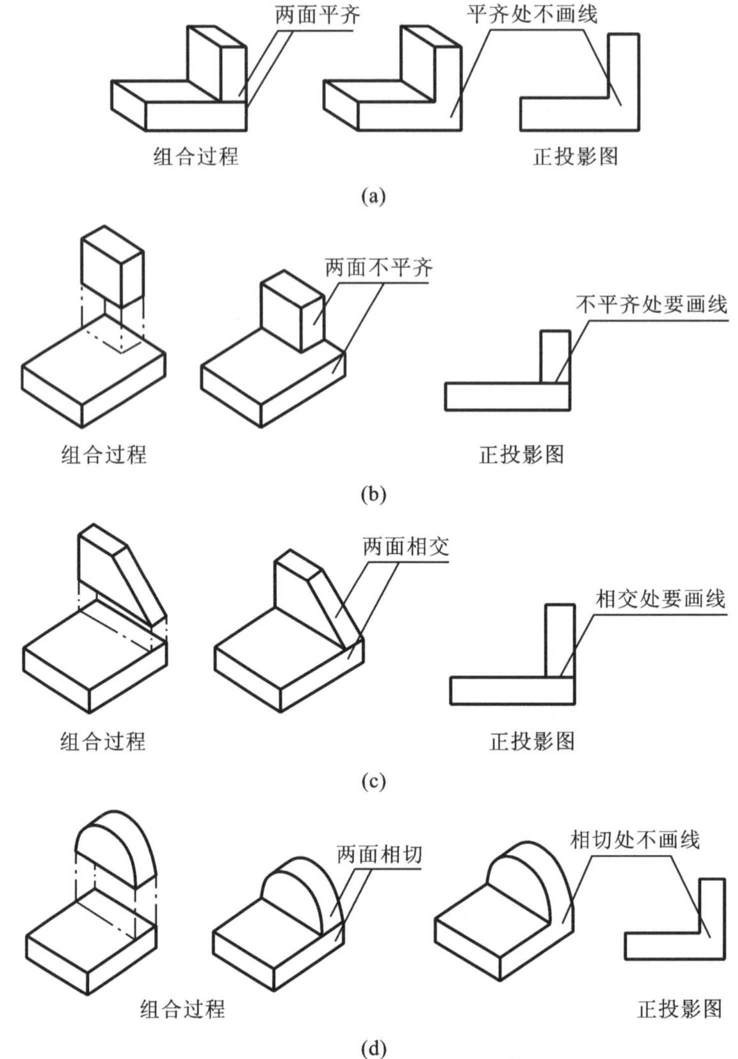

图 1-3-8 基本形体之间的表面连接关系

(a)表面平齐;(b)表面不平齐;(c)表面相交;(d)表面相切

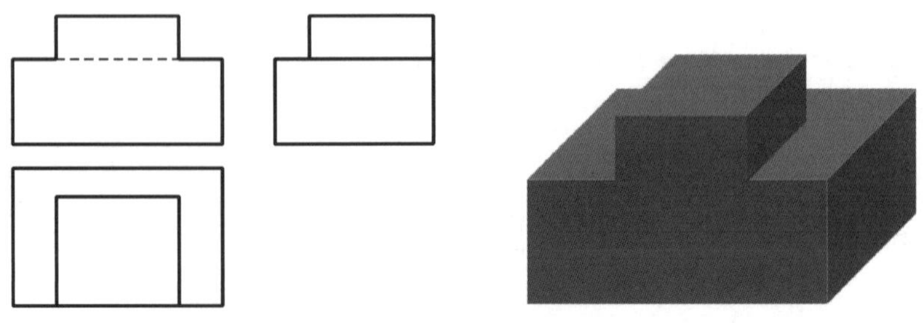

图 1-3-9 平齐共面

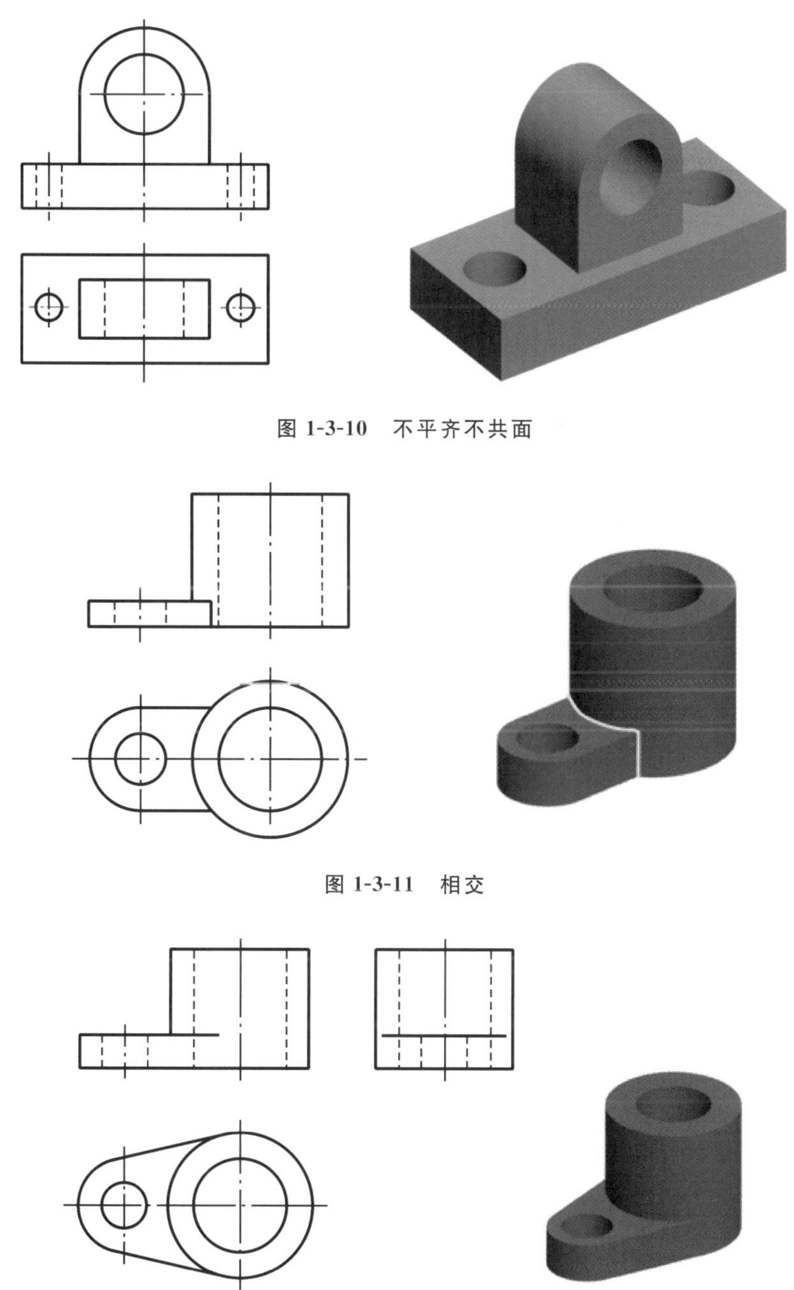

图 1-3-10　不平齐不共面

图 1-3-11　相交

图 1-3-12　相切

影图。

下面给出室外台阶(图 1-3-13)三面投影的绘制任务,以此说明叠加型组合体投影的作图步骤,如图 1-3-14 所示。

① 形体组合方式分析,可以将其看作是由三个部分(两个侧栏板和中间三步台阶)叠加组成。组合处的连接关系下底面平齐,上部相交,后面平齐,前面相交,左、中、右三

部分的连接均为相交,如图 1-3-14(a)所示。

② 投影方案,主视图的选择。根据正立面图的选择原则,确定主视方向,如图 1-3-14(b)所示。

③ 确定投影图的数量,作投影图,如图 1-3-14(c)和图 1-3-14(f)所示。

对于复杂的组合体,除了进行形体分析外,必要时还需对形体各局部进行线、面分析,才能读懂其投影,即线面分析法。线面分析法指的是根据直线、平面、曲面的投影特征,分析组

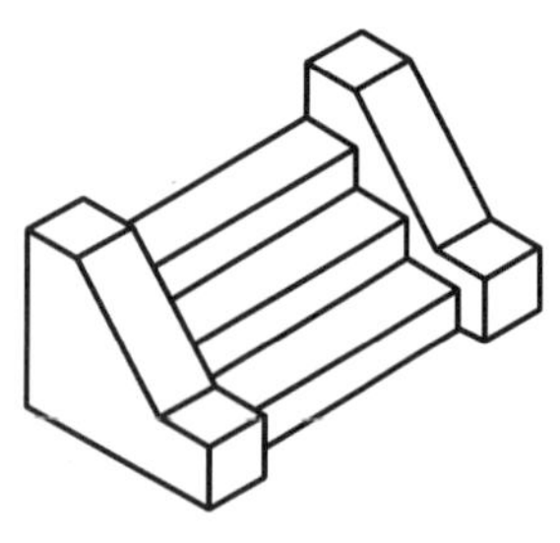

图 1-3-13 叠加型组合体

(a)

(b)

(c)

(d)

(e)

(f)

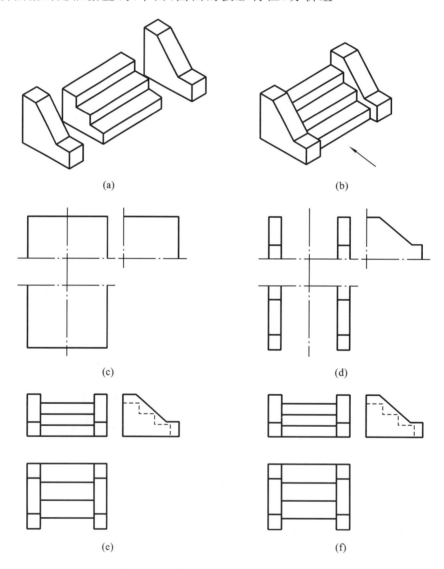

图 1-3-14 叠加型组合体投影的作图步骤

(a)形体分析;(b)主视方向;(c)布图,画基准线;(d)画两侧栏板投影;(e)画台阶的投影;(f)检查,加深

合体投影图中线段、线框等的含义，从而想象出其空间形状，最后联想出组合体的整体形状、完成读图的方法。

1.3.4 切割型组合体投影图的绘制

组合体的组合形式——切割型

如果形体为切割型组合体，在绘制其三面投影时，应首先画出其原始基本体的三面投影图，然后根据切割面的位置，逐个完成切割平面与基本体的截交线，从而得到组合体的三面投影图。

切割型组合体的画法如下。

① 对组合体进行形体分析，画图前，先确定基本形体，再分析各个切割出的几何体的形状以及对基本形体的相对位置。

② 画图步骤是先绘出基本形体，再逐次切割各个局部，检查完成形体视图。

如图 1-3-15 所示，以一切割型组合体为例说明其三视图的画法。

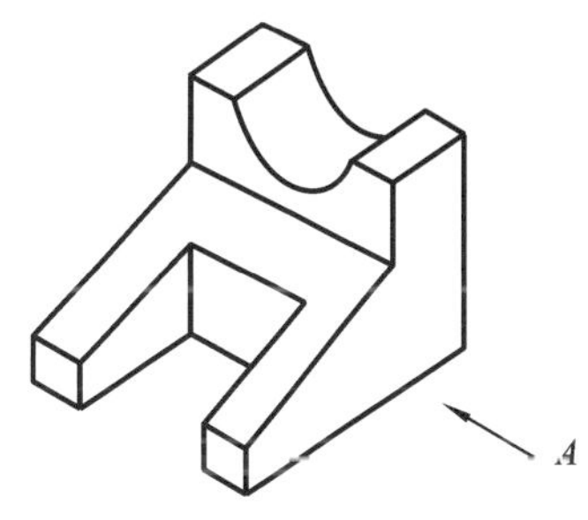

图 1-3-15 切割型组合体

① 形体分析。

该组合体可以看作是由一立方体切去Ⅰ、Ⅱ、Ⅲ三个部分所形成的，如图 1-3-16 所示。

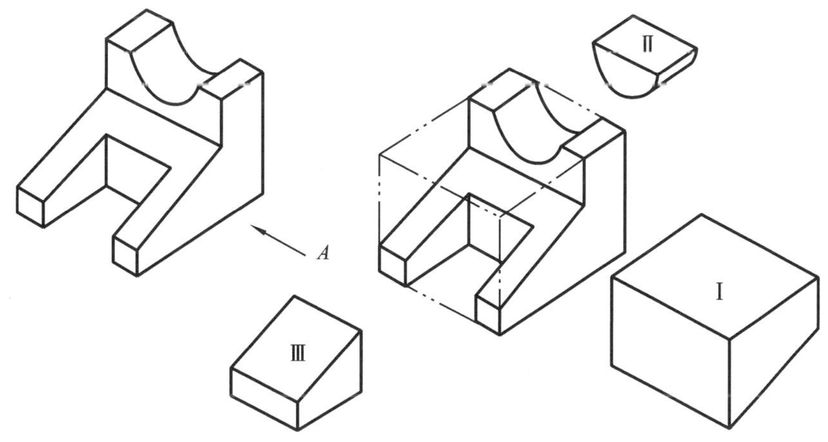

图 1-3-16 切割型组合体形体分析

② 起草图。

选择投影图的数量和投影方向，该组合体的投影方向选择为以形体右侧纸外向里为主视方向，因两个投影无法表达清楚该组合体的外部形状，其投影图必须选择三个视图来表达。然后选择好比例、确定图幅，开始布图，绘制草图，测量组合体各部分的尺寸，如

图 1-3-17 所示。

③ 画底稿,加深。

根据草图绘制底稿,并检查无误后加深完成其三面投影,如图 1-3-18 所示。

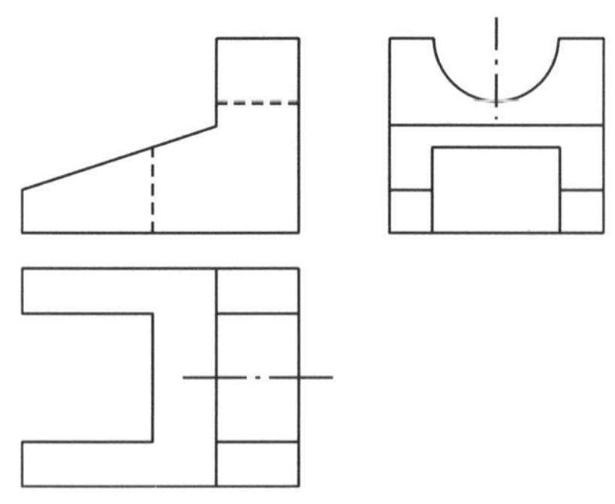

图 1-3-17 切割型组合体草图绘制

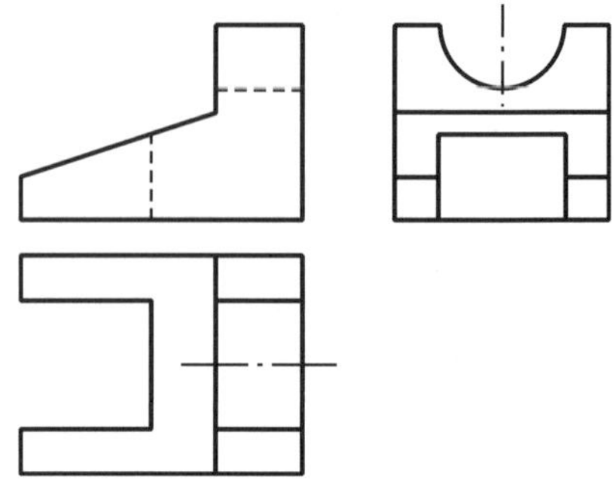

图 1-3-18 切割型组合体三面投影图

1.3.5 综合型组合体投影图的绘制

组合体的组合形式——综合型

如果形体为综合型组合体,绘图方法即为把叠加型组合体和切割型组合体的绘制方法联合使用。

如图 1-3-19 所示,以一综合型组合体为例说明其三视图的画法。

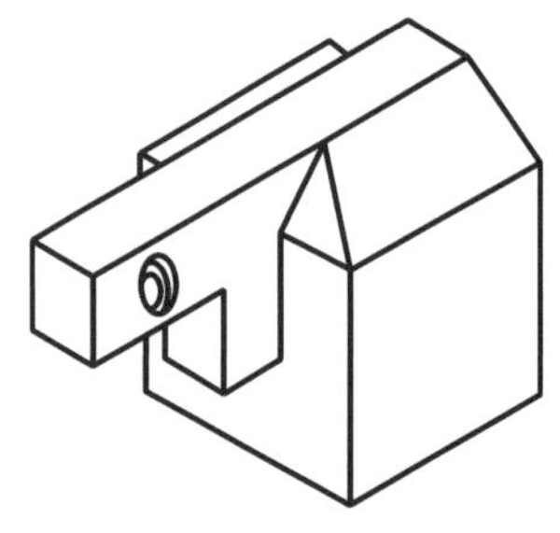

图 1-3-19 综合型组合体

1. 形体分析

对组合体进行形体分解,分成三个基本块,如图 1-3-20 所示。

该组合体可以看作是由钻孔上盖Ⅰ、底座Ⅱ、直角斜楔Ⅲ这三个基本块叠加而成,这三个基本块有一个面为平齐关系。其中,钻孔上盖可以看作是由一个长方体切割掉一个矩形的角和一个圆形的孔组成,底座可以看作是由一个长方体切割掉一个凹槽形成的,直角斜楔的左端也被切割掉了一块。

2. 选择投影方案

正面投影图又称主视图,是三面投影的最主要投影图。选择正面投影图时必须考虑组合体的安放位置和正面投影方向即主视方向。

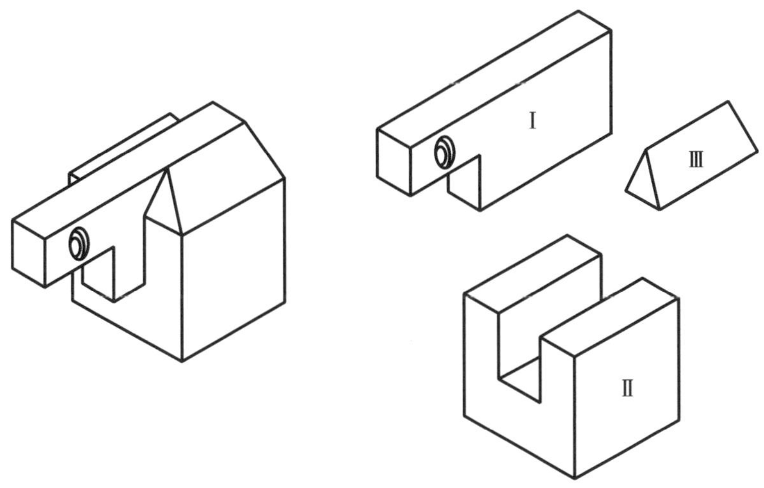

图 1-3-20　综合型组合体形体分析

本例从右侧纸外正视组合体较为合适，因两个投影无法表达清楚该组合体的外部形状，其投影图必须选择三个视图来表达。

3. 起草稿、测尺寸

以钻孔上盖的宽度数据出现较多，定为基本尺寸 20。然后选择好比例、确定图幅，开始布图，绘制草图，测量组合体各部分的尺寸，如图 1-3-21 所示。

4. 布置视图、画底稿线

将该组合体进行图纸布局，分块画出钻孔上盖、底座、直角斜楔的底稿。

5. 检查、加深

对该组合体三面投影底稿检查无误后加深完成其三面投影，如图 1-3-22 所示。

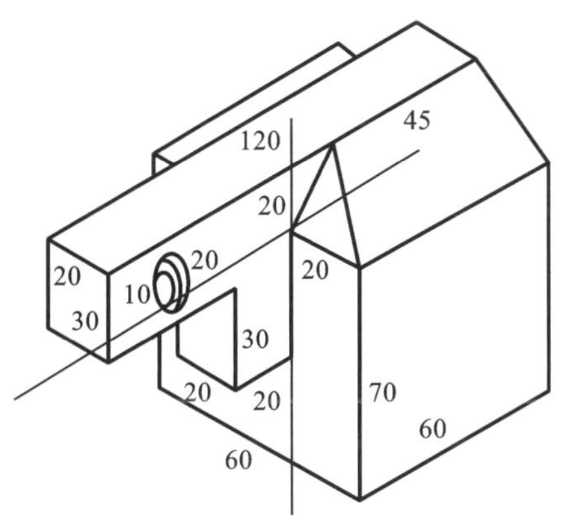

图 1-3-21　综合型组合体尺寸测量

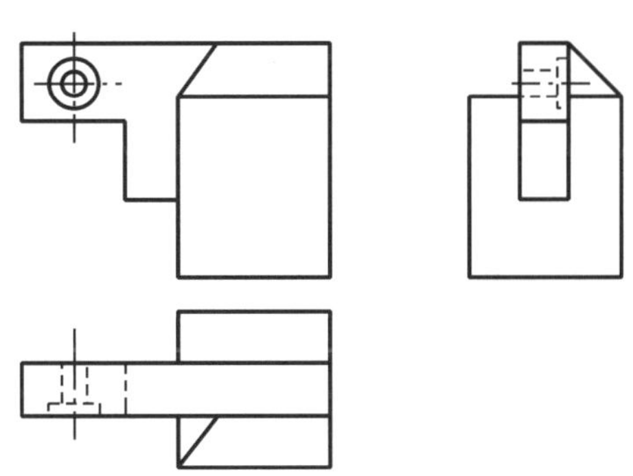

图 1-3-22　综合型组合体三面投影图

课堂训练

根据如图 1-3-23 所示的综合型组合体立体图，画出它的三面投影图，要求学生 20

分钟内完成任务。

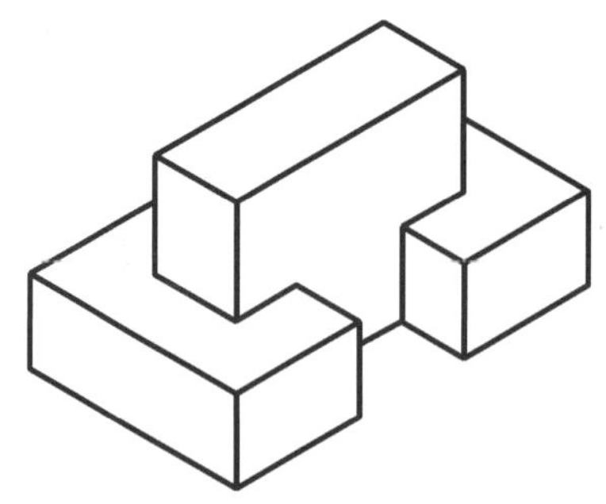

图 1-3-23　综合型组合体立体图

1.3.6　识读组合体的投影图

一、组合体投影图识读的方法

读图就是运用正投影的原理，根据投影图想象出形体的空间形象，它是画图的逆过程。读图的基本方法一般有形体分析法和线面分析法两种。

形体分析法是以特征投影图为突破口，通常都是正面投影特征显著，联系其他投影图分析组合体的组合方式，然后在投影图上把组合体分解成若干基本形体，并按各自的投影关系，分别想象出每个基本形体的形状，再根据各基本形体的相对位置，把基本形体进行整合，想象出整个组合体的形状。这种读图的方法称为形体分析法。

线面分析法是一种辅助方法，通常是在对投影图进行形体分析的基础上，对投影图中难以看懂的局部投影，运用线面分析的方法进行识读。

根据组合体各线、面的投影特性来分析投影图中线和线框的空间形状和相对位置，从而确定组合体的总形状的方法称为线面分析法。

要用线面分析法，需弄清投影图中封闭线框和线段代表的意义。

一个封闭线框，可能表示一个平面或曲面，也可能表示一个相切的组合面，还可能表示一个孔洞。投影图中一个线段，可能是特殊位置的面，也可能是两个面的交线，还可能表示曲面的轮廓素线。

阅读组合体投影图时，一般可按下列步骤进行。

(1) 先整体把一组投影通看一遍，找出特征明显的投影面，粗略分析出组合方式。

(2) 根据组合方式，将特征投影大致划分为几个部分。

(3) 区分各部分的投影，根据每个部分的三面投影，想象出每个部分的形状。

(4) 对不易确认形状的部分，应用线面分析法仔细推敲。

(5) 将已确认的各部分组合，形成一个整体。然后按想出的整体作三面投影，与原投影图相比，不符时应该将该部分重新分析和辨认，直至想出的形体的投影与原投影完全符合。

读图是一个空间思维想象的过程，读图能力与掌握投影原理的深浅和运用原理的熟练程度有关。因为较熟悉的形状易于想象，如果每个人都尽可能多地记忆一些常见形体的投影，并通过自己反复地读图实践，积累自己的经验，可以提高读图的能力和水平。如图 1-3-24 所示为组合体投影图的识读。

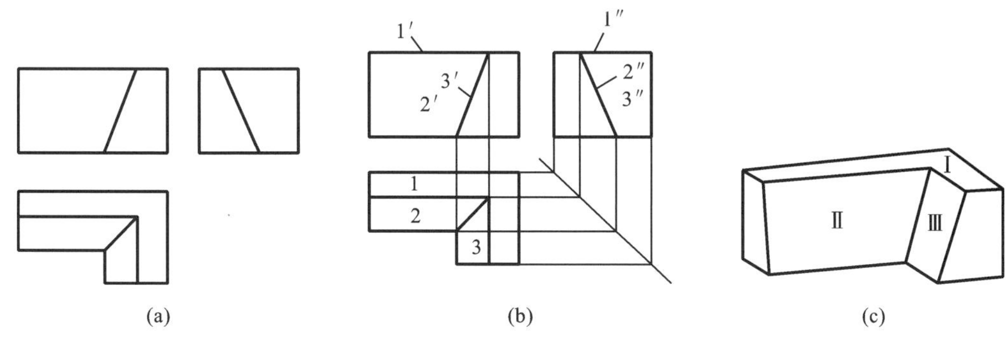

图 1-3-24 组合体投影图的识读

二、组合体投影图识读示例

如图 1-3-25 所示，想象其空间形状，选择正确的第三面视图。

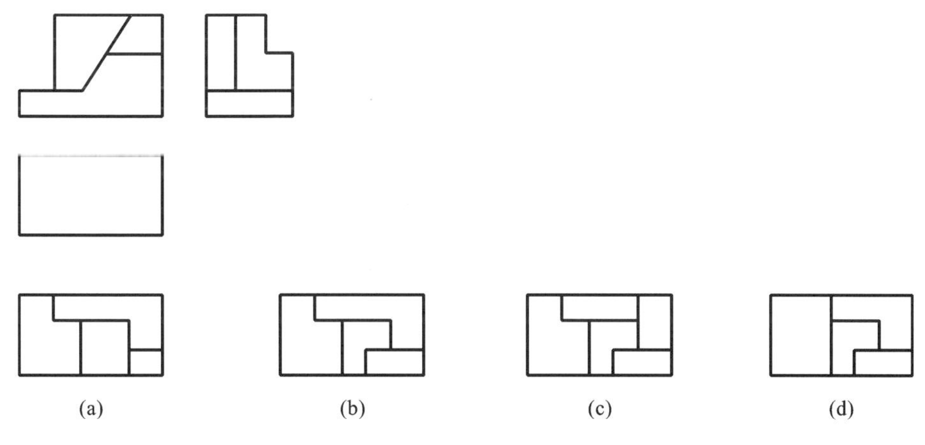

图 1 3 25 组合体投影图识读

分析：

(1) 该物体的正面投影和水平投影的外形可补全成一个长方形，则该物体的外形可看成一个长方体。可初步分析这是由一个长方体切割而成的形体，视为切割型组合体。

(2) 从正面投影看出左前部被切去一个梯形横截面的四棱柱，由于四棱柱较短，剩下的形成背板。背板左边再切去一个长方块，由于切得少，淘汰答案(d)。

(3) 侧面投影图可以看出右前方被切去一个四棱的缺口。缺口与斜面的相交线从正视图对齐下来超出上表面边界,淘汰答案(a)。正视图中的斜线实际是正垂面,侧视和俯视为类似形,曲尺形旋转 90°。这里应用到线面分析法。

(4) 背板和右端没有分界,答案(c)的分界线不存在。所以答案(b)是正确的选择。

三、组合体投影图识读训练

如图 1-3-26 所示,想象其空间形状,选择正确的第三面视图。

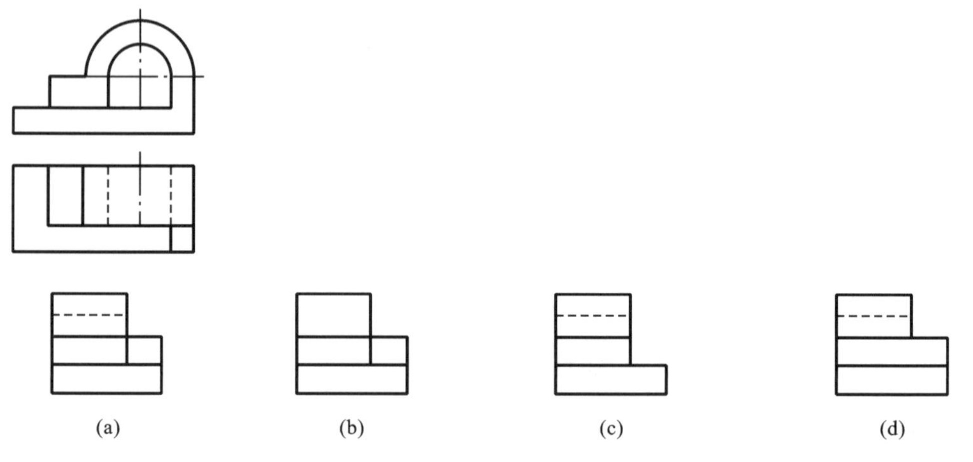

图 1-3-26

分析:

(1) 该物体由底板、侧板和背板三部分组成,背板切割开孔,因此视为________型组合体。从________(A. 正视图;B. 俯视图)可以看出,后面和右面这三部分平齐。

(2) 仔细看正面投影图右边,结合俯视投影都能确认侧板的存在,淘汰答案______。

(3) 侧板与背板左面距离很远,不平齐就必然有相交线,淘汰答案________。

(4) 背板是一块长方体与半圆柱在右端________(A. 相交;B. 相切)。在剩下的答案(a)(b)中,答案________未体现背板开孔,因此答案________为正确选择。

任务 1.4　剖面图与断面图

能力目标	知识目标
能正确运用剖断面制图规范 能按规范绘制基础剖面图和断面图 能正确区分剖面图与断面图	了解剖面图和断面图的概念和类型 熟悉剖面图和断面图的标注和图示方法 掌握剖面图、断面图的绘图规范 掌握剖面图和断面图的联系与区别

1.4.1　剖面图

剖面图的形成

一、剖面图的形成

为了能直接表达形体内部形状，假想用一个剖切平面，在形体的适当部位将其剖开，并将处于观察者与剖切平面之间的那部分移去，将剩余部分投射到与剖切平面平行的投影面上，这种剖切后对形体作出的视图，称为剖面图。

如图 1-4-1(a)所示为一钢筋混凝土杯形基础的视图，由于这个基础有安装柱子用的杯口，在正立面图与左侧立面图上都出现了虚线，图面不清晰。

假想用一个通过基础前后对称面的正平面 P，将基础剖开，移走剖切平面 P 和观察者之间的部分，如图 1-4-1(b)所示。将留下的后半部分基础向 V 面投射，所得视图即为基础剖面图，如图 1-4-1(c)所示。比较原视图中的正立面图与Ⅰ-Ⅰ剖面图，就可看到在剖面图中，基础内部的形状、大小、构造，杯口的深度和杯底的长度都表示得一清二楚。

二、剖面图的图示方法

国家标准规定，剖面图除应画出剖切面切到部分的图形(断面)外，还应画出沿投射方向看到的部分。形体被剖切后得到的断面轮廓线用粗实线绘制，剖切面没有剖切到、但沿投射方向可以看到的部分，用中实线绘制。在断面上应画出建筑材料图例，以区分断面与非断面部分。各种建筑材料图例必须遵照“国标”规定的画法。参见表 1-1-6 常用建筑材料图例。当不需要表明建筑材料的种类时，可用间隔均匀的 45°细实线表示的剖面线绘制。在同一组合体的各个图样中，断面上的图例线应间隔相等、方向相同。

根据《房屋建筑制图统一标准》(GB/T 50001—2010)的规定，两个相同的图例相接

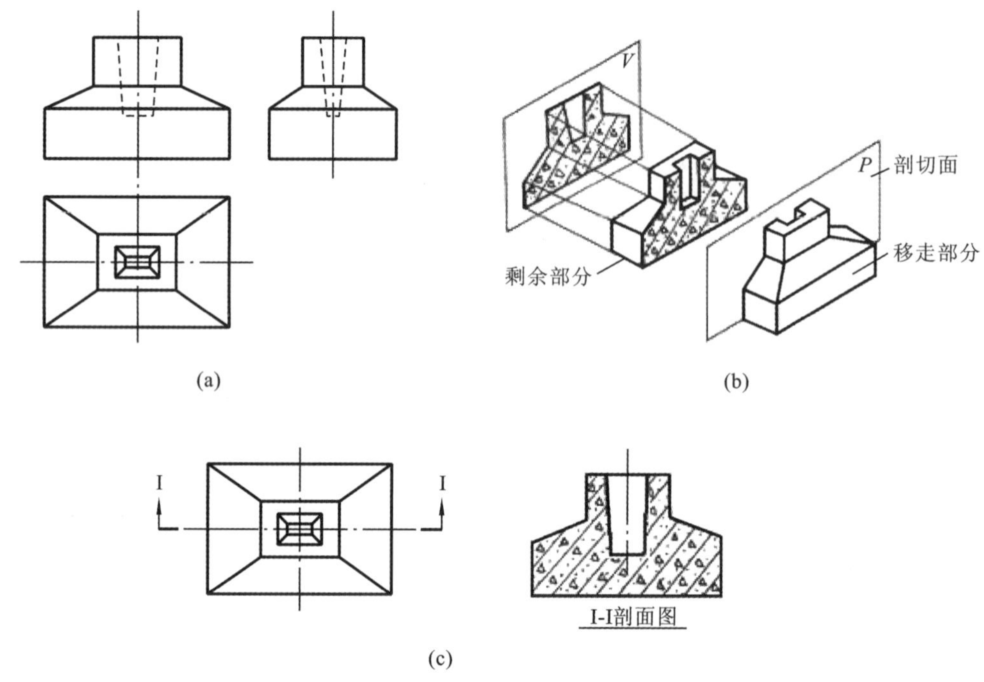

图 1-4-1　剖面图的形成

(a)杯形基础投影图;(b)剖面图的形成;(c)剖面图

时,图例线宜错开或使倾斜方向相反,如图 1-4-2(a)所示。由不同材料组成的同一构筑物,剖切后,在相应的断面上应画不同的材料图例,并用粗实线将处在同一平面上两种材料的图例隔开,如图 1-4-2(b)所示。当断面的范围很小时,材料图例可用涂黑表示,在两个相邻断面的涂黑图例间,应留有空隙,其宽度不得小于 0.7 mm,如图 1-4-2(c)所示。当绘制断面面积过大的建筑材料图例时,可在断面轮廓内,沿轮廓线局部表示,如图 1-4-2(d)所示。

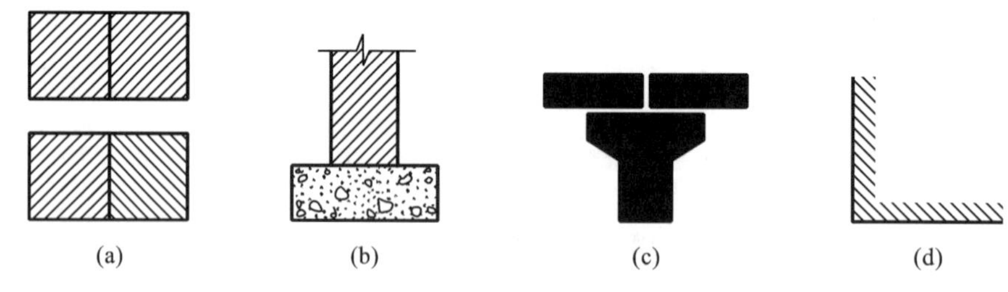

图 1-4-2　剖面图的材料图例画法

(a)相同图例相接时的画法;(b)不同材料组成的构筑物的画法;(c)涂黑的画法;(d)沿轮廓线局部表示的画法

需要注意的是:剖开形体是假想的,剖开形体是为了表达其内部形状所作的假设,形体仍是一个完整的整体,没有被剖切。所以虽然剖面图是形体被剖开后所剩余部分的投影,但其他视图中仍应按完整形体画出。同一形体多次剖切时,其剖切方法和先后次序互不影响。

三、剖面图的标注

用剖面图配合其他视图表达形体时，为了便于读图，要将剖面图中的剖切位置和投射方向在图样中加以说明，最后注明剖面图的名称，这就是剖面图的标注。

剖面图的剖切符号应符合下列规定。

(1) 在工程图中，可省略剖切线，用剖切符号表示剖切平面的位置及投影方向。剖切符号由剖切位置线和投射方向线组成。

剖切位置线实质上就是剖切平面的积聚投影，它表示了剖切平面的剖切位置。剖切位置线用两段粗实线绘制，长度宜为 6～10 mm，如图 1-4-3(a)所示。投射方向线(又称剖视方向线)是画在剖切位置线外端同一侧且与剖切位置线垂直的两段粗实线，它表示了形体剖切后剩余部分的投影方向，其长度应短于剖切位置线，宜为 4～6 mm，如图 1-4-3(a)所示。

剖切符号应画在与剖面图有明显联系的投影图上，且不宜与图面上的其他图线相接触。

(2) 对一些复杂的形体，有时候需要同时剖切几次才能识读出其内部结构，为了区分清楚各剖切情况，需要对每一次剖切进行编号。制图标准规定，剖面图剖切符号的编号宜采用阿拉伯数字，按顺序由左至右、由下至上连续编排，并注写在投射方向线的端部。在相应剖面图的下方或一侧，写上与该图相对应的剖切符号的编号，作为剖面图的图名，如 1-1 剖面图、2-2 剖面图等，并在图名下方画与之等长的粗实线，如图 1-4-3(b)所示。

(3) 需要转折的剖切位置线，在转折处容易与其他图线发生混淆，应在转角的外侧加注与该符号相同的编号，如图 1-4-3(a)中的“3-3”所示。

(4) 剖面图如与被剖切图样不在同一张图纸内时，可在剖切位置线的另一侧注明其所在图纸的编号，也可以在图纸上集中说明，如图 1-4-3(a)所示。

(5) 建筑(构)物剖面图的剖切符号宜注在±0.000 标高的平面图上，即位于建筑施工图的首层平面图上。

对下列剖面图可以不标注剖切符号：剖切平面通过形体对称面所绘制的剖面图；习惯的剖切位置，如房屋建筑图中的平面图，通过门窗洞口的水平面剖切而成。

四、剖面图的种类

根据国标规定，剖切平面分为单一剖切面、两个或两个以上平行剖切面和两个相交的剖切面。

绘制剖面图的目的是为了更清楚地表达形体内部的形状，因此，如何选择好剖切平面的位置、方向、范围与数量就成为画好剖面图的关键。针对建筑形体的不同特点和要

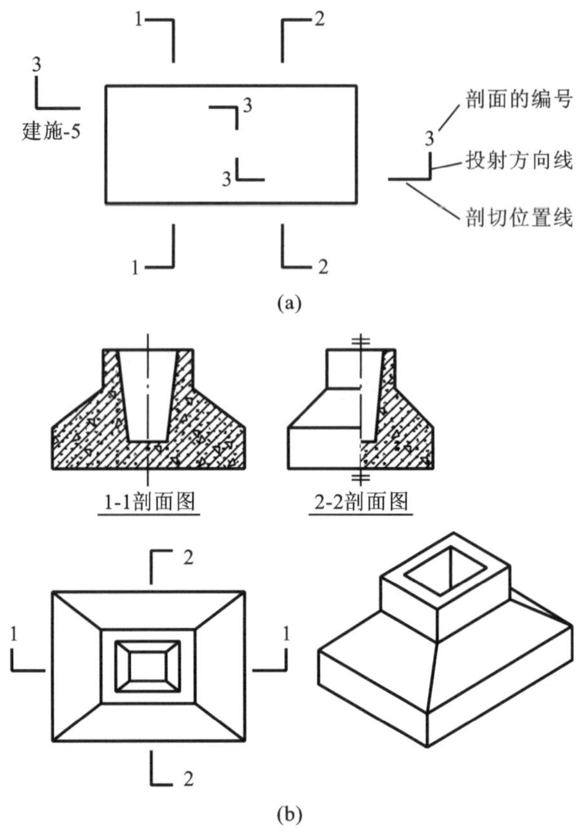

图 1-4-3　剖面图的剖切符号及标注

(a)剖面图的剖切符号与编号;(b)剖面图标注示例

求,常用的剖面图有全剖面图、半剖面图、局部剖面图、阶梯剖面图、旋转剖面图等。

1) 全剖面图

假想用一个剖切平面将形体全部剖开,画出形体的剖面图,这种剖面图称为全剖面图。全剖面图以表达形体所有内部结构为主,它适用于不对称的形体、虽对称但外形较简单的形体或在其他视图中已将外形表达清楚的形体。这是一种最常用的剖切方法,见图 1-4-4(b)的 1-1、2-2 剖面图。

全剖面图

2) 半剖面图

采用全剖面图时,物体外部的一些轮廓线被切去,需对照另一投影图才能了解其外形。所以,当形体是左右对称或前后对称,外形又比较复杂,同时又需要表达它的内外部形状时,可以画出由半个外形正投影图和半个剖面拼成的图形,以同时表示形体的外形和内部构造。这种剖面图称为半剖面图,见图 1-4-4(c)的 1-1 剖面图和图 1-4-4(d)的立体图。

半剖面图

在绘制半剖面图时应注意以下几点。

(1) 半剖面图适用于内、外形状均需表达的对称形体。

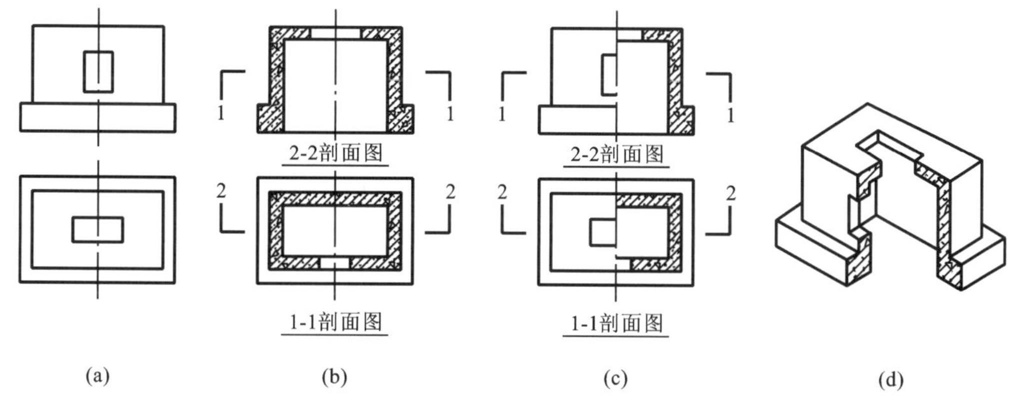

图 1-4-4　全剖面图与半剖面图

(a)投影图(不画虚线);(b)全剖面图;(c)半剖面图;(d)立体图

(2) 在半剖面中,剖面图与投影图之间,规定用形体的对称中心线(细单点长画线)为分界线,宜画上对称符号。

(3) 习惯上,当对称中心线是竖直时,半个剖面画在投影图的右侧;当对称中心线是水平时,半剖面画在投影图的下侧。

(4) 由于形体的对称性,在半剖面图中,表达外形部分的视图内的虚线应省略不画。

(5) 半剖面图的标注方法与全剖面图相同,如图 1-4-4(b)、图 1-4-4(c)所示。

3) 阶梯剖面图

阶梯剖面图

当物体内部的形状比较复杂,而且又分布在不同的层次上时,则可采用两个或两个以上互相平行的剖切平面对物体进行剖切,然后将各剖切平面所剖到的形状同时画在一个剖面图中,所得到的剖面图称为阶梯剖面图。也就是说,用两个或两个以上平行的剖切平面剖开形体后所得到的一个剖面图,称为阶梯剖面图。

如图 1-4-5 所示,该形体上有两个前后位置不同、形状各异的孔洞,两孔的轴线不在同一正平面内,用一个剖切平面难以同时通过两个孔洞轴线。为此采用两个互相平行的

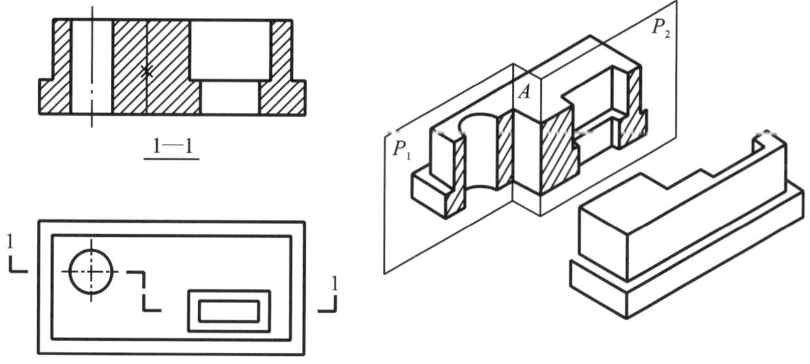

图 1-4-5　形体的阶梯剖面图

平面 P_1 和 P_2 作为剖切平面，P_1、P_2 分别过圆柱形孔和方形孔的轴线，并将形体完全剖开，将剩余部分往 V 面投影就形成阶梯剖面图。

画阶梯剖面图时应该注意：由于剖切是假想的，所以在剖面图中，不应画出剖切平面所剖到的两个断面在转折处的分界线，同时，在标注阶梯剖面图的剖切符号时，应在两剖切平面转角的外侧加注与剖切符号相同的编号。当剖切位置明显，又不致引起误解时，转折处允许省略标注数字(或字母)。

4) 局部剖面图

当建筑形体的外形比较复杂，完全剖开后无法表达清楚它的外形时，可以保留原视图的大部分，而只将局部地方画成剖面图，这种剖面图称为局部剖面图。按国标规定，局部剖面图与原视图之间，用徒手画的波浪线分界。波浪线不应与任何图线重合，如图1-4-6所示。

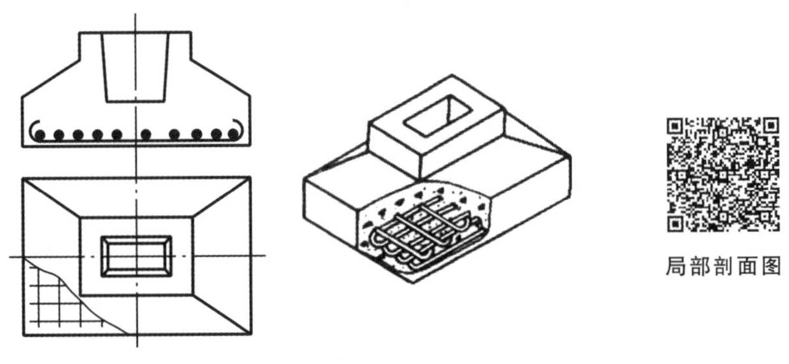

图 1-4-6　局部剖面图

局部剖面图常用于外部形状比较复杂，仅仅需要表达局部内部的建筑形体。

局部剖面图，大部分视图表达外形，局部表达内部构造，而且剖切位置都比较明显，所以一般可省略剖切符号和剖面图的图名，在视图中直接画出。

5) 在装饰装修工程中，为了表示楼面、屋面、墙面及地面等的构造和所用材料，常用分层剖切的方法画出各不同构造层次的剖面图，称为分层剖面图。分层剖切是局部剖切的一种形式，用以表达形体内部的构造，常用波浪线按层次将各层隔开。

建筑中楼地面的做法，常用分层局部剖面图反映所用材料和构造的做法，如图1-4-7所示。

6) 旋转剖面图

用两个相交的剖切平面(交线垂直于基本投影面)剖开形体，将两个平面剖切得到的图形，旋转到与投影面平行的位置后再进行投影，这样得到的剖面图称为旋转剖面图。旋转剖视图常用于建筑形体的内部结构形状用一个剖切平面剖切不能表达完全，建筑形体在整体上又具有回转轴的场合。

如图 1-4-8 所示的检查井，其两个水管的轴线是斜交的，为了表示检查井和两个水

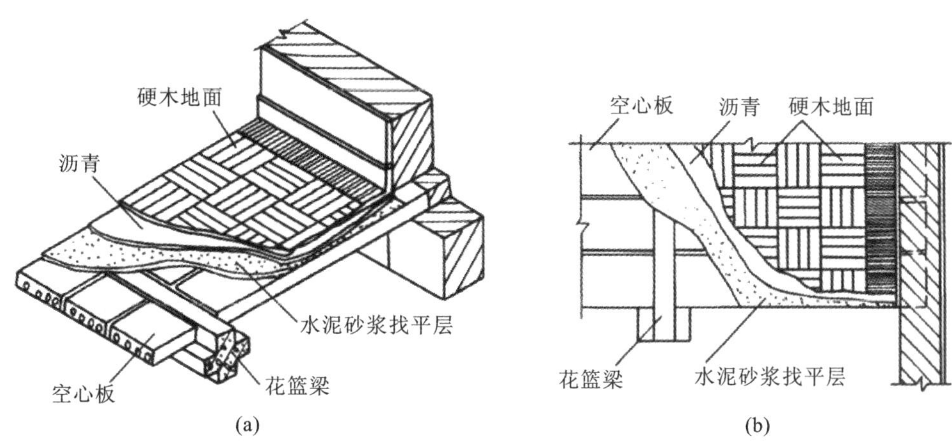

图 1-4-7 楼层地面分层局部剖面图

(a)立体图;(b)平面图

管的内部结构,采用了相交于检查井轴线的正平面和铅垂面作为剖切面,沿两个水管的轴线把检查井切开,如图 1-4-8 所示;再将左边铅垂剖切平面剖到的图形(断面及其相联系的部分),绕检查井铅垂轴线旋转到正平面位置,并与右侧用正平面剖切得到的图形一起向 V 面投影,便得到 1-1 旋转剖面图。

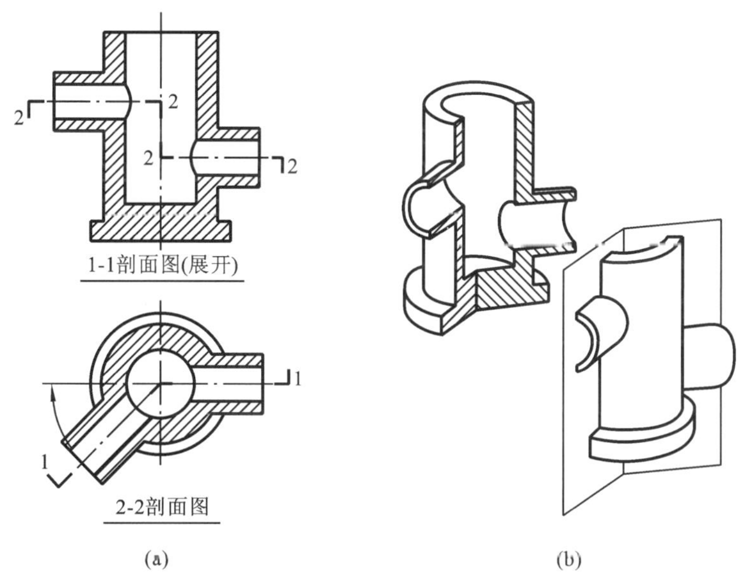

图 1-4-8 检查井的旋转剖面图

(a)旋转剖面图的画法;(b)剖切情况

《房屋建筑制图统一标准》(GB/T 50001—2010)规定,旋转剖面图应在图名后加注“展开”字样,如图 1-4-8(a)所示。绘制旋转剖面图时应注意:在断面上不应画出两相交剖切平面的交线。画旋转剖画图时,应在剖切平面的起始及相交处,用粗短线表示剖切位置,用垂直于剖切线的粗短线表示投射方向。

五、剖面图的绘制

绘制剖面图的一般步骤如下。

(1) 确定剖切平面的位置。为了更好地反映出形体的内部形状和结构,所取的剖切平面应是投影面平行面,使断面的投影反映真形;剖切平面应尽量通过形体的孔、洞、槽等结构的轴线或对称面,使得它们由不可见变为可见,并表达得完整、清楚。

(2)画剖面剖切符号并进行标注。剖切平面的位置确定以后,在视图的相应位置画上剖切符号并进行编号,以方便下一步作图。

(3) 画断面、剖开后剩余部分的轮廓线。按剖切平面的剖切位置,假想移去形体在剖切平面和观察者之间的部分,根据剩余部分的形体作出投影。

(4) 画建筑材料图例。在断面轮廓线内画上建筑材料图例,当图形比较小而无法清晰表达图例时,可以采用直接涂黑的方式。

(5) 省略不必要的虚线。剖视图中不可见的虚线投影,当配合其他图形已能表达清楚时,应该省略不画;但是如果为了配合其他图形,省略后不能表达清楚,或会引起误解时,不可省略。

(6) 标注剖面图名称。

(7) 检查整理图样。

1.4.2 断面图

对于一些图形单一的简单构件,只需要表达构件一部分的内部情况时,无需采用剖面图表达,这时可通过断面图来完成。

一、断面图的形成

假想用剖切平面将形体切开,仅画出剖切平面与形体接触部分即断面的形状,所得到的图形称为断面图,简称断面。断面图与剖面图一样,也是用来表达形体的内部结构的。断面图常常用于表达建筑工程中梁、板、柱的某一部位的断面真形,也用于表达建筑形体的内部形状。

二、断面图的标注

(1) 断面的剖切符号,只用剖切位置线表示;并以粗实线绘制,长度为 6～10 mm。

(2) 断面剖切符号的编号,宜采用阿拉伯数字,按顺序连续编排,并注写在剖切位置线的一侧,编号所在的一侧即为该断面的投射方向。

(3) 断面图的正下方注写断面编号以表示图名,如 1-1 断面图、2-2 断面图等,如图

1-4-9 所示。

（4）断面图的剖面线及材料图例的画法与剖面图相同。

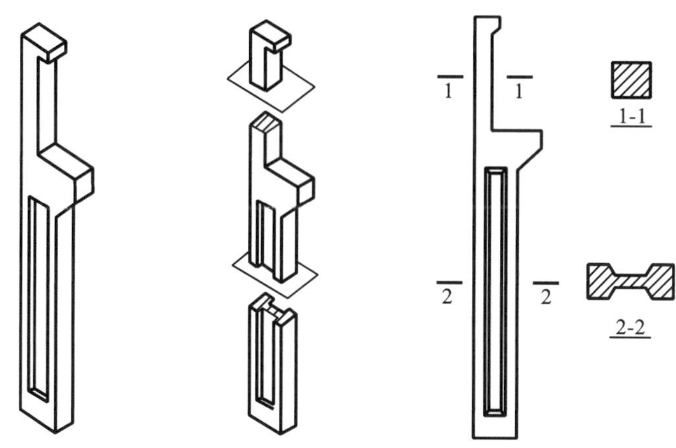

图 1-4-9 断面图的形成和标注

三、断面图的种类

根据断面图在视图上的位置不同，可将断面图分为移出断面图、重合断面图和中断断面图。

1）移出断面图

绘制在视图轮廓线以外的断面图称为移出断面图。如图 1-4-9 所示为钢筋混凝土牛腿柱的正立面图和移出断面图。移出断面图一般应标注剖切位置、编号和断面名称，如图 1-4-9 的 1—1、2—2 断面。

移出断面宜画在剖切平面的延长线上、或其他适当位置。移出断面图根据需要可用较大比例画出。

2）重合断面图

绘制在视图轮廓线内的断面图称为重合断面图，如图 1-4-10 所示为一角钢的重合断面。它是假想用一个垂直角钢长向棱线的剖切平面切开角钢，将断面向右旋转 90°，使它与正立面图重合后画出来的。这种断面的轮廓线应画得粗些，以区别投影图；断面部分应画上相应的材料图例，视图上与重合断面轮廓线位置一致的原有轮廓线，不应断开，仍需完整地画出。这样的断面可以不加任何说明。

图 1-4-11 所示为屋面结构的梁、板断面重合在结构平面图上的情况。它是用侧平的剖切面剖开屋面得到断面图，经旋转后重合在平面图上。因梁、板断面图形较窄，不易画出材料图例，故以涂黑表示。图 1-4-12 所示是墙壁上装饰的断面图。

3）中断断面图

绘制在视图轮廓线中断处的断面图称为中断断面图。这种断面图适合于表达等截

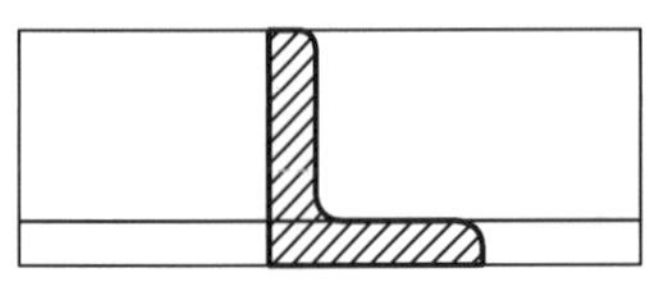

图 1-4-10　角钢的重合断面图

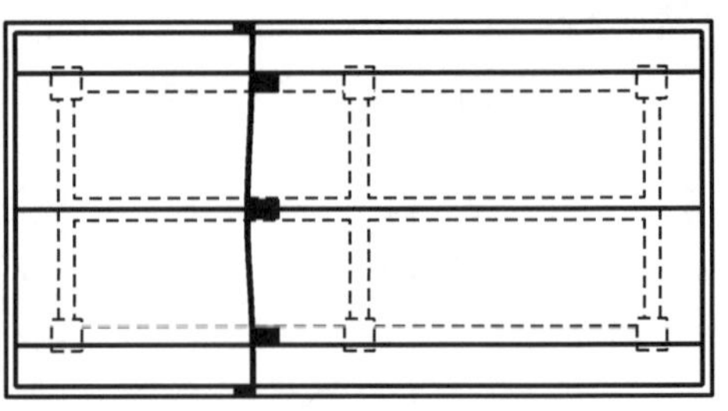

图 1-4-11　屋面结构的梁板重合断面图

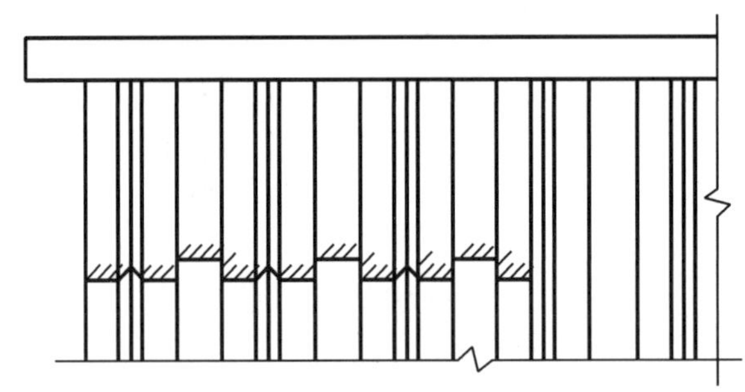

图 1-4-12　墙壁上装饰的断面图

面的细长杆件或长向构件，如图 1-4-13 所示为槽钢的断面图。

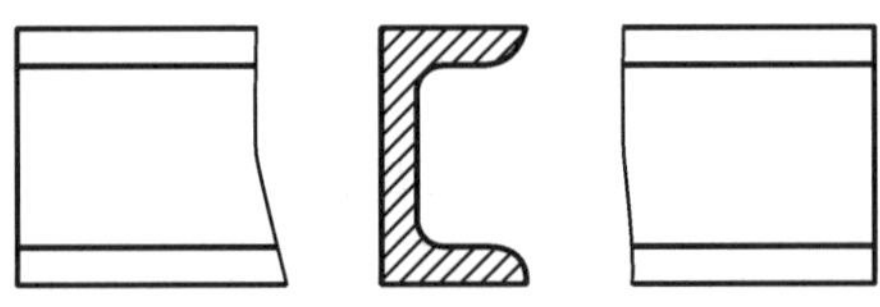

图 1-4-13　槽钢的中断断面图

画中断断面图时，原投影长度可缩短，但尺寸应完整地标注。这样的断面图一般不加任何说明。

四、剖面图与断面图的区别

(1) 绘图范围不同。断面图只画出形体被剖开后断面的投影，如图 1-4-14(b)所示，是面的投影；而剖面图除应画出断面图形外，还应画出剩余部分形体的投影，如图 1-4-14(a)所示，是“体”的投影。

(2) 剖切符号的标注不同。断面图的剖切符号只画出剖切位置线，不画投射方向线，用编号的书写位置来表示投射方向。

(3) 剖切平面不同。剖面图中的剖切平面可转折，断面图中的剖切平面则不转折。

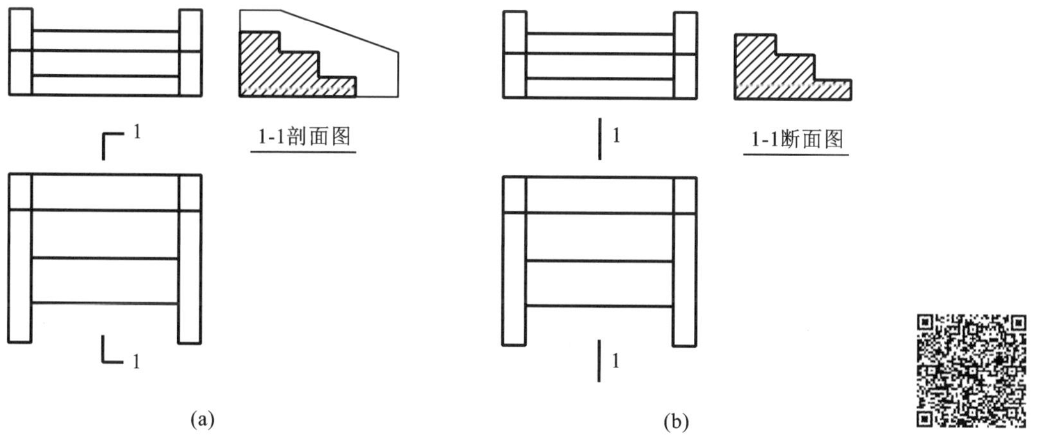

台阶剖面图与断面图

图 1-4-14　剖面图与断面图的区别

(a)剖面图;(b)断面图

模块二　建筑构造

任务 2.1 民用建筑概述

能力目标	知识目标
能说出建筑物的构造组成及分类 能正确辨别建筑物的变形缝	熟悉建筑的分类 理解建筑的耐久等级和耐火等级 掌握建筑的构造组成 了解建筑模数及建筑工业化的概念 掌握变形缝的相关概念和构造要求

2.1.1 建筑的构造组成与分类

一、建筑的分类

人们采用不同的建筑材料与建筑技术建造规模用途不同、造型各异的建筑空间环境。所有的建筑个体之间存在共同点的同时也存在着较大的差异，为了便于描述，我们把建筑分为不同的类型，常见的分类方式有以下几种。

1. 按建筑物的使用性质分类

1）民用建筑

民用建筑是指供人们居住、生活、工作和学习的房屋和场所。一般分为居住建筑与公共建筑，居住建筑是指供人们生活起居的建筑物，包括住宅、公寓等；公共建筑是指供人们进行各项社会活动的建筑物，包括办公建筑、商业建筑、娱乐建筑等。

2）工业建筑

工业建筑是指供人们从事各类生产活动的用房，如生产厂房、仓储等。

3）农业建筑

农业建筑是指供农业、牧业生产和加工用的建筑，如温室、畜禽饲养场、种子库等。

2. 按主要承重结构的材料和结构形式分类

1）木结构建筑

木结构建筑是指以木材作为房屋承重骨架的建筑。这种结构自重轻，防火性能差。

2）砖混结构建筑

砖混结构建筑是指以砖或砌块作为承重结构的建筑。这种结构自重大，抗震性能差。

3）钢筋混凝土结构建筑

钢筋混凝土结构建筑是指整个结构系统的承重构件均采用钢筋混凝土材料的建筑。它具有坚固耐久、防火和可塑性强等优点，是我国目前房屋建筑中应用最为广泛的一种结构形式。如大跨度结构、框架结构、剪力墙结构、框剪结构、简体结构等。

4）钢结构建筑

钢结构建筑是指以型钢等钢材作为房屋承重骨架的建筑。钢结构强度高、塑性好、韧性好，便于制作和安装，工期短，结构自重轻，适宜在超高层和大跨度建筑中采用。

5）混合结构建筑

混合结构建筑是指采用两种或两种以上材料作承重结构的建筑。如由砖墙、木楼板构成的砖木结构建筑；由砖墙、钢筋混凝土楼板和屋架构成的砖混结构建筑；由钢屋架和混凝土(或柱)构成的钢-钢筋混凝土结构建筑等。

其中，砖混结构建筑在大量民用建筑中应用最广泛。近年来，我国许多地区已逐渐使用非黏土材料制成的空心承重砌块来取代黏土砖的使用。这类砌体结构主要适用于建造多层及以下的建筑。

3. 按建筑的层数或总高度分类

(1) 住宅建筑按层数分类：1～3 层为低层建筑；4～6 层为多层建筑；7～9 层为中高层建筑；10 层以上为高层建筑。

(2) 公共建筑按建筑高度分类：建筑物高度超过 24 m 者为高层建筑(不包括高度超过 24 m 的单层建筑)，建筑物高度不超过 24m 者为非高层建筑。

4. 按建筑的规模和数量分类

1）大量性建筑

大量性建筑是指建筑规模不大，建筑数量较多的建筑。这类建筑如一般居住建筑、中小学校、中小型商店等。

2）大型性建筑

大型性建筑是指建筑规模宏大，建筑数量较少的建筑。如大城市火车站、机场候机楼、大型体育馆场、大型影剧场、大型展览馆等建筑。这类建筑往往属于该地区的标志性建筑，对城市面貌影响较大。

二、建筑的等级划分

考虑到不同的建筑物重要性存在不同，对其出现问题后的影响程度不同，对建筑物的耐久年限和耐火等级进行分级。

1. 耐久等级

建筑物耐久等级的指标是主体结构的使用年限。使用年限的长短主要根据建筑物的重要性和质量标准确定。以主体结构确定的建筑耐久年限分为下列四个等级：

一级：使用年限为 100 年以上，适用于重要的建筑和高层建筑。

二级：使用年限为 50～100 年，适用于一般性的建筑。

三级：使用年限为 25～50 年，适用于次要的建筑。

四级：使用年限为 15 年以下，适用于临时性或简易建筑。

2. 耐火等级

耐火等级主要取决于建筑物在使用中的火灾危险性以及由建筑物的规模导致的一旦发生火灾时人员疏散及扑救火灾的难易程度上的差别。因此，建筑物的耐火等级是衡量建筑物耐火程度的标准，是根据组成建筑物构件的燃烧性能和耐火极限确定的。

我国《建筑设计防火规范》规定：高层建筑的耐火等级分为一、二两级；其他建筑物的耐火等级分为一、二、三、四级。

耐火极限是指对任一建筑构件按时间-温度标准曲线进行耐火试验，从受到火的作用时起，到失去支持能力（木结构），或完整性被破坏（砖混结构），或失去隔火作用（钢结构）时为止的这段时间，以小时表示。

燃烧性能是指组成建筑物的主要构件在明火或高温作用下燃烧与否及燃烧的难易程度。分为非燃烧体、难燃烧体和燃烧体。

非燃烧体是指用非燃烧材料做成的建筑构件。

难燃烧体是指用难燃烧材料做成的建筑构件，或用燃烧材料制作，而用非燃烧材料做保护层的建筑构件。

燃烧体是指用容易燃烧的材料做成的建筑构件。

三、民用建筑的组成

各种不同功能的房屋建筑，一般都是由基础、墙或柱、楼地层、地面、楼梯、屋顶、门窗等主要部分组成的（见图 2-1-1）。

1. 基础

基础是房屋最下面的部分，埋在自然地面以下，它承受房屋的全部荷载，并把这些荷载传给它下面的土层——地基。基础是房屋的重要组成部分，要求它坚固、稳定、耐久并且能经受冰冻和地下水及其所含化学物质的侵蚀，保证足够的使用年限。

2. 墙和柱

墙和柱是房屋的垂直承重构件，它承受楼地层和屋顶传给它的荷载，并把这些荷载传给基础。墙不仅是一个承重构件，它同时也是房屋的围护结构：外墙阻隔雨水、风雪、寒暑对室内的影响；内墙把室内空间分隔为房间，避免相互干扰。当用柱作为房屋的承重构件时，填充在柱间的墙仅起围护作用，称为填充墙。墙和柱应该坚固、稳定，墙还应具备保温、隔热、隔声和防水等功能。

3. 楼地层

楼地层包括楼板层和地坪层两个部分，是房屋的水平承重和分隔构件。楼板把建筑空间划分为若干层，将其所承受的荷载传给墙或柱。楼板支承在墙上，对墙也有水平支撑作用。地坪层是首层室内地面，它承受着室内的活载以及自重，并将荷载通过垫层传到地基。楼板层和地坪层的上表面部分称为地面，地面直接承受各种使用荷载，它在楼层上把荷载传给楼板，在首层把荷载传给它下面的地坪。楼地层应具有一定的强度和刚度，并应有一定的隔声、防潮和耐磨性能。

4. 楼梯和电梯

楼梯是楼房建筑中联系上下各层的垂直交通设施，平时供人们上下楼层；处于火灾、地震等事故状态时供人们紧急疏散。楼梯要求坚固、安全、防滑和有足够的通行能力。

电梯和自动扶梯可用于平时疏散人流，但不能用于消防疏散。消防电梯应满足消防安全的要求。

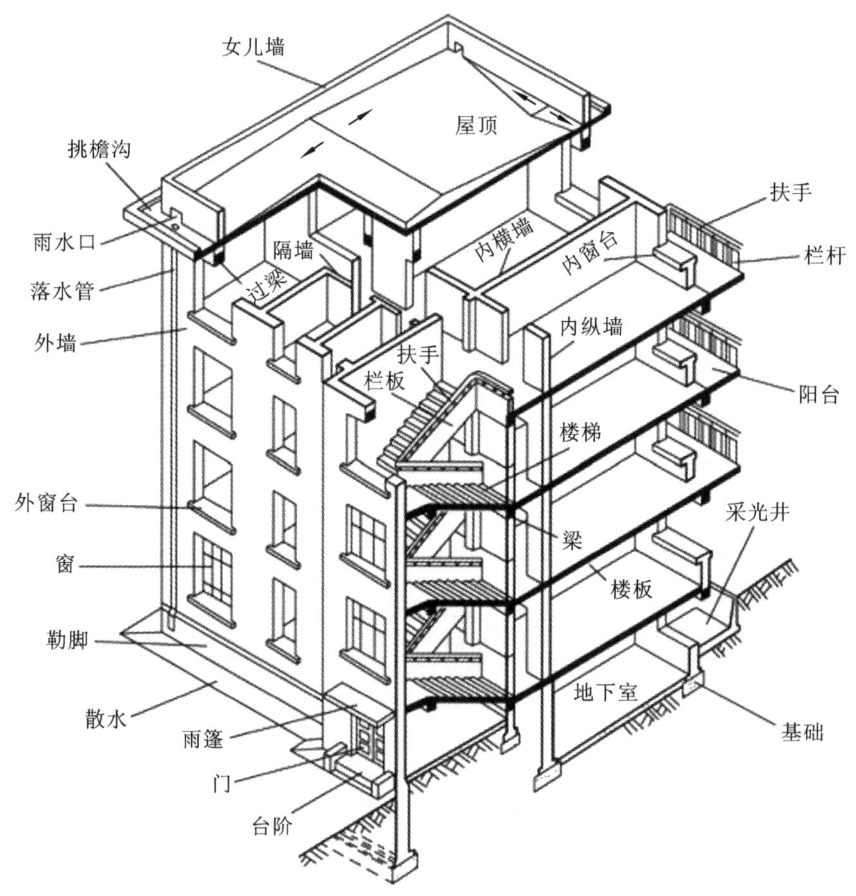

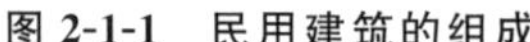
图 2-1-1　民用建筑的组成

房屋的构造组成

5. 屋顶

屋顶是房屋顶部的承重和围护部分，它由屋面、承重结构和保温（隔热）层三部分组成。屋面的作用是阻隔雨水、风雪对室内的影响，并将雨水排除。承重结构则承受屋顶的全部荷载，并把这些荷载传给墙或柱。保温（隔热）层的作用是防止冬季室内热量散失（夏季太阳辐射热进入室内）。屋顶要满足保温（隔热）、防水、排水、隔汽等构造要求，它的承重结构应有足够的强度和刚度。

6. 门和窗

门和窗属于围护构件，都有采光和通风的作用。门是供人们进出房屋和房间及搬运家具、设备的建筑配件。在遇到灾害时，人们要通过门进行紧急疏散。窗的作用是采光、通风和眺望。按照所在位置不同，门窗要求防水、防风沙、保温和隔声。

房屋建筑除上述基本组成部分外，还有其他一些配件和设施，如雨篷、散水、勒脚、防潮层、雨水管等。

2.1.2 建筑工业化与建筑模数协调

一、建筑工业化

我国目前正处于大规模的经济建设时期，而传统的建筑业都属于分散型的手工业生产方式，两者之间很不匹配。要想改变这种传统的落后状况，实现建筑工业化势在必行。

建筑工业化是指用现代工业的生产方式来建造房屋，它的内容包括四个方面：建筑设计标准化、构件生产工厂化、施工机械化和管理科学化。

建筑标准化是建筑工业化的基础。也就是说要通过建筑标准化推广应用各专业领域中先进的经验、标准和成果，加速科学技术转化为生产力的步伐，使建筑业获得最佳的经济效益和社会效益。

建筑标准化工作的基本任务：制定建筑标准（含规范、规程），组织对标准的实施进行监督。建筑标准是建筑业进行勘察、设计、施工、检验或验收等技术性活动的依据，是实行建筑科学管理的重要手段，从而有效保证建筑工程和建筑产品的质量。

建筑标准化工作的日标：加快制定建筑业发展急需的技术标准，进一步提高标准的配套性，积极创造条件，促进现行标准化体制向建筑技术法规与建筑技术标准相结合的体制过渡，以适应我国社会主义市场经济发展的需要。

二、建筑模数协调

为了使建筑制品、建筑构配件实现工业化大规模生产，使不同材料、不同形式和不同制造方法的建筑构配件符合模数并具有较大的通用性，以加快设计速度，提高施工质量和效率,降低建筑造价,建筑设计应采用国家规定的建筑统一模数制。

建筑模数是选定的标准尺度单位,作为建筑物、建筑构配件、建筑制品以及有关设备尺寸相互间协调的增值单位,包括基本模数和导出模数。

1. 基本模数

基本模数是模数协调中选用的基本尺寸单位。其数值定为 100 mm,符号为 M,即 1M=100 mm。

2. 导出模数

导出模数分为扩大模数(基本模数的整倍数)和分模数,其基数应符合下列规定。

水平扩大模数基数为 3M、6M、12M、15M、30M、60M,其相应的尺寸分别为300 mm、600 mm、1200 mm、1500 mm、3000 mm、6000 mm;竖向扩大模数的基数为 3M 与 6M,其相应的尺寸为 300 mm 和 600 mm。

分模数基数为 1/10M、1/5M、1/2M,其相应的尺寸为 10 mm、20 mm、50 mm。

3. 模数数列

模数数列是以选定的模数基数为基础而展开的数值系统。建筑物中的所有尺寸一般情况下都应符合模数数列的规定。它是由基本模数、扩大模数、分模数为基础扩展成的一系列尺寸,具体数值见表 2-1-1。

表 2-1-1 模数数列 单位:mm

基本模数	扩大模数						分模数		
1M	3M	6M	12M	15M	30M	60M	1/10M	1/5M	1/2M
100	300	600	1200	1500	3000	6000	10	20	50
100	300	600	1200	1500	3000	6000	10	20	50
200	600	1200	2400	3000	6000	12000	20	40	100
300	900	1800	3600	4500	9000	18000	30	60	150
400	1200	2400	4800	6000	12000	24000	40	80	200
500	1500	3000	6000	7500	15000	30000	50	100	250
600	1800	3600	7200	9000	18000	36000	60	120	300
700	2100	4200	8400	10500	21000		70	140	350
800	2400	4800	9600	12000	24000		80	160	400
900	2700	5400	10800		27000		90	180	450
1000	3000	6000	12000		30000		100	200	500
1100	3300	6600			33000		110	220	550
1200	3600	7200			36000		120	240	600
1300	3900	7800					130	260	650
1400	4200	8400					140	280	700

续表

基本模数	扩大模数						分模数		
1M	3M	6M	12M	15M	30M	60M	1/10M	1/5M	1/2M
1500	4500	9000					150	300	750
1600	4800	9600					160	320	800
1700	5100						170	340	850
1800	5400						180	360	900
1900	5700						190	380	950
2000	6000						200	400	1000
2100	6300								
2200	6600								
2300	6900								
2400	7200								
2500	7500								
2600									
2700									
2800									
2900									
3000									
3100									
3200									
3300									
3400									
3500									
3600									

4. 模数数列的应用

模数数列的幅度及适用范围如下。

(1) 水平基本模数的数列幅度为 1～20M。主要适用于门窗洞口和构配件断面。

(2) 竖向基本模数的数列幅度为 1～36M。主要适用于建筑物的层高、门窗洞口、构配件。

(3) 水平扩大模数数列的幅度：3M、6M、12M、15M、30M 和 60M。必要时幅度不限。主要适用于建筑物的开间或柱距、进深或跨度、构配件和门窗洞口。

(4) 竖向扩大模数数列的幅度不受限制。主要适用于建筑物的层高、门窗洞口。

(5) 分模数数列的幅度：1/10M、1/5M 和 1/2M。主要适用于缝隙、构造节点、构配件断面尺寸。

5. 建筑设计和建筑模数协调中涉及的尺寸

在建筑设计和建筑模数协调中，涉及的尺寸有标志尺寸、构造尺寸和实际尺寸等几种，这几种尺寸的关系如图 2-1-2 所示。

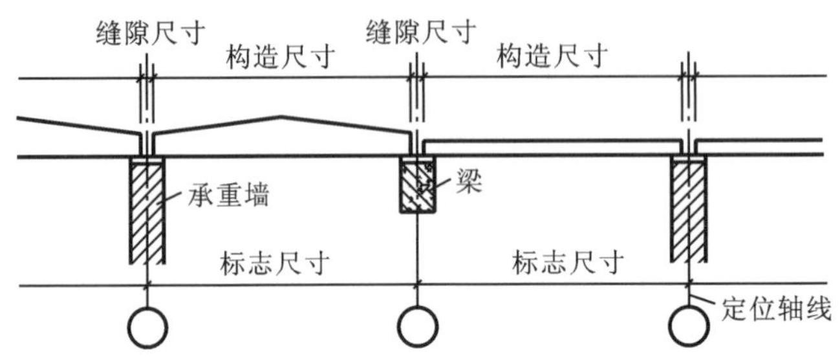

图 2-1-2　标志尺寸、构造尺寸与实际尺寸关系示意图

(1) 标志尺寸。符合模数数列的规定，用以标注建筑物定位轴面、定位面或定位轴线、定位线之间的垂直距离(如开间或柱距、进深或跨度、层高等)以及建筑构配件、建筑组合件、建筑制品、有关设备界线之间的尺寸。

(2) 构造尺寸。建筑构配件、建筑组合件、建筑制品等的设计尺寸，一般情况下构造尺寸为标志尺寸减去缝隙尺寸。缝隙尺寸应符合模数数列的规定。

(3) 实际尺寸。建筑构配件、建筑组合件、建筑制品等生产制造后的实有尺寸。该尺寸因生产误差与设计的构造尺寸存在差值，此差值应符合施工验收规范的规定。

2.1.3　变形缝

变形缝

由于温度变化、地基不均匀沉降和地震因素等的影响，易使建筑物发生变形，如果不采取措施或采取措施不当，会使建筑物产生裂缝或破坏，甚至倒塌，严重影响建筑物的正常使用。为避免出现这种情况，需要加强建筑物的整体性，使其具有较大的强度和刚度来抵抗这些不利因素的影响；同时也要在设计时事先在房屋结构薄弱处设置构造缝，将房屋划分成若干个独立的部分，使各部分能自由地变形，不受约束，从而有效避免建筑物发生裂缝或破坏。这种在建筑物各个相对独立部分之间人为预留的构造缝称为变形缝。

变形缝按其功能不同分为伸缩缝、沉降缝和防震缝三种类型。

一、伸缩缝

为防止建筑构件因温度变化，热胀冷缩使房屋出现裂缝或破坏，在沿建筑物长度方向相隔一定距离预留垂直缝隙。这种因温度变化而设置的缝叫做伸缩缝或温度缝。

1. 伸缩缝的设置

(1) 伸缩缝的设置位置：自基础以上将建筑物的墙体、楼板层、屋顶等地面以上部分全部断开。基础部分因受温度变化影响较小，不需断开。

(2) 伸缩缝的宽度：一般为 20～30 mm，其位置和间距与建筑物的结构类型、材料和施工条件等因素有关系，设计时应根据相关规范的规定设置，具体见表 2-1-2、表2-1-3。

表 2-1-2　砌体房屋伸缩缝的最大间距　单位：m

屋盖或楼盖类别		间　距
整体式或装配整体式钢筋混凝土结构	有保温层或隔热层的屋盖、楼盖	50
	无保温层或隔热层的屋盖	40
装配式无檩体系钢筋混凝土结构	有保温层或隔热层的屋盖	60
	无保温层或隔热层的屋盖	50
装配式有檩体系钢筋混凝土结构	有保温层或隔热层的屋盖	75
	无保温层或隔热层的屋盖	60
瓦材屋盖、木屋盖或楼盖、轻钢屋盖		100

注：1. 层高大于 5 m 的烧结普通砖、多孔砖、配筋砌块砌体结构单层房屋，其伸缩缝间距可按表中数值乘以 1.3。

2. 温差较大且变化频繁地区和严寒地区不采暖的房屋及构筑物墙体的伸缩缝的最大间距，应按表中数值予以适当减小。

3. 墙体的伸缩缝应与结构的其他变形缝相重合，在进行立面处理时，必须保证缝隙的伸缩作用。

表 2-1-3　钢筋混凝土结构伸缩缝的最大间距　单位：m

结构类别		室内或土中	露　天
排架结构	装配式	100	70
框架结构	装配式	75	50
	现浇式	55	35
剪力墙结构	装配式	65	40
	现浇式	45	30
挡土墙、地下室墙壁等结构	装配式	40	30
	现浇式	30	20

注：1. 当屋面板上部无保温或隔热措施时：对框架、剪力墙结构的伸缩缝间距，可按表中露天栏的数值选用；对排架结构的伸缩缝间距，可按表中室内栏的数值适当减少；

2. 位于气候干燥地区、夏季炎热且暴雨频繁地区的结构或经常处于高温作用下的结构，可按照使用经验适当减小伸缩缝间距；

3. 伸缩缝间距尚应考虑施工条件的影响，必要时(如材料收缩较大或室内结构因施工外露时间较长)宜适当减小伸缩缝间距。

2. 伸缩缝的构造

墙体伸缩缝的形式根据墙体厚度不同处理方式可有所不同，可分为平缝、错缝、企口缝。墙体在伸缩缝处断开,为了避免风、雨对室内的影响和缝隙过多传热,伸缩缝应砌成错缝或企口缝。其构造可以因位置不同、缝宽不同而各有侧重,外墙伸缩缝为保证自由变形,并防止风雨影响室内,应用沥青麻丝填嵌缝隙,当伸缩缝宽度较大时,缝口可采用镀锌铁皮或铝板盖缝调节;内墙伸缩缝着重表面处理,可采用木条或金属盖缝,仅一边固定在墙上,允许自由移动。

楼地层伸缩缝位置与墙体伸缩缝一致。缝内也常以具有弹性的油膏、沥青麻丝、金属或塑料调节片等材料作填或盖缝处理,上铺与地面材料相同的活动盖板、铁板或橡胶条等以防灰尘下落。

屋面伸缩缝位置与缝宽应与墙体、楼地层的变形缝一致,构造处理原则是既不能影响屋面的变形,又要防止雨水从伸缩缝处渗入室内。屋面伸缩缝可设于同层等高屋面之上,也可设在高低屋面的交接处。

二、沉降缝

为避免由于地基的不均匀沉降,结构内产生附加应力,使建筑物产生竖向错动而开裂设置变形缝,沉降缝应从基础开始全部断开,一般可与伸缩缝合并设置,兼起伸缩缝的作用。

1. 沉降缝的设置的原则

(1) 同一建筑物两相邻部分的高度相差较大、荷载相差悬殊或结构形式不同时;

(2) 建筑物建造在不同地基上,且难以保证均匀沉降;

(3) 建筑物相邻两部分的基础形式不同、宽度和埋深相差悬殊时;

(4) 建筑物体形比较复杂、连接部位又较薄弱时;

(5) 新建建筑物与原由建筑物相毗连。

当出现了以上任何一种情况时,就需要设置沉降缝。

2. 沉降缝的宽度

沉降缝的宽度与地基情况及建筑高度有关,一般为 30～70 mm,地基越弱的建筑物,沉陷的可能性越高,沉陷后所产生的倾斜距离越大,因此在软弱地基上的建筑其缝宽应适当增加。

3. 沉降缝的构造做法

沉降缝与伸缩缝的作用不同,因此在构造上有所不同。沉降缝应从房屋的基础到屋顶全部构件断开,使两侧各为独立的单元,调节片或盖板缝在构造上要能保证两侧结构在竖向的相对变形不受约束。

基础沉降缝构造通常采取双基础或挑梁基础两种方案。

墙体沉降缝应满足建筑构件在垂直方向自由沉降,通常采用的金属调节片形式有很多种类。

三、防震缝

在地震烈度 7～9 度的地区，为防止地震影响相互挤压、拉伸，造成变形破坏而设置的缝称为防震缝。防震缝将体型复杂的房屋划分为体型简单、刚度均匀的独立单元，这样可以减少地震作用对建筑的破坏。

1. 防震缝的设置

砌体建筑，应优先采用横墙承重或是纵横墙混合承重的结构体系。在设防烈度为 8 度和 9 度地区，有下列情况之一时，建筑宜设防震缝。

(1) 建筑立面高差在 6 m 以上。

(2) 建筑有错层且错层楼板高差较大。

(3) 建筑各相邻部分结构刚度、质量截然不同。

2. 防震缝的宽度

防震缝宽度一般采用 50～100 mm，缝两侧均需设置墙体。框架结构房屋的防震缝宽度，当高度不超过 15 m 时可采用 70 mm；超过 15 m 时，抗震设防烈度分别为 6 度、7 度、8 度、9 度时相应每增加高度 5 m、4 m、3 m 和 2 m，宜加宽 20 mm。

3. 防震缝的构造

防震缝防止地震作用对建筑物的影响，虽然与伸缩缝、沉降缝作用不一样，但构造类似，只是缝宽较大，通常采取覆盖做法。

实际工程中往往可以做到“三缝合一”，宽度一般按抗震缝选取。

2.1.4 定位轴线

定位轴线是房屋施工时砌筑墙身、浇筑柱梁、安装构件等施工定位的重要依据。定位轴线是标志建筑物主要承重构件的位置和构件间相对关系的基准线。

平面定位轴线编号：规定竖向轴线编号用阿拉伯数字，自左向右顺序编写；横向轴线编号用拉丁字母(除 I、O、Z)，自下而上顺序编写。定位轴线用细点画线绘制，其端部绘制直径为 8 mm 的细实线圆，在圆圈中书写轴线编号，如图 2-1-3 所示。

对非承重墙或次要承重构件，编写附加定位轴线。

附加定位轴线的编号采用分数表示，分母表示前一轴线的编号；分子表示附加轴线编号，如图 2-1-4 所示。

如果在某轴线之前设有附加轴线时，则分母用后一轴线编号前加零表示，分子表示附加轴线的编号。

如果一个详图适用几根定位轴线时，应同时注明各有关轴线的编号，通用详图的定位轴线，应只画圆，不注写定位轴线的编号，如图 2-1-5 所示。

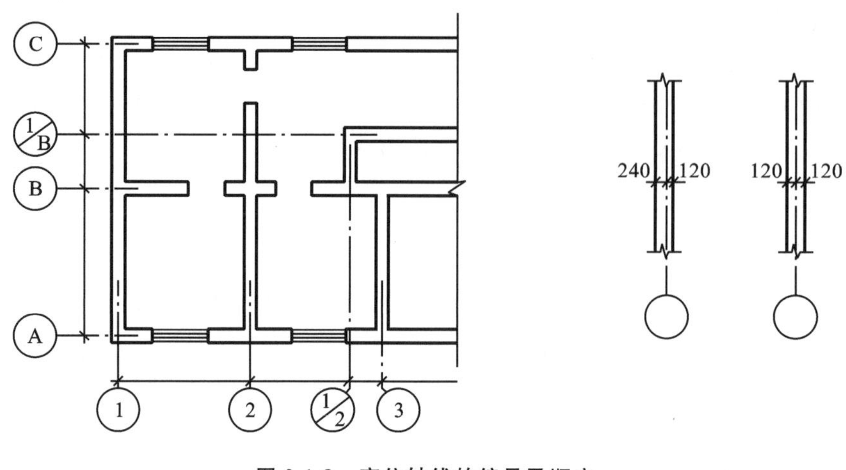

图 2-1-3 定位轴线的编号及顺序

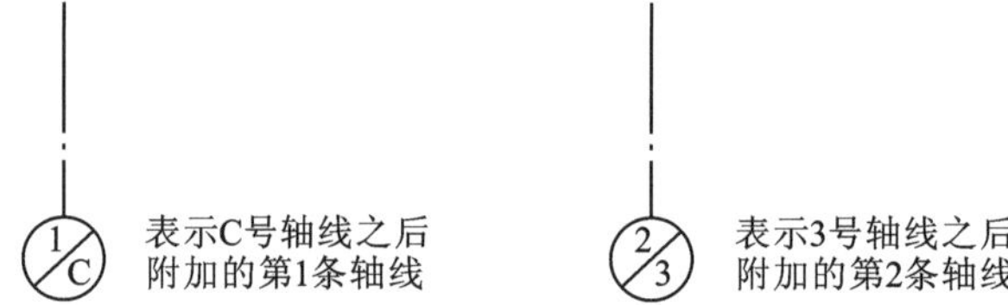

图 2-1-4 附加定位轴线

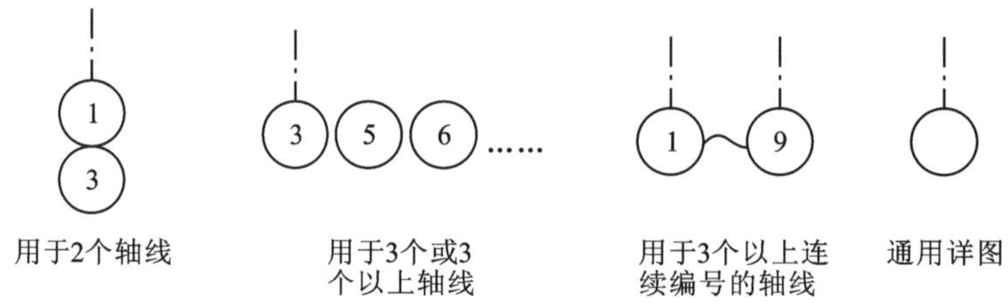

图 2-1-5 详图的轴线编号

任务 2.2　基础与地下室

能力目标	知识目标
能说出常见基础类型 能说出基础构造处理方法 能说出地下室的类型及基本构造组成 能应用常见地下室防潮防水做法	掌握地基与基础的概念、作用及设计要求 了解人工加固地基的方法 掌握基础埋深的概念及其影响因素 掌握基础的分类和构造做法 认识常见地下室构造 熟悉地下室常见防潮防水形式和构造做法

2.2.1　地基与基础概述

一、地基与基础的概念

基础是建筑物的组成部分，它承受着建筑物的全部荷载，并将其传给地基。而地基则不是建筑物的组成部分，它是指建筑物基础底面以下，只是承受建筑物荷载的土壤层。

地基土的地质状况(土的强度和变形特性)不同，地基承受荷载的能力亦有差异。在稳定的条件下，地基单位面积能承受的最大压力，称为地基承载力或地耐力。地基承受由基础传来的压力是由上部建筑物至基础顶面的竖向荷载、基础自重以及基础上部土层的重力荷载组成，这些荷载都是通过基础的底面传递给地基的。如图 2-2-1 所示，当荷载一定时，加大基础底面面积可以减少单位面积地基上所受的压力。基础底面面积、荷载和地基承载力之间的关系如式：

$$A \geqslant N/P$$

式中　A——基础底面面积(m^2)；

N——传递至基础底面的建筑物的总荷载(kN)；

P——地基承载力(kN/m^2，kPa)。

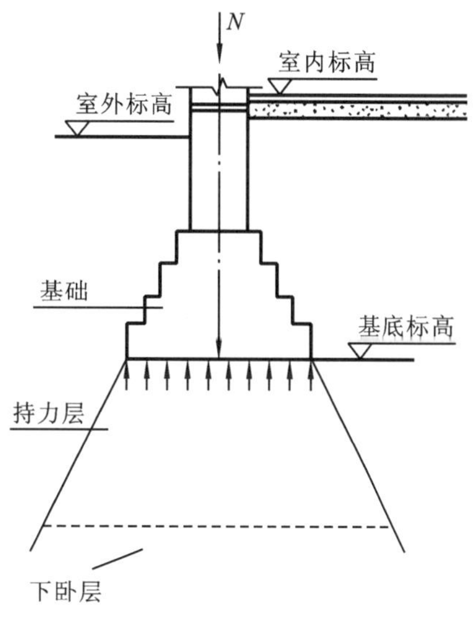

图 2-2-1　地基、基础与荷载的关系

从上式可以看出，当地基承载力确定时，传至基础底面的荷载越大，需要的基础底面面积也越大；当传至基础底面的荷载确定时,地基承载力越小,需要的基础底面面积就越大。

二、地基的分类

地基可分为天然地基和人工地基两种类型。

(1) 天然地基是指天然状态下即具有足够的承载能力,可满足直接在上面建造房屋要求的土层,不需人工处理的地基。如岩石、碎石土、砂土、黏性土等。

天然地基除有足够的承载力外,还应压缩变形均匀,具备抵御地震、防止滑坡等能力。

(2) 人工地基是指天然状态下不具有足够的承载能力,不能满足直接在上面建造房屋要求的土层,比如淤泥、淤泥质土、各种人工填土等,具有空隙比大、压缩性高、强度低等特性,必须对地基进行补强和加固,经人工处理的地基。人工地基加固和处理方法一般有换土法、压实法、强夯置换法、深层搅拌法、挤密法等。

三、地基基础的构造要求

为保证建筑物在规定年限内的安全和正常使用,使基础工程做到安全可靠、经济合理、技术先进和便于施工,对地基、基础提出以下要求。

1. 强度和刚度

基础应有足够的强度,才能稳定的把上部荷载传到地基;地基应有足够的承载力(优先考虑选择天然地基)才能承担基础传来的荷载。建筑物地基、基础和上部结构还应具有足够的刚度。

2. 稳定性

地基应有足够的稳定性,才能保证建筑物的基础在荷载作用下沉降均匀,不致失稳,有效的防止建筑物出现滑坡、倾斜的情况。必要时(特别是有较大高差时)可加设挡土墙以防止滑坡变形的出现。

3. 耐久性

基础是建筑物最底部的称重构件,埋置在土体中,属于隐蔽工程,检查和加固都比较困难,所以要确保按设计图纸和验收规范施工和验收,使其具有足够的耐久性,以保证使用年限的要求。

4. 经济性

基础工程的造价约占建筑总造价的10%~35%,有的甚至更高,因此合理的选择基础的形式和构造方案,减少基础工程的投资就显得非常重要,在选材上一般尽量就地取材,以降低工程造价。

2.2.2　基础构造

影响基础埋深的因素

一、基础的埋置深度及影响因素

1. 基础的埋置深度

基础的埋置深度，简称基础埋深，是指由室外设计地坪到基础底面的距离，如图2-2-2所示。

室外地坪分自然地坪与设计地坪，自然地坪是指施工建造场地的原有地坪，设计地坪是指按设计要求工程竣工后室外场地经过填垫或下挖后的地坪。

基础按其埋置深度大小分为深基础和浅基础。基础埋深超过5 m时为深基础，小于5 m时为浅基础。从经济角度看，基础埋深越小，工程造价越低。但基础对其底面的土有挤压作用，为防止基础因此产生滑移而失去稳定，基础需要有足够厚度的土层来包围，因此基础应有一个合适的埋深，既保证建筑物的坚固稳定，又能节约用材、加快施工。基础的埋置深度不应小于500 mm。

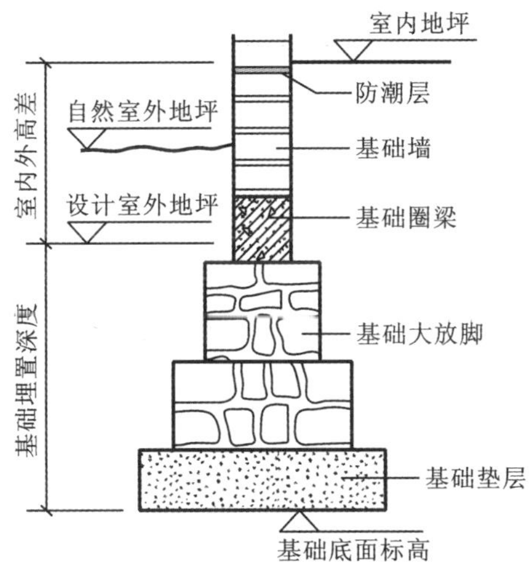

图 2-2-2　基础的埋置深度

2. 基础埋置深度的影响因素

影响基础埋置深度的因素有很多，若就某一工程而言，往往只有其中一两项起关键作用。在设计时，需从实际出发，抓住主要影响因素进行考虑。基础埋置深度的影响因素主要有以下几个方面。

(1) 建筑的使用要求、基础形式及荷载的影响。

建筑物的用途，有无地下室、设备基础和地下设施以及基础的形式和荷载等的影响。当建筑物设置地下室、设备基础或地下设施时，基础埋深应满足其使用要求；荷载大小和性质也影响基础埋深,一般荷载较大时应加大埋深;受向上拔力的基础,应有较大埋深以满足抗拔力的要求。

(2) 工程地质情况的影响。

一般情况下,基础应设置在坚实的土层上,优先考虑采用天然地基和浅基础,当表层软弱土较厚时,可考虑采用人工地基和深基础。

(3) 地下水位高低的影响。

基础宜埋置在地下水位以上,当地下水位较高,必须埋在地下水位以下时,宜将基础底面埋置在最低地下水位以下不小于 200 mm 的位置,如图 2-2-3 所示。

对有侵蚀性的地下水,应将基础埋置在最高地下水位以上,否则应采取防止基础被侵蚀的措施。

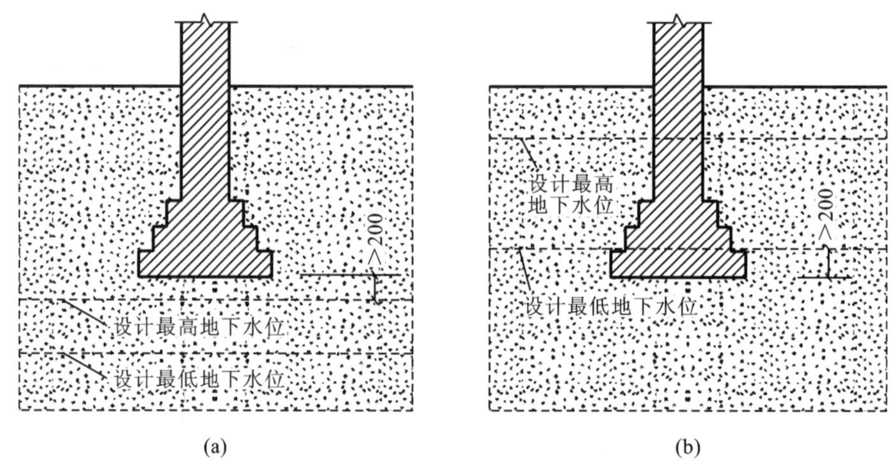

图 2-2-3　地下水位对基础埋深的影响

(a)基础埋在地下水位以上;(b)基础埋在地下水位以下

(4) 相邻建筑物基础埋深的影响。

如果存在相邻建筑物,新建建筑物的基础埋深不宜大于原有建筑基础,以避免施工期间影响原有建筑物的安全。当埋深大于原有建筑基础时,两基础间应保持一定的净距,其数值应根据原有建筑荷载大小、基础形式和土质情况确定,并满足 $L \geqslant (1-2)H$,如图 2-2-4 所示,图中 $H>200$ mm。当上述要求不能满足时,应采取分段施工、设临时加固支撑地下连续墙等施工措施,或加固原有建筑物地基。

(5) 地基土冻胀和融陷的影响。

地基土的冻胀对建筑物会产生较大的不良影响。土的冻胀现象主要与地基土颗粒的粗细程度、土冻结前的含水量、地下水位高低有关。冻结土和非冻结土的分界线为冰冻线。当建筑物处于有冻胀现象的土层范围内,如粉砂、粉土等,冬季土冻胀使房屋向上拱起,春季气温回升、土层解冻,基础又下沉。这种冻融交替,使建筑物处于不稳定状态,产生变形,如墙身开裂、门窗倾斜开启困难甚至结构破坏等。在这种情况下,基础应埋置在冰冻线以下 200 mm 的位置，如图 2-2-5 所示。

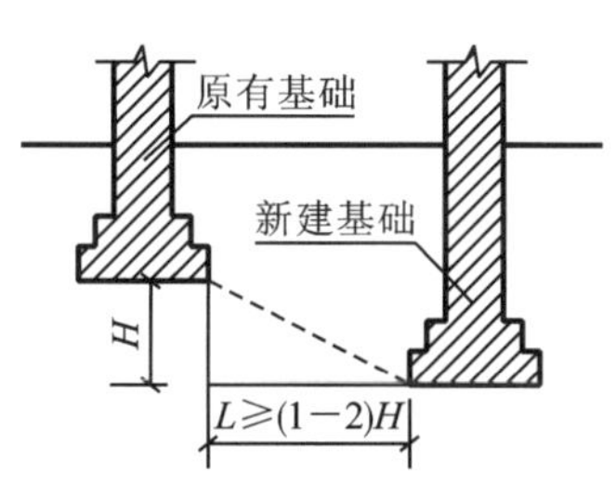

图 2-2-4 相邻建筑物基础的影响

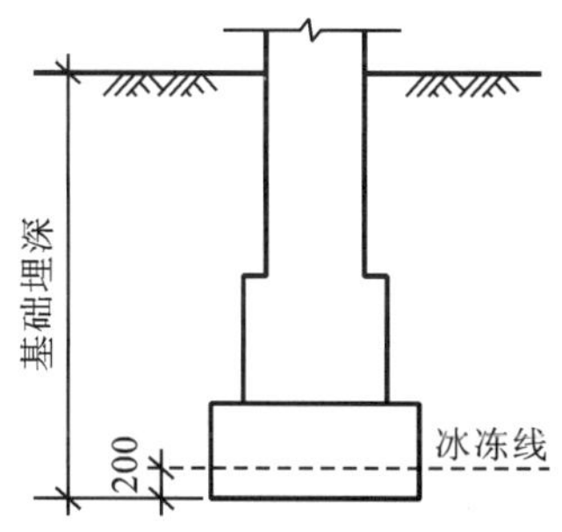

图 2-2-5 冰冻深度对基础埋深的影响

二、基础的类型和构造

（一）按材料分类

基础按材料可以分为砖基础、毛石基础、灰土基础、三合土基础、素混凝土基础、钢筋混凝土基础等。其中，砖基础、毛石基础、灰土基础、三合土基础、素混凝土基础又称为无筋扩展基础，或者称为刚性基础。而钢筋混凝土基础称为扩展基础或柔性基础。

1. 砖基础

砌筑砖基础的普通黏土砖，其强度等级要求在 MU7.5 以上，砂浆强度等级一般不低于 M5，砖基础断面一般都做成阶梯形，这个阶梯形通常称为大放脚。大放脚从垫层上开始砌筑，其台阶宽高比允许值为 $b/h \leqslant 1/1.5$。为保证大放脚的刚度，应为“二皮一收”（等高式）或“二皮一收”与“一皮一收”相间（间隔式），但其最底下一级必须用二皮砖厚，砌筑前基槽底面要铺 20 mm 砂垫层或灰土垫层，如图 2-2-6 所示。

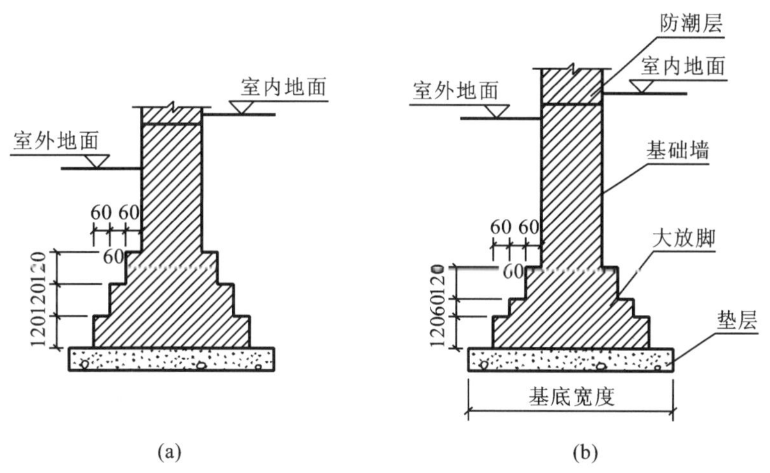

图 2-2-6 砖基础

(a)等高式；(b)不等高式

2. 毛石基础

毛石由于块料比较大，一般毛石基础断面形式为阶梯形，如图 2-2-7 所示，其台阶宽高比允许值为 $b/h \leqslant 1/1.5$。为了便于砌筑和保证砌筑质量，基础顶部宽度不宜小于 500 mm，且要比墙或柱每边宽出 100 mm。每个台阶的高度不宜小于 400 mm，退台宽度不应大于 200 mm。当基础底面宽度不大于 700 mm 时，毛石基础应做成矩形截面。

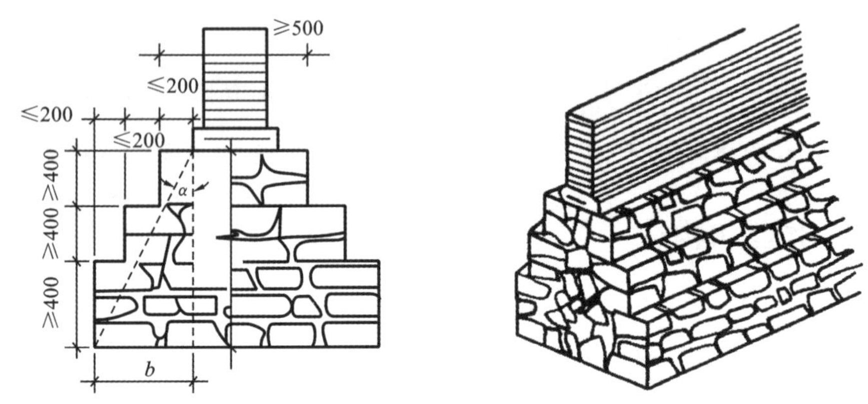

图 2-2-7　毛石基础

3. 灰土基础

通常所说的灰土是用经过消解后的石灰粉和黏性土按一定比例加适量的水搅拌和夯实而成。其配合比为 3∶7 或 2∶8，一般采用 3∶7，即 3 份石灰粉，7 份黏性土(体积比)，通常称“三七灰土”，如图 2-2-8 所示。在我国湿陷性黄土地区通常采用灰土换填的形式，而这些灰土就是用石灰粉和湿陷性黄土按 3∶7 或 2∶8 配合而成。

4. 三合土基础

有些基础采用在砖基础下用石灰、砂、骨料(碎砖、碎石或矿渣)组成的三合土做垫层，形成三合土基础，如图 2-2-9 所示。这种基础具有施工简单、造价低廉的优点。但其强度较低，只适用于四层及四层以下的建筑，并且此类基础应埋置在地下水位以上，否则地下水会对基础造成较大的影响。

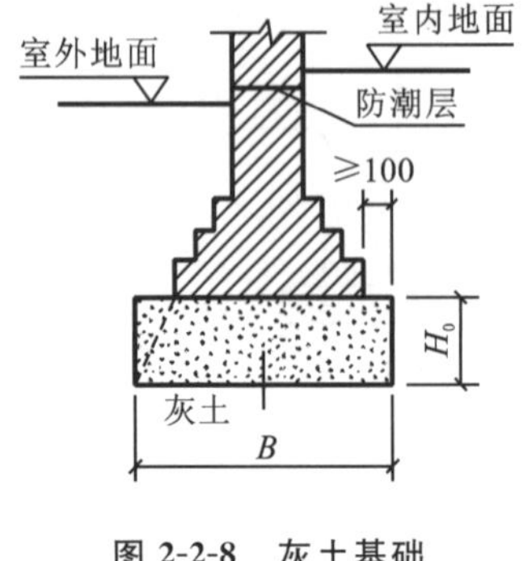

图 2-2-8　灰土基础

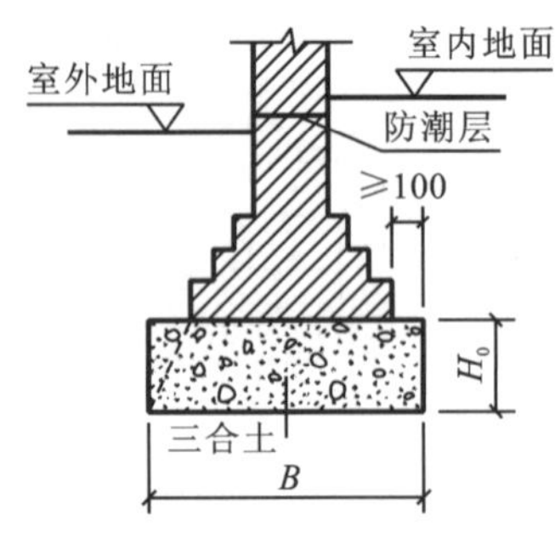

图 2-2-9　三合土基础

5. 素混凝土和毛石混凝土基础

素混凝土基础与毛石混凝土基础也属于刚性基础，其刚性角 α 为 45°，阶梯形断面宽高比应小于 1∶1 或 1∶1.5，多采用 C15 或 C20 混凝土浇筑而成，由于此类基础坚固耐久、抗水、抗冰，多用于地下水位较高或有冰冻情况的建筑。它的断面形式和有关尺寸，除满足刚性角外，不受材料规格限制，按结构计算确定。其基本形式有梯形、阶梯形、方形等，如图 2-2-10 所示。

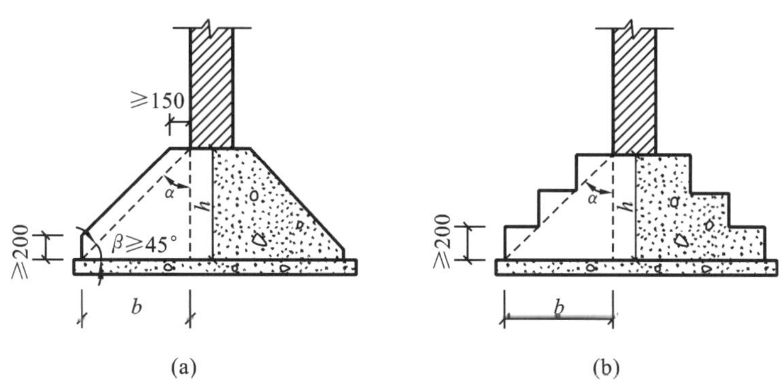

图 2-2-10　混凝土基础

(a)梯形；(b)阶梯形

(二) 按基础的受力特点和材料分类

按基础的受力特点和材料分类可分为刚性基础和柔性基础。

1. 刚性基础(无筋扩展基础)

刚性基础指的是由刚性材料建造、受刚性角限制的基础，如图 2-2-11 所示。刚性材料一般是指抗压强度高、抗拉和抗剪强度较低的材料。如砖、石、混凝土、灰土等材料制

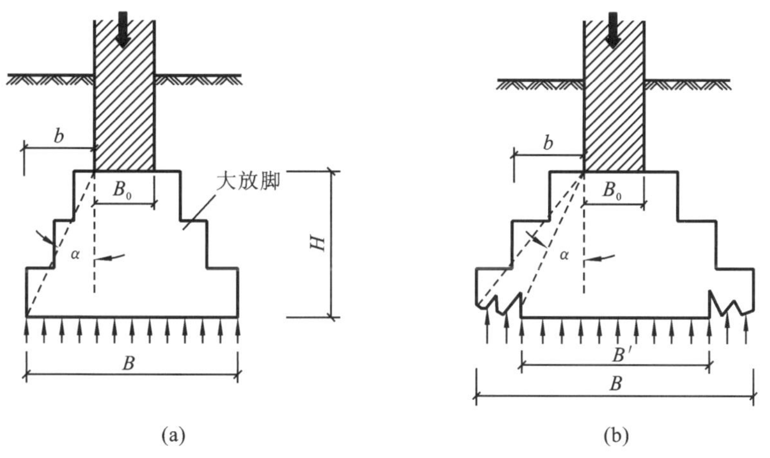

图 2-2-11　刚性基础的受力、传力特点

(a)基础在刚性角范围内传力；(b)基础底面宽超过刚性角范围而破坏

成的墙下条形基础或柱下独立基础,均属于刚性基础,又称为无筋扩展基础,适用于低层和多层民用建筑。此类基础材料不同,则刚性角不同,基础台阶高宽比也不同,具体允许值如表 2-2-1 所示。

表 2-2-1 几种刚性基础台阶宽高比的允许值

基础材料	质量要求	台阶宽高比的允许值		
		pk≤100	100＜pk≤200	200＜pk≤300
混凝土基础	C15 混凝土	1∶1.00	1∶1.00	1∶1.25
毛石混凝土基础	C15 混凝土	1∶1.00	1∶1.25	1∶1.50
砖基础	砖不低于 MU10、砂浆不低于 M5	1∶1.50	1∶1.50	1∶1.50
毛石基础	砂浆不低于 M5	1∶1.25	1∶1.50	—
灰土基础	体积比为 3∶7 或 2∶8 的灰土,其最小干密度:粉土 1.55 t/m^3 粉质黏土 1.50 t/m^3 黏土 1.45 t/m^3	1∶1.25	1∶1.50	—
三合土基础	体积比 1∶2∶4～1∶3∶6(石灰砂骨料) 每层约虚铺 220 mm,夯至 150 mm	1∶1.50	1∶2.00	—

注:pk 为荷载效应标准组合时基础底面处的平均压力值(kPa)。

2. 柔性基础(扩展基础)

配置了钢筋的混凝土基础称为柔性基础,它主要指的是柱下钢筋混凝土独立基础和墙下钢筋混凝土条形基础,通过在混凝土基础下部配置钢筋来承受底面的拉力,使基础底部能够承受较大的弯矩。这种基础不受材料刚性角的限制,故又称为柔性基础,如图 2-2-12 所示。

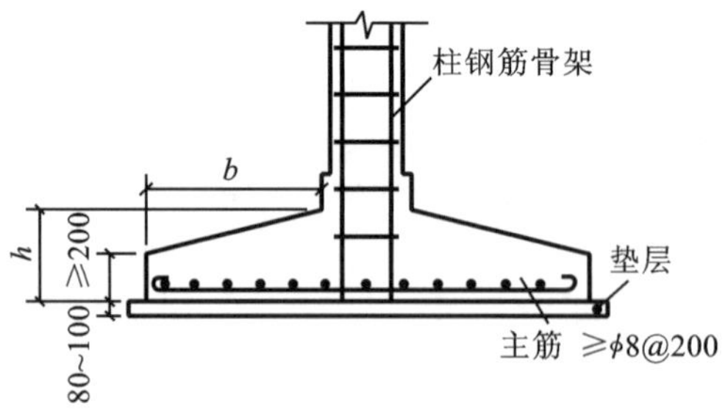

图 2-2-12 柔性基础

此基础因配置钢筋,不受宽高比的限制,可以做得宽而薄,一般为扁锥形,端部最薄处的厚度不宜小于 200 mm。基础混凝土的强度等级不宜低于 C20。基础中的钢筋需进行计算求得,但受力筋直径不宜小于 8 mm,间距不宜大于 200 mm。当用等级较低的混凝土作垫层时，为使基础底面受力均匀，垫层厚度一般为 80～100 mm。为保护基础钢筋，当有垫层时，保护层厚度不宜小于 40 mm，不设垫层时，保护层厚度不宜小于70 mm。通常情况可以认为柔性基础为受弯构件，由基础内的钢筋承受上部结构传下来的弯矩。

柔性基础多用于地基承载力差、荷载较大、地下水位较高等条件下的大中型建筑。

（三）按构造形式分类

基础按构造形式分为条形基础、独立基础、联合基础、井格基础、筏片基础、箱形基础和桩基础等。

1. 条形基础

条形基础一般用于墙下，也可用于柱下。当建筑采用墙承重结构时，通常将墙底加宽形成墙下条形基础；当建筑采用柱承重结构，在荷载较大且地基较软弱时，为了提高建筑物的整体性，防止出现不均匀沉降，可将柱下基础沿一个方向连续设置成条形基础，如图 2-2-13 所示，其构造要求如表 2-2-2 所示。

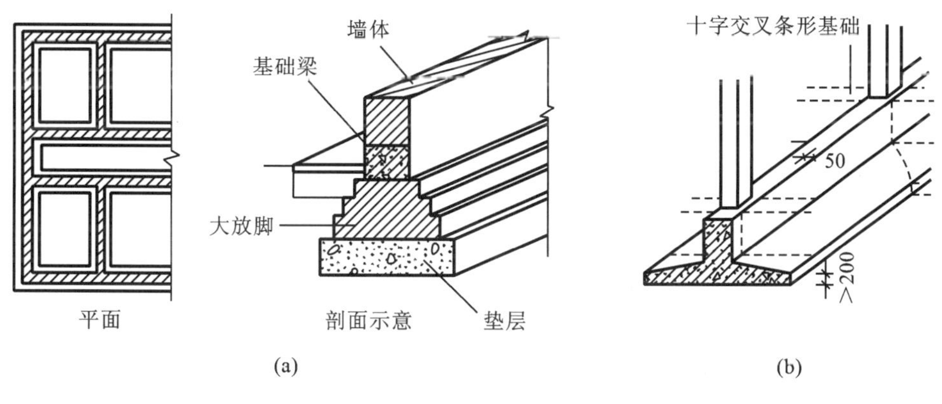

图 2-2-13　条形基础

(a)墙下条形基础；(b)柱下条形基础

表 2-2-2　柱下条形基础的构造要求

序号	项目	内　　容
1	高度	柱下条形基础梁的高度宜为柱距的 1/8～1/4。翼板厚度不应小于 200 mm。当翼板厚度大于 250 mm 时，宜采用变厚度翼板，其坡度宜小于或等于 1∶3
2	长度	条形基础的端部宜向外伸出，其长度宜为第一跨距的 0.25 倍
3	配筋	条形基础梁顶部和底部的纵向受力钢筋除满足计算要求外，顶部钢筋按计算配筋全部贯通，底部通长钢筋截面面积不应小于底部受力钢筋截面总面积的 1/3

2. 独立基础

独立基础也称单独基础，是柱基础的主要类型。当建筑物上部结构为梁、柱构成的框架、排架及其他类似结构时，其基础常采用方形或矩形的单独基础，称独立基础。独立基础的形式有阶梯形、锥形、杯形等，其中，杯形的独立基础在装配式结构中用得较多，各种形式的独立基础如图 2-2-14 所示。

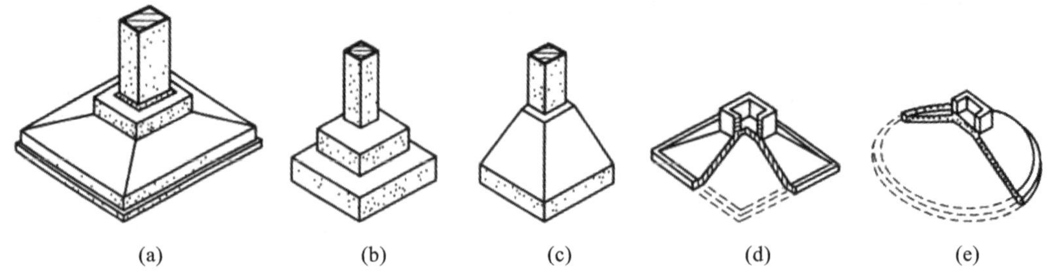

图 2-2-14 独立基础

(a)独立式杯形基础;(b)独立式阶梯形基础;(c)独立式锥形基础;(d)独立式折壳基础;(e)独立式圆锥壳基础

在工业建筑和一些框架结构的民用建筑中常用到杯形基础,其构造要求如表 2-2-3 所示。

表 2-2-3 杯形基础的构造要求

序号	项 目	内 容
1	柱的插入深度	柱的插入深度 h_1 应满足锚固长度的要求和吊装时柱的稳定性(即不小于吊装时柱长的 0.05 倍)
2	杯壁配筋规定	当柱为轴心或小偏心受压且 $t/h_2 \geqslant 0.65$ 时,或大偏心受压且 $t/h_2 \geqslant 0.75$ 时,杯壁可不配筋;当柱为轴心或小偏心受压且 $0.5 \leqslant t/h_2 < 0.65$ 时,杯壁可按照构造配筋;其他情况下,应按计算配筋
3	高杯口基础	预制钢筋混凝土柱(包括双支柱)与高杯口基础的连接,应符合插入深度的规定。当满足下列要求时,其杯壁配筋可按构造要求进行设计与施工。 (1) 吊车在 75 t 以下,轨顶标高 14 m 以下,基本风压小于 0.5 kN/m^2 的工业厂房; (2) 基础短柱的高度不大于 5 m

3. 联合基础

在工程结构设计中,经常会遇到由于相邻柱的柱距太小,导致基础相互干扰等,不得不将两柱坐于同一基础之上,于是就有了柱下联合基础。

联合基础有三种类型,即矩形联合基础、梯形联合基础和连梁式联合基础。其中,矩形联合基础和梯形联合基础一般适用于柱距较小的情况,这样可以避免造成板的厚度和配筋过大。如果两柱的距离较大,联合基础就不宜采用矩形或梯形基础,因为随着柱距的增加,跨中的基底反力会使跨中负弯矩急剧增大,此时采用连梁式联合基础是合适的,由于连梁的底面不着地,基底反力仅作用于两柱下的扩展基础,因而连梁中的弯矩较小。

可以认为,联合基础属于介于独立基础和条形基础之间的一类基础。

4. 井格基础

井格基础是基础梁没有主次之分的基础。当建筑物上部荷载不均匀,地基条件较差时,常将柱下基础纵横相连组成井字格状,叫井格基础,如图 2-2-15 所示。在一定程度上它可以避免独立基础下沉不均的弊病。

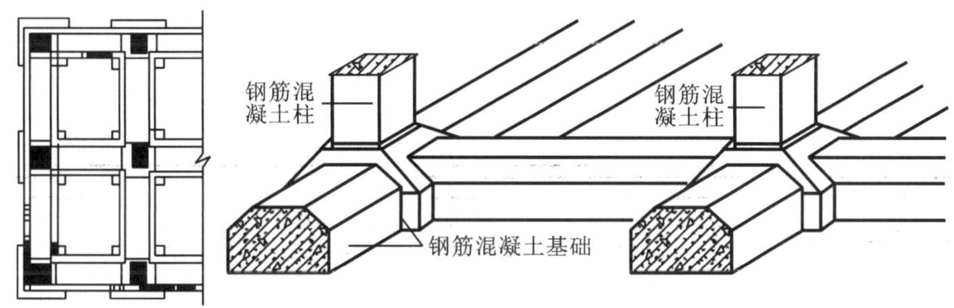

图 2-2-15 井格基础

5. 筏片基础

当建筑物上部荷载很大或地基的承载力很小时，可由整片的钢筋混凝土板承受整个建筑的荷载并传给地基，这种基础形似筏子，故称筏片基础，也称满堂基础。其形式有梁板式和板式两种，如图 2-2-16(a)、(b)所示。

筏形基础的构造要求如表 2-2-4 所示。

表 2-2-4 筏形基础的构造要求

序号	项　　目	内容与要求
1	基础形式	基础平面应大致对称，尽量减小基础所受的偏心力矩，且基础一般为等厚
2	基础垫层混凝土强度等级	基础一般宜采用 C15 混凝土垫层 100 mm 厚，每边伸出基础底板不小于 100 mm，一般取 100 mm
3	基础混凝土强度等级	基础混凝土强度等级不应低于 C30
4	底板厚度	基础底板的厚度不应小于 300 mm，且板厚与板格的最小跨度之比不宜小于 1/20
5	梁截面	梁截面按计算确定，高出底面的顶面，一般不小于 300 mm，梁宽不小于 250 mm
6	钢筋	钢筋宜采用 HPB 235(Q235)及 HRB 335(20 MnSi)级钢筋
7	钢筋保护层厚度	钢筋保护层厚度不宜小于 40 mm

6. 箱形基础

将地下室的底板、顶板和墙体整浇成箱子状的基础，称为箱形基础，如图 2-2-17 所示。当钢筋混凝土基础埋置深度较大，为了增加建筑物的整体刚度，有效抵抗地基的不均匀沉降，常采用由钢筋混凝土底板、顶板和若干纵横墙组成的箱形整体来作为房屋的基础，这种箱形基础可增加基础刚度，减少基底附加应力。

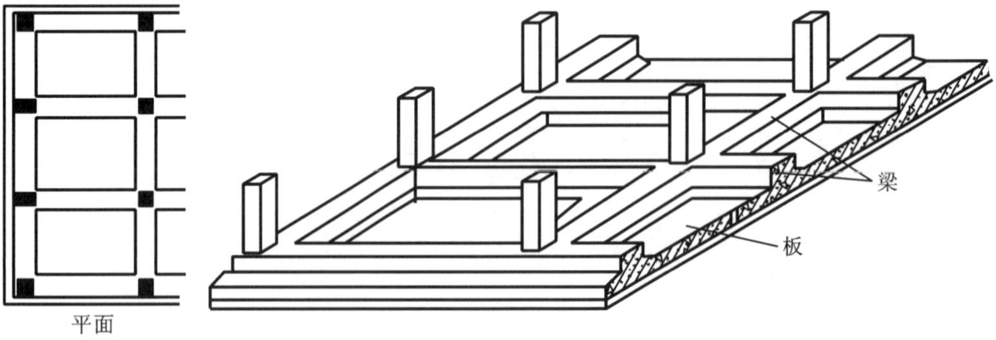

平面

梁

板

(a)

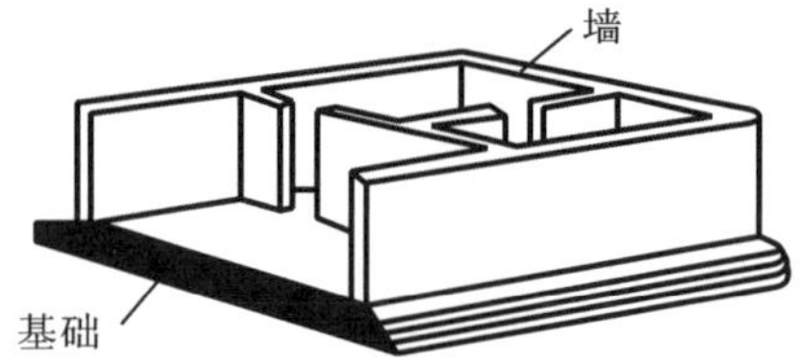

墙

基础

(b)

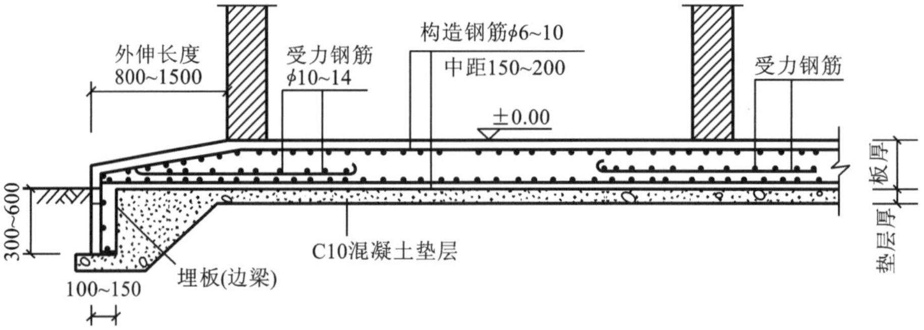

外伸长度
800~1500

受力钢筋
ϕ10~14

构造钢筋ϕ6~10
中距150~200

受力钢筋

±0.00

板厚

垫层厚

300~600

100~150

埋板(边梁)

C10混凝土垫层

(c)

图 2-2-16　筏片基础

(a)梁板式筏片基础;(b)板式筏片基础;(c)板式筏片基础配筋图

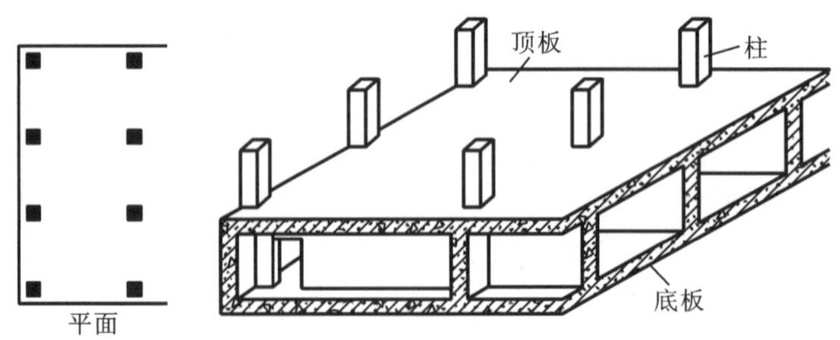

图 2-2-17　箱形基础

箱形基础的构造要求如表 2-2-5 所示。

表 2-2-5　箱形基础的构造要求

序号	项　目	内　容
1	平面布置	(1)为避免基础出现过度倾斜，箱形基础在平面布置上尽可能对称，以减少荷载的偏心距，偏心距一般不宜大于 0.1p，p 为与偏心距方向一致的基础底板面边缘抵抗矩对基础底面积之比 (2) 箱形基础的外墙沿建筑物四周布置、内墙一般应沿上部结构柱网和剪力墙纵横均匀布置，墙体水平截面总面积不宜小于箱形基础外墙外包尺寸的水平投影面积的 1/10。对基础平面长宽比大于 4 的箱形基础，其纵横水平截面面积不得小于箱基外墙外包尺寸水平投影面积的 1/18。计算墙体水平面积时，不扣除洞口部分
2	高度及基础埋置深度	(1)箱形基础的高度应满足结构承载力和刚度的要求，其值不宜小于箱形基础长度的 1/20，并不宜小于 3 m。箱形基础的长度不包括底板悬挑部分 (2) 高层建筑同一结构单元内，箱形基础的埋置深度宜一致，且不得局部采用箱形基础
3	底、顶板厚度	底、顶板的厚度应满足柱或墙冲切验算要求，根据实际受力情况通过计算确定。底板厚度一般取隔墙间距的 1/8～1/10，为 300～1000 mm，顶板厚度为 200～400 mm，内墙厚度不宜小于 200 mm，外墙厚度不应小于 250 mm
4	混凝土强度等级	箱形基础的混凝土强度等级不应低于 C20；桩箱基础的混凝土强度等级不应低于 C30，当采用防水混凝土时，防水混凝土的抗渗等级应根据其厚度及地下水的最大水头的比值，按有关规定选用，且其抗渗等级不应小于 0.6 N/mm^2
5	抗渗等级	抗渗等级不宜低于 0.6 N/mm^2
6	墙体	为了保证箱形基础的整体刚度，对其墙体的数量应有一定的限制，即平均每平方米基础面积上墙体长度不得小于 400 mm，或墙体水平截面积不得小于基础面积的 1/10，其中纵墙配置量不得小于墙体总配置量的 3/5

7. 桩基础

当浅层地基上不能满足建筑物对地基承载力和变形的要求，而又不适宜采取地基处理措施时，就要考虑以下部坚实土层或岩层作为持力层的深基础，其中桩基础应用最为广泛。

桩基础

桩基础由承台和桩柱组成，如图 2-2-18 所示。

承台是在桩顶现浇的钢筋混凝土梁或板，如上部结构是砖墙时为承台梁，上部结构是钢筋混凝土柱时为承台板，承台的厚度一般不小于 300 mm，由结构计算确定，桩顶嵌入承台不小于 50 mm。

桩基按受力情况分为摩擦桩、端承桩。摩擦桩完全设置在软弱土层中，靠桩壁与土壤间的摩擦力承担总荷载，如图 2-2-18(a)所示。这种桩适用于坚硬土层较深、总荷载较小的工程。端承桩是将桩尖直接支承在岩石或坚硬土层上,用桩身支承建筑总荷载,也称做柱桩,如图 2-2-18(b)所示。这种桩适用于坚硬土层较浅、荷载较大的工程。

桩按材料分有木桩、钢桩、钢筋混凝土桩等,我国采用最多的为钢筋混凝土桩,钢筋混凝土桩按施工方法可分为预制桩、灌注桩和爆扩桩。

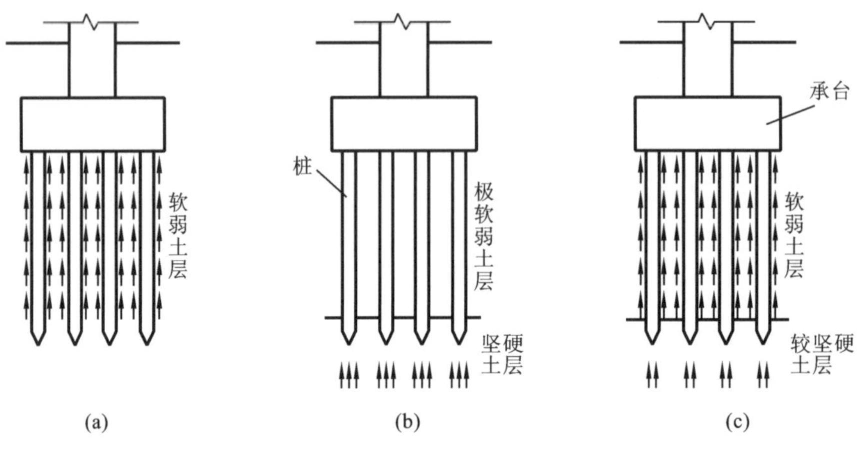

图 2-2-18 桩基础

(a)摩擦桩基础;(b)端承桩基础;(c)摩擦端承桩基础

桩基础的构造要求见表 2-2-6。

表 2-2-6 桩基础的构造要求

序号	项 目	内 容
1	桩和桩基	(1) 摩擦型桩的中心距不宜小于桩身直径的 3 倍;扩底灌注桩的中心距不宜小于扩底直径的 1.5 倍,当扩底直径大于 2 m 时,桩端净距不宜小于 1 m。在确定桩距时应考虑施工工艺中挤土等效应对邻近桩的影响; (2) 扩底灌注桩的扩底直径,不应大于桩身直径的 3 倍; (3) 布置桩位时宜使桩基承载力合力点与竖向永久荷载合力作用点重合; (4) 预制桩的混凝土强度等级不应低于 C30;灌注桩不应低于 C25;预应力桩不应低于 C40
2	配筋长度	(1) 受水平荷载和弯矩较大的桩,配筋长度应通过计算确定; (2) 坡地岸边的桩、8 度及 8 度以上地震区的桩、抗拔桩、嵌岩端承桩应通长配筋; (3) 桩径大于 600 mm 的钻孔灌注桩,构造配筋的长度不宜小于桩长的 2/3
3	桩基承台	(1) 承台的宽度不应小于 500 mm。边桩中心至承台边缘的距离不宜小于桩的直径或边长,且桩的外边缘至承台边缘的距离不小于 150 mm。对于条形承台梁,桩的外边缘至承台梁边缘的距离不小于 75 mm; (2) 承台的最小厚度不应小于 300 mm; (3) 承台混凝土强度等级不应低于 C25,纵向钢筋的混凝土保护层厚度不应小于 70 mm,当有混凝土垫层时,不应小于 50 mm

2.2.3　地下室

在建筑物首层下面的房间叫地下室。它是在限定的占地面积中争取到的使用空间。在城市用地比较紧张的情况下，把建筑向上下两个空间发展，是提高土地利用率的手段之一，如图 2-2-19 所示。

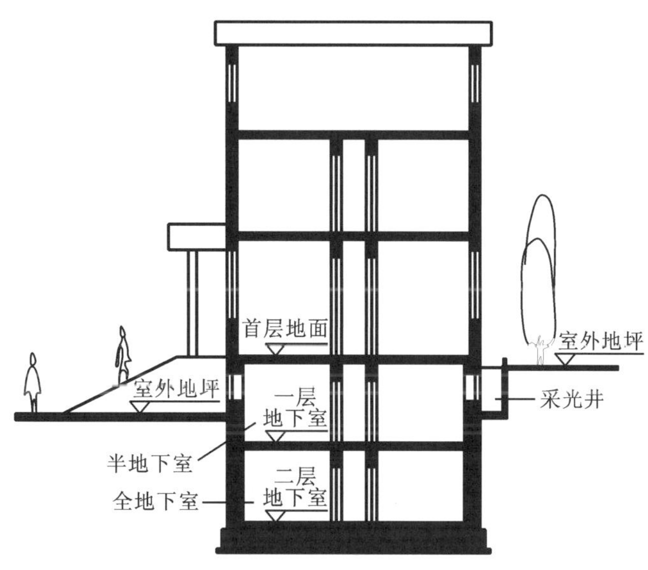

图 2-2-19　地下室示意图

一、地下室的分类

地下室按埋入地下深度的不同，分为全地下室和半地下室。当地下室地面低于室外地坪的高度超过该地下室净高的 1/2 时为全地下室；当地下室地面低于室外地坪的高度超过该地下室净高的 1/3，但不超过 1/2 时为半地下室。地下室按使用功能来分，有普通地下室和人防地下室。普通地下室一般用作设备用房、储藏用房、商场、餐厅、车库等；人防地下室主要用于战备防空。

二、地下室的构造组成

地下室是建筑物底层下面的房间，地下室一般由墙体、顶板、底板、门窗、楼梯、采光井六大部分组成。

1. 墙体

地下室的外墙不仅承受垂直荷载，还承受土、地下水和土壤冻胀的侧压力。因此地下室的外墙应按挡土墙设计，如用钢筋混凝土或素混凝土墙，应按计算确定，其最小厚度除应满足结构要求外，还应满足抗渗厚度的要求，其最小厚度不低于 300 mm，如用砖墙，其厚度不小于 490 mm。此外，外墙应做防潮或防水处理。

2. 顶板

地下室顶板可用预制板、现浇板、预制板上做现浇层（装配整体式楼板）或者其他形式的楼板。但如为防空地下室或一般地下室兼有人防功能，应具有足够的强度和抗冲击能力，必须采用现浇板，并按有关规定决定厚度和混凝土强度等级，在无采暖的地下室顶板上，即首层地板处应设置保温层，以利首层房间的使用舒适度。

3. 底板

地下室底板应具有良好的整体性和较好的刚度，同时视地下水位情况作防潮或防水处理。底板处于最高地下水位以上，并且无压力作用时，可按一般地面工程处理，即垫层上现浇混凝土 60～80 mm 厚，再做面层；如底板处于最高地下水位以下时，底板不仅承受上部垂直荷载，还承受地下水的浮力荷载，因此应采用钢筋混凝土底板，并双层配筋，底板下垫层上还应设置防水层，以防渗漏。

4. 门窗

普通地下室的门窗与地上房间门窗相同，地下室外窗如在室外地坪以下时，应设置采光井和防护篦，以利室内采光、通风和室外行走安全。防空地下室一般不允许设窗，如需开窗，应满足防冲击要求，并且应设置战时堵严措施。防空地下室的外门应按防空等级要求，设置相应的防护构造。

5. 楼梯

地下室楼梯可与地面上房间结合设置，层高小或用作辅助房间的地下室，可设置单跑楼梯，有防空要求的地下室至少要设置两部楼梯通向地面的安全出口，并且必须有一个是独立的安全出口，这个安全出口周围不得有较高建筑物，以防空袭倒塌，堵塞出口，影响疏散。

6. 采光井

地下室的外窗处，可按其与室外地面的高差情况设置采光井。采光井可以单独设置，也可以联合设置，视外窗的间距而定。

采光井由侧墙、底板和防护篦组成。侧墙可用砖砌，底板多为现浇混凝土。底板面应比窗台低 250～300 mm，以防雨水溅入和倒灌。井底部抹灰应向外侧倾斜，并在井底低处设置排水管，如图 2-2-20 所示。

三、地下室的防潮构造

当地下水的常年水位和最高水位都在地下室地坪标高以下时，地下水位不可能直接

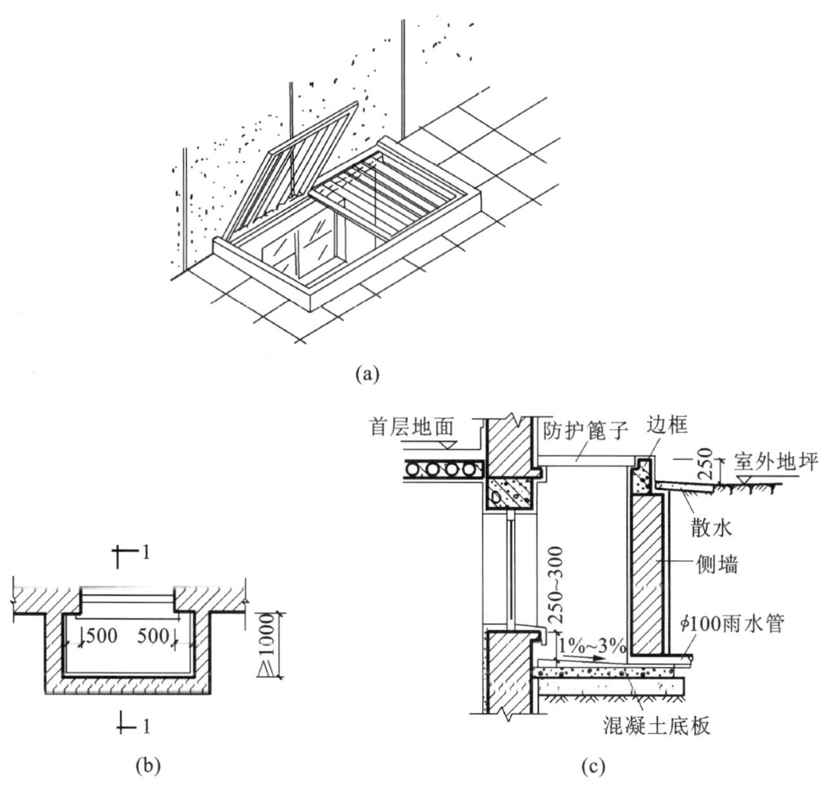

图 2-2-20　地下室采光井

侵入室内，墙和地坪仅受土层中地潮的影响。地潮是指土层中毛细管水和地面水下渗而造成的无压力水。这时地下室只需做防潮，砌体必须用水泥砂浆砌筑，墙外侧抹 20 mm 厚水泥砂浆抹面后，涂刷冷底子油一道及热沥青两道，然后回填低渗透性的土壤，如黏土、灰土等，并逐层夯实。这部分回填土的宽度为 500 mm 左右。此外，在墙身与地下室地坪及室内地坪之间设墙身水平的防潮层，以防止土中潮气和地面雨水因毛细作用沿墙体上升而影响结构。

地下室所有的墙体都必须设两道水平防潮层，一道设在地下室地坪附近，一般设置在内、外墙与地下室地坪交接处；另一道设在距室外地面散水以上 150～200 mm 的墙体中，以防止土层中的水分因毛细管作用沿基础和墙体上升，导致墙体潮湿和增大地下室及首层室内的湿度，如图 2-2-21 所示。

四、地下室的防水构造

地下室的防水等级分为一、二、三、四 4 个等级，其设防标准、设防做法与适用范围如表 2-2-7 所示。

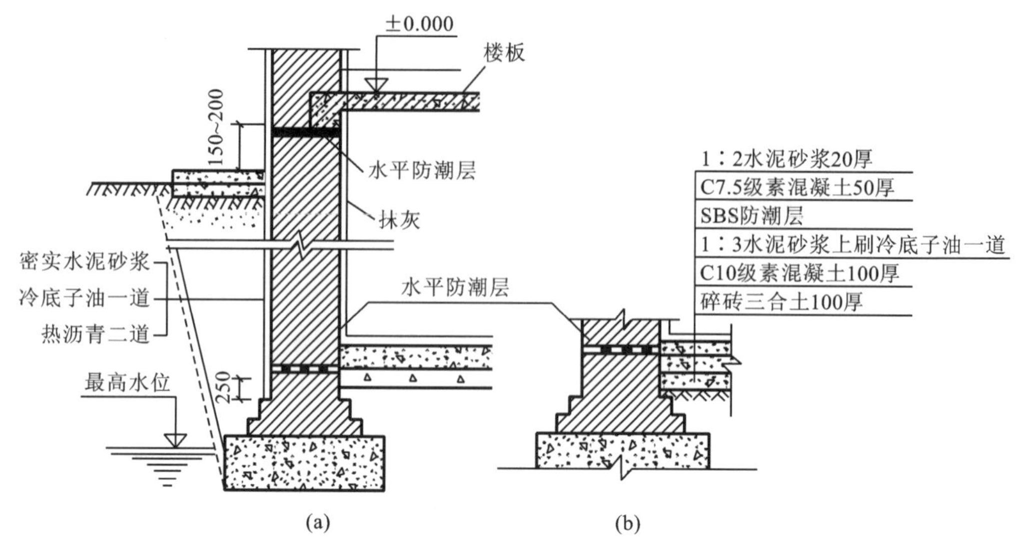

图 2-2-21 地下室防潮处理

(a)墙身防潮;(b)地坪防潮

表 2-2-7 设防标准、设防做法与适用范围的规定

防水等级	防水标准	设防做法	适用范围
一级	不允许漏水,结构表面无湿渍	多道设防,其中应有一道钢筋混凝土结构自防水和一道柔性防水,其他各道可采取其他防水措施	人员长期停留的场所;因有少量湿渍会使物品变质、失效的储物场所及严重影响设备正常运转和危及工程安全运营的部位;极重要的战备工程
二级	不允许漏水,结构表面有少量湿渍;工业与民用建筑总湿渍面积不应大于总防水面积(包括顶板、墙面、地面)的 1/1000;任意 100 m^2 防水面积上的湿渍不超过 1 处,单个湿渍的最大面积不大于 0.1 m^2; 其他地下工程总湿渍面积不应大于总防水面积的 6/1000;任意 100 m^2 防水面积上的湿渍不超过 4 处,单个湿渍最大面积不大于 0.2 m^2	两道设防,一般为一道钢筋混凝土结构自防水和一道柔性防水	人员经常活动的场所;在有少量湿渍的情况下不会使物品变质、失效的储物场所及基本不影响设备正常运转和工程安全运营的部位;重要战备工程

续表

防水等级	防水标准	设防做法	适用范围
三级	有少量漏水点，不得有线流和漏泥砂； 任意 100 m^2 的防水面积上的漏水点数不超过 7 处，单个漏水点的最大漏水量不大于 2.5 L/d，单个湿渍最大面积不大于 0.3 m^2	可采用一道设防或两道设防；也可对结构做抗水处理，外做一道柔性防水层	人员临时活动场所；一般战备工程
四级	有漏水点，不得有线流和漏泥砂； 整个工程平均漏水量不大于 2L/(m^2 · d)，任意 100 m^2 防水面积上的平均漏水量不大于 4L/(m^2 · d)	一道设防，可做一道外防水层	对漏水无严格要求的工程

地下室防水做法按选用材料的不同，通常有以下四种。

1. 防水混凝土

防水混凝土是在普通混凝土的基础上，从“集料级配”法发展而来，通过调整配合比或掺外加剂等手段，改善混凝土自身密实性，使其具有抗渗能力大于 60 MPa(6 kg/cm^2)的混凝土，用于立墙时厚度为 200～250 mm，用于底板时厚度为 250 mm。防水混凝土的抗渗性能取决于最大水头(H)和墙厚(h)的比值 H/h 大小，如图2-2-22所示。

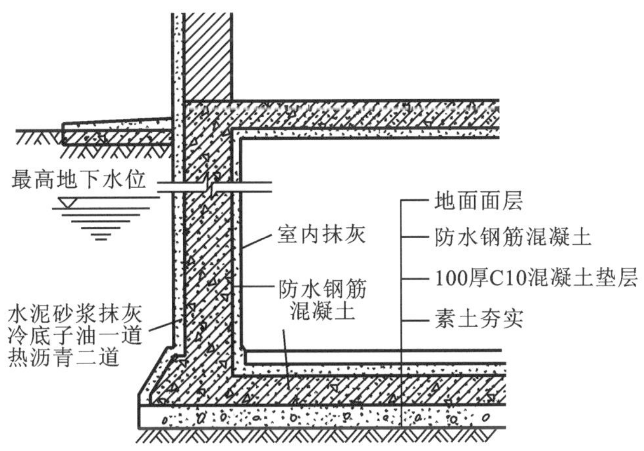

图 2-2-22　地下室混凝土构件自防水构造

2. 防水卷材

卷材防水层一般采用高聚物改性沥青防水卷材(如 SBS 改性沥青防水卷材、APP 改性沥青防水卷材)或高分子防水卷材(如三元乙丙橡胶防水卷材、再生胶防水卷材等)与相应的胶结材料黏结形成防水层。按照卷材防水层的位置不同，分外防水和内防水。

(1) 外防水。它是将卷材防水层满包在地下室墙体和底板外侧的做法,其构造要点是:先做底板防水层,并在外墙外侧伸出接茬,将墙体防水层与其搭接,并高出最高地下水位 500～1000 mm,然后在墙体防水层外侧砌半砖保护墙。应注意在墙体防水层的上部设垂直防潮层与其连接,如图 2-2-23 所示。

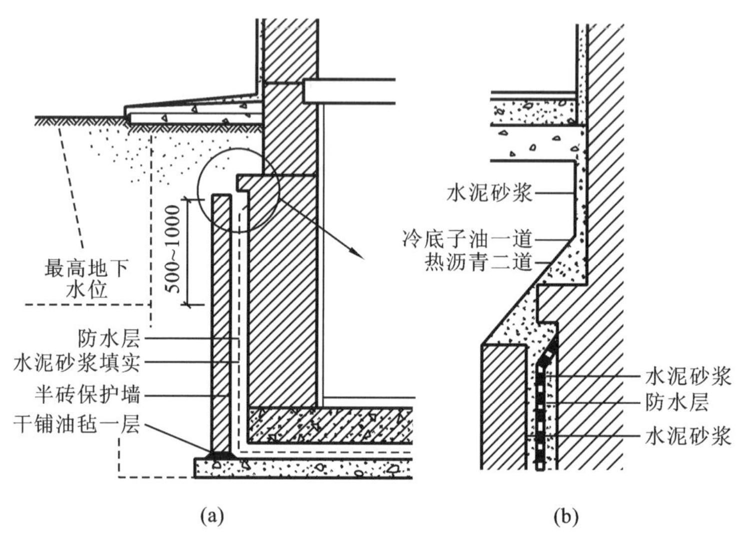

图 2-2-23　地下室外防水构造

(a)外包防水;(b)墙身防水层收头处理

(2) 内防水。它是将卷材防水层满包在地下室墙体和地坪的结构层内侧的做法,内防水施工方便,但属于被动式防水,对防水不利,所以一般用于修缮工程,如图 2-2-24 所示。

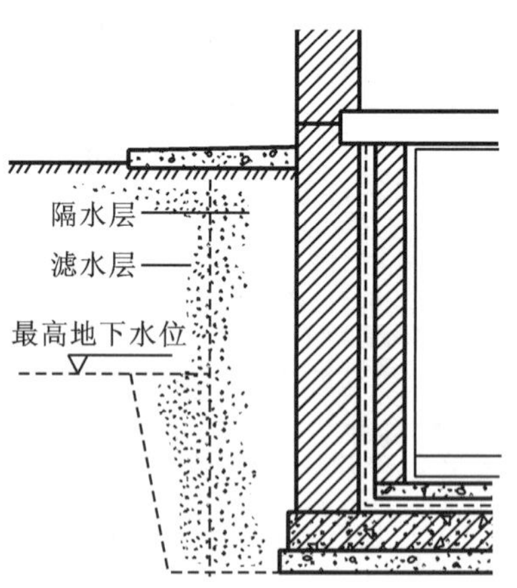

图 2-2-24　地下室内防水构造

3. 涂料防水

涂料防水种类有水乳型(普通乳化沥青、再生胶沥青等)、溶剂型(再生胶沥青)和反应型(聚氨酯涂膜)涂料,能防止地下无压水(渗流水、毛细水等)及不超过 1.5 m 水头的静压水的侵入，适用于新建砖石或钢筋混凝土结构的迎水面，作专用防水层或新建防水钢筋混凝土结构的迎水面，作附加防水层，加强防水、防腐能力；或已建防水或防潮建筑外围结构的内侧，作补漏措施；不适用或慎用含有油脂、汽油或其他能溶解涂料的其他地下环境。且涂料和基层应有很好的黏结力，涂料层外侧应做砂浆或砖墙保护层，如图2-2-25所示。

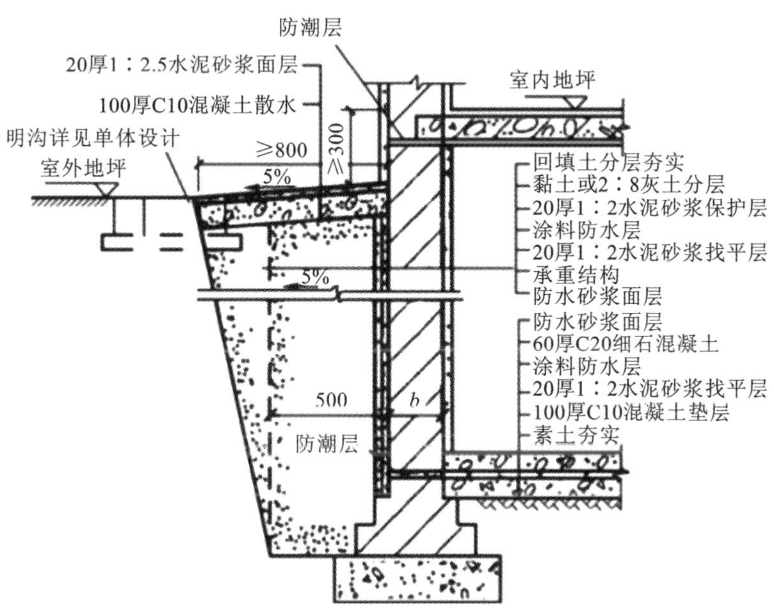

图 2-2-25 地下室涂料防水构造

4. 水泥砂浆防水

水泥砂浆防水分为多层普通水泥砂浆防水层和掺外加剂水泥砂浆防水层两种，属于刚性防水，适用于主体结构刚度较大，建筑物变形小及面积较小(不超过 300 m^2)的工程，不适用于有侵蚀性、有剧烈震动的工程。一般条件下做内防水为好，地下水压较高时，宜增做外防水。防水层高度应高出室外地坪 0.15 m，但对钢筋混凝土外墙、柱，应高出室外地坪 0.5 m。

上述四种做法，前两种应用较多。

任务2.3 墙　　体

能力目标	知识目标
能说出常见的墙体类型 能说出砖墙细部构造名称 能正确抄绘墙身节点构造图	熟悉常见墙体的类型 熟悉砖墙细部构造组成 掌握砖墙细部构造做法和要求 掌握墙体加固的措施和方法 了解墙面装饰材料及其构造

2.3.1 墙体的类型及要求

墙体作为建筑物的重要组成部分，主要起承重、围护、分隔作用。在墙承重的房屋建筑中，墙体的工程量、造价与自重通常是所有构件中所占份额最大的，其重量一般占建筑物总重量的50%左右，其造价一般占建筑物总造价的30%～40%。因此合理地选择墙体的材料和构造方法就显得十分重要了。

一、墙体的类型

1. 按墙体所处的位置及方向分类

按墙所处位置分为外墙和内墙。外墙位于房屋的四周，能抵抗大气侵袭，保证内部空间舒适；内墙位于房屋内部，主要起分隔内部空间的作用。

按墙的方向又可分为纵墙和横墙。沿建筑物长轴方向布置的墙称为纵墙；沿建筑物短轴方向布置的墙称为横墙，房屋有内横墙和外横墙，外横墙通常叫山墙，外纵墙也称檐墙。窗与窗之间、窗与门之间的墙体称为窗间墙，窗洞口下部的墙称为窗下墙，突出屋顶的矮墙称为女儿墙或封檐墙，如图2-3-1所示。

2. 按墙体受力情况分类

在砌体结构建筑中，墙按结构受力情况分为承重墙和非承重墙两种，承重墙直接承受楼板、屋顶传下来的荷载、水平风荷载及地震作用。非承重墙不承受外来荷载，它可以分为自承重墙、隔墙、填充墙和幕墙。

自承重墙仅承受本身重力，并把自重传给基础；隔墙则把自重传给楼板层。在框架结构中，墙不承受外来荷载，自重由框架承受，墙仅起分隔作用，称为框架填充墙；悬挂在建筑物结构外部的轻质外墙，称为幕墙。

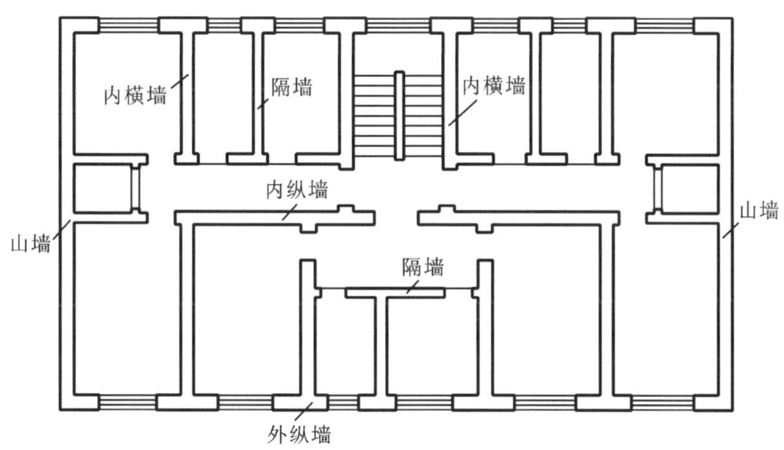

图 2-3-1 墙体的分类

3. 按墙体材料及构造方式分类

按构造方式可以分为实体墙、空体墙和组合墙三种。

实体墙由单一材料组成，如普通砖墙、实心砌块墙等；空体墙是由单一材料砌成内部空腔，例如空斗砖墙，也可用具有孔洞的材料建造墙，如空心砌块墙、空心板材墙等；组合墙由两种以上材料组合而成，比如主体结构采用普通砖（多孔砖）或钢筋混凝土板材，在其内侧或外侧采用复合轻质保温材料（各种板材等）构成保温结构。

4. 按墙体施工方法分类

按施工方法可分为块材墙、板筑墙及板材墙三种。

块材墙（叠砌式墙体）是用砂浆等胶结材料将砖石块材等组砌而成。

板筑墙（现浇整体式）是在现场立模板，现浇而成的墙体，例如现浇混凝土墙等。

板材墙（预制装配式）是预先制成墙板，施工时安装而成的墙，例如预制混凝土大板墙、各种轻质条板内隔墙等。

5. 按墙体所采用的材料分类

按所采用的材料可分为砖墙、砌块墙、混凝土墙、石墙等。

砖墙是用普通砖、多孔砖等砌筑而成的墙体。普通砖是我国传统的墙体材料，近年来受到资源的限制，为保护耕地，已经在越来越多的建筑中被限制使用。

砌块墙是砖墙的良好替代品，由多种轻质材料和水泥制成，有加气混凝土砌块墙、混凝土空心小砌块墙等。

混凝土墙可以现浇或预制，多用于多层及高层建筑中。

石材是一种天然材料，在石料资源比较丰富的地区比较常见。

二、墙体的作用

房屋建筑中的墙体一般有以下三个作用。

1. 承重作用

对于砖混结构的房屋建筑来说,墙体承受屋顶、楼板传给它的荷载,本身的自重荷载和风荷载等。

2. 围护作用

对于外墙来说,墙体隔住了自然界的风、雨、雪的侵袭,防止太阳的辐射、噪声的干扰以及室内热量的散失等,起保温、隔热、隔声、防水等作用。

3. 分隔作用

对于内墙来说,墙体把房屋划分为若干房间和使用空间。

当然,以上关于墙体的三个作用,并不是指一面墙体只起一个作用,也不是指一面墙体会同时具有这些作用。有的墙体既起承重作用,又起围护作用;有的墙体只起围护作用;有的墙体既起承重作用,又起分隔作用;又有的墙体只起分隔作用。

三、对墙体的要求

1. 承载力和稳定性要求

在多层砖混结构房屋中,墙体是主要的竖向承重构件,所以墙体应具有足够的强度和稳定性。一般砖墙的强度与所采用的砖和砂浆的强度及施工技术有关。墙体的稳定性与墙的外形尺寸(长度、高度、厚度)以及墙体间距有关。提高墙体的稳定性,可采用设置墙垛、构造柱、圈梁等构造措施。

2. 保温、隔热等方面的要求

(1) 保温:外围护墙、复合墙等,通过密实缝隙、增加墙体厚度,可以起到保温的作用。

(2) 隔热:对于炎热的地区,墙体应有一定隔热能力。如选用砖、土等热阻大、重量大的材料,或选用光滑、平整的浅色材料,增加墙体的反射能力。

3. 防火、防水防潮要求

(1) 防火:墙体材料及厚度应符合防火规范中相应的燃烧性能和耐火极限的要求,必要时还应设置防火墙、防火门等。

(2) 防水防潮:在厨房、卫生间、实验室等有水源的房间的墙体以及地下室的墙体应满足防水防潮的要求。

4. 隔声要求

墙体应具有一定的隔声功能,以保证建筑物室内空间良好的声学环境。墙体隔声主要是隔空气传声和撞击声,在设计时采取以下措施:

(1) 密缝:密实墙体缝隙,在墙体砌筑时,要求砂浆饱满,密实砖缝,并通过墙面抹灰解决缝隙问题。

(2) 增加墙体厚度:不同的墙体厚度,其隔声能力不同。如 240 mm 的墙体,可隔

49 dB的噪声。

(3) 采用有空气间层或多孔弹性材料的夹层墙。

5. 建筑工业化的要求

建筑工业化的关键在墙体改革，可以采用轻质高强的墙体材料，减轻自重，降低成本，同时通过提高机械化程度来提高工作效率。

此外，墙体还应注意节能、施工、经济性等方面的要求。

2.3.2　砖墙的基本构造

一、砖墙材料

1. 块材

砖墙材料主要分为块材和黏结材料。

砖按其形式可分为实心砖、多孔砖和空心砖。实心砖是指没有孔洞或孔洞率小于15%的砖；多孔砖是指孔洞率不小于15%，孔的直径小、数量多的砖；空心砖是指孔洞率不小于15%，孔的直径大、数量少的砖。

砖按照构成材料的不同可分为黏土砖、灰砂砖、炉渣砖、粉煤灰砖等。

(1) 标准黏土砖的规格是240 mm(长)×115 mm(宽)×53 mm(高)，加上砌筑时的灰缝尺寸10 mm，形成4∶2∶1的尺度关系。因为黏土砖的尺寸与建筑模数标准不协调，造成了砖砌体设计施工过程中的诸多不便，所以其他块材的规格均考虑了模数化的要求，基本采用(nM－10)mm的尺寸系列，标准砖的组合尺寸如图2-3-2所示。

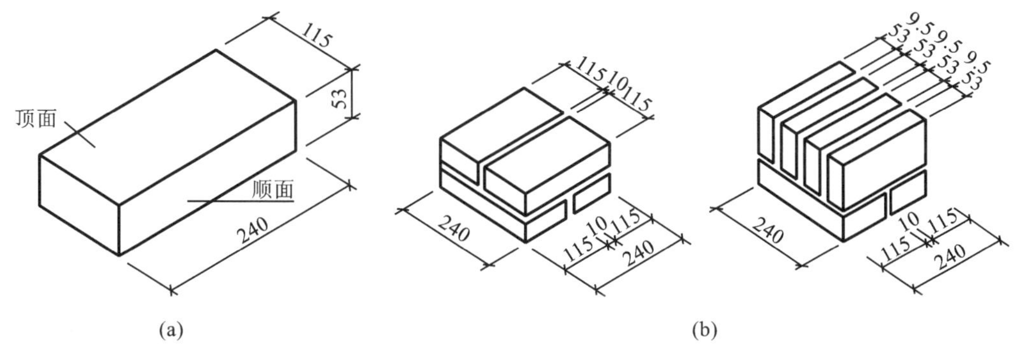

图 2-3-2　标准砖的组合尺寸

(2) 多孔砖的实际尺寸为：240 mm(长)×115 mm(宽)×90 mm(厚)、190 mm(长)×190 mm(宽)×90 mm(高)等。

砌筑块材主要有：烧结普通砖、非烧结硅酸盐砖和承重黏土空心砖等。其强度等级分为MU30、MU25、MU20、MU15、MU10、MU7.5六级。

2. 砂浆

砌筑用的砂浆有水泥砂浆、混合砂浆(水泥石灰砂浆)、石灰砂浆和黏土砂浆。

水泥砂浆由水泥、砂和水按一定的比例拌和而成，属水硬性材料，强度高，较适合用于砌筑潮湿环境下的砌体、基础及地下工程等。

石灰砂浆由石灰膏、砂加水拌和而成，属气硬性材料，强度不高，多用于砌筑次要的、临时的、简易的建筑中地面以上的砌体。

混合砂浆由水泥、石灰膏、砂加水拌和而成，强度较高，和易性和保水性较好，适合于砌筑地面以上的砌体。

砂浆的强度等级有七个级别：M15、M10、M7.5、M5、M2.5、M1、M0.4。

二、砖墙的组砌方式

组砌是指块材在砌体中的排列方式，组砌的关键是错缝搭接，上下皮砖的垂直缝交错，保证砖墙的整体性。为了保证墙体的强度，以及保温、隔声等要求，砌筑时砖缝砂浆应饱满，厚薄均匀，灰缝横平竖直、上下错缝、内外搭接，避免形成竖向通缝，影响砖砌体的强度和稳定性。当外墙面作清水墙时，组砌还应考虑墙面图案美观。

在砖墙的组砌中，把砖的长方向垂直于墙面砌筑的砖叫丁砖，把砖长方向平行于墙面砌筑的砖叫顺砖。上下皮之间的水平灰缝称横缝，左右两块砖之间的垂直缝称竖缝，如图 2-3-3 所示。

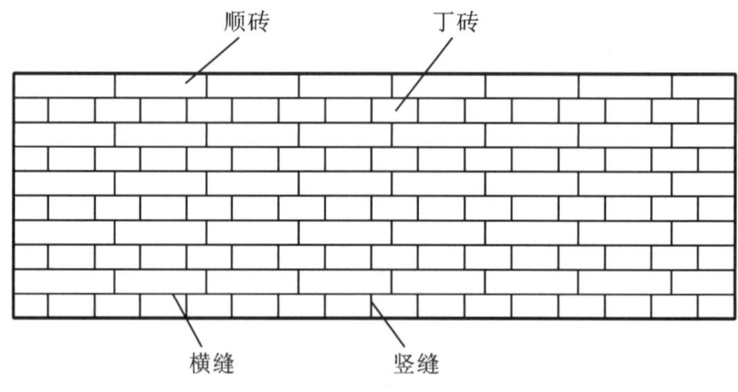

图 2-3-3　砖和砖墙的组砌名称

1. 墙厚

普通黏土实心砖是使用最普遍的砖，其规格全国统一，尺寸为 240 mm×115 mm×53 mm。长宽厚之比为 4∶2∶1(包括 10 mm 灰缝)。标准砖砌筑墙体时以砖宽度的倍数(115+10=125 mm)为模数，砖墙的尺度包括墙体厚度、墙段长度和墙体高度等，普通黏土砖构造尺寸与标志尺寸如表 2-3-1 所示。墙厚与砖规格的关系如图 2-3-4 所示。

表 2-3-1　普通黏土砖厚度名称与尺寸

墙厚名称	半砖墙	3/4 砖墙	一砖墙	一砖半墙	两砖墙	两砖半墙
构造尺寸	115	178	240	365	490	615
标志尺寸	120	180	240	370	490	620
习惯称谓	12 墙	18 墙	24 墙	37 墙	49 墙	62 墙

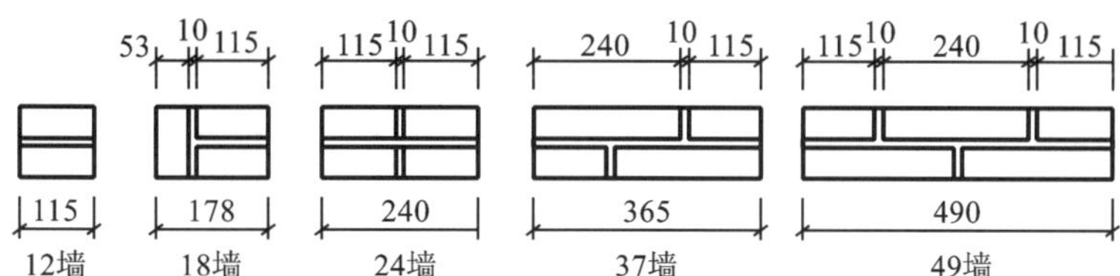

图 2-3-4　墙厚与砖规格的关系

2. 砖墙洞口与墙段尺寸

(1) 砖墙洞口主要是指门窗洞口，其尺寸应按模数协调统一标准制定，这样可减少门窗规格，有利于工厂化生产，如图 2-3-5 所示。

(2) 墙段尺寸是指窗间墙、转角墙等部位墙体的长度。墙段由砖块和灰缝组成。如图 2-3-5 所示。

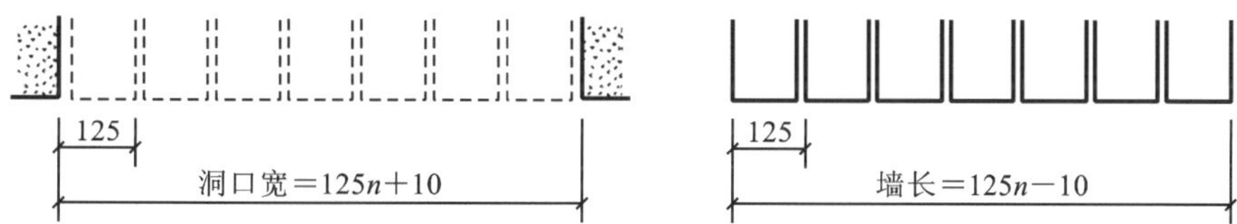

图 2-3-5　洞口宽度和墙段长度

3. 实体墙的组砌方式

实体墙通常采用一顺一丁、多顺一丁、十字式(也称梅花丁)等砌筑方式，如图2-3-6所示。

4. 空斗墙的组砌方式

用实心黏土砖侧砌或侧砌与平砌结合砌筑，内部形成空心的墙体。一般把平砌的砖叫眠砖，侧砌的砖叫斗砖。空斗墙分为无眠空斗墙和有眠空斗墙(一眠一斗、一眠三斗等)，如图 2-3-7 所示。

空斗墙是一种中空非匀质砌体，坚固性较实体砖墙差，因此在构造上，要求在门窗洞口两侧、墙转角处、内外墙交接处、勒脚及与承重砖柱相接处采取眠砖实砌的方式。在楼板、梁、屋架、檩条支承处，墙体也应实砌三皮以上眠砖或直接采用实体墙。

5. 组合墙的组砌方式

组合墙用砖和其他保温材料组合形成的墙，在我国北方地区比较常见。通常情况下组合墙的做法有以下三种类型：在墙体的一侧附加保温材料；在砖墙的中间填充保温材

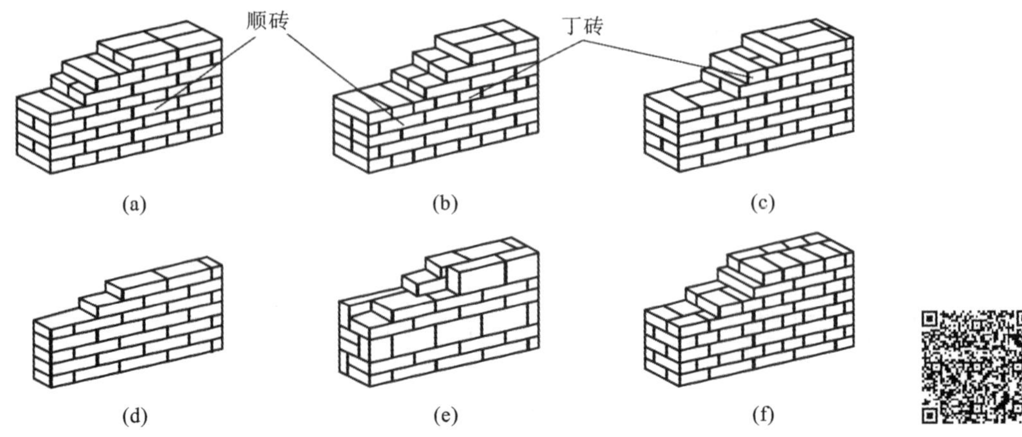

砖墙的组砌方式

图 2-3-6　砖墙的组砌方式

(a)240 砖墙一顺一丁式;(b)240 砖墙多顺一丁式;(c)240 砖墙十字式;
(d)120 砖墙;(e)180 砖墙;(f)370 砖墙

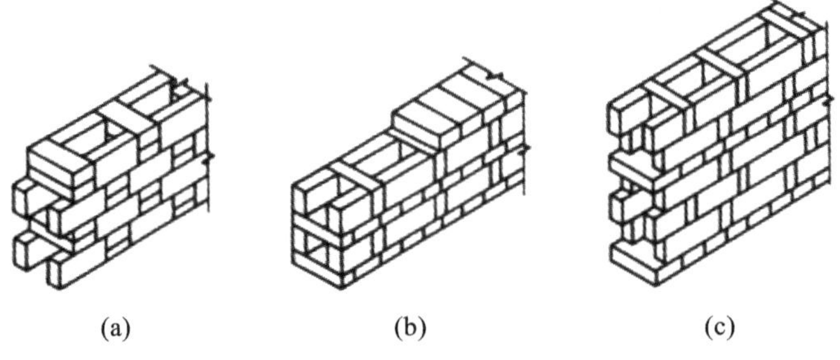

图 2-3-7　空斗墙的组砌方式

(a)无眠空斗墙;(b)一眠一斗;(c)一眠三斗

料;在墙体的中间留隔空气层,如图 2-3-8 所示。

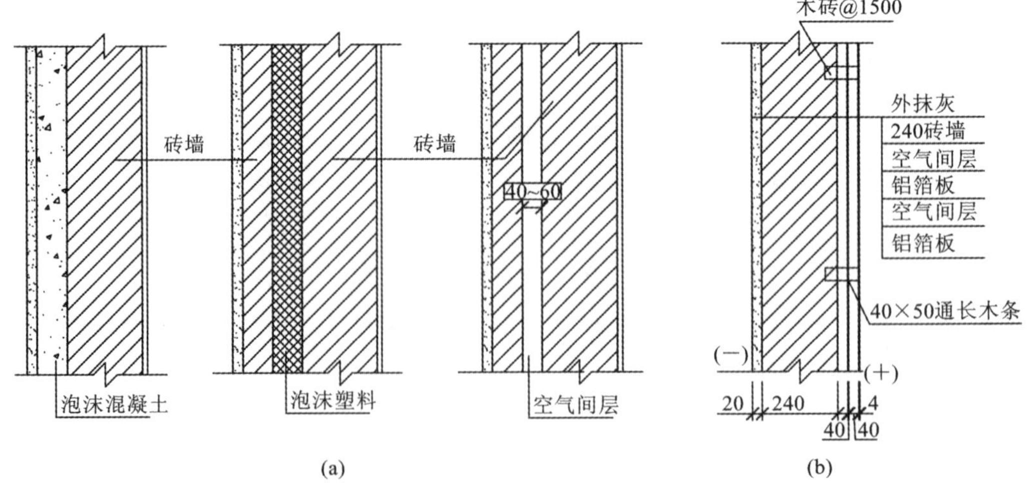

图 2-3-8　组合墙的组砌方式

6. 清水墙

清水墙是指砖墙外墙面砌成后，只需要勾缝，即成为成品，不需要外墙面装饰的墙体。这种墙体砌砖质量要求高，灰浆饱满，砖缝规范美观。它只有结构部分，不做任何墙面装饰。

清水墙分为清水砖墙和清水混凝土墙。清水砖墙对砖的要求极高。首先，砖的大小要均匀，棱角要分明，色泽要有质感。其次，砌筑工艺十分讲究，灰缝要一致，阴阳角要锯砖磨边，接槎要严密和具有美感。清水混凝土墙对模板和混凝土的要求非常高，拆模后的墙体表面必须光滑平整、色泽一致，不允许有剔凿、修补、打磨等现象。

单面清水墙就是墙内侧或墙外侧有一面是清水墙工艺，另一面有涂料喷刷或者水泥抹面等工艺。

相对于清水墙来说，砌筑完后要整体抹灰的墙体称为混水墙，混水墙砌筑没有清水墙严格，在施工的时候不考虑其表面美观。

2.3.3 砖墙的细部构造

一、墙脚构造

1. 勒脚

外墙墙身下部靠近室外地面的部分叫勒脚。其主要作用是：加固墙身，防止外界机械碰撞而使墙身受损；保护墙脚，避免受雨雪侵蚀或受冻而破坏；对建筑立面起到装饰作用。

规范规定，勒脚的高度应不小于 700 mm，其做法有以下几种，如图 2-3-9 所示。

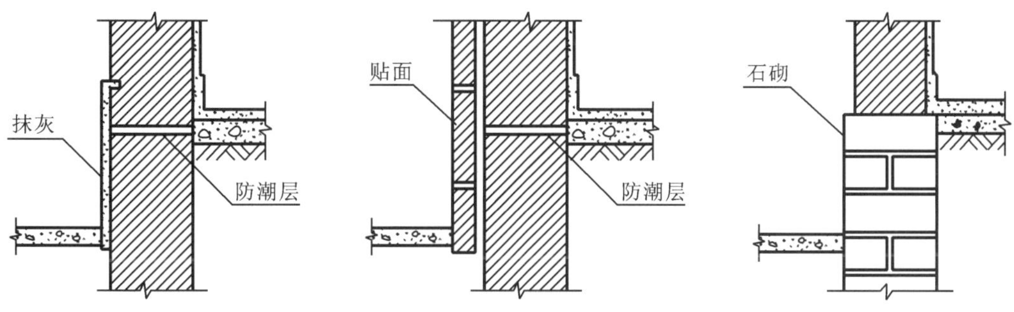

图 2-3-9 勒脚构造做法

(1) 抹灰。在勒脚的外表面做水泥砂浆或其他有效的抹面处理。

(2) 贴面。外贴天然石材或人工石材贴面，如花岗岩、水磨石板等。贴面勒脚耐久性强，装饰效果好，多用于标准较高的建筑。

(3) 天然石材砌筑。采用石块或石条等坚固材料进行砌筑。高度可砌至室内地坪或按规范设计。

2. 散水和明沟

在建筑物外墙四周靠近勒脚部位的地面设置排水用的散水或明沟，将建筑物四周的地表积水及时排走，保护外墙基础和地下室的结构免受水的不利影响。

沿建筑物外墙四周地面做成3%～5%的倾斜坡面，即为散水。散水又称排水坡或护坡。散水可用水泥砂浆、混凝土、砖、块石等材料做面层，其宽度一般为600～1000 mm，当屋面为自由落水时，其宽度应比屋檐挑出宽度大150～200 mm。由于建筑物的沉降及勒脚与散水施工时间的差异，在勒脚与散水交接处应留有缝隙，缝内填粗砂或米石子，上嵌沥青胶盖缝，以防渗水。散水整体面层纵向距离每隔6～12 m做一道伸缩缝，缝内应填充热沥青，如图2-3-10所示。

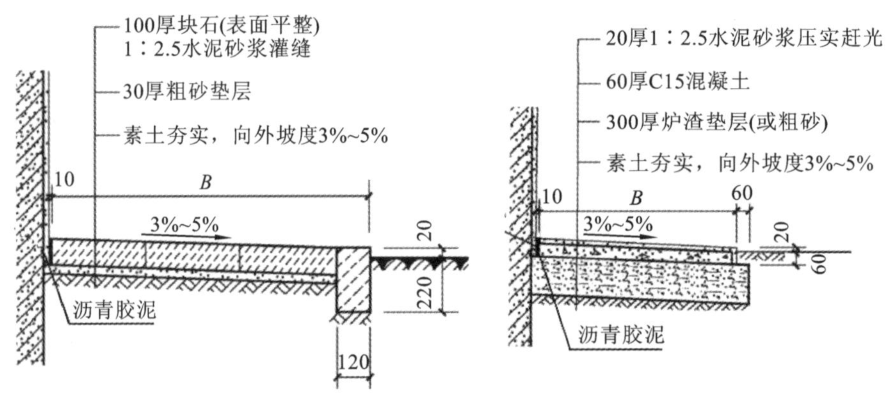

图 2-3-10 散水构造

散水适用于降雨量较小的北方地区。对于季节性冰冻地区的散水，还需在垫层下加设防冻胀层。

明沟是设置在外墙四周的排水沟，将水有组织地导向集水井，然后流入排水系统。明沟一般用素混凝土现浇，或用砖石铺砌成180 mm宽、150 mm深的沟槽，然后用水泥砂浆抹面。沟底应有不小于1%的坡度，以保证排水通畅，如图2-3-11所示。与散水不同，明沟适用于降雨量较大的南方地区。

3. 墙身防潮层

地下水位以上透水土层中的毛细水沿着墙身进入建筑物，砌体的毛细作用导致水分不断上升，最高可达二楼。墙身受潮，因而墙体结构和装修受到破坏，室内环境变得潮湿，严重的会影响人们的健康。因此，为了保证建筑环境的舒适、卫生，必须对建筑物墙身进行合理的防潮设计。

通常在勒脚部位设置连续的水平隔水层，称为墙身水平防潮层，简称防潮层。其作用是用防水材料阻挡水分的上升，保护地面以上墙身免受毛细水的影响，同时也阻止潮气影响室内环境。墙身防潮层包括阻止水分上升的水平防潮层、阻止水分通过侧墙侵害

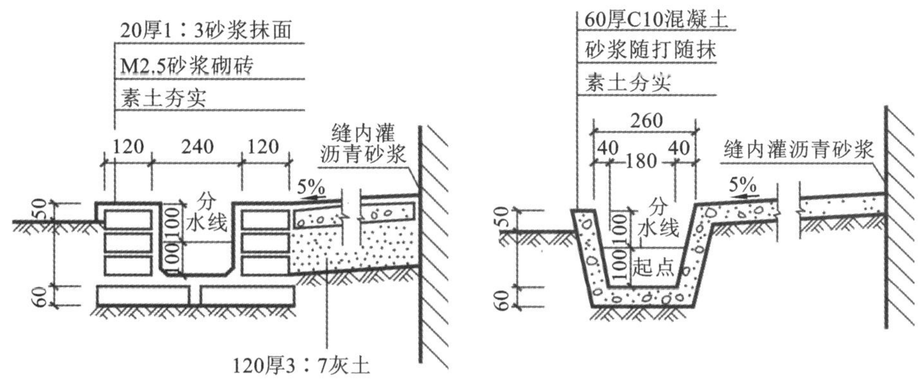

图 2-3-11 明沟构造

墙体的垂直防潮层。

1）防潮层的位置

墙身水平防潮层是对建筑物所有的内、外结构墙体在墙身一定高度的位置设置的水平方向的防潮层。墙身水平防潮层的位置要考虑其与地坪防潮层相连，按室内地面材料性质确定。

当地坪采用混凝土等不透水地面和垫层时，墙身防潮层应设置在底层室内地面的混凝土层上下表面之间，即其上表面应设置在室内地坪以下 60 mm 处（即一皮砖厚处），同时还应至少高于室外地坪 150 mm，防止雨水溅湿墙身。当地坪采用透水材料时（如碎石、炉渣等），水平防潮层的位置应平齐或高于室内地面 60 mm，即在 0.060 m 处。当两相邻房间之间室内地面有高差时，应在墙身内设置高低两道水平防潮层，并在靠土壤一侧设置垂直防潮层，以避免回填土中的潮气侵入墙身，如图 2-3-12 所示。

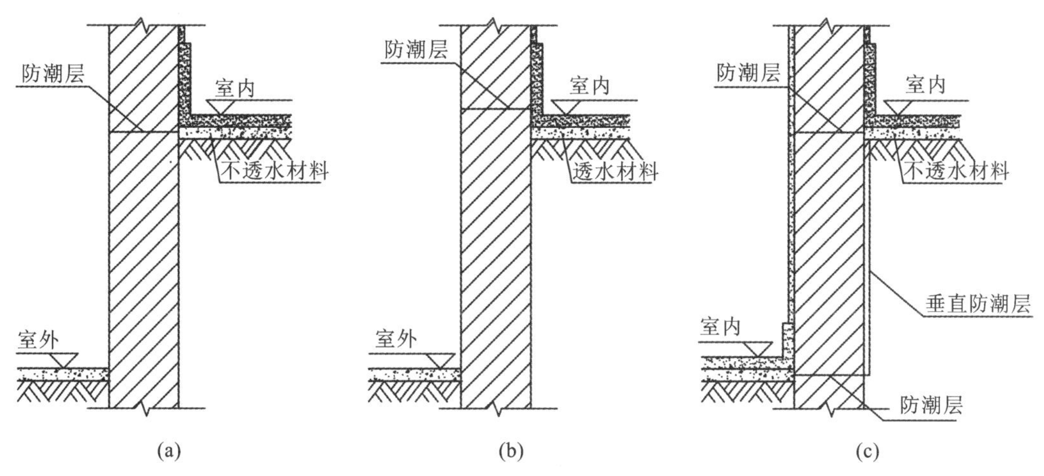

图 2-3-12 墙身防潮层的位置

(a)地面垫层为不透水材料；(b)地面垫层为透水材料；(c)室内地面有高差

2）防潮层的材料和做法

建筑防潮材料大致上有柔性材料和刚性材料两大类。柔性材料主要有沥青涂料、油毡卷材以及各新型聚合物防水卷材等；刚性材料主要有防水砂浆、配筋密实混凝土等。

(1) 卷材防潮层。在防潮层部位先抹 20 mm 厚的水泥砂浆找平层，然后干铺卷材一层或用沥青黏贴一毡二油，如采用油毡，油毡防潮层具有一定的韧性、延伸性和良好的防潮性能，但日久易老化失效，同时由于油毡使墙体隔离，削弱了砖墙的整体性和抗震能力，如图 2-3-13 所示。

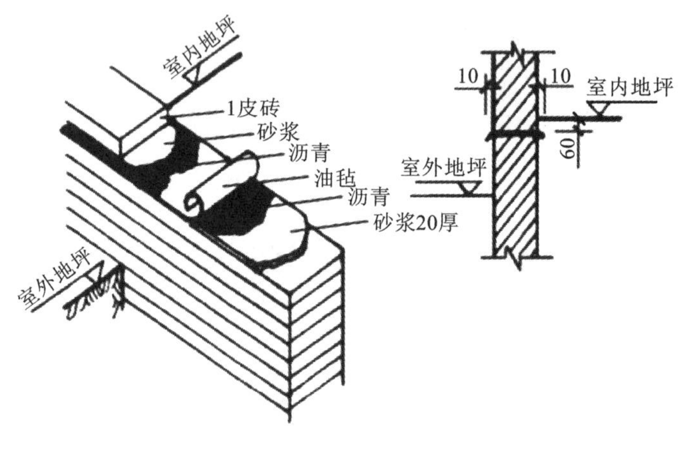

图 2-3-13　卷材防潮层

(2) 防水砂浆防潮层。在防潮层位置抹一层 20 mm 或 30 mm 厚 1∶2 水泥砂浆掺 5%的防水剂配制成的防水砂浆，也可以用防水砂浆砌筑 4～6 皮砖，如图 2-3-14 所示。用防水砂浆作防潮层适用于抗震地区、独立砖柱和振动较大的砖砌体中，但砂浆开裂或不饱满时影响防潮效果。

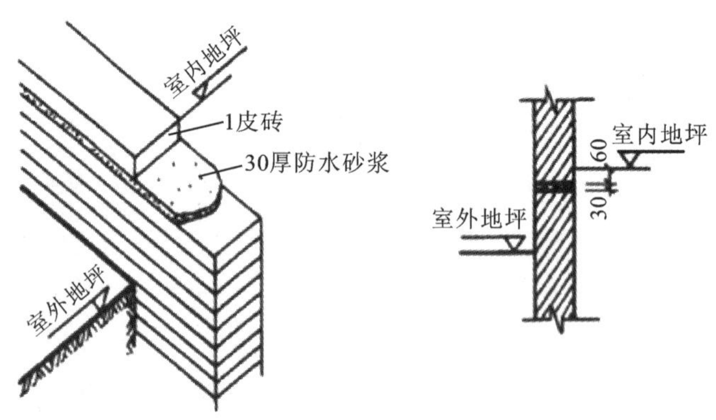

图 2-3-14　防水砂浆防潮层

(3) 细石混凝土防潮层。在防潮层位置铺设 60 mm 厚 C15 或 C20 细石混凝土，内配 3ϕ6 或 3ϕ8 钢筋以抗裂，如图 2-3-15 所示。由于混凝土密实性好，有一定的防水性能，并与砌体结合紧密，故适用于整体刚度要求较高的建筑中。

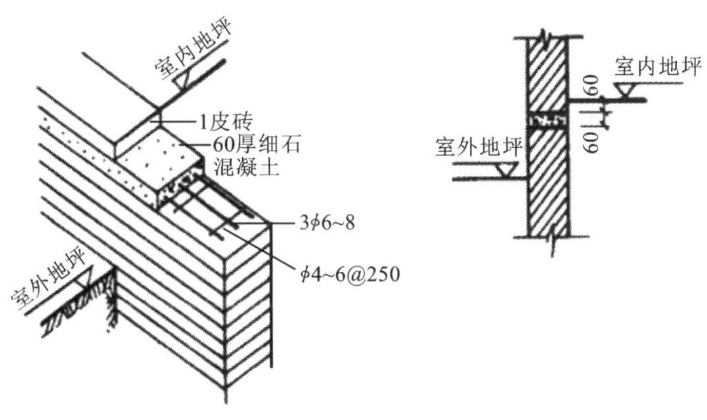

图 2-3-15 细石混凝土防潮层

(4) 垂直防潮层。在需设垂直防潮层的墙面(靠回填土一侧)先用水泥砂浆抹面,刷上冷底子油一道,再刷热沥青两道;也可以采用掺有防水剂的砂浆抹面的做法。

二、门窗洞口构造

1. 窗台构造

窗台位于窗洞口的下部。窗台分为外窗台和内窗台两个部分。窗台构造有悬挑和不悬挑两种。

外窗台面一般应低于内窗台面,且应设置排水构造,向外形成不小于 20% 的坡度,以利于排水,如图 2-3-16 所示。悬挑窗台常采用顶砌 1 皮砖出挑 60 mm 或将一皮砖侧砌并出挑 60 mm。砌好后用水泥砂浆勾缝的窗台称清水窗台;用水泥砂浆抹面的窗台称混水窗台。悬挑窗台底部边缘处抹灰时应做宽度和深度均不小于 10 mm 的鹰嘴线或滴水槽。对于洞口较宽的窗台,可采用钢筋混凝土窗台梁,以减少或避免窗台的开裂。处于阳台等处的窗不受雨水冲刷,可不必设悬挑窗台;外墙面材料为贴面砖时,也可不设悬挑窗台。

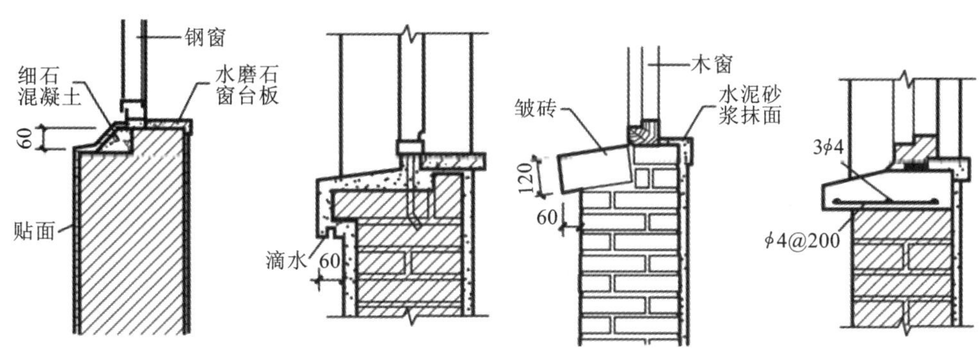

图 2-3-16 外窗台构造

内窗台一般为水平放置,通常结合室内装修做成水泥砂浆抹灰、木板或贴面砖等多种饰面形式,如图 2-3-17 所示。在寒冷地区室内如为暖气采暖时,为便于安装暖气片,窗台下应预留凹龛。此时应采用预制水磨石板或预制钢筋混凝土窗台板形成内窗台。

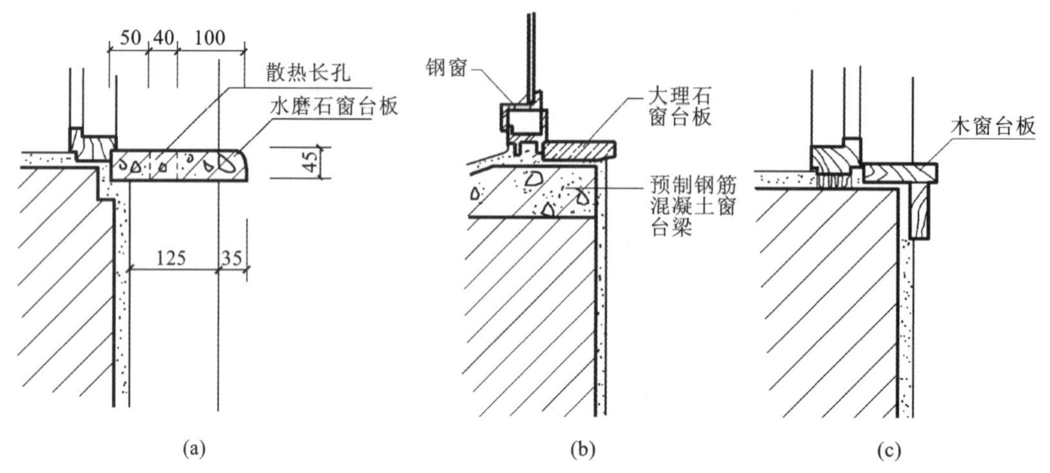

图 2-3-17 内窗台构造

(a)水磨石窗台板;(b)大理石窗台板;(c)木窗台板

2. 过梁构造

为了承受门窗洞口上部墙体的重力和楼盖传来的荷载,防止门窗洞口变形,在门窗洞口上设置的梁称为过梁。

(1) 钢筋混凝土过梁。梁高应与砖的皮数相适应,如 60 mm、120 mm、180 mm、240 mm 等。在普通砖墙上过梁在洞口两侧伸入墙内的长度,应不小于 240 mm。为了防止雨水沿门窗过梁向外墙内侧流淌,过梁底部的外侧抹灰时要做滴水,如图 2-3-18 所示。

(2) 砖拱过梁是将砖竖砌形成拱券,灰缝上宽下窄,使砖向两边倾斜,相互挤压形成拱来承担荷载。砖拱过梁用于清水砖墙中可满足墙面统一的外观效果。

砖砌平拱的高度多为 240 mm(一砖高)或 360 mm(一砖半高),灰缝上部宽度不宜大于 15 mm,下部宽度不应小于 5 mm,两端下部伸入墙内 20～30 mm。砌筑时,中部起拱,高度为洞口跨度的 1/50,待受力沉降后恰好达到水平位置。砖强度等级不低于 MU7.5,砂浆强度等级不低于 M2.5,净跨宜小于等于 1.2 m,不应超过 1.8 m,如图 2-3-19所示。

(3) 钢筋砖过梁。钢筋砖过梁是配置了钢筋的平砌砖过梁,如图 2-3-20 所示。通常将间距小于 120 mm 的 $\phi 6$ 钢筋埋在梁底部厚度为 30 mm 的水泥砂浆层内,钢筋数量不少于 2 根,间距不大于 120 mm。钢筋伸入洞口两侧墙内的长度不应小于 240 mm,并设 90°直弯钩,埋在墙体的竖缝内。在洞口上部不小于 1/5 洞口跨度的高度范围内(且不应小于 5 皮砖),用不低于 M5 级的砂浆砌筑。钢筋砖过梁净跨宜不大于 1.5 m,不应超过 2 m。

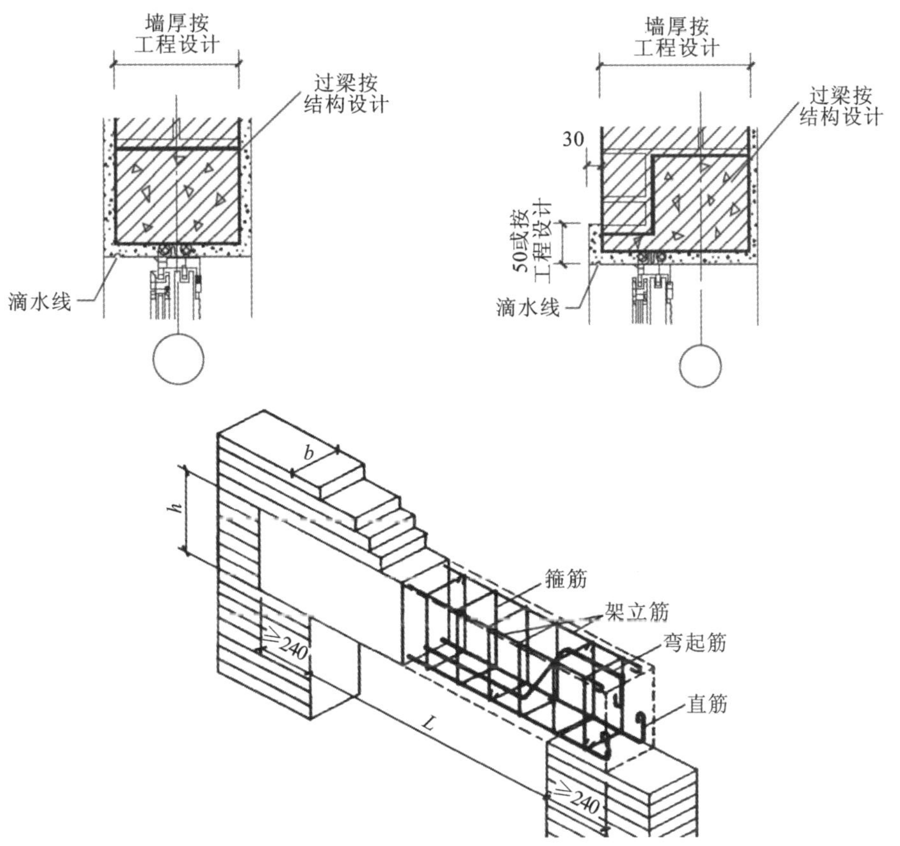

图 2-3-18　钢筋混凝土过梁

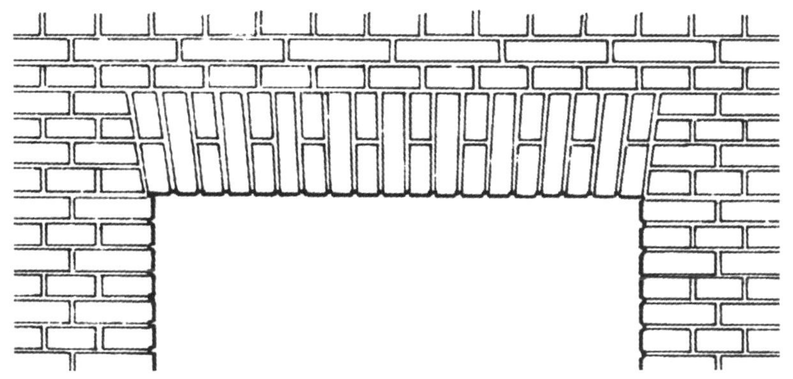

图 2-3-19　砖砌平拱过梁

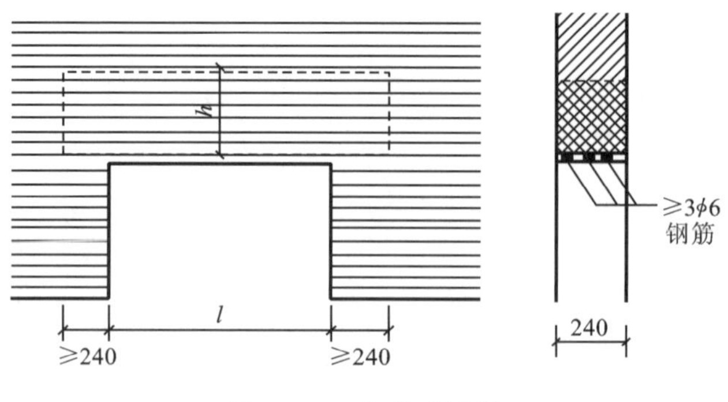

图 2-3-20　钢筋砖过梁

三、墙身加固措施

1. 圈梁

圈梁是沿房屋外墙、内纵墙和部分横墙在墙内设置的连续封闭的梁。它的作用是增加墙体的稳定性,加强房屋的空间刚度及整体性,防止由于基础的不均匀沉降、震动荷载等引起的墙体开裂,提高房屋抗震性能,如图 2-3-21 所示。

圈梁

图 2-3-21　圈梁

1）圈梁的设置数量

圈梁的数量与房屋层数、高度、地基土状况及地震烈度(指地震波的传递,使某一地点建筑受到影响的强弱程度)等因素有关。

2）圈梁的位置

圈梁常设于基础内、楼盖处、屋盖处。圈梁的具体设置位置与抗震设防等级有关。

钢筋混凝土圈梁在墙身上的竖向位置,在多层的砖混结构房屋中,基础顶面和屋顶檐口部位必须设置一道,中间层可根据实际情况每层设或隔层设一道。为防止地基不均匀沉降,以设置在基础顶面和檐口部位的圈梁最为有效。当房屋中部沉降比两端大时,基础顶面的圈梁作用较大;当房屋两端沉降比中部大时,檐口部位的圈梁作用较大。

钢筋混凝土圈梁在墙身上的水平位置,外墙圈梁一般与楼板相平,内墙圈梁一般设在板下。在平面上,圈梁在外墙上必须连续封闭设置,在贯通的内墙、楼梯间及疏散口等处也须设置，对于不贯通的内横墙可考虑每隔 8～16 m 设置一道。

3）圈梁的种类、断面尺寸及配筋要求

圈梁有钢筋砖圈梁和现浇钢筋混凝土圈梁两种，通常采用现浇钢筋混凝土圈梁。钢筋混凝土圈梁的宽度宜与墙体厚度相同，且不小于 240 mm，高度一般不小于 120 mm，通常与砖的皮数相配合。圈梁一般均按构造配置钢筋，纵向钢筋不应小于 4ϕ10，箍筋间距不大于 250 mm。

4）附加圈梁

圈梁应连续地设在同一水平面上，并形成封闭状。如遇门窗洞口不能通过时，应增设附加圈梁以确保圈梁为一连续封闭的整体，如图 2-3-22 所示。

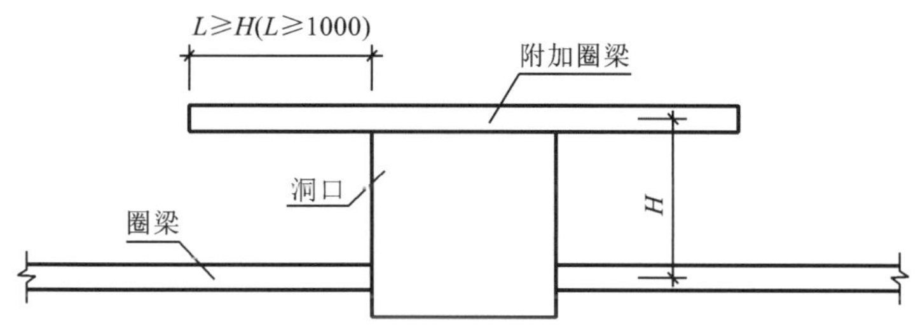

图 2-3-22　附加圈梁

2. 构造柱

构造柱是设在墙体内的钢筋混凝土现浇柱，主要作用是与圈梁共同形成空间骨架，以增加房屋的整体刚度，提高抗震能力。根据《砌体结构设计规范》(GB 50003—2011)，构造柱的设置要求见表 2-3-2。

构造柱

表 2-3-2　砖砌体房屋构造柱设置要求

<table>
<tr><th colspan="4">层　　数</th><th colspan="2" rowspan="2">设 置 部 位</th></tr>
<tr><th>6 度</th><th>7 度</th><th>8 度</th><th>9 度</th></tr>
<tr><td>≤五</td><td>≤四</td><td>≤三</td><td></td><td rowspan="3">楼、电梯间四角，楼梯斜梯段上下端对应的墙体处；
外墙四角和对应的转角；
错层部位横墙与外纵墙交接处；
较大洞口两侧</td><td>隔 15 m 或单元横墙与外纵墙交接处；
楼梯间对应的另一侧内横墙与外纵墙交接处</td></tr>
<tr><td>六、七</td><td>五</td><td>四</td><td>二</td><td>隔开间横墙(轴线)与外墙交接处；
山墙与内纵墙交接处</td></tr>
<tr><td>八</td><td>六、七</td><td>五、六</td><td>三、四</td><td>内墙(轴线)与外墙交接处；
内墙的局部较小墙垛处；
内纵墙与横墙(轴线)交接处</td></tr>
</table>

注：较大洞口，内墙指不小于 2.1 m 的洞口；外墙在内外墙交接处已设置构造柱时允许适当放宽，但洞侧墙体应加强。

构造柱的最小截面尺寸为 240 mm×180 mm，竖向钢筋多用 4ϕ12，箍筋间距不大于 250 mm，随烈度和层数的增加，建筑四角的构造柱可适当加大截面和钢筋等级。构造柱的施工方式是先砌墙,后浇混凝土,混凝土标号一般为 C20,并沿墙每隔 500 mm 设置深入墙体不小于 1 m 的 2φ6 拉结钢筋,构造柱做法如图 2-3-23 所示。

构造柱可不单独设置基础,但应深入室外地面以下 500 mm,或锚入浅于 500 mm 的基础圈梁内。

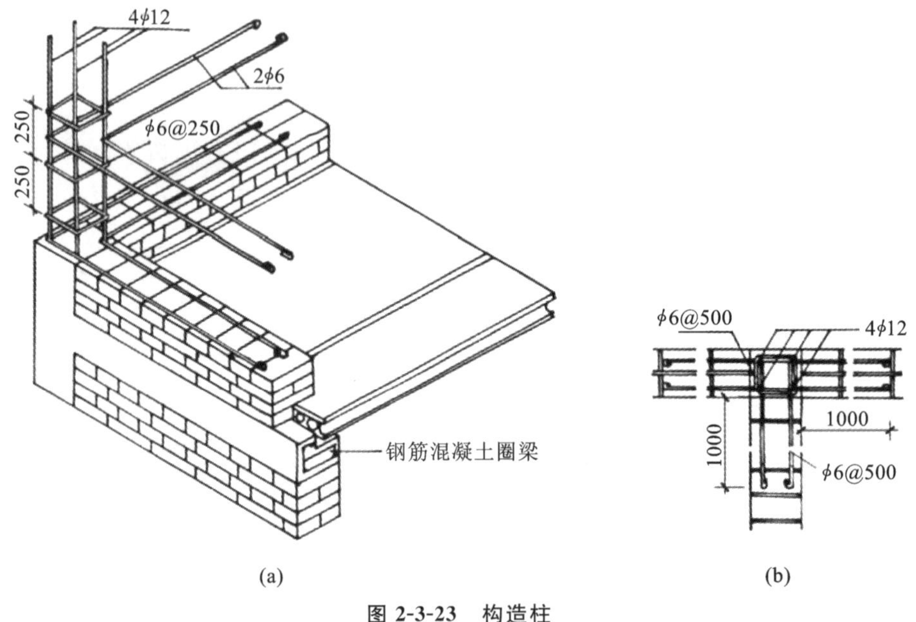

图 2-3-23 构造柱

3. 墙体留槎

两道相接的墙体最好同时砌筑,如果不能同时砌筑,应在先砌的墙上留出接槎,俗称留槎,后砌的墙体要镶入接槎内,俗称咬槎。砖墙接槎质量的好坏,对整个房屋的稳定性相当重要。正常的接槎,规范规定采用两种形式:一种是斜槎,又叫"踏步槎";另一种是直槎,又叫"马牙槎",如图 2-3-24 所示。

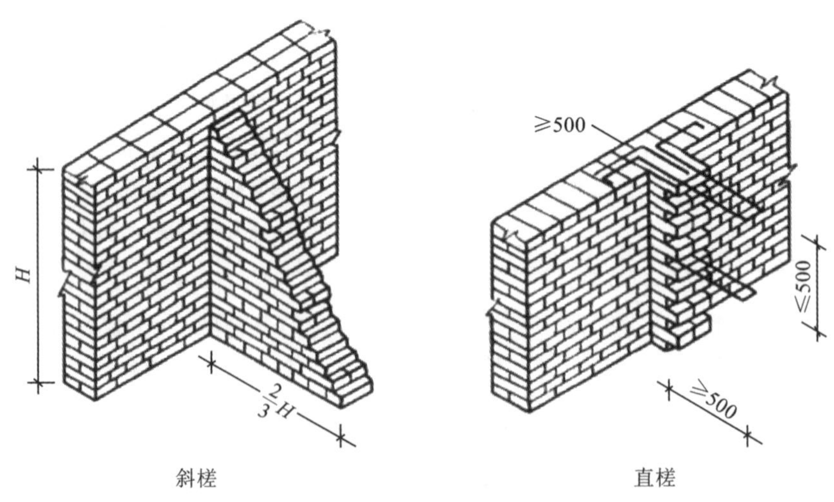

图 2-3-24 墙体留槎

规范规定，与构造柱连接处的墙应砌成马牙槎，每一个马牙槎沿高度方向的尺寸不应超过 300 mm 或 5 皮砖高，马牙槎从每层柱脚开始，应先退后进，进退相差 1/4 砖。

构造柱的砌筑方法是先墙后柱，如图 2-3-25 所示，先砌筑墙体，绑扎钢筋，后浇筑混凝土，构造柱两侧的墙体采用“五进五出”的方式砌筑。如果拉结筋遇到门窗洞口，压长不足 1 m 时，应该有多长压多长，保证墙体形成一个整体。

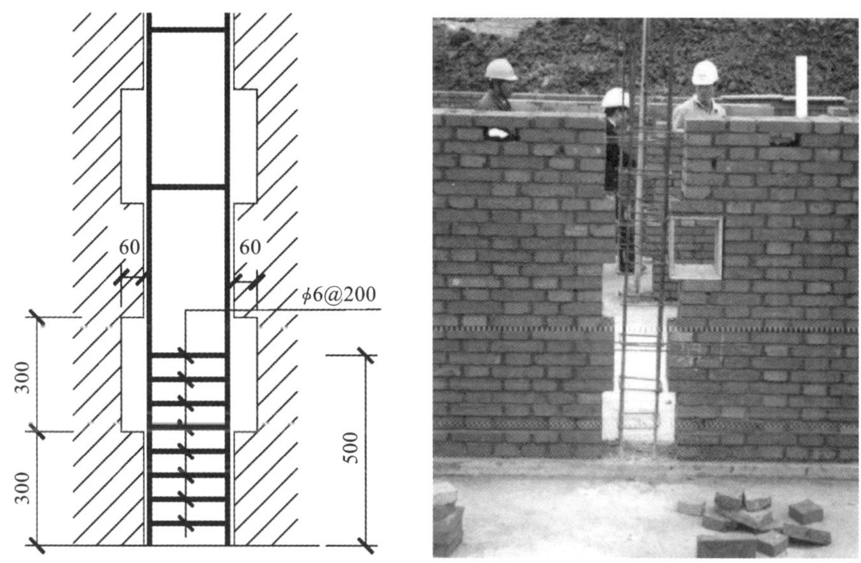

图 2-3-25　构造柱马牙槎的留设

2.3.4　隔墙

一、对隔墙的要求

隔墙是分隔建筑物内部空间的非承重构件，本身重量由楼板或梁来承担。根据其所处的环境条件与使用要求的不同，对隔墙的构造要求有如下几个方面。

（1）自重轻，能较大程度地减轻楼板的荷载。

（2）厚度薄，能较大程度地利用室内空间。

（3）隔声，能有效减少各房间之间的相互干扰。

（4）防潮防水，对于有水房间，如厨房、卫生间、实验室等，要求具备一定的防水防潮的功能。

（5）防火，满足防火设计的要求，尤其是厨房的隔墙。

（6）便于拆卸，能随着房间使用要求的改变重新设置隔墙。

二、隔墙的类型与构造

隔墙按构造方式可分为块材隔墙、轻骨架隔墙和板材隔墙。

1. 块材隔墙

块材隔墙是指采用普通砖、多孔砖、空心砖及各种轻质砌块砌筑而成的隔墙。

普通砖隔墙一般采用 1/2 砖(120 mm)隔墙或 1/4 砖(60 mm),如图 2-3-26 所示。

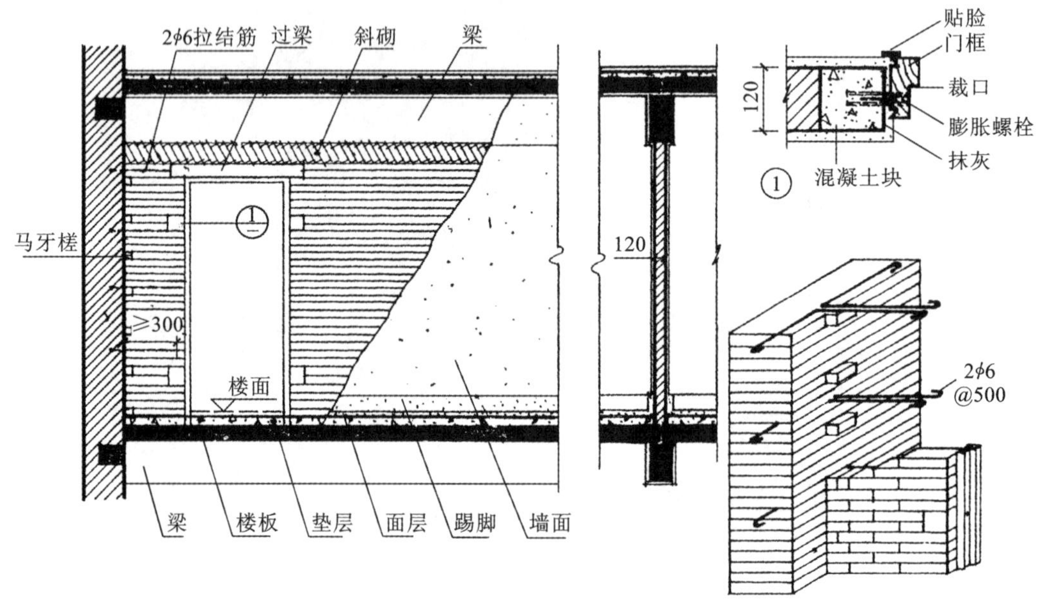

图 2-3-26　普通砖隔墙

1/4 砖隔墙是由普通砖侧砌形成的,由于厚度过薄,稳定性不好,其砌筑高度和长度受到限制,因而不常采用。其砌筑砂浆的强度等级不低于 M5。1/2 砖墙用普通黏土砖采用全顺式砌筑而成,砌筑砂浆强度等级不低于 M2.5,砌筑较大面积墙体时,长度超过 6 m 时应设砖壁柱,高度超过 5 m 时应在门过梁处设通长钢筋混凝土带。在砖墙砌到楼板底或梁底时,将立砖斜砌一皮,或将空隙塞木楔打紧,然后用砂浆填缝。

为减轻隔墙自重,可采用轻质砌块,墙厚一般为 90～120 mm。加固措施同 1/2 砖隔墙的做法。砌块不够整块时宜用普通黏土砖填补。因砌块孔隙率和吸水量大,故在砌筑时先在墙下部实砌 3～5 皮实心黏土砖再砌砌块,如图 2-3-27 所示。

2. 轻骨架隔墙

轻骨架隔墙由骨架和面板层两部分组成,骨架有木骨架和金属骨架之分,面板有板条抹灰、钢丝网板条抹灰、胶合板、纤维板、纸面石膏板等。由于先立墙筋(骨架),再做面层,故又称为立筋式隔墙,如图 2-3-28 所示。

1) 骨架

墙筋间距视面板规格而定。按骨架材料,轻骨架隔墙可分为木骨架隔墙和金属骨架

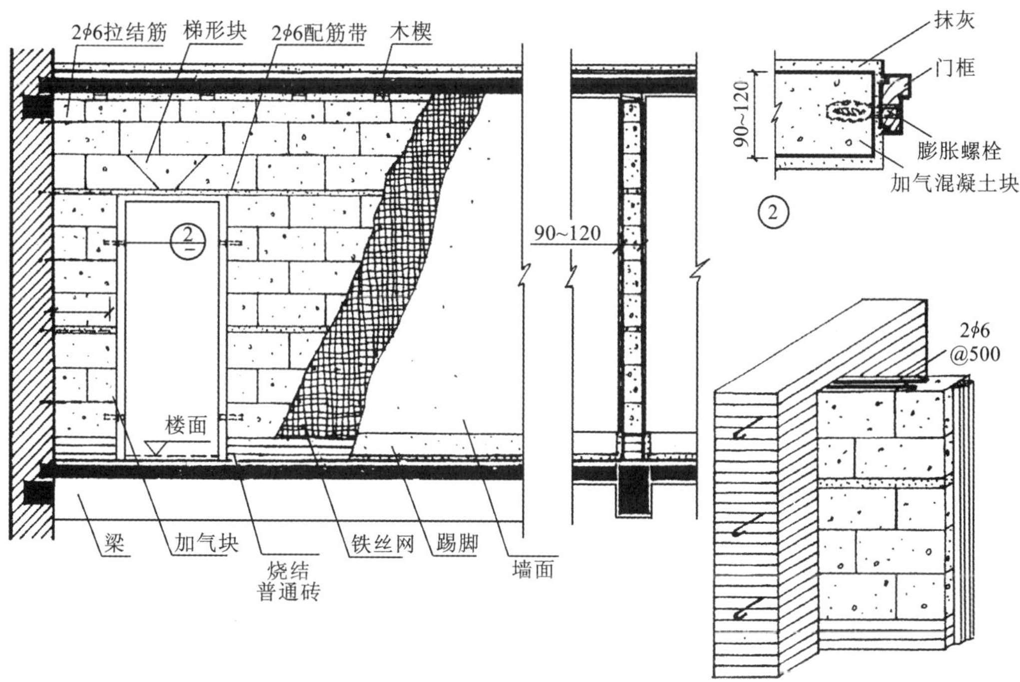

图 2-3-27　轻质砌块隔墙

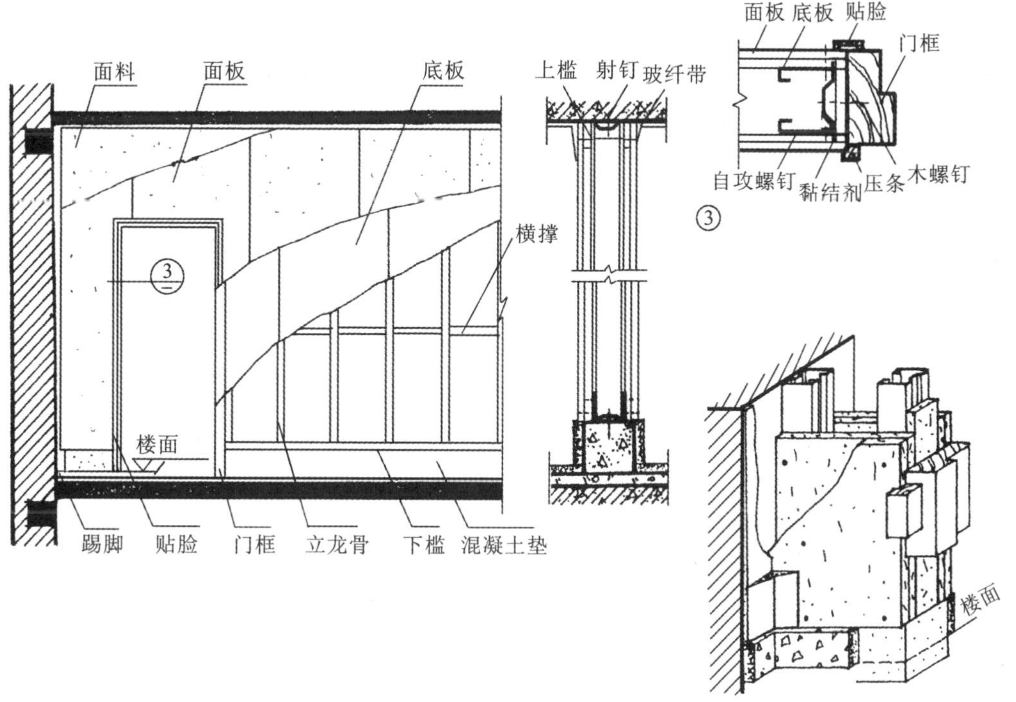

图 2-3-28　轻骨架隔墙

隔墙。

木骨架隔墙重量轻、构造简单、施工方便,故应用较广,但是其防水防潮性能较差,因此不宜在潮湿环境中使用。其骨架的安装过程是先用射钉将上槛、下槛(也称为导向骨架)固定在楼板上,然后安装墙筋和横撑。

金属骨架隔墙是在金属骨架两侧铺钉各种面板而形成的隔墙,它重量轻、强度刚度大、防水防潮效果好、易于安拆、施工速度快。其金属骨架一般采用薄型钢板、铝合金薄板或拉眼钢板网加工而成,并保证板与板的接缝在墙筋和横档上。

2)饰面层

板条抹灰隔墙是由上槛、下槛、墙筋斜撑或横档组成木骨架,其上钉以板条再抹灰而成。板条尺寸一般为 1200 mm×30 mm×6 mm,板条间需要留缝 7～10 mm,便于抹灰层能够咬住木板条,同时增强抹灰层与木板条之间的握裹力。

采用金属骨架时,可先钻孔,用螺栓固定,或采用膨胀铆钉将板材固定在墙筋上。立筋面板隔墙为干作业,自重轻,可直接支撑在楼板上,施工方便,灵活多变,故得到广泛应用,但隔声效果较差。面板一般采用胶合板、纤维板、石膏板、石棉水泥板及各种新型装饰板,用自攻螺丝、膨胀螺丝等固定在金属骨架上,接缝处用石膏泥刮平,且黏贴 50 mm 宽玻璃纤维带或其他饰面层材料。

3. 板材隔墙

板材隔墙的高度相当于房间净高,不依赖骨架,可直接装配而成,目前多采用条板,如碳化石灰板、加气混凝土条板、多孔石膏条板、纸蜂窝板、水泥刨花板、复合板等,为减轻自重常做成空心板,如图 2-3-29 所示。

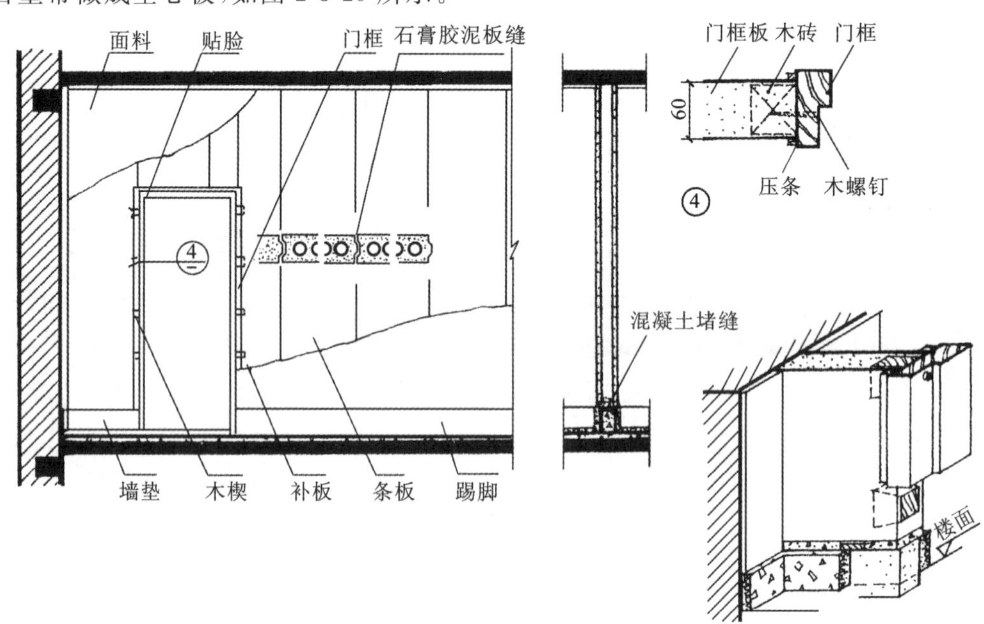

图 2-3-29 板材隔墙

条板厚度大多为 60～100 mm，宽度为 600～1000 mm，长度略小于房间净高。安装时，条板下部先用小木楔顶紧，然后用细石混凝土堵严，板缝用胶黏剂黏接，并用胶泥刮缝，平整后再做表面装修。

由于板材隔墙采用的是轻质大型板材，施工中直接拼装而不依赖骨架，因此，它具有自重轻、安装方便、施工速度快、工业化程度高的特点。

任务 2.4　楼　地　层

能 力 目 标	知 识 目 标
能按规范抄绘并识读楼地层构造图	掌握楼地层构造
能说出楼板类型及楼地层构造层次、材料等设计要求	了解楼板按材料不同的分类
	掌握混凝土楼板按施工方式不同的分类
能说出雨篷、阳台的作用、构造要求	掌握楼地层设计要求
能正确抄绘雨篷、阳台构造图	掌握雨篷阳台的构造

2.4.1　楼板层的组成和构造要求

一、楼板层的作用

楼板层的作用——承重、分隔竖向空间、作水平支撑等。

楼板层与地坪层是建筑空间的水平分隔构件，同时又是建筑结构的承重构件。一方面承受自重和楼板层上的全部荷载，并合理有序地把荷载传给墙和柱，增强房屋的刚度和整体稳定性；另一方面对墙体起水平支撑作用，以减少风和地震产生的水平力对墙体的影响，增加建筑物的整体刚度。此外，楼地层还具备一定的防火、隔声、防水、防潮等能力，并具有一定的装饰和保温作用。

二、楼板层的组成

楼板层主要由面层、结构层和顶棚层组成，根据建筑物的使用功能不同，还可在楼板层中设置附加层，如图 2-4-1 所示。

(1) 面层：又称楼面，位于楼板层最上层，起着保护楼板、承受并传递荷载的作用，同时对室内有很重要的清洁及装饰作用。根据使用要求和选用材料的不同，面层可有多种做法。

(2) 结构层：又称楼板，是楼板层的承重构件，一般包括梁和板，主要功能是承受楼板层上的全部荷载，并将荷载传给墙和柱，同时对墙身起支撑作用，以加强建筑物的刚度和整体性，是楼板层中的核心层次。

(3) 顶棚层：又称天花板，位于楼板层的最下层。主要作用是保护楼板、安装灯具、遮掩各种水平管线设备、改善室内光照条件、装饰美化室内空间，可分为直接式顶棚和悬

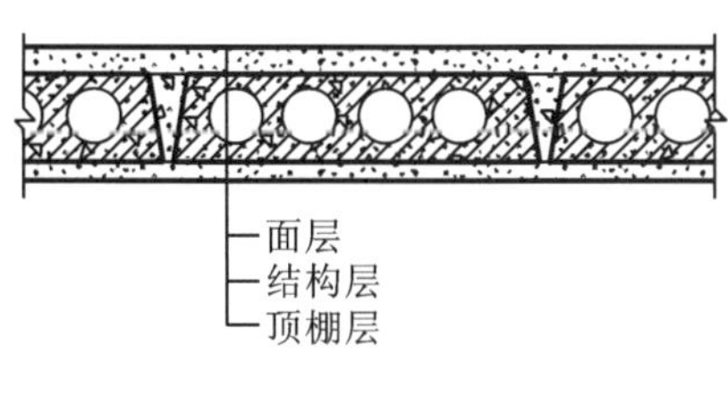

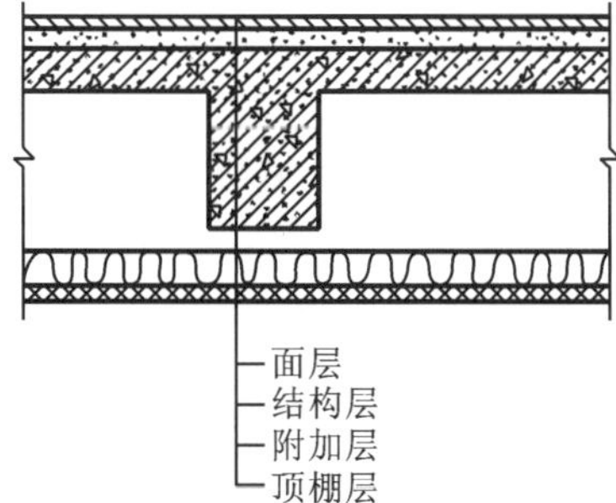

图 2-4-1 楼板层的组成

吊式顶棚两种类型，在构造上有直接抹灰顶棚、黏贴类顶棚和吊顶等多种形式。

（4）附加层：又称功能层，根据使用功能的不同而设置，用以满足保温、隔声、隔热、防水、防潮、防腐蚀、防静电等作用，附加层可以设置在结构层的上部或下部。根据需要，有时和面层合二为一，有时也可与吊顶合为一体。

三、楼板层的构造要求

楼板层的设计应满足建筑的使用、结构、施工以及经济等多方面的要求。

1. 强度和刚度的要求

楼板层是在整体结构中保证房屋总体强度、刚度和稳定性的构件之一，对房屋起稳定作用。强度是指楼板能够承受自重和不同使用要求下的荷载而不破坏，刚度是指楼板在一定的荷载作用下变形不超过规定值。因此楼板层必须具有足够的强度和刚度才能保证楼板正常和安全使用。

2. 使用功能方面的要求

楼板层应满足防火、保温隔热、耐久等基本使用功能要求，保证室内环境的舒适和卫生。对于厨房、卫生间等易积水房间，楼板层应具备一定的防水防潮能力，为了避免上下楼层之间的相互干扰，楼板层还应具备一定的隔声能力。同时，还应方便在楼板层中敷设各种管线。

3. 经济要求

选用楼板时应结合当地实际选择合适的结构类型和材料，提高装配化的程度。楼板层的跨度应在结构构件的经济合理范围内确定。一般多层建筑中楼板层造价占建筑物总造价的 20％～30％，要合理选配，降低造价。

4. 建筑工业化的要求

在多层或高层建筑中，楼板结构占相当大的比重，要求在楼板层设计时，应尽量考虑减轻自重和减少材料的消耗，并为建筑工业化创造条件，以加快建设速度。

四、楼板层的类型

楼板根据其承重结构层所用材料不同，主要有钢筋混凝土楼板、压型钢板与混凝土复合楼板、木楼板以及砖拱楼板等类型。

其中，钢筋混凝土楼板强度高、刚度好、整体性好，有良好的耐久性、可塑性和防火性能，便于工业化生产和机械化施工，是目前我国房屋建筑中应用最广泛的楼板形式。

压型钢板混凝土组合楼板是利用压型钢板作为衬板与混凝土浇筑在一起的组合楼板，这样钢衬板作为楼板的承重构件和底模，既提高了楼板的强度和刚度，又加快了施工进度，但是底模需要进行防火处理。这种楼板主要用于大跨度工业厂房和高层民用建筑中。

木楼板是在木隔栅上下钉木板，并在隔栅之间设置剪刀撑来加强整体性和稳定性的楼板，它构造简单、施工方便、自重轻，但是防火、防虫及耐久性差，木材的消耗量比较大。

砖拱楼板目前已经很少采用。以上几种楼板如图 2-4-2 所示。

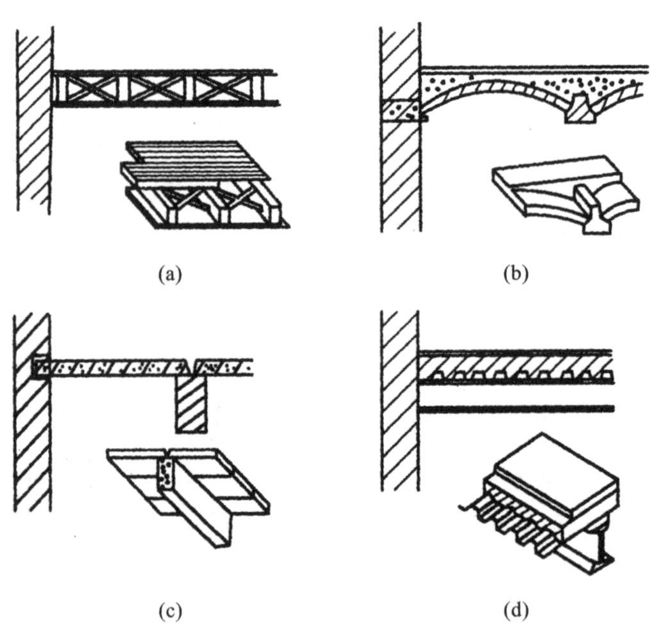

图 2-4-2　楼板层的类型

(a)木楼板；(b)砖拱楼板；(c)钢筋混凝土楼板；(d)压型钢板组合楼板

2.4.2　钢筋混凝土楼板

钢筋混凝土楼板根据施工方式不同，分为现浇整体式、预制装配式以及装配整体式三种。

一、现浇钢筋混凝土楼板

现浇钢筋混凝土楼板是指在施工现场通过支模板、绑扎钢筋、浇捣混凝土养护成型的楼板，如图 2-4-3 所示。

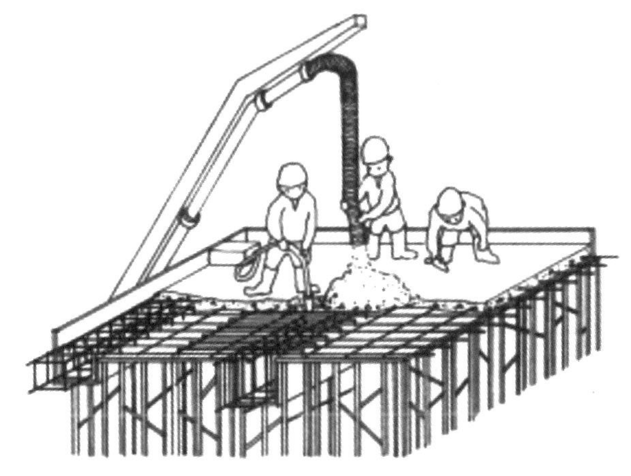

图 2-4-3 现浇钢筋混凝土楼板施工

其优点是整体性强，刚度好，有利于抗震，防水抗渗性能好，能适应各种平面形式，并且可以自由成型，便于留孔洞和布置管线。其缺点是湿作业量大、施工慢、工期长等。根据楼板的受力情况不同，它又分为板式楼板、梁板式楼板、无梁楼板以及压型钢板混凝土组合楼板等。

1. 板式楼板

板式楼板

板内不设梁，直接搁置在四周墙上的板称为板式楼板。板式楼板的厚度由构造要求和结构计算确定，通常为 60～120 mm。板式楼板底面平整、美观、施工方便，多用于厨房、卫生间、走道等小跨度空间，其经济跨度在 3 m 以内。

板有单向板和双向板之分，如图 2-4-4 所示。

当板的长边与短边之比大于或等于 3 时，板基本上沿短边单方向传递荷载，这种板称为单向板；当板的长边与短边之比小于或等于 2 时，作用于板上的荷载沿双向传递，在两个方向产生弯曲，称为双向板。双向板比单向板受力合理，更能发挥材料的作用。

2. 梁板式楼板

梁板式楼板

若在跨度较大的房间中仍采用板式楼板，则板会因为板跨的增大而增厚，这样会增加材料的自重，并且会造成受力和传力的不合理，此时可以在板下设梁作为支承点，荷载由板传给梁，再由梁传给墙或柱，这种由板、梁组合而成的楼板称为梁板式楼板（又称为肋形楼板）。根据梁的构造情况又可分为单梁式楼板、复梁式楼板和井梁式楼板。

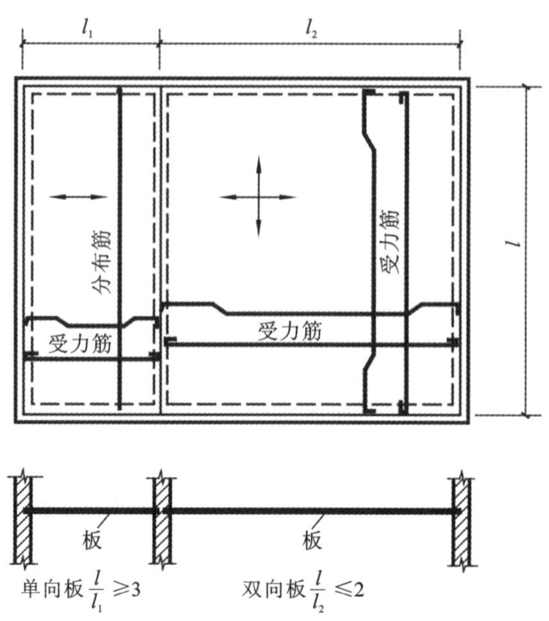

图 2-4-4 单向板和双向板

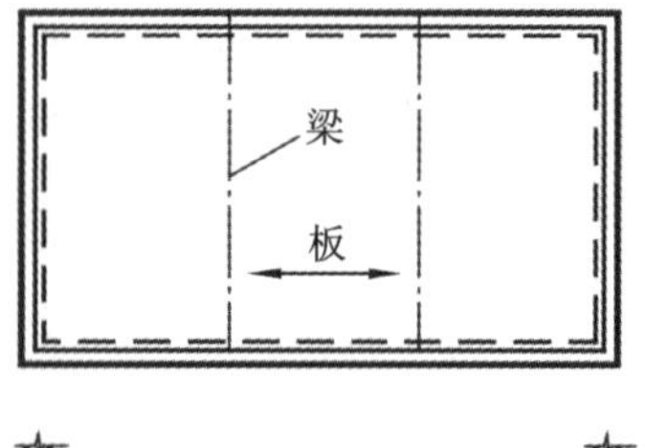

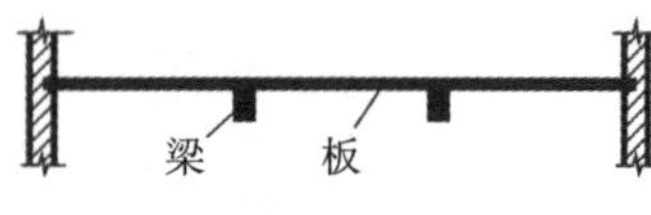

图 2-4-5 单梁式楼板

1）单梁式楼板

当房间尺寸不大时，可以只在一个方向设梁，梁直接支承在墙上，称为单梁式楼板，如图 2-4-5 所示。一般梁的跨度可取 5～8 m，梁的高度为跨度的 1/12～1/10，梁的宽度取其高度的 1/3～1/2；板跨取 2.5～3.5 m。

2）复梁式楼板

有主次梁的楼板称为复梁式楼板，如图 2-4-6 所示。

当房间尺寸较大时采用复梁式楼板，在两个方向设梁，梁分主梁和次梁且垂直相交。其构造做法是板搁置在次梁上，次梁搁置在主梁上，主梁搁置在墙或柱上。楼板的荷载由板依次传递到次梁、主梁，再传递给墙或柱。

复梁式楼板构造简单、刚度好、施工方便、造价经济，广泛应用于公共建筑、居住建筑和工业建筑中。

楼板结构尺寸的选择，关系着楼板结构是否合理以及工程造价的高低，一般主梁的经济跨度为 5～8 m，截面高度为跨度的 1/14～1/8，次梁的跨度为 4～6 m，截面的高度为跨度的 1/18～1/12，板的跨度宜小于 3 m，单向板的厚度最小为 60 mm，双向板的厚度最小为 80 mm。

3）井梁式楼板

井梁式楼板是梁板式楼板的一种特殊形式。当房间尺寸较大，并接近正方形时，常

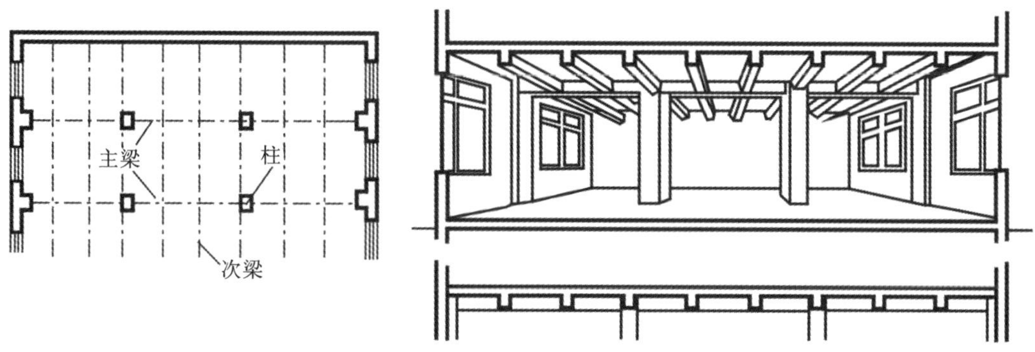

图 2-4-6　复梁式楼板

沿两个方向布置等距离、等截面的梁，从而形成井格式的梁板结构，如图 2-4-7 所示。井梁式楼板是梁板式楼板的一种特殊情况，板中的梁无主次之分，与板整浇形成井格形的梁板结构。纵梁和横梁同时承担着由板传递下来的荷载。

井格的布置形式有正交正放、正交斜放、斜交斜放等。

井梁式楼板中常用的板跨为 3.5～6 m，梁的总跨度可达 20～30 m，梁的截面高度一般不小于梁跨的 1/15，梁宽为高度的 1/4～1/2，且不小于 120 mm。

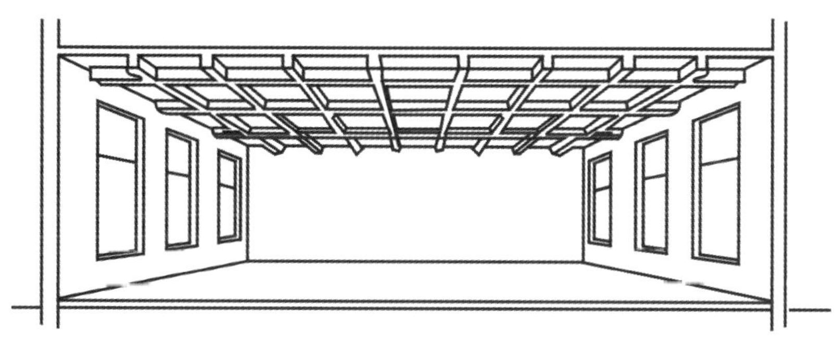

图 2-4-7　井梁式楼板

3. 无梁楼板

框架结构中将板直接支承在柱上，并且不设主梁和次梁的楼板称为无梁楼板，分为有柱帽和无柱帽两种。

当楼面荷载较小时，可采用无柱帽式的无梁楼板；当荷载较大时，为提高楼板的承载能力及其刚度，增加柱端的支撑面积并减小板跨，一般在柱顶加设柱帽或托板，如图 2-4-8所示。

无梁楼板楼层净空较大，顶棚平整，采光通风和卫生条件较好，但楼板较厚，适宜于非抗震地区的多层建筑物或商店、仓库和展览馆等荷载大、空间要求大、层高受限制的建筑。

无梁楼板的经济柱距为 6 m 左右，一般其柱网布置为正方形或矩形。楼板四周应设有圈梁,圈梁支承在外墙或兼作过梁时,梁高不小于 2.5 倍板厚及板跨的 1/15。无梁楼板的最小厚度为 150 mm,且不小于板跨的 1/35～1/32。

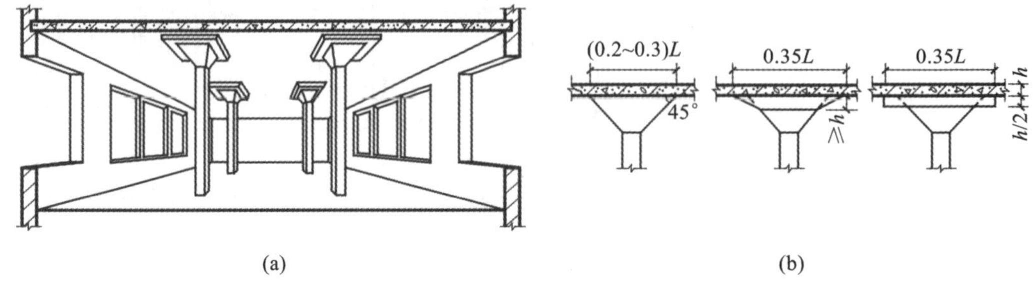

图 2-4-8 无梁楼板

(a)无梁楼板透视;(b)柱帽形式

4. 压型钢板混凝土组合板

压型钢板混凝土组合楼板由钢梁、压型钢板、现浇混凝土、连接件等几部分组成。其构造做法是以压型钢板为衬板,与混凝土浇筑在一起,搁置在钢梁上构成整体式楼板。

这种楼板主要由楼面层、组合板(包括现浇混凝土与钢衬板)及钢梁等几部分组成,如图 2-4-9 所示。

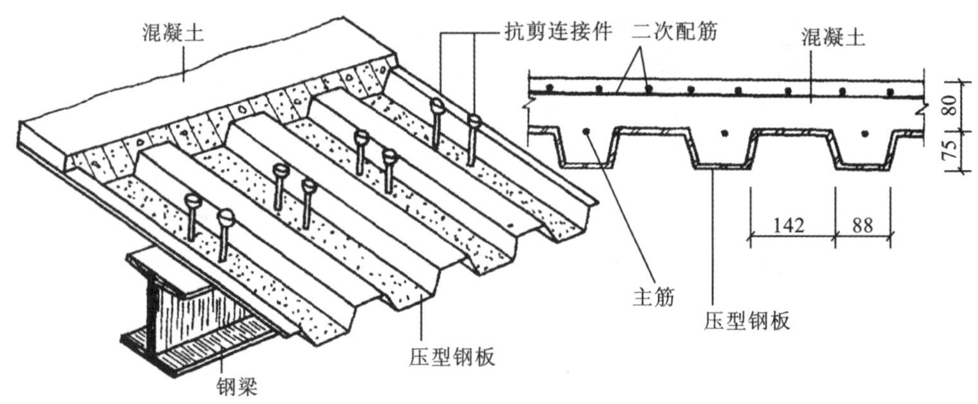

图 2-4-9 压型钢板混凝土组合板

压型钢板混凝土组合板的特点是压型钢板起到了现浇混凝土的永久性模板和受拉钢筋的双重作用,同时又是施工的台板,简化了施工程序,加快了施工进度,增加了楼板的刚度和整体性。另外,还可利用压型钢板肋间的空间敷设电力管线或通风管道。

压型钢板的跨度一般为 2～3 m,铺设在钢梁上,与钢梁之间用栓钉连接,上面浇筑厚 100～150 mm 的混凝土。它适用于多、高层框架或框剪结构的建筑中,但应避免在腐蚀的环境中使用,且应避免长期暴露在空气中,以防止钢板和钢梁生锈从而破坏结构的连接性能和承载力。

二、预制装配式钢筋混凝土楼板

预制装配式钢筋混凝土楼板是指用预制厂生产或现场预制的梁、板构件，现场安装拼合而成的楼板。其特点是楼板湿作业少，节约模板，减轻工人劳动强度，施工速度快，便于组织工厂化、机械化的生产和施工等优点。但这种楼板的整体性差，并需要一定的起重安装设备。

按板的应力状况分为预应力和非预应力板。预应力构件可控制裂缝，自重轻，造价低，在我国大部分地区用得较多。

常用的预制装配式钢筋混凝土楼板按截面形式可分为实心平板、槽形板和空心板。

1. 实心平板

预制实心平板上下板面平整，制作简单，两端支承在墙或梁上。其跨度一般在 1.5 m 以内，板厚为跨度的 1/30，一般为 60～100 mm，板宽为 400～800 mm。

板的两端支承在墙或梁上，如图 2-4-10 所示，施工时对起吊机械要求不高。因板的跨度受到限制、板的隔声效果差，多用作小跨度处的阳台板、走道板、楼梯平台板、管道管沟的盖板等。

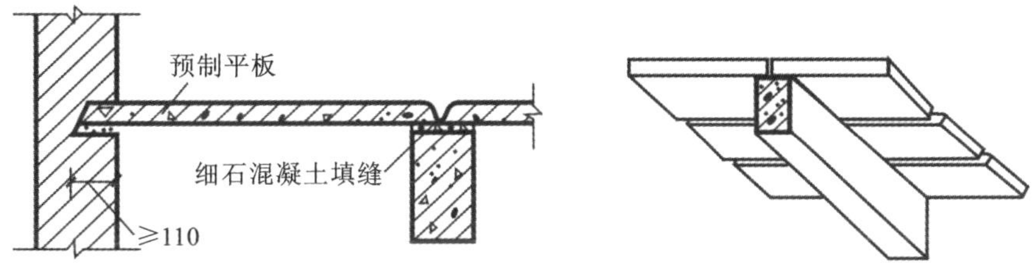

图 2-4-10 实心平板

2. 槽形板

槽形板是一种梁、板合一的构件，由板肋和板组成，板肋相当于小梁，作用在板上的荷载由板肋来承担，使受力更加合理，因而对跨度尺寸比较大的板可以减轻重量，板可以做得很薄，仅有 25～30 mm，板的经济跨度也比实心平板的大，一般为 3～6 m，肋高为 150～300 mm，板宽为 500～1200 mm。当板跨大于 6 m 时，应在槽形板中部每隔 500～700 mm 处增设横肋。同时，为了避免板端肋被压坏，可在板端伸入墙内的部分用砖堵实。

依板的槽口向下和向上分别称为正槽板（正置）和反槽板（倒置）。正槽板的板肋向下，板底不平，常用于天棚平整度要求不高的房间，或后期作吊顶处理的房间。反槽板的板肋向上，板底平整，但是受力不合理，通常在后期做面板的房间使用，此时板槽中可根据需要填充轻质材料，增加板的保温、隔声等性能，如图 2-4-11 所示。

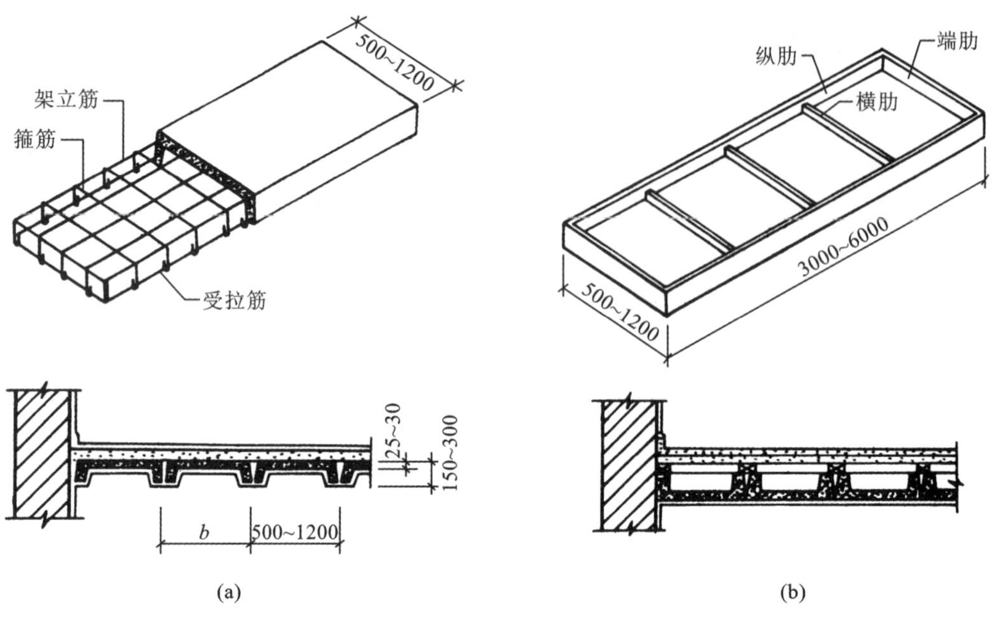

图 2-4-11 槽形板

(a)正槽板;(b)反槽板

3. 空心板

空心板是一种板腹抽孔的钢筋混凝土楼板,孔的形状有倒棱孔、椭圆孔和圆孔等几种,如图 2-4-12 所示。

因其他孔有可能造成应力集中的现象,因此以圆孔空心板制作最为方便,应用最广。

空心板也是一种梁、板合一的预制构件,其结构计算理论与槽形板的相似,材料消耗也相近,但空心板上下板面平整,且隔声效果好,因此是目前广泛采用的一种形式。

板端孔洞常以砖块或混凝土块填塞,这样可保证在安装时嵌缝砂浆或细石混凝土不会流入板孔中,且板端不被压坏。

普通空心板的跨度多在 4.5 m 以下,板厚为 90～120 mm,大型空心板的板跨为 4.5～7.2 m,板厚为 180～240 mm。

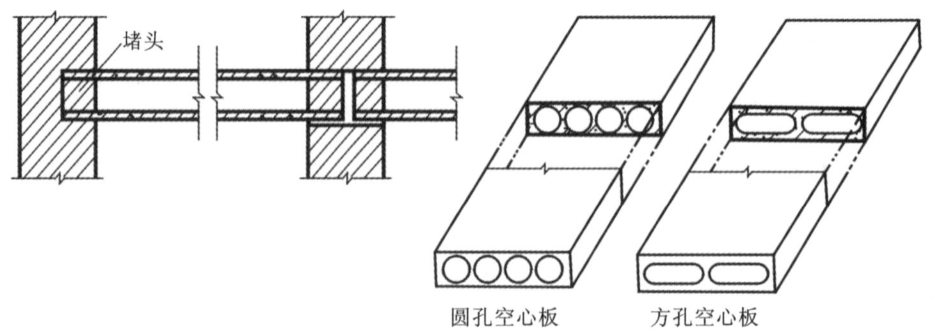

图 2-4-12 空心板

4. 预制楼板的连接构造

房间内楼板的块数是按墙或梁的净尺寸计算得出的，排列受到板宽规格的限制，因此可能出现较大的缝隙。不够整块板块数的尺寸称为板缝差，一般可通过调整板缝、局部浇筑细石混凝土等方法来解决此问题。

当板缝差较小时可调整增大各楼板间的缝隙，调整后的板缝宽度要求不小于 20 mm。板缝宽度大于 20 mm 时需要做不同的处理，缝宽在 20～50 mm 之间时，可用 C20 细石混凝土现浇；当缝宽为 50～200 mm 时，用 C20 细石混凝土现浇并在缝中配纵向钢筋。

预制板搁置在砖墙或梁上时，应有足够的支承长度。支承于梁上时其搁置长度不小于 80 mm；支承于墙上时其搁置长度不小于 100 mm，并在梁或墙上铺 M5 水泥砂浆找平（坐浆），厚度为 20 mm，以保证板的平稳，传力均匀。为了增加建筑的整体刚度，在板的端缝和侧缝处还应用拉结钢筋加以锚固。

三、装配整体式钢筋混凝土楼板

装配整体式钢筋混凝土楼板是先将楼板中的部分构件预制，现场安装后再浇筑混凝土面层而成的整体楼板，其特点是整体性好、省模板、施工快，集中了现浇和预制的优点。一般有叠合楼板和密肋填充块楼板两种。

1. 叠合楼板

叠合楼板是由预制楼板和现浇钢筋混凝土层叠合而成的装配整体式楼板。

叠合楼板的预制板部分通常采用预应力或非预应力薄板。为了保证预制薄板与叠合层有较好的连接，薄板表面作刻槽处理，板面露出较为规则的三角形结合钢筋等，如图 2-4-13 所示。预制薄板跨度一般为 4～6 m，最大可达到 9 m，板宽为 1.1～1.8 m，预应力薄板厚度为 50～70 mm。现浇叠合层采用 C20 细石混凝土浇筑，厚度一般为 100～120 mm，以大于或等于薄板厚度的两倍为宜。叠合楼板的总厚度一般为 150～250 mm。

2. 密肋填充块楼板

密肋填充楼板是用间距小的密肋小梁做成的构件，小梁间用轻质砌块填充，并在上面整浇面层而形成的楼板。小梁有现浇和预制两种。目前采用较少。

四、顶棚的构造

顶棚也称吊顶、天花板或天棚，位于楼板层的最下方，是室内的主要饰面之一。按构造形式不同，顶棚的类型分为直接式顶棚和悬吊式顶棚两种。

1. 直接式顶棚

直接式顶棚是指在钢筋混凝土楼板下直接喷刷涂料、抹灰或粘贴饰面材料的构造做法，多用于大量性的民用建筑中。通常直接在结构层底面进行喷刷涂料、抹灰，如图

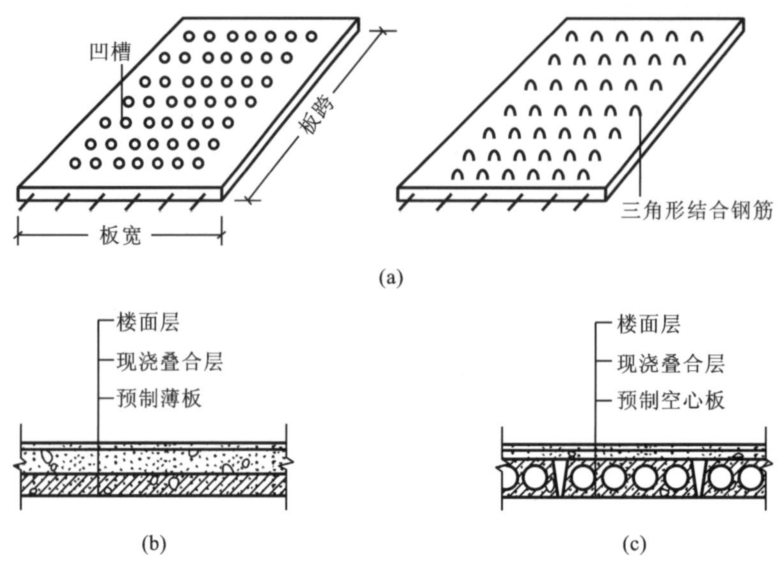

图 2-4-13 叠合楼板

(a)预制薄板的板面处理;(b)预制薄板叠合楼板;(c)预制空心板叠合楼板

2-4-14(a)所示,粘贴壁纸、粘贴面砖,如图 2-4-14(b)所示。

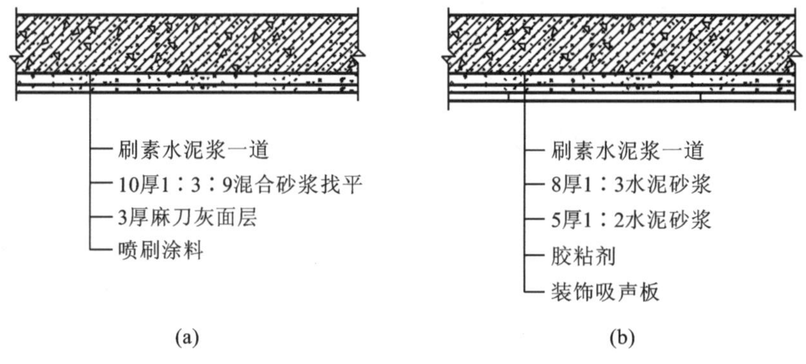

图 2-4-14 直接式顶棚构造

(a)抹灰顶棚;(b)粘贴顶棚

2. 吊挂式顶棚

吊挂式顶棚简称吊顶,是指顶棚的装修表面与屋面板或楼板之间留有一定距离,这段距离形成的空腔可以将设备管线和结构隐藏起来,也可使顶棚在这段空间高度上产生变化,形成一定的立体感,增强装饰效果。

悬吊式顶棚一般由悬吊部分、顶棚骨架、饰面层和连接部分组成,如图 2-4-15 所示。

1) 吊筋

吊筋是连接骨架(吊顶基层)与承重结构层(屋面板、楼板、大梁等)的承重传力构件。吊筋与钢筋混凝土楼板的固定方法有预埋件锚固、预埋筋锚固、膨胀螺栓锚固和射钉锚固,如图 2-4-16 所示。

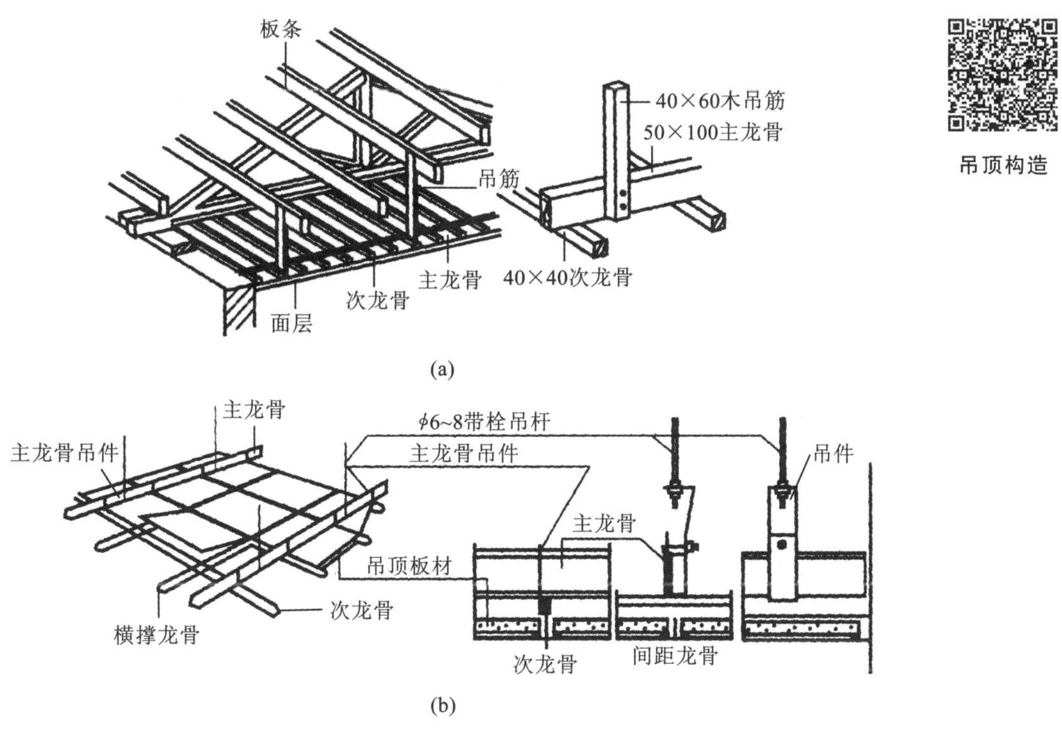

图 2-4-15 吊顶的组成

(a)木骨架吊顶;(b)金属骨架吊顶

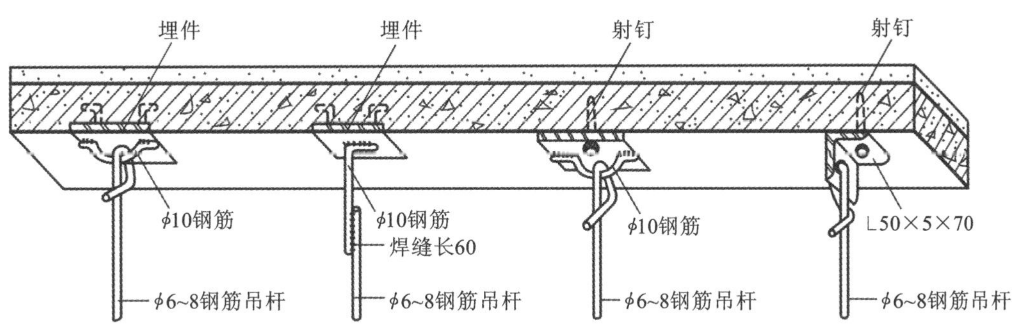

图 2-4-16 吊筋与楼板的固定

2)骨架

骨架主要由主、次龙骨组成,其作用是承受顶棚荷载并由吊筋传递给屋顶或楼板结构层。按材料分有木骨架和金属骨架两类。

3)面层

面层的作用是装饰室内空间,同时起一些特殊作用,如吸声、反射光等。

构造做法一般分为抹灰类(板条抹灰、钢板网抹灰、苇箔抹灰等)、板材类(纸面石膏板、穿孔石膏吸声板、钙塑板、铝合金板等),在设计和施工时要结合灯具、风口布置等一起进行,如图 2-4-17 所示。

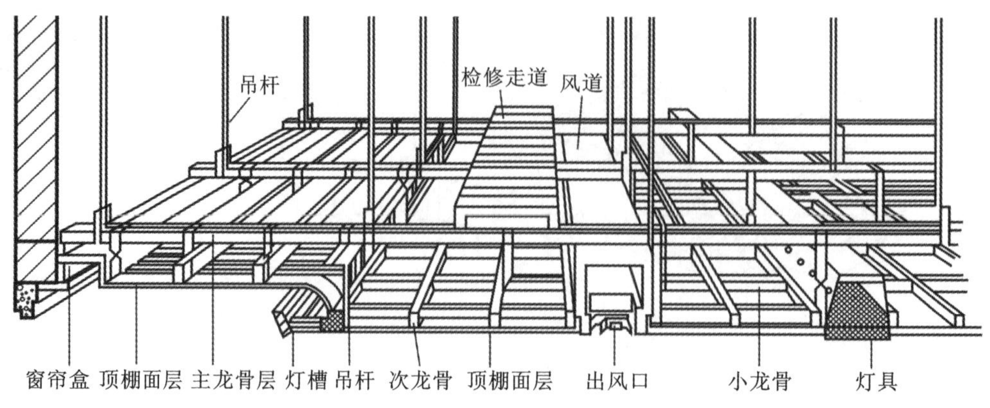

图 2-4-17　上人吊挂顶棚构造举例

2.4.3　地坪层与楼地面的构造

一、地坪层概述

地坪层是指建筑物底层房间与土层的交接处。所起作用是承受地坪上的荷载,并均匀地传给地坪以下的土层。地坪是受压构件,在荷载的作用下应满足强度、刚度的要求,同时还应具备良好的防水、防潮、保温、隔热方面的性能。

按地坪层与土层间的关系不同,可分为实铺地层和空铺地层两类。

1. 实铺地层

地坪的基本组成部分有面层、垫层和基层,对有特殊要求的地坪,常在面层和垫层之间增设一些附加层,如图 2-4-18(a)所示。

1) 面层

地坪的面层又称地面,是人、家具、设备物品直接接触的部分,起着保护结构层和美化室内的作用。地面的做法和楼面相同。

2) 垫层

垫层是基层和面层之间的填充层,其作用是加强地基和传递荷载,一般采用 60～100 mm 厚的 C10 混凝土垫层。垫层材料分为刚性和柔性两大类:刚性垫层如混凝土、碎砖三合土等,有足够的整体刚度,受力后不产生塑性变形,多用于整体地面和小块块料地面。柔性垫层如砂、碎石、炉渣等松散材料,无整体刚度,受力后产生塑性变形,多用于块料地面。

3) 基层

基层即地基,一般为原土层或填土分层夯实。当上部荷载较大时,增设 100～150 mm 厚 2∶8 灰土,或碎砖、100～150 mm 厚道渣三合土。

4）附加层

附加层应主要满足某些有特殊使用要求而设置的一些构造层次，如防水层、防潮层、保温层、隔热层、隔声层和管道敷设层等。

2. 空铺地层

为防止房屋底层房间受潮或满足某些特殊使用要求（如舞台、体育训练、比赛场等地层需要有较好的弹性）将地层架空形成空铺地层，如图 2-4-18(b)所示。

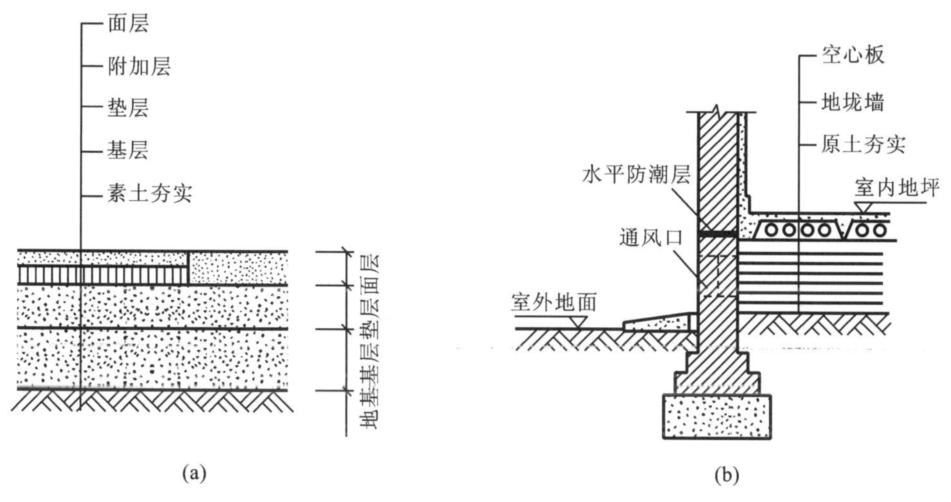

图 2-4-18 地坪层构造组成

(a)实铺地层构造；(b)空铺地层构造

二、楼地面的构造组成

楼地面构造是指楼板层和地坪层的地面构造组成。其基本组成有面层、垫层和基层三部分，如图 2-4-19 所示。当有特殊要求时，常在面层和垫层之间增设附加层。

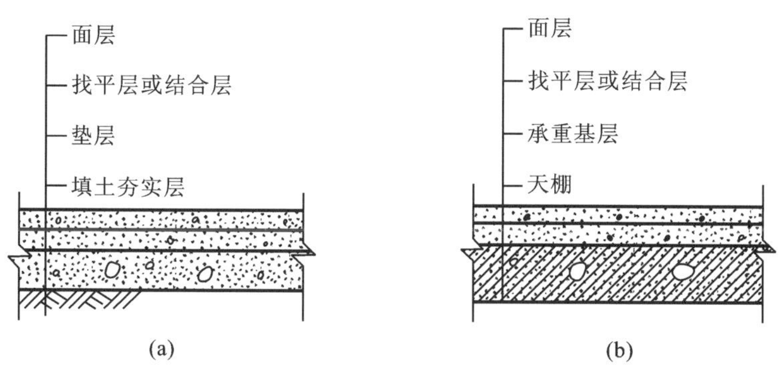

图 2-4-19 楼地面的基本构造组成

(a)底层地面的组成；(b)楼层地面的组成

三、楼地面的构造要求

(1) 满足刚度的要求,保证在各种外力作用下不易磨损,且表面平整光洁、易清扫、不起灰。

(2) 满足不同功能房间的要求,如居室、办公室、图书阅览室等。

(3) 满足防水、防潮的要求,还要有较高耐火性能。

(4) 满足保温的要求。

(5) 满足室内装饰的美观要求。

四、地面的类型

楼板层的面层和地坪层的面层,在构造做法上是一致的,一般统称为地面。根据面层所用材料和施工方法不同,可将地面分为以下几类。

1. 整体类地面

整体类地面是指现场浇筑的整片地面,常见的有水泥砂浆地面、细石混凝土地面、水磨石地面等。

1) 水泥砂浆地面

它具有构造简单、施工方便、造价低等特点,但易起尘、易结露,适用于标准较低的建筑物中,如图 2-4-20 所示。

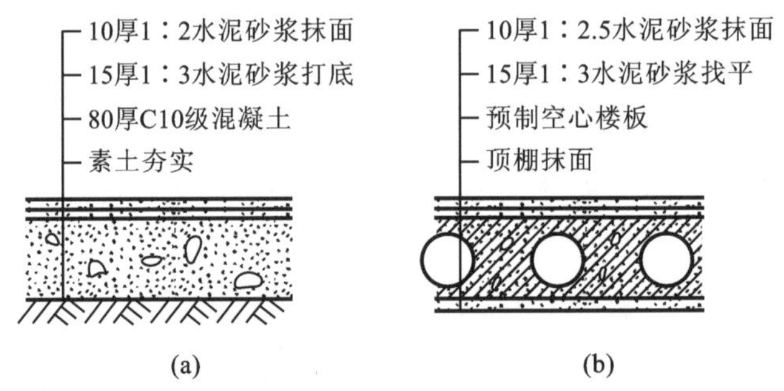

图 2-4-20 水泥砂浆地面

(a)底层地面;(b)楼板层地面

2) 细石混凝土地面

这种地面刚度高、强度高且不易起尘,其做法是在基层上浇筑 30～40 mm 厚 C20 细石混凝土随打随压光,为提高整体性、满足抗震要求可内配Φ4@200 的钢筋网,也可用沥青代替水泥做胶结剂,做成沥青砂浆和沥青混凝土地面,增强地面的防潮和耐水性。

3) 水磨石地面

水磨石地面是将水泥作胶结材料、大理石或白云石等中等硬度的石屑做骨料而形成的水泥石屑面层,经磨光打蜡而成。这种地面坚硬、耐磨、光洁、不透水、装饰效果好,常用于较高要求的地面，如图 2-4-21 所示。

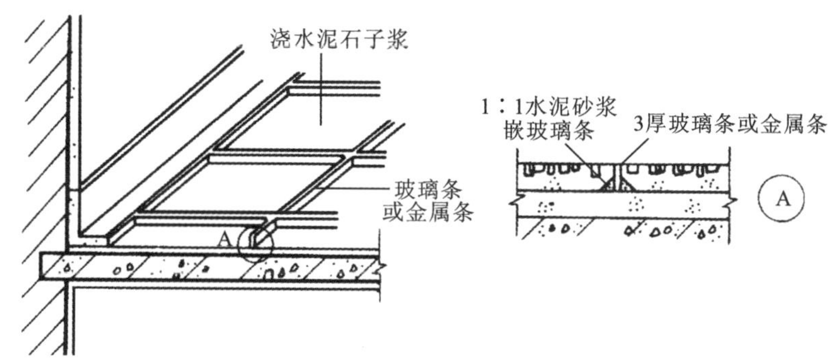

图 2-4-21 水磨石地面

2. 块材类地面

利用各种人造或天然的预制板材、块材镶铺在基层上的地面。按材料不同有黏土砖、水泥砖、石板、陶瓷锦砖、塑料板和木地板等。

1）缸砖、陶瓷地砖及陶瓷锦砖地面

缸砖是用陶土焙烧而成的一种无釉砖块，形状有正方形（尺寸为 100 mm×100 mm 和 150 mm×150 mm，厚 10～19 mm）、六边形、八边形等。颜色也有多种，如图 2-4-22 所示。

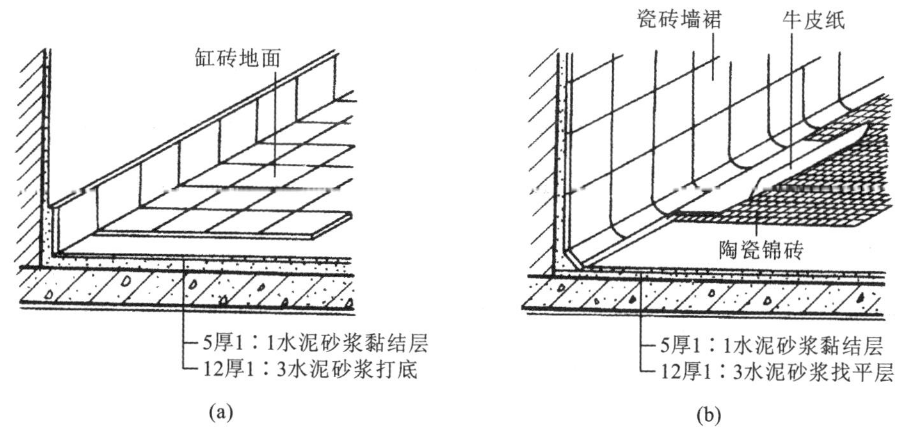

图 2-4-22 缸砖、陶瓷砖地面构造做法

(a)缸砖地面；(b)陶瓷锦砖地面

2）天然石板地面

常用的天然石板有大理石板和花岗石板，天然石板具有质地坚硬、色泽艳丽的特点，多用于高标准的建筑中，如图 2-4-23 所示。

3. 木地面

木地面按其所用木板规格不同有普通木地面、硬木条地面和拼花木地面三种。按其

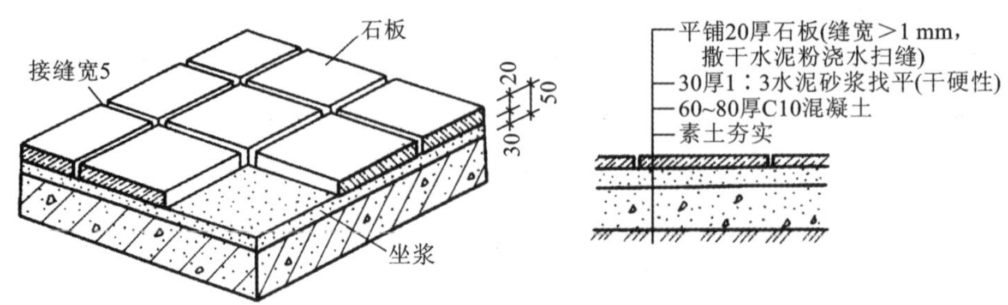

图 2-4-23 大理石和花岗石地面构造做法

构造形式不同有空铺、实铺和粘贴三种,如图 2-4-24(a)、(b)所示。

4. 粘贴类地面

粘贴类地面以粘贴卷材为主,常见的有塑料地毡、橡胶地毡以及各种地毯等。这些材料表面美观、干净,装饰效果好,具有良好的保温、消声性能,适用于公共建筑和居住建筑,如图 2-4-25 所示。

5. 涂料类地面

涂料类地面是利用涂料涂刷或涂刮而成。它是水泥砂浆或混凝土地面的一种表面处理形式,用以改善水泥砂浆地面在使用和装饰方面的不足。地面涂料品种较多,有溶剂型、水溶型和水乳型等。

五、楼地层的防潮、防水

1. 楼地层防潮

地坪一般直接与土壤接触,土壤中的水分会通过毛细作用引起地面受潮,影响正常使用,因此要对地层进行防潮处理。常用的防潮处理方法有设防潮层、设保温层等。

1)设防潮层

具体做法是在混凝土垫层上,刚性整体面层下,先刷一道冷底子油,然后铺热沥青或防水涂料,形成防潮层,以防止潮气上升到地面。也可在垫层下铺一层粒径均匀的卵石或碎石、粗砂等,以切断毛细水的上升通路,如图 2-4-26(a)、(b)所示。

2)设保温层

室内潮气大多是因室内与地层温差引起,在空气相对湿度较大的地区,由于地表温度低于室内空气温度,地面上易产生凝结水珠,从而引起地面返潮,因此设保温层可以降低温差从而起到防潮的作用。设保温层有两种做法:第一种是在地下水位低、土壤较干燥的地面,可在垫层下铺一层 1∶3 水泥炉渣或其他工业废料做保温层;第二种是在地下水位较高的地区,可在面层与混凝土垫层间设保温层,并在保温层下做防水层,如图 2-4-26(c)、(d)所示。

2. 楼地层防水

在有水房间,如厨房、卫生间、实验室、淋浴室等,地面容易积水,发生渗漏现象,要做

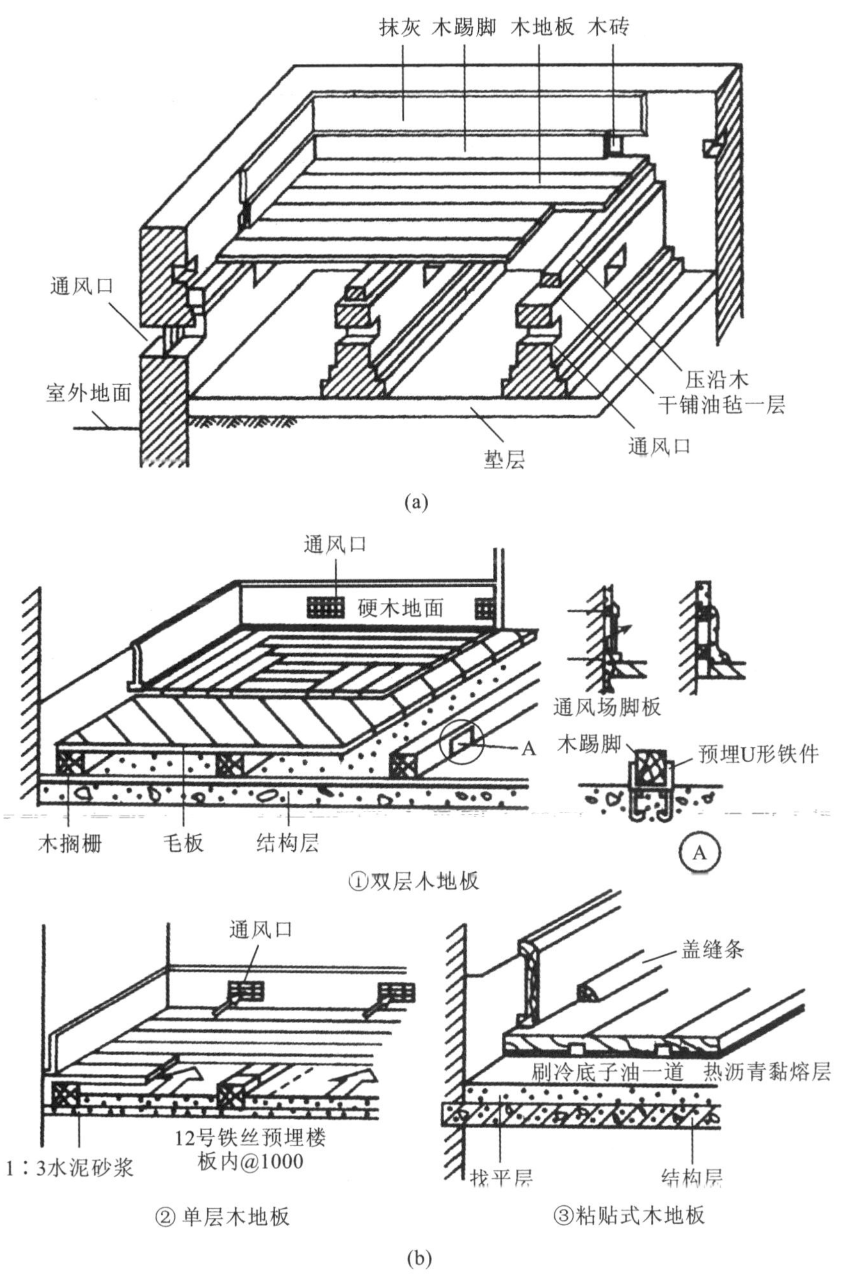

图 2-4-24 不同构造形式的木地面

(a)空铺木地面；(b)实铺木地面

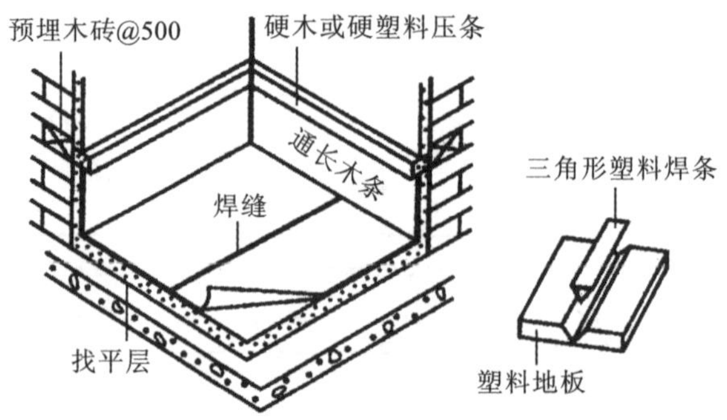

图 2-4-25　塑料地面的构造做法

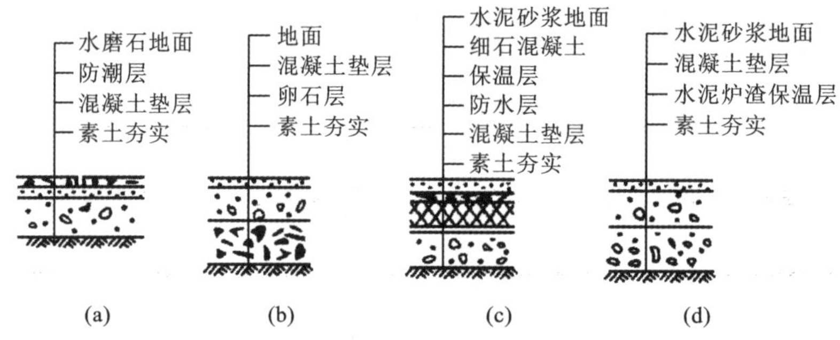

图 2-4-26　地层的防潮

(a)设防潮层;(b)铺卵石层;(c)设保温层和防水层;(d)设保温层

好楼地面的排水和防水。

1）地面排水

为排除室内积水,地面一般应有 1%～1.5%的坡度,同时应设置地漏,使水有组织地排向地漏;为防止积水外溢,影响其他房间的使用,有水房间地面应比相邻房间的地面低 20～30 mm;当两房间地面等高时,应在门口做门槛高出地面 20～30 mm,如图 2-4-27 所示。

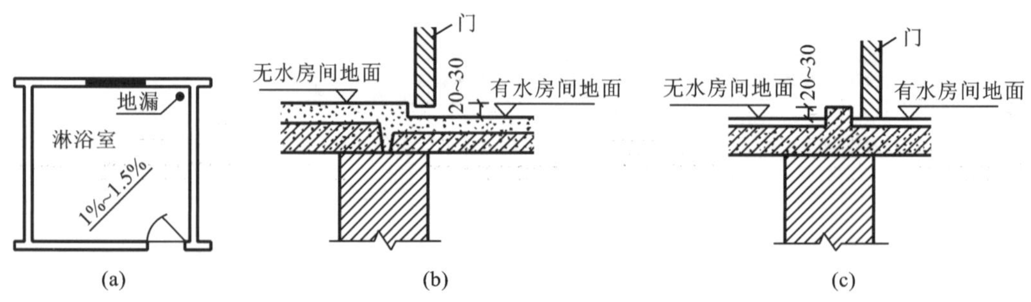

图 2-4-27　房间的排水、防水

(a)淋浴室;(b)地面低于无水房间;(c)与无水房间地面齐平时设门槛

2）地面防水

常用水房间的楼板以现浇钢筋混凝土楼板为佳，当防水要求较高时，还应在楼板与面层之间设置防水层，常见的防水材料有卷材、防水砂浆和防水涂料。为防止房间四周墙脚受水，应将防水层沿周边向上泛起至少 150 mm，如图 2-4-28(a)所示。当遇到门洞时，应将防水层向外延伸 250 mm 以上，如图 2-4-28(b)所示。

当楼地面有竖向管道穿越时，也容易产生渗透，一般有两种处理方法：对于冷水管道，可在穿越竖管的四周用 C20 干硬性细石混凝土填实，再以卷材或涂料做密封处理，如图 2-4-28(c)所示；对于热水管道，为防止温度变化引起的热胀冷缩现象，常在穿管位置预埋比竖管管径稍大的套管，套管高出地面 30 mm 左右，并在缝隙内填塞弹性防水材料如沥青麻丝上嵌防水油膏，如图 2-4-28(d)所示。

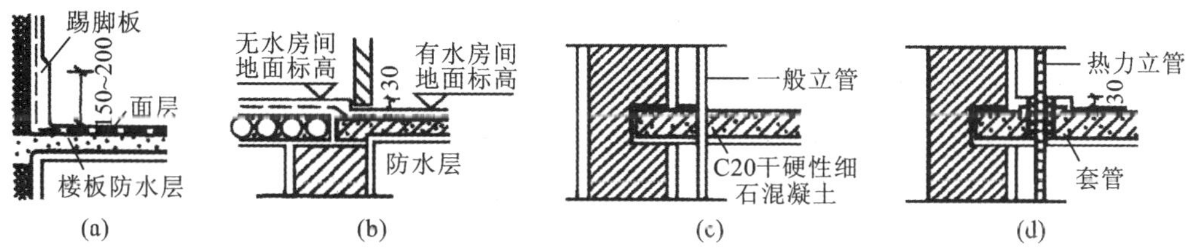

图 2-4-28 楼地面的防水构造

(a)防水层沿周边上卷；(b)防水层向无水房间延伸；(c)一般立管穿越楼层；(d)热力立管穿越楼层

2.4.4 阳台与雨篷构造

一、阳台

阳台是连接室内的室外平台，给居住在建筑里的人们提供一个舒适的室外活动空间，是多层住宅、高层住宅和旅馆等建筑中不可缺少的一部分。良好的阳台外观造型对改善建筑的立面效果有一定的作用。

（一）阳台的组成、类型和设计要求

1. 组成

阳台主要是由阳台板和栏杆扶手组成，阳台板是阳台的承重构件，栏杆扶手是阳台的围护构件，位于阳台邻边的一侧。

2. 类型

阳台按其与外墙的相对位置分为挑阳台、凹阳台、半挑半凹阳台、转角阳台，按结构处理不同分有挑梁式、挑板式、压梁式及墙承式，如图 2-4-29 所示。

阳台按使用功能不同又可分为生活阳台（靠近卧室或客厅）和服务阳台（靠近厨房）。

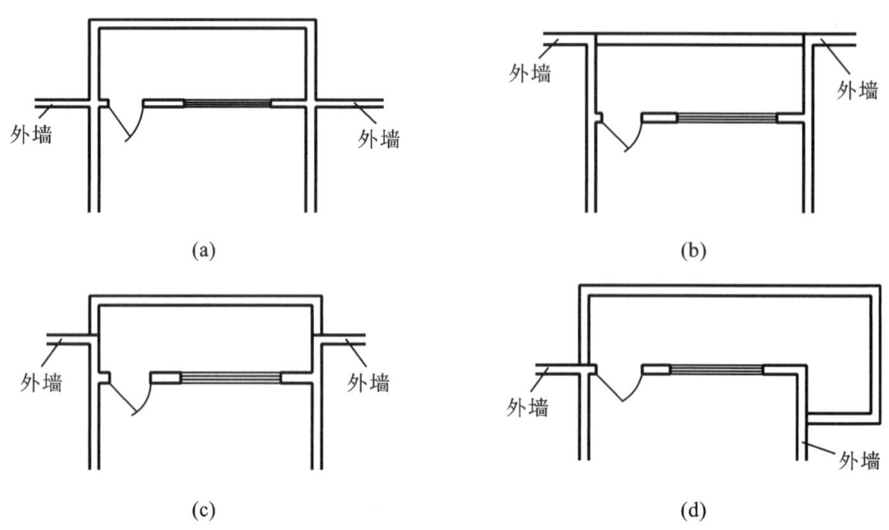

图 2-4-29 阳台的类型

(a)挑阳台;(b)凹阳台(中间阳台);(c)半挑半凹阳台(中间阳台);(d)转角阳台

3. 设计要求

1) 安全适用

悬挑阳台的挑出长度不宜过大,以 1.2～1.8 m 为宜。低层、多层住宅阳台栏杆净高不低于 1.05 m,中高层住宅阳台栏杆净高不低于 1.1 m,但也不大于 1.2 m。

2) 坚固耐久

阳台所用材料和构造措施应经久耐用,承重结构宜采用钢筋混凝土,金属构件应做防锈处理,表面装修应注意色彩的耐久性和抗污染性。

3) 排水顺畅

为防止阳台上的雨水流入室内,设计时要求将阳台地面标高低于室内地面标高 60 mm左右,并将地面抹出 5‰的排水坡将水导入排水孔,使雨水能顺利排出。

(二) 阳台结构布置方式

阳台的结构布置方式通常有墙承式、挑梁式和悬挑式三种,如图 2-4-30 所示。

(三) 阳台细部构造

1. 阳台栏杆

栏杆是在阳台外围设置的竖向构件,其作用一方面是起安全围护作用,承担人们推倚的侧向力,以保证人的安全;另一方面是对建筑物起装饰作用。因而栏杆的构造要求坚固和美观。栏杆的高度应高于人体的重心,一般不宜低于 1.05 m,高层建筑不应低于 1.1 m,但不宜超过 1.2 m。

(1) 阳台栏杆按空透的情况不同有实体、空花和混合式、阳台的镂空栏杆设计应防

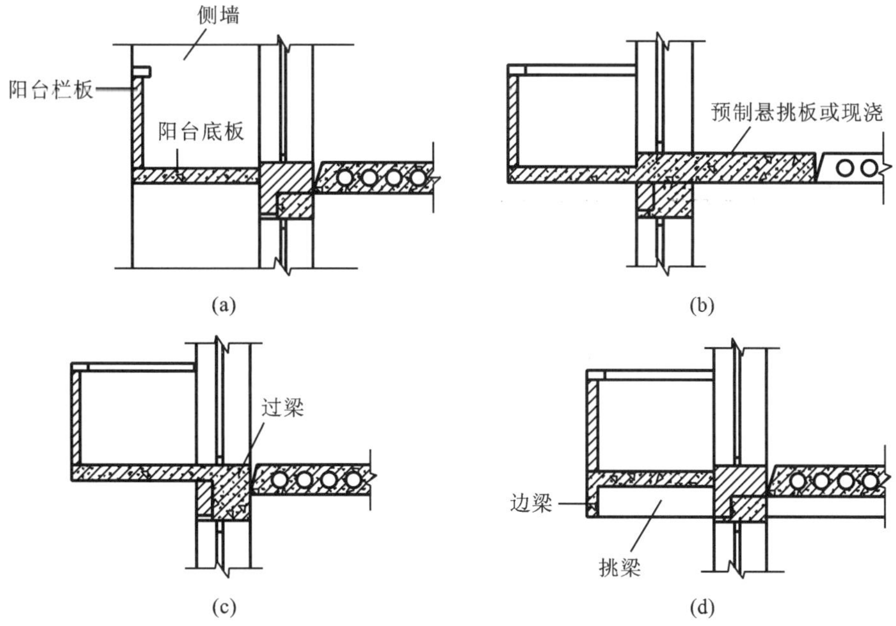

图 2-4-30 阳台的结构布置

(a)墙承式;(b)楼板悬挑式;(c)墙梁悬挑式;(d)挑梁式

止儿童攀爬,垂直栏杆间净距不应大于 110 mm,如图 2-4-31 所示。

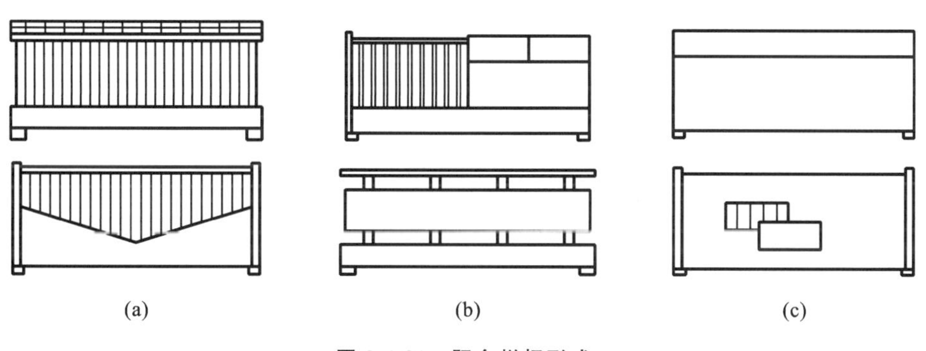

图 2-4-31 阳台栏杆形式

(a)空花式;(b)混合式;(c)实体式

(2) 阳台栏杆按材料可分为现浇混凝土栏板(杆)、钢筋混凝土栏板(杆)和金属栏杆,如图 2-4-32 所示。

2. 栏杆扶手

扶手是供人手扶使用的,有金属扶手和钢筋混凝土扶手两种。

金属扶手一般为钢管与金属栏杆焊接。钢筋混凝土扶手应用广泛,形式多样,一般直接用作栏杆压顶,宽度有 80 mm、120 mm、160 mm。当扶手上需放置花盆时,需在外侧设保护栏杆,一般高 180～200 mm,花台净宽为 240 mm。

钢筋混凝土扶手用途广泛、形式多样,有不带花台的、带花台的、带花池的等,如图 2-4-33 所示。

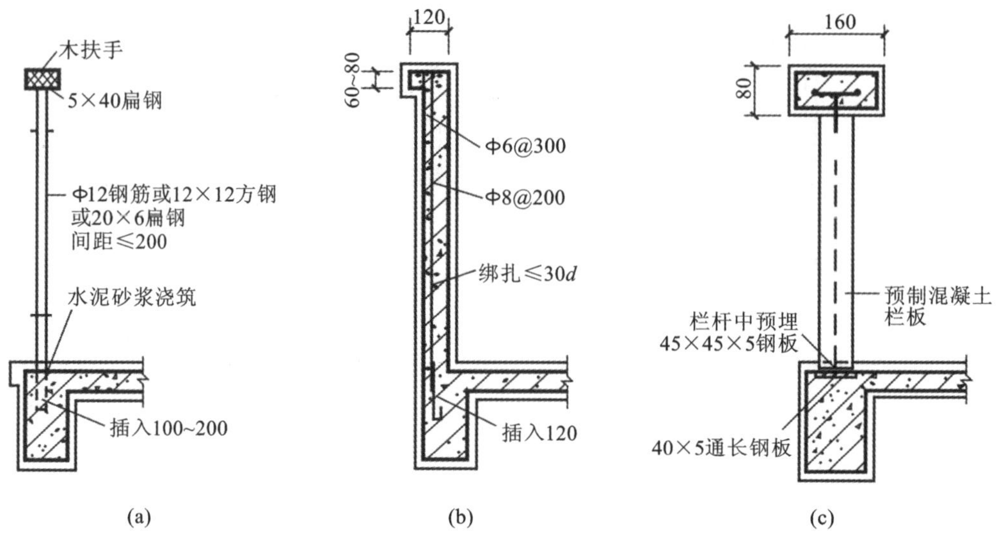

图 2-4-32 栏杆构造

(a)金属栏杆;(b)现浇混凝土栏板(杆);(c)预制钢筋混凝土栏板(杆)

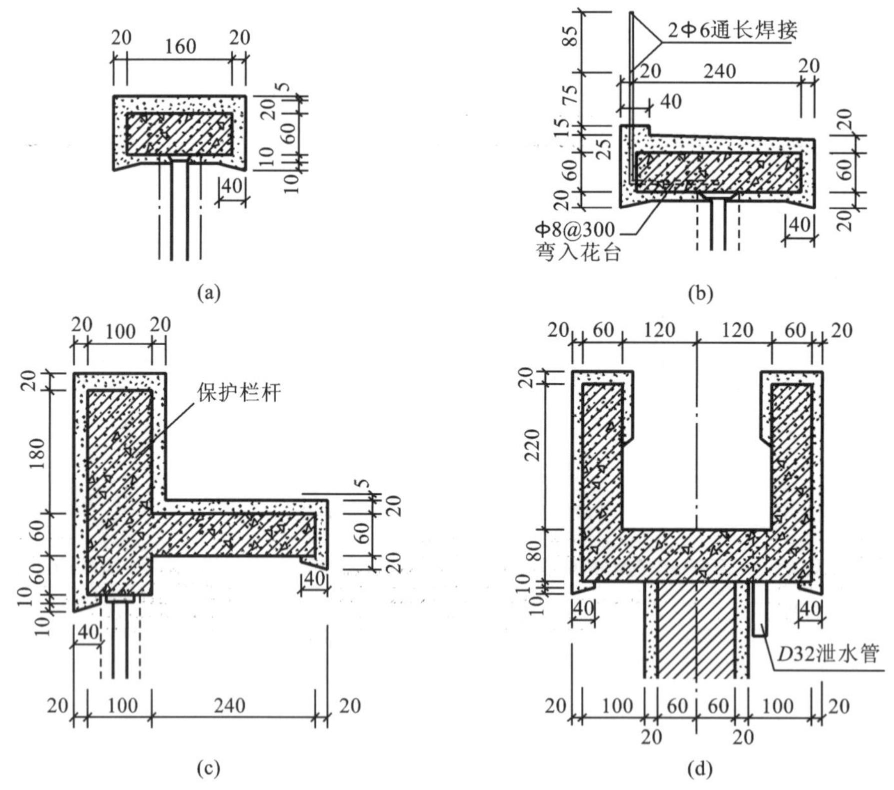

图 2-4-33 阳台扶手构造

(a)不带花台;(b)带花台;(c)带花台(有保护栏杆);(d)带花池

3. 细部构造

阳台细部构造主要包括栏杆与扶手的连接、栏杆与面梁(或称止水带)的连接、栏杆与墙体的连接等。

(1) 栏杆与扶手的连接方式有焊接、现浇等方式,如图 2-4-34 所示。

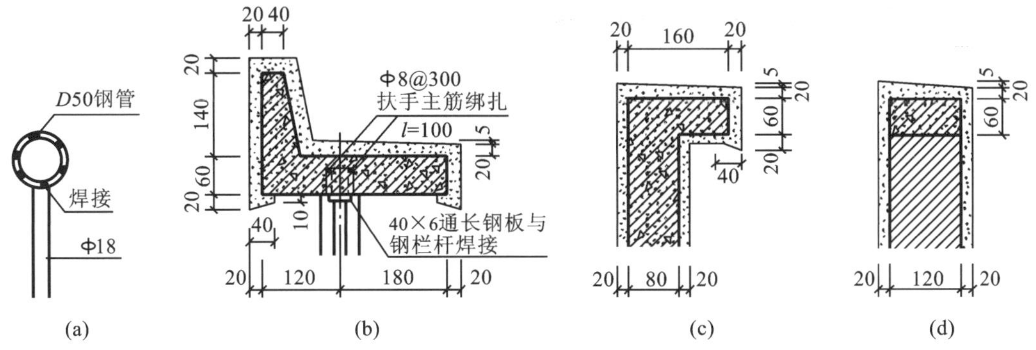

图 2-4-34　栏杆与扶手的连接

(2) 栏杆与面梁或阳台板的连接方式有焊接、榫接坐浆、现浇等,如图 2-4-35 所示。

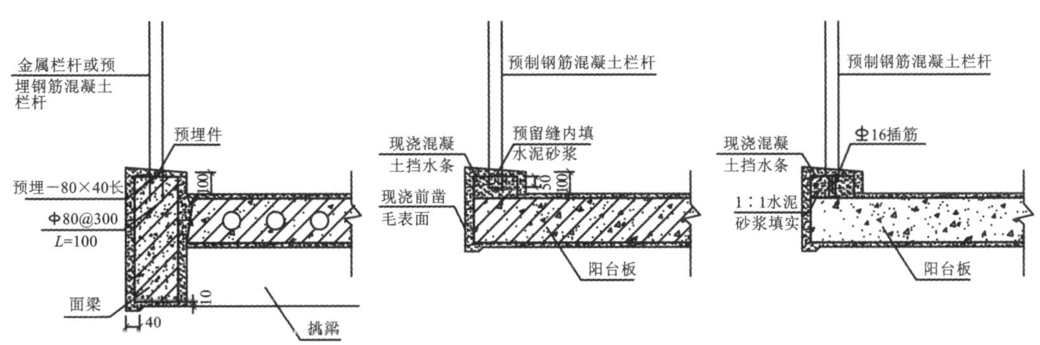

图 2-4-35　栏杆与面梁或阳台板的连接

(3) 扶手与墙的连接,应将扶手或扶手中的钢筋伸入外墙的预留洞中,用细石混凝土或水泥砂浆填实固牢;现浇钢筋混凝土栏杆与墙连接时,应在墙体内预埋 240 mm×240 mm×120 mmC20 细石混凝土块,从中伸出 2 Φ 6,长 300 mm,与扶手中的钢筋绑扎后再进行现浇,如图 2-4-36 所示。

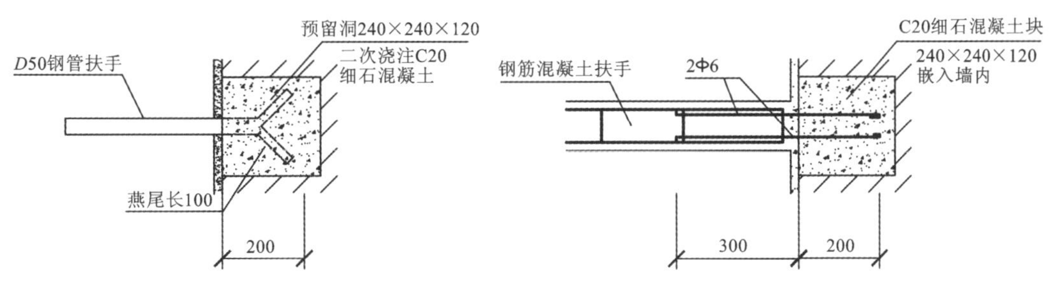

图 2-4-36　扶手与墙体的连接

4. 阳台隔板

阳台隔板用于连接双阳台,有砖砌隔板和钢筋混凝土隔板两种。砖砌隔板一般有 60 mm 和 120 mm 厚两种,由于荷载较大且整体性较差,所以现多采用钢筋混凝土隔板。钢筋混凝土隔板采用 C20 细石混凝土预制,60 mm 厚,下部预埋铁件与阳台预埋铁件焊接,其余各边伸出 ϕ6 钢筋与墙体、挑梁和阳台栏杆、扶手相连,如图 2-4-37 所示。

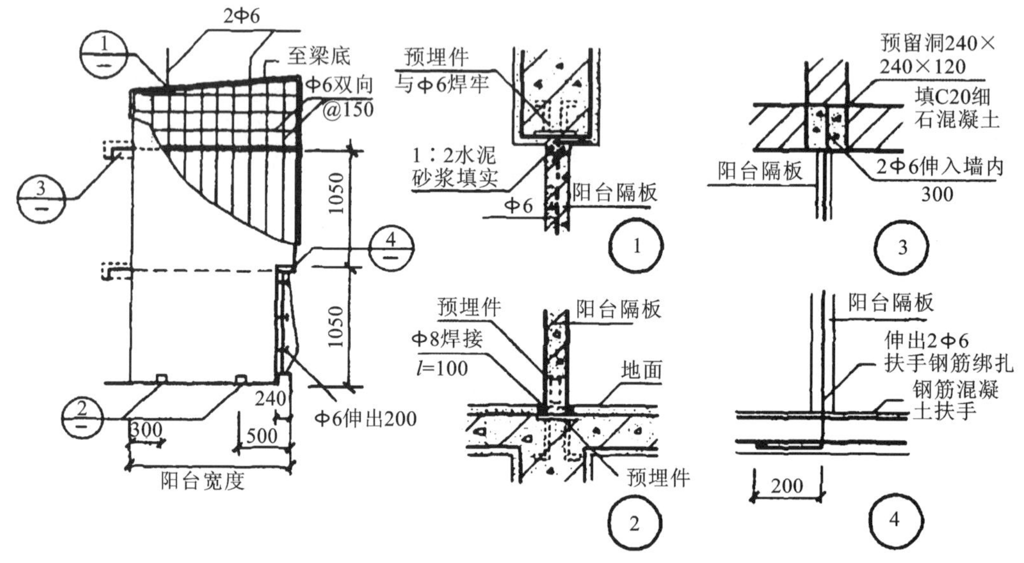

图 2-4-37 阳台隔板构造

5. 阳台排水

阳台的地面一般要比室内的地面低 20~50 mm。

阳台外排水适用于低层和多层建筑,具体做法是在阳台一侧或两侧设排水口,阳台地面向排水口做成 0.5%~1%的坡度,排水口内埋设直径 40~50 mm 镀锌钢管或工程塑料管(称水舌),外挑长度不少于 80 mm,以防雨水溅到下层阳台,如图 2-4-38(a)所示。

内排水适用于高层建筑和高标准建筑,具体做法是在阳台内设置排水立管和地漏,将雨水直接排入地下管网,保证建筑立面美观,如图 2-4-38(b)所示。

二、雨篷

雨篷是指在建筑物外墙出入口的上方用以挡雨并有一定装饰作用的水平构件,位于建筑物出入口的上方,用来遮挡雨雪,保护外门免受侵蚀,给人们提供一个从室外到室内的过渡空间,并起到保护门和丰富建筑立面的作用。

雨篷由雨篷板和雨篷梁组成,通常情况下雨篷梁可以支承雨篷和兼作门窗洞口的过梁。雨篷板因承受的上部荷载不大,通常可做成变截面,厚度 50~70 mm,雨篷梁的宽度与墙同厚。

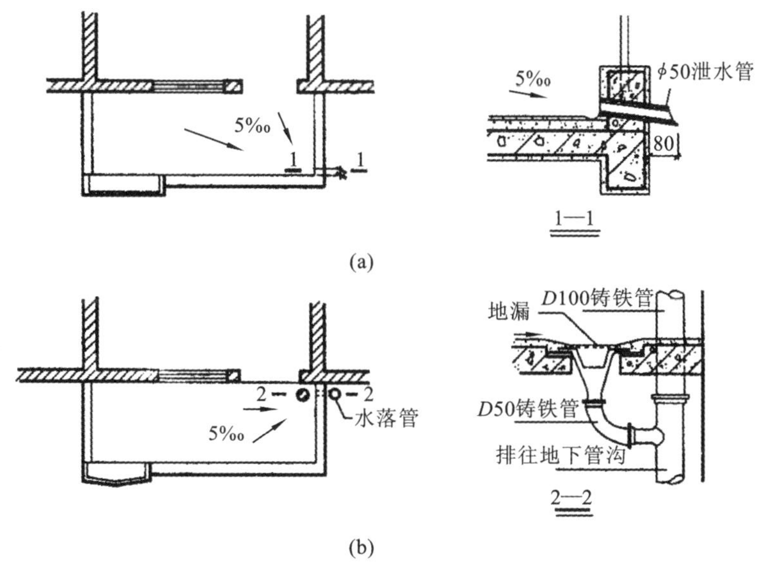

图 2-4-38 阳台排水构造

(a)阳台外排水;(b)阳台内排水

根据雨篷板的支承方式不同,有悬板式和梁板式两种。

1. 悬板式

悬板式雨篷外挑长度一般为 0.9～1.5 m,板根部厚度不小于挑出长度的 1/12,雨篷宽度比门洞每边宽 250 mm,雨篷排水方式可采用无组织排水和有组织排水两种。雨篷顶面距过梁顶面高 250 mm,板底抹灰可抹 1∶2 水泥砂浆内掺 5%防水剂的防水砂浆 15 mm 厚,多用于次要出入口。悬板式雨篷构造见图 2-4-39(a)。

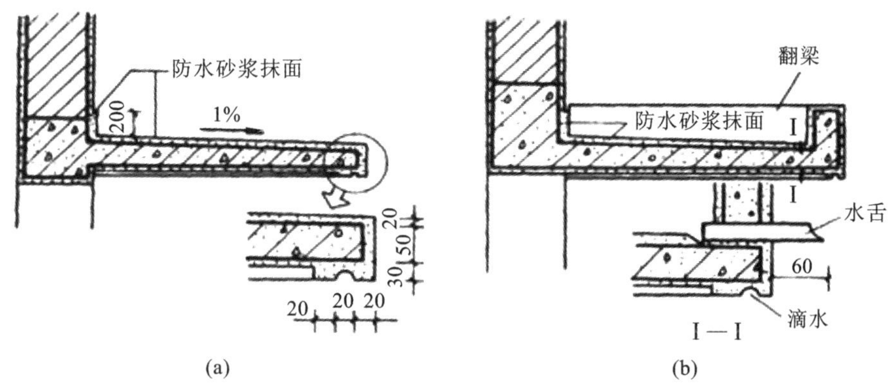

图 2-4-39 雨篷

(a)悬板式;(b)梁板式

2. 梁板式

当门洞口尺寸较大,雨篷挑出尺寸也较大时,雨篷应采用梁板式结构。即雨篷由梁和板组成,为使雨篷底面平整,梁一般翻在板的上面成翻梁,如图 2-4-39(b)所示。当雨篷尺寸更大时，可在雨篷下面设柱支撑。

雨篷顶面应做好防水和排水处理，见图 2-4-40，一般采用 20 mm 厚的防水砂浆抹面进行防水处理，防水砂浆应沿墙面上升，高度不小于 300 mm，同时在板的下部边缘做滴水，防止雨水沿板底漫流。雨篷顶面需设置 1%的排水坡，并在一侧或双侧设排水管将雨水排除。为了立面需要，可将雨水由雨水管集中排除，这时雨篷外缘上部需做挡水边坎。

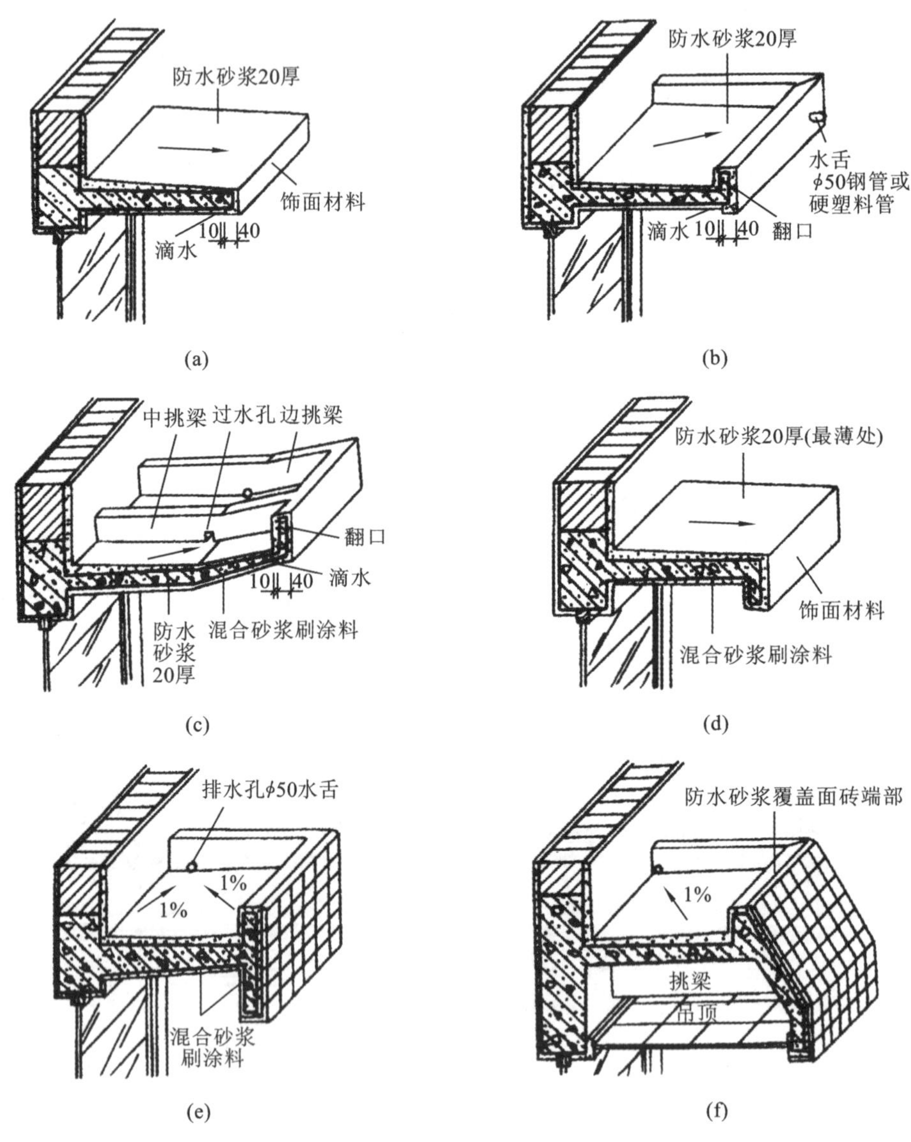

图 2-4-40　雨篷防水和排水处理

(a)自由落水雨篷；(b)有翻口有组织排水雨篷；(c)折挑倒梁有组织排水雨篷；

(d)下翻口自由落水雨篷；(e)上下翻口有组织排水雨篷；(f)下挑梁有组织排水带吊顶雨篷

雨篷发生破坏的情况主要有两种：雨篷板根部断裂和雨篷整体倾覆。为防止雨篷板根部断裂，应做好雨篷的设计与施工，主要注意施工过程中雨篷钢筋的摆放，雨篷为悬挑结构，其钢筋布置形式与一般的板不同。为防止雨篷整体倾覆，需保证雨篷梁上有足够的压重。

部分小型雨篷采用玻璃-钢结构形式，这种雨篷采用钢斜拉杆以防止雨篷倾覆。

大型雨篷多采用立柱支撑，这种雨篷多位于大型建筑的主要出入口，起支撑作用和建筑装饰作用。

任务2.5　楼　　梯

能力目标	知识目标
能说出楼梯的组成及各部分的尺度要求 能正确识读楼梯详图 能查阅相关资料进行简单的楼梯设计	掌握楼梯的组成、类型及其构造要求 掌握楼梯详图的识读方法 掌握楼梯的设计要求 熟悉各类楼梯的构造 认识台阶、坡道、电梯和自动扶梯及其构造

2.5.1　认识楼梯、明确楼梯的组成

楼梯是联系建筑物上下层的主要垂直交通设施，也是人员紧急情况下安全疏散的主要交通设施，其位置、数量、平面形式应符合有关标准与规范的规定。楼梯也是本章讲述的重点内容。建筑物的垂直交通设施除了楼梯外，还有电梯、自动扶梯、台阶、坡道等。

楼梯间演示

一、楼梯的组成

楼梯一般由楼梯段、平台、栏杆扶手三部分组成。楼梯示意如图2-5-1所示。

1. 楼梯段

楼梯段是联系两个不同标高平台的倾斜构件，是由踏步组成的，俗称梯跑。踏步的水平上表面称踏面，与踏面垂直部分称踢板。

当人们连续上楼梯时，容易疲劳，故规定一个楼梯段的踏步数一般不应超过18级，又由于人的行走有习惯性，所以楼梯段的踏步数也不应少于3级。

楼梯段和平台之间的空间称楼梯井。当公共建筑楼梯井净宽大于200 mm，住宅楼梯井净宽大于110 mm时，必须采取措施来保证安全。

2. 平台

平台是指两楼梯段之间的水平构件。根据所处的位置不同，有中间平台和楼层平台之分。中间平台是指位于两层楼面之间的平台，作用是解决楼梯段的转折和缓解疲劳。而与楼层地面标高齐平的平台称为楼层平台。

3. 栏杆(栏板)扶手

栏杆扶手是设在梯段及平台边缘的安全保护构件。当梯段宽度不大时，可只在梯段

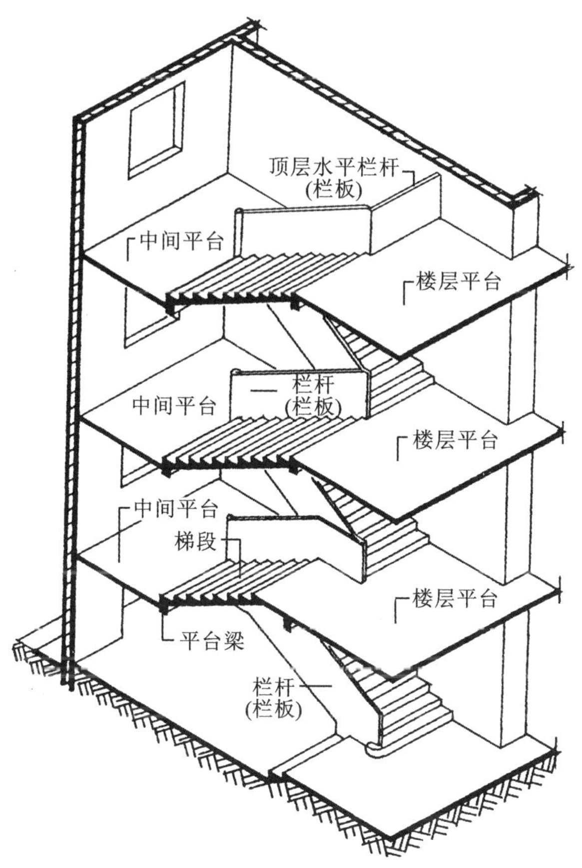

楼梯的组成

图 2-5-1 楼梯的组成

临空面设置。当梯段宽度较大时,非临空面也应加设靠墙扶手。当梯段宽度很大时,则需在梯段中间加设中间扶手。

二、楼梯的类型

(1) 按承重结构所用材料分,有钢筋混凝土楼梯、木楼梯、钢楼梯等。

(2) 按使用性质分,有主要楼梯、辅助楼梯、疏散楼梯和消防楼梯。

(3) 按位置分,有室内楼梯和室外楼梯等。

(4) 按楼梯平面形式分,可以有以下很多种类型,如图 2-5-2 所示。

①单跑直行楼梯。

此种楼梯无中间平台,由于单跑梯段踏步数一般不超过 18 级,故仅用于层高不大的建筑,如图 2-5-2(a)所示。

②多跑直行楼梯。

此种楼梯是直行单跑楼梯的延伸,仅增设了中间平台,将单梯段变为多梯段。一般为双跑梯段,适用于层高较大的建筑。直行多跑楼梯给人以直接、顺畅的感觉,导向性强,在公共建筑中常用于人流较多的大厅。但是,由于其缺乏方位上回转上升的连续性,当用于需上多层楼面的建筑,会增加交通面积并加长人流行走距离,如图 2-5-2(b)所示。

③双跑平行楼梯。

此种楼梯由于上完一层楼刚好回到原起步方位,与楼梯上升的空间回转往复性吻合,比直跑楼梯节约面积并缩短人流行走距离,是最常用的楼梯形式之一,如图 2-5-2(d)所示。

④双分平行楼梯。

此种楼梯形式是在平行双跑楼梯基础上演变产生的。其梯段平行而行走方向相反,且第一跑在中部上行,然后其中间平台处往两边以第一跑的二分之一梯段宽各上一跑到楼层面。通常在人流多、楼段宽度较大时采用。由于其造型的对称严谨性,常用作办公类建筑的主要楼梯。此种楼梯与平行双跑楼梯类似,区别仅在于楼层平台起步第一跑梯段前者在中而后者在两边,如图 2-5-2(f)所示。

⑤多跑折行楼梯。

此种楼梯人流导向较自由,折角可变,可为 90°,也可大于或小于 90°。当折角大于90°时,由于其行进方向类似直行双跑楼梯,故常用于仅上一层楼的影剧院、体育馆等建筑的门厅中。当折角小于 90°时,其行进方向回转延续性有所改观,形成三角形楼梯间,可用于上多层楼的建筑中,如图 2-5-2(g)、图 2-5-2(h)所示。

⑥交叉跑(剪刀)楼梯。

交叉跑(剪刀)楼梯,可认为是由两个直行单跑楼梯交叉并列布置而成,通行的人流量较大,且为上下楼层的人流提供了两个方向,对于空间开敞、楼层人流多方向进入有利。但仅适合层高小的建筑。当层高较大时,设置中间平台,中间平台为人流变换行进方向提供了条件,适用于层高较大且有楼层人流多向性选择要求的建筑,如商场、多层食堂等,如图 2-5-2(n)、图 2-5-2(o)所示。

⑦螺旋形楼梯。

螺旋形楼梯通常是围绕一根单柱布置,平面呈圆形。其平台和踏步均为扇形平面,踏步内侧宽度很小,并形成较陡的坡度,行走时不安全,且构造较复杂。这种楼梯不能作为主要人流交通和疏散楼梯,但由于其流线型造型美观,常作为建筑小品布置在庭院或室内,如图 2-5-2(j)、图 2-5-2(k)所示。

⑧弧形楼梯。

弧形楼梯与螺旋形楼梯的不同之处在于它围绕一较大的轴心空间旋转,未构成水平投影圆,仅为一段弧环,并且曲率半径较大。其扇形踏步的内侧宽度也较大(≥220 mm),使坡度不至于过陡,可以用来通行较多的人流。弧形楼梯也是折行楼梯的演变形式,当布置在公共建筑的门厅时,具有明显的导向性和优美轻盈的造型。但其结构和施工难度较大,通常采用现浇钢筋混凝土结构,如图 2-5-2(l)、图 2-5-2(m)所示。

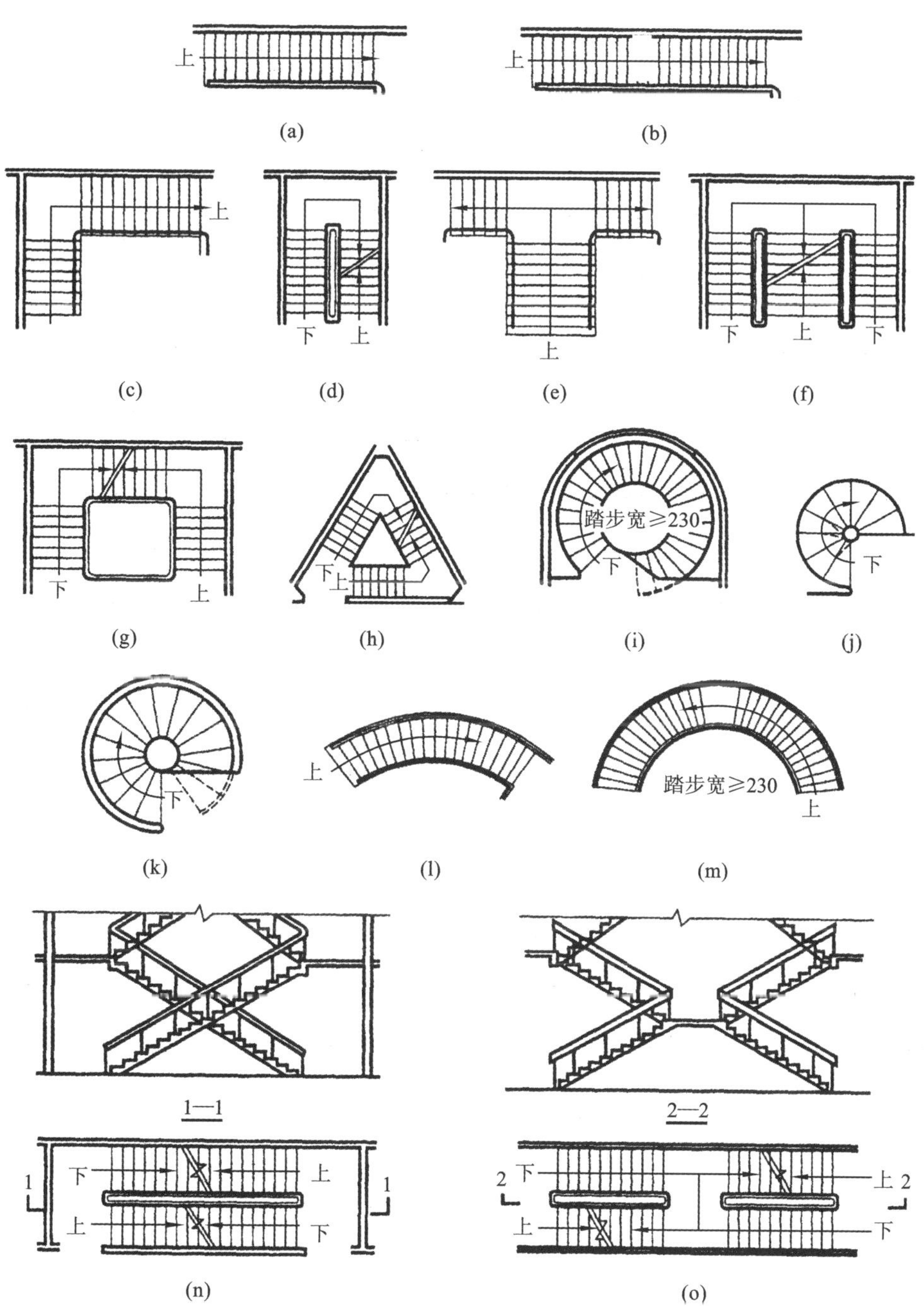

(a)
(b)
(c)
(d)
(e)
(f)
(g)
(h)
(i)
(j)
(k)
(l)
(m)
(n)
(o)

图 2-5-2 各种楼梯形式

(a)单跑直行楼梯；(b)双跑直行楼梯；(c)曲尺楼梯；(d)双跑平行楼梯；(e)双分转角楼梯；(f)双分平行楼梯；(g)三跑楼梯；(h)三角形三跑楼梯；(i)圆形楼梯；(j)中柱螺旋楼梯；(k)无中柱螺旋楼梯；(l)单跑弧形楼梯；(m)双跑弧形楼梯；(n)交叉楼梯；(o)剪刀楼梯

三、楼梯的尺度

1. 楼梯的坡度

梯段各级踏步前缘各点的连线称为坡度线。坡度线与水平面的夹角即为楼梯的坡度。室内楼梯的坡度一般为20°~45°为宜,最好的坡度为30°左右。特殊功能的楼梯要求的坡度各不相同。例如爬梯的坡度在60°以上,专用楼梯一般取45°~60°,室内外台阶的坡度为14°~27°,坡道的坡度通常在15°以下。一般说来,在人流较大,安全标准较高,或面积较充实的场所楼梯坡度宜平缓些,仅供少数人使用或不经常使用的辅助楼梯,坡度可以陡些,但最好不超过38°。

2. 踏步尺度

踏步的尺寸一般应与人脚尺寸和步幅相适应,同时还与不同类型建筑中的使用功能有关。踏步的尺寸包括高度和宽度。楼梯踏步的高宽尺寸一般根据经验数据确定,见表2-5-1。

表 2-5-1 常见踏步高、宽尺寸

名　　称	住　　宅	幼儿园	学校、办公楼	医院	剧院、会堂
踏步高 h(mm)	150～175	120～150	140～160	120～150	120～150
踏步宽 b(mm)	260～300	260～280	280～340	300～350	300～350

踏步的高度,成人以150 mm左右较适宜,不应高于175 mm。踏步的宽度(水平投影宽度)以300 mm左右为宜,不应窄于260 mm。为了增加行走舒适度,常将踏步出挑20～30 mm,使实际宽度增加,如图2-5-3所示。

当公共建筑的层高为300 mm的模数时,如3.6 m、3.9 m、4.2 m等,在实际工程中最常用的楼梯踏步高和宽一般取150 mm和300 mm。

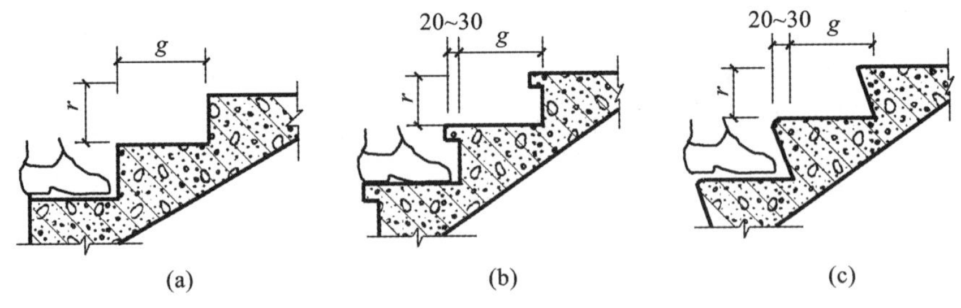

图 2-5-3 踏步的尺寸

3. 梯段尺度

梯段尺度分为梯段宽度和梯段长度。梯段宽度应根据紧急疏散时要求通过的人流股数多少确定。每股人流按550～700 mm宽度考虑。同时,需满足各类建筑设计规范中对梯段宽度的限定,如住宅的不小于1100 mm,商场的不小于1400 mm等(应注意的是：规范所规定的梯度宽度是指墙面至扶手中心线或扶手中心线之间的水平距离，与下文楼梯尺寸计算中所指梯段宽度有所区别），如图 2-5-4 所示。

梯段长度（L）则是每一梯段的水平投影长度，其值为 $L=b\times(n-1)$，其中 b 为踏面水平投影步宽，n 为梯段踏步数，此外需注意踏步数为踢面步高数。

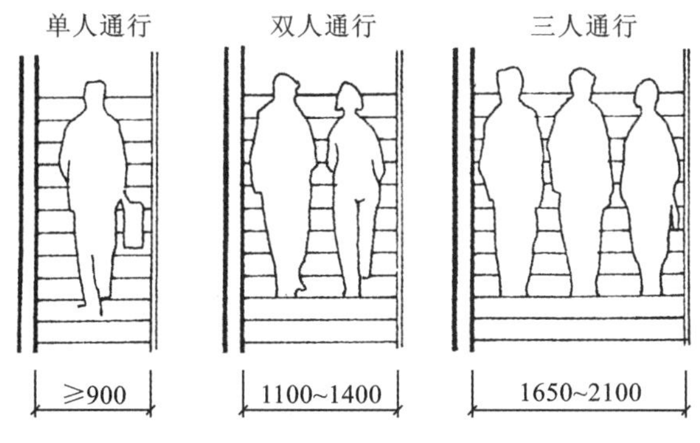

图 2-5-4　梯段尺度

4. 平台宽度

平台宽度分为中间平台宽度和楼层平台宽度，对于平行和折行多跑等类型楼梯，其转向后的中间平台宽度应不小于梯段宽度，以保证通行与梯段同股数人流，并不得小于 1200 mm。医院建筑还应保证担架在平台处能转向通行，其中间平台宽度应不小于 2000 mm。对于直行多跑楼梯，其中间平台宽度宜不小于梯段宽度，且不小于 1000 mm。对于楼层平台宽度，则应比中间平台更宽松一些，以利人流分配和停留，如图 2-5-5 所示。

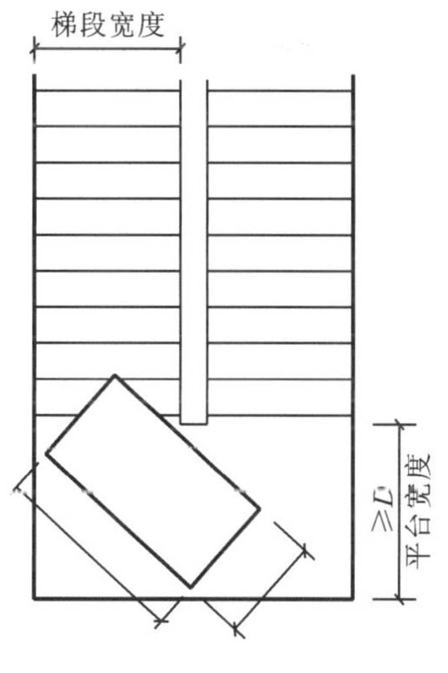

图 2-5-5　平台宽度

5. 梯井宽度

所谓梯井，系指梯段之间形成的空档。此空档从顶层到底层贯通。在平行多跑楼梯中，可无梯井。但为了梯度施工安装和平台转弯缓冲，可设梯井。梯井宽度应以 60～200 mm 为宜，若大于 200 mm，则应考虑安全措施。

6. 栏杆（栏板）扶手的高度

梯段栏杆扶手高度应从踏步前缘线垂直量至扶手顶面。其高度根据人体重心高度和楼梯坡度大小等因素确定，一般不宜小于 900 mm，供儿童使用的楼梯应在 500～600 mm 高度增设扶手，如图 2-5-6 所示。

当楼梯栏杆水平段长度超过 500 mm 时，扶手高度不应小于 1050 mm。室外楼梯的栏杆因为临空，需要加强防护。当临空高度小于 24 m 时，栏杆高度不应小于 1050 mm，当临空高度大于等于 24 m 时，栏杆高度不应小于 1100 mm。

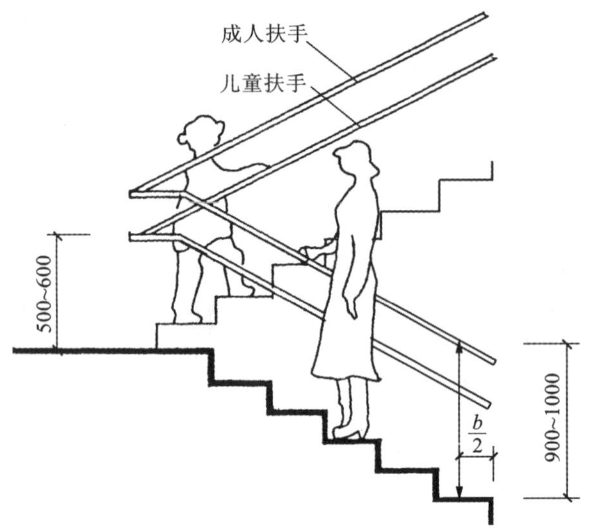

图 2-5-6 楼梯扶手的高度

7. 楼梯的净空高度

楼梯段部位的净高不应小于 2.2 m;平台部位的净高不应小于 2.0 m;起止踏步前缘与顶部凸出物内边缘线的水平距离不应小于 0.3 m,如图 2-5-7 所示。

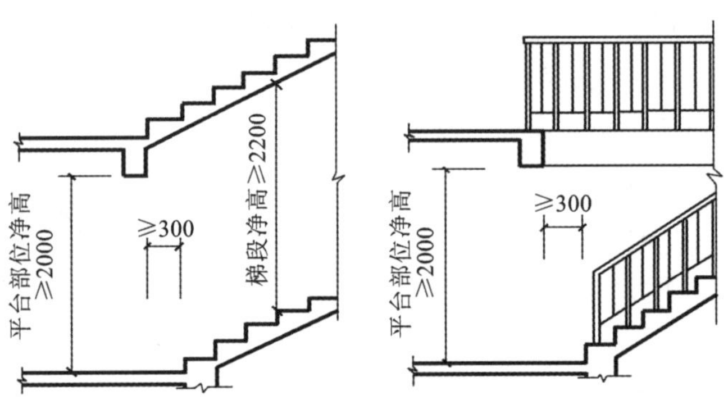

图 2-5-7 楼梯的净空高度

为保证平台下的净高,可采取以下方式解决。

(1) 改用长短跑楼梯,如图 2-5-8 所示。

(2) 下沉地面,如图 2-5-9 所示。

(3) 综合法,如图 2-5-10 所示。

(4) 不设置平台梁,如图 2-5-11 所示。

底层中间平台下作出入口处理方式

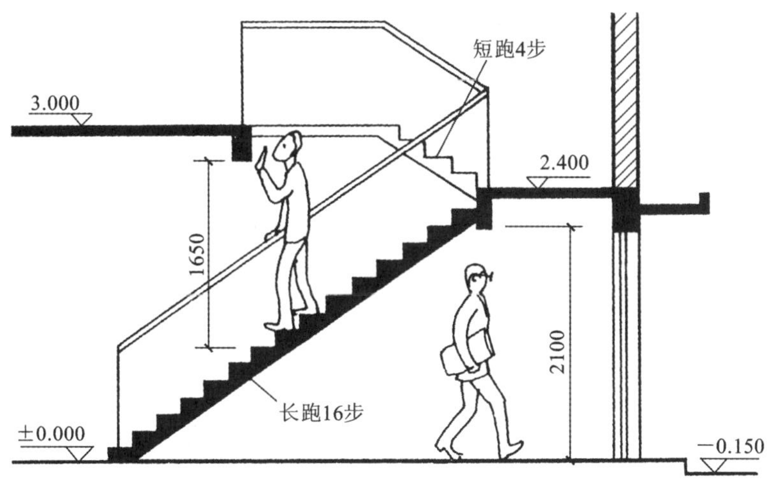

图 2-5-8 长短跑楼梯

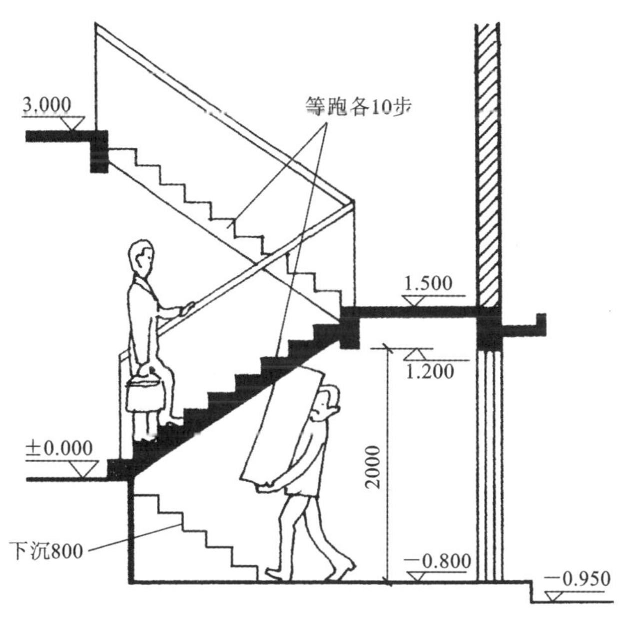

图 2-5-9 下沉地面

四、钢筋混凝土楼梯

(一) 现浇整体式钢筋混凝土楼梯

现浇式钢筋混凝土楼梯又称整体式钢筋混凝土楼梯，是指在施工现场将楼梯段、楼梯平台等构件支模板、绑扎钢筋和浇筑混凝土而成。

这种楼梯整体性好，刚度大，对抗震较为有利。但施工速度慢，模板耗费多，施工周期长，且受季节限制，多用于楼梯形式复杂或抗震要求较高的建筑中。

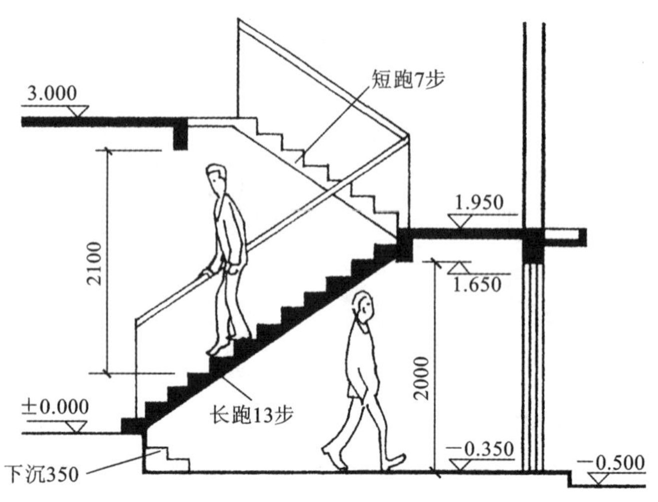

图 2-5-10 综合法

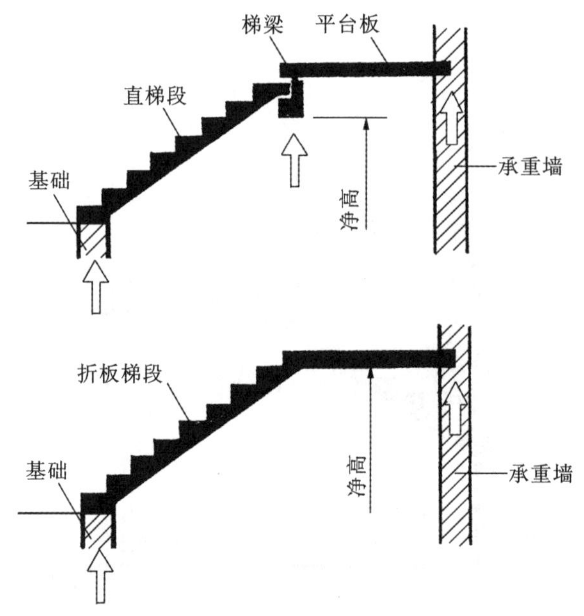

图 2-5-11 不设置平台梁

1. 板式楼梯

板式楼梯一般由梯段板、平台梁、平台板组成，如图 2-5-12 所示。

2. 梁板式楼梯

梁板式楼梯一般由梯段板、斜梁、平台梁、平台板组成。斜梁的结构布置有单斜梁，如图 2-5-13(a)所示；双斜梁，如图 2-5-13(b)所示。

斜梁在下面时可布置在一侧(单梁式，如图 2-5-14(a)所示)、两侧(双梁式，如图 2-5-14(b)所示)或中部(梁悬臂式，如图 2-5-14(c)所示)。

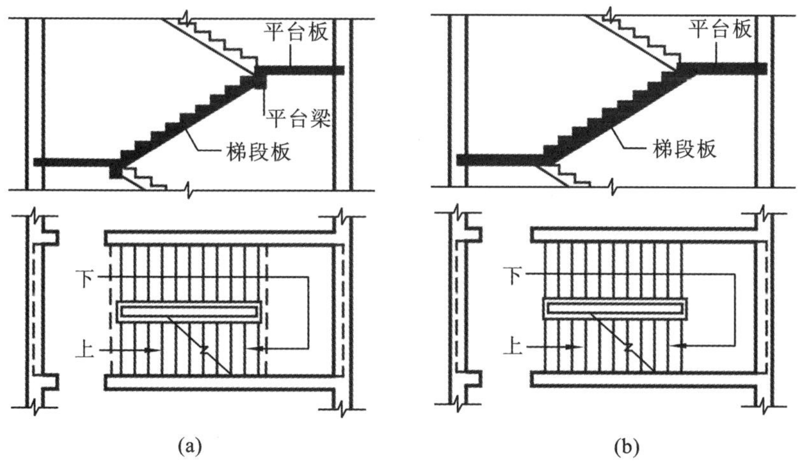

图 2-5-12 现浇钢筋混凝土双跑板式楼梯

(a)有平台梁板式楼梯;(b)无平台梁板式楼梯

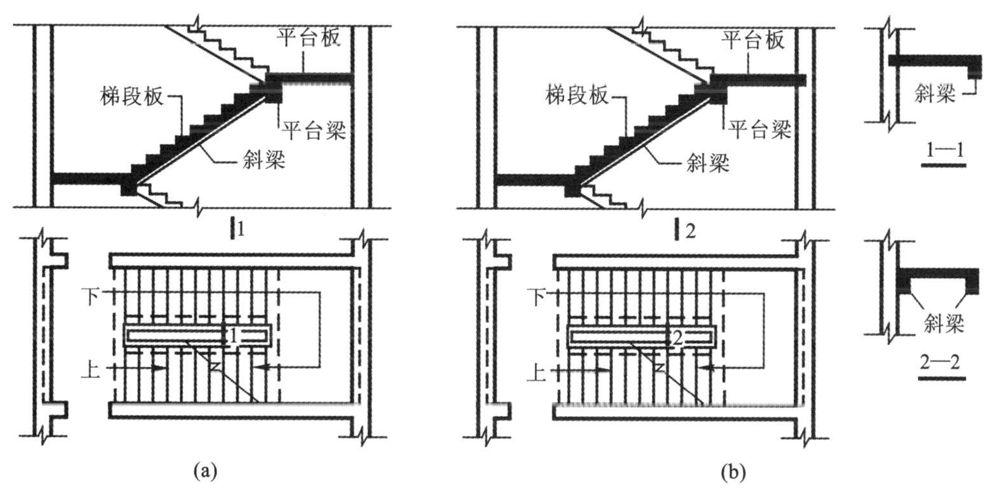

图 2-5-13 现浇钢筋混凝土双跑梁板式楼梯

(a)单斜梁式梯段;(b)双斜梁式梯段

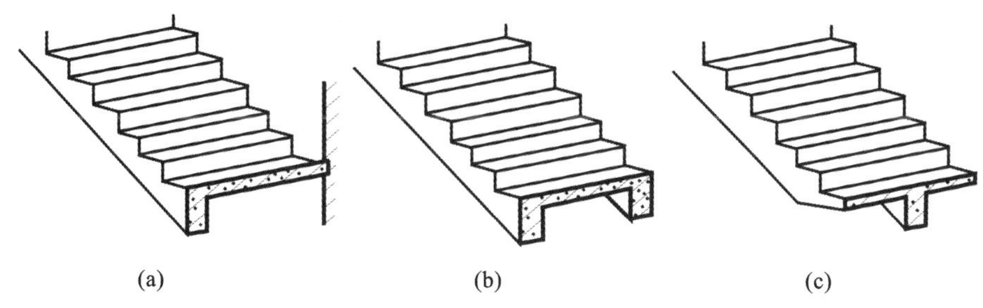

图 2-5-14 梁板式楼梯

(a)斜梁设在梯段一侧;(b)斜梁设在梯段两侧;(c)斜梁设在梯段中部

斜梁布置在侧面时有正梁式(明步)、反梁式(暗步)两种做法。

明步做法是指斜梁在踏步板下面露出一部分,且踏步外露,这种做法梯段形式较为明快,但在板下露出的梁其阴角容易积灰,如图 2-5-15(a)所示。

暗步做法是指斜梁上翻包住踏步板,梯段底面平整且可防止污水污染梯段下面。但凸出的斜梁将占据梯段一定的宽度,如图 2-5-15(b)所示。

楼梯横断面如图 2-5-16 所示。

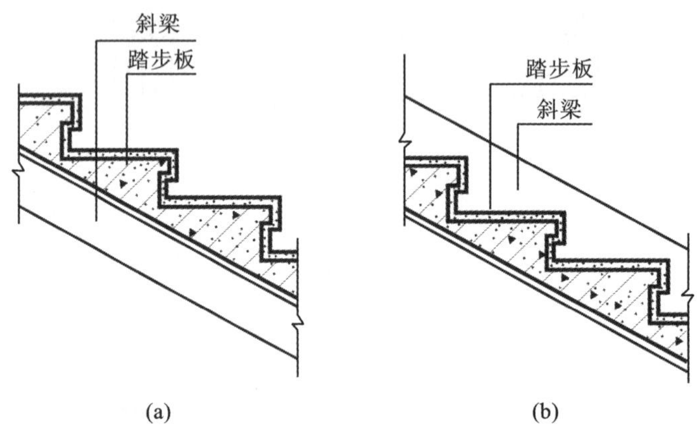

图 2-5-15 梁板式楼梯

(a)明步梯段;(b)暗步梯段

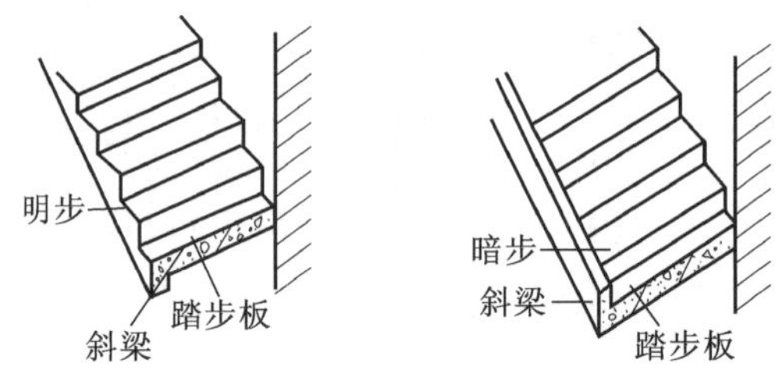

图 2-5-16 楼梯横断面

(二) 预制装配式钢筋混凝土楼梯

预制装配式钢筋混凝土楼梯是将楼梯的组成构件在工厂或工地现场预制,然后在施工现场拼装而成。

这种楼梯施工进度快,节省模板,现场湿作业少,施工不受季节限制,有利于提高施工质量。但预制装配式钢筋混凝土楼梯的整体性、抗震性能以及设计灵活性差,故应用受到一定限制。

预制装配式钢筋混凝土楼梯按构造方式可以分为梁承式、墙承式和墙悬臂式。

1. 梁承式

预制装配式梁承式钢筋混凝土楼梯,是指梯段由平台梁支承的楼梯构造方式,在一般民用建筑中较为常用。预制构件分为梯段、平台梁和平台板三部分。

(1) 梯段。

板式梯段:板式梯段为整块或数块带踏步条板,没有梯斜梁,梯段底面平整,结构厚度小,其上下端直接支承在平台梁上,使平台梁位置相应抬高,增大了平台下净空高度。为了减轻梯段板自重,也可做成空心构件,有横向抽孔和纵向抽孔两种方式。横向抽孔较纵向抽孔合理易行,较为常用。

梁板式梯段:梁板式梯段由梯斜梁和踏步板组成。踏步板支承在两侧梯斜梁上。梯斜梁两端支承在平台梁上,构件小型化,施工时不需大型起重设备即可安装。

踏步板:钢筋混凝土预制踏步断面形式有一字形、L 形、三角形等。一字形断面踏步板制作简单,踢面一般用砖填充,但其受力不太合理,仅用于简易梯、室外梯等。L 形断面踏步板自重轻、用料省,但拼装后底面形成折板,容易积灰,可正置和倒置。三角形断面踏步板梯段底面平整、简洁,但自重大,因此常将三角形断面踏步板抽空,形成空心构件,以减轻自重。

梯斜梁:梯斜梁有矩形断面、L 形断面和锯齿形断面三种。锯齿形断面梯斜梁常用于搁置一字形、L 形断面踏步板。矩形断面和 L 形断面梯斜梁主要用丁搁置二角形断面踏步板。梯斜梁一般按 $L/12$ 估算其断面有效高度(L 为梯斜梁水平投影跨度)。

(2) 平台梁。

为了便于支承梯斜梁或梯段板,减少平台梁占用的结构空间,一般将平台梁做成 L 形断面,结构高度按 $L/12$ 估算(L 为平台梁跨度)。

(3) 平台板。

平台板宜采用钢筋混凝土空心板或槽形板。平台板一般平行丁平台梁布置,当垂直于平台梁布置时,常采用小平板。

(4) 平台梁与梯段节点构造。

根据两梯段的关系,分为齐步梯段和错步梯段。根据平台梁与梯段之间的关系,有埋步和不埋步两种节点构造方式。

2. 墙承式

预制装配墙承式钢筋混凝土楼梯是把预制踏步搁置在两面墙上,而省去梯段上的斜梁。一般适用于单向楼梯,或中间有电梯间的双折楼梯。对于双折楼梯来说,梯段采用两面搁墙,则在楼梯间的中间必须加一道中墙作为踏步板的支座。这种楼梯由于在梯段之间有墙,使得视线、光线受到阻挡,感到空间狭窄,在搬运家具及较多人流上下时均感不便。通常在中间墙上开设观察口,改善视线和采光,如图 2-5-17 所示。

3. 墙悬臂式

预制装配墙悬臂式钢筋混凝土楼梯系指预制钢筋混凝土踏步板一端嵌固于楼梯间侧墙上,另一端悬挑的楼梯形式。

这种楼梯构造简单，只要预制一种悬挑的踏步构件，按楼梯的尺寸要求，依次砌入砖墙内即可，在住宅建筑中使用较多，但其楼梯间整体刚度差，不能用于有抗震设防要求的地区。

墙悬臂式楼梯用于嵌固踏步板的墙体厚度不应小于 240 mm，踏步板悬挑长度一般不大于 1500 mm。踏步板一般采用 L 形或倒 L 形带肋断面形式。

图 2-5-17　墙承式楼梯

2.5.2　楼梯的细部构造

一、踏步面层及防滑构造

1. 踏步面层

楼梯踏步要求面层耐磨、防滑、易于清洁，构造做法一般与地面相同，如水泥砂浆面层、水磨石面层、缸砖贴面、大理石和花岗岩等石材贴面、塑料铺贴或地毯铺贴等，如图 2-5-18 所示。

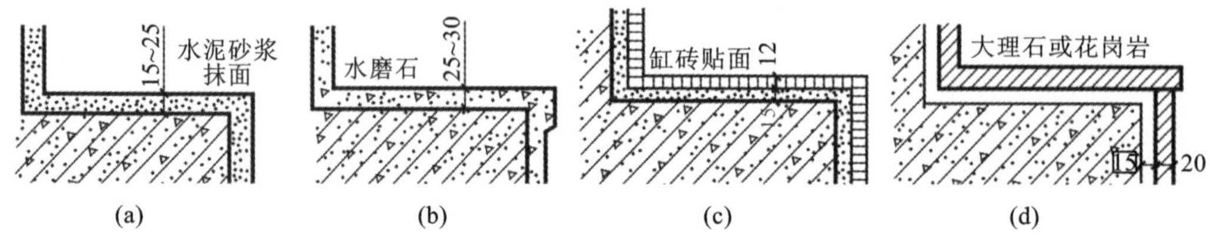

图 2-5-18　踏步面层构造

(a)水泥砂浆踏步面层；(b)水磨石踏步面层；(c)缸砖踏步面层；(d)大理石或花岗岩踏步面层

2. 防滑构造

在人流集中且拥挤的建筑中，为防止行走时滑跌，踏步表面应采取相应的防滑措施。通常是在踏步口留 2～3 道凹槽或设防滑条，防滑条长度一般按踏步长度每边减去 150 mm。

常用的防滑材料有金刚砂、水泥铁屑、橡胶条、塑料条、金属条、马赛克、缸砖、铸铁和折角铁等，如图 2-5-19 所示。

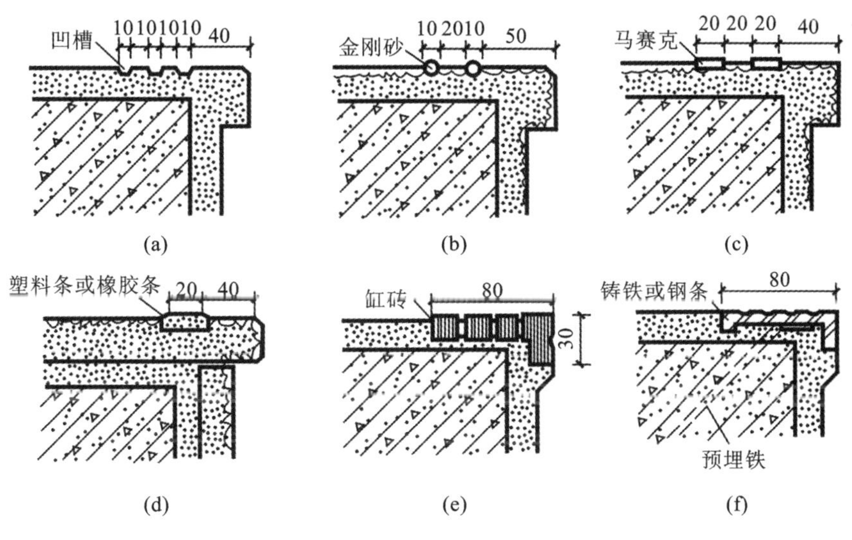

图 2-5-19 踏步防滑构造

(a)防滑凹槽；(b)金刚砂防滑条；(c)贴马赛克防滑条；
(d)嵌塑料或橡胶防滑条；(e)缸砖包口；(f)铸铁或钢条包口

二、栏杆、栏板和扶手

楼梯的栏杆、栏板和扶手是梯段上所设的安全设施，根据梯段的宽度设于一侧或两侧或梯段的中间，应满足安全坚固，美观舒适，构造简单，施工和维修方便等要求。

1. 栏杆

栏杆按其构造做法及材料的不同，有空花栏杆、实心栏板和组合栏杆三种。

1) 空花栏杆

空花栏杆一般采用圆钢、方钢、扁钢和钢管等金属材料做成。式样如图 2-5-20 所示，栏杆与梯段应有可靠的连接，具体方法有以下几种。

(1) 预埋铁件焊接：将栏杆的立杆与梯段中预埋的钢板或套管焊接在一起。

(2) 预留孔洞插接：将端部做成开脚或倒刺的栏杆，插入梯段预留的孔洞内，用水泥砂浆或细石混凝土填实。

(3) 螺栓连接：用螺栓将栏杆固定在梯段上，固定方式有若干种，如用板底螺帽栓紧紧贯穿踏板的栏杆等。

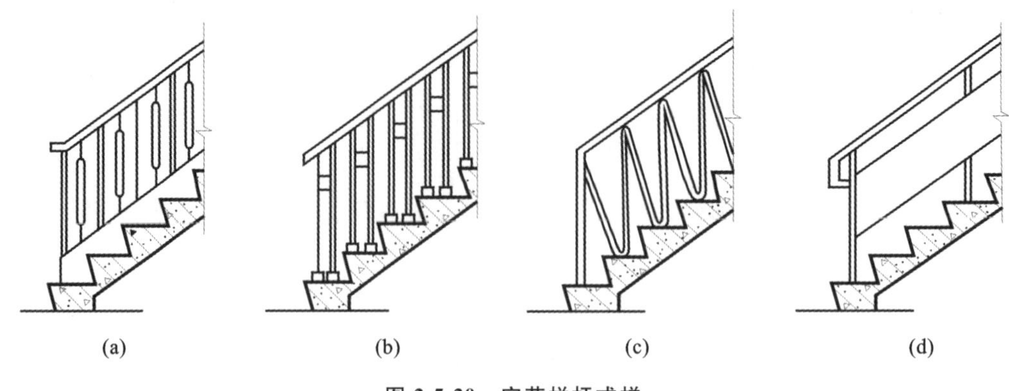

图 2-5-20 空花栏杆式样

(a)式样一;(b)式样二;(c)式样三;(d)式样四

2. 栏板

栏板通常采用现浇或预制的钢筋混凝土板、钢丝网水泥板或砖砌栏板,也可采用具有较好装饰性的有机玻璃、钢化玻璃等做栏板,如图 2-5-21 所示。

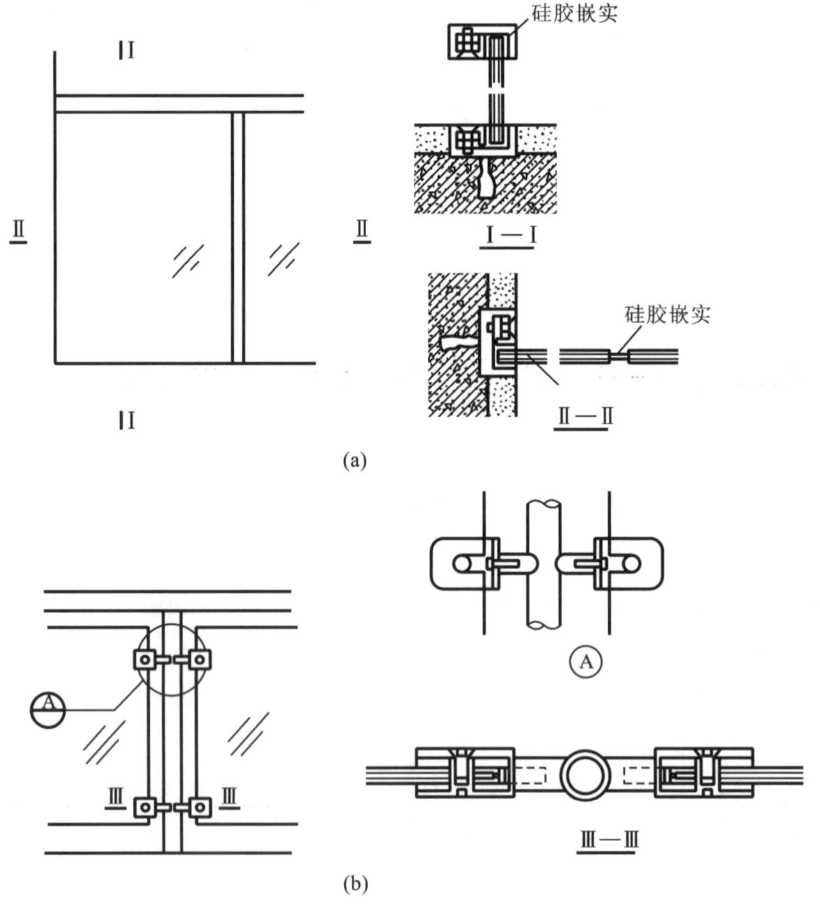

图 2-5-21 实心栏板

(a)1/4 砖砌板;(b)钢丝网水泥栏板

钢丝网水泥栏板是在钢筋骨架的侧面先铺钢丝网，后抹水泥砂浆而成。

砖砌栏板是用砖侧砌成 114 砖厚，为增加其整体性和稳定性，通常在栏板中加设钢筋网，并且用现浇的钢筋混凝土扶手连成整体。

组合式栏杆是将空花栏杆与栏板组合而成的一种栏杆形式。其中空花栏杆多用金属材料制作，栏板可用钢筋混凝土板、砖砌栏板、有机玻璃、钢化玻璃等材料制成，如图 2-5-22 所示。

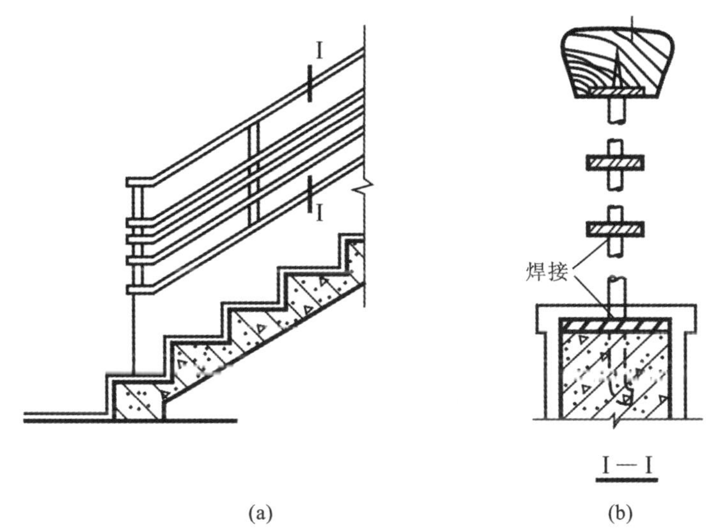

图 2-5-22 玻璃栏板的安装方法

(a)无立柱全玻璃栏板；(b)立柱夹具夹玻璃栏板

3. 扶手

扶手的断面大小应便于扶握，顶面宽度一般不宜大于 90 mm。扶手的材料应手感舒适，一般用硬木、塑料、金属管材(钢管、铝合金管、不锈钢管)制作。

栏板顶部的扶手多用水磨石或水泥砂浆抹面形成，也可用大理石、花岗石或人造石材贴面而成，如图 2-5-23 所示。

扶手与栏杆应有可靠的连接，其连接方法视扶手和栏杆的材料而定。硬木扶手与金属栏杆的连接，通常是在金属栏杆的顶端先焊接一根通长扁钢，然后用木螺丝将扁钢与扶手连接在一起。塑料扶手与金属栏杆的连接方法和硬木扶手类似。金属扶手与金属栏杆多用焊接。

楼梯顶层的楼层平台临空一侧，应设置水平栏杆扶手，扶手端部与墙应固定在一起。其方法是在墙上预留孔洞，将扶手和栏杆与插入洞内的扁钢相连接，用水泥砂浆或细石混凝土填实。也可将角钢用木螺丝固定于墙内预埋的防腐木砖上。若为钢筋混凝土墙或柱，则可采用预埋铁件焊接。

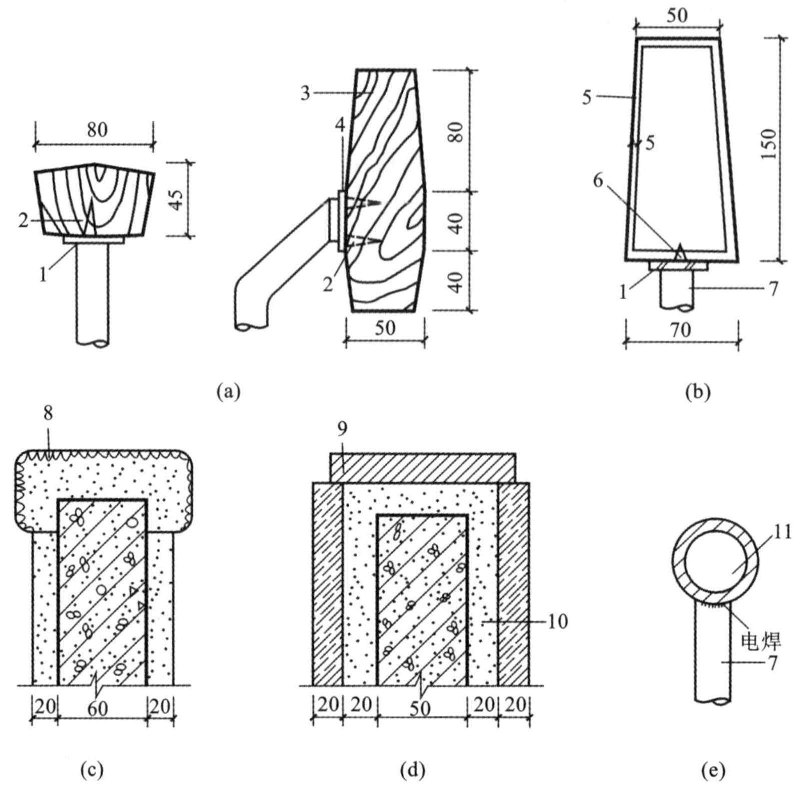

图 2-5-23 栏杆与扶手的连接

(a)硬木扶手;(b)塑料扶手;(c)水泥砂浆或水磨石扶手;

(d)大理石或人造大理石扶手;(e)钢管扶手

靠墙扶手是通过连接件固定于墙上。连接件通常直接埋入墙上的预留孔内,也可用预埋螺栓连接。连接件与扶手的连接构造同栏杆与扶手的连接。如图 2-5-24 所示。

栏杆、扶手转折处理。当上下行梯段齐步时,上下行扶手同时伸进平台半步,扶手为平顺连接,转折处的高度与其他部位一致,如图 2-5-25(a)所示。当平台宽度较窄时,扶手不宜伸进平台,应紧靠平台边缘设置,扶手为高低连接,在转折处形成向上弯曲的鹤颈扶手,如图 2-5-25(b)所示。

鹤颈扶手制作麻烦,可改用斜接,如图 2-5-25(c)所示。当上下行梯段错步时,将形成一段水平扶手,如图 2-5-25(d)所示。

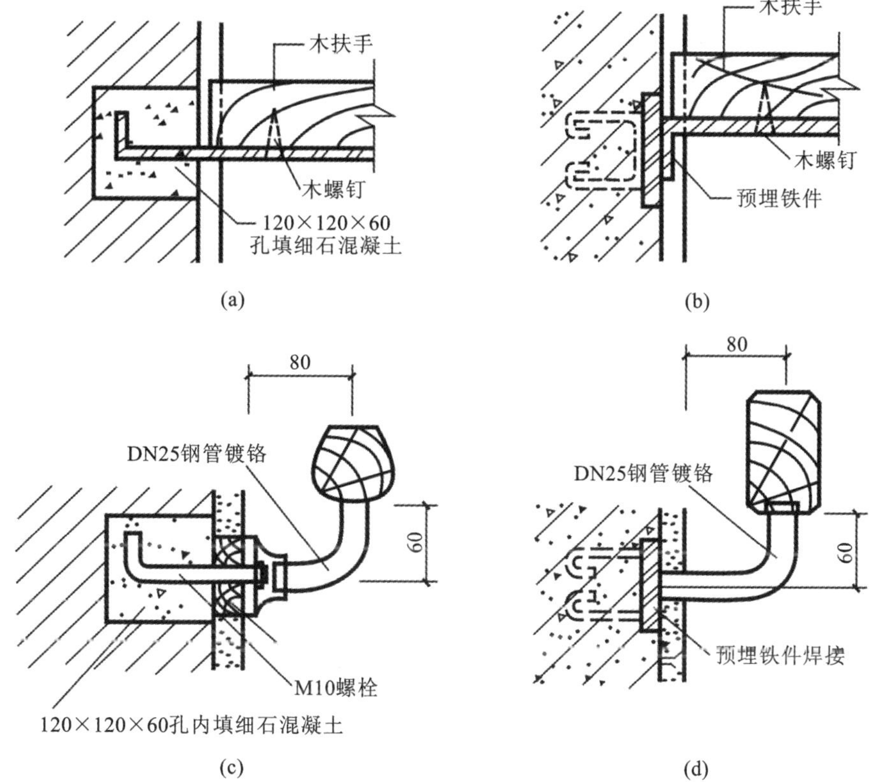

图 2-5-24 扶手与墙体的连接

(a)木扶手与砖墙连接;(b)木扶手与混凝土墙、柱连接;
(c)靠墙扶手与砖墙连接;(d)靠墙扶手与混凝土墙、柱连接

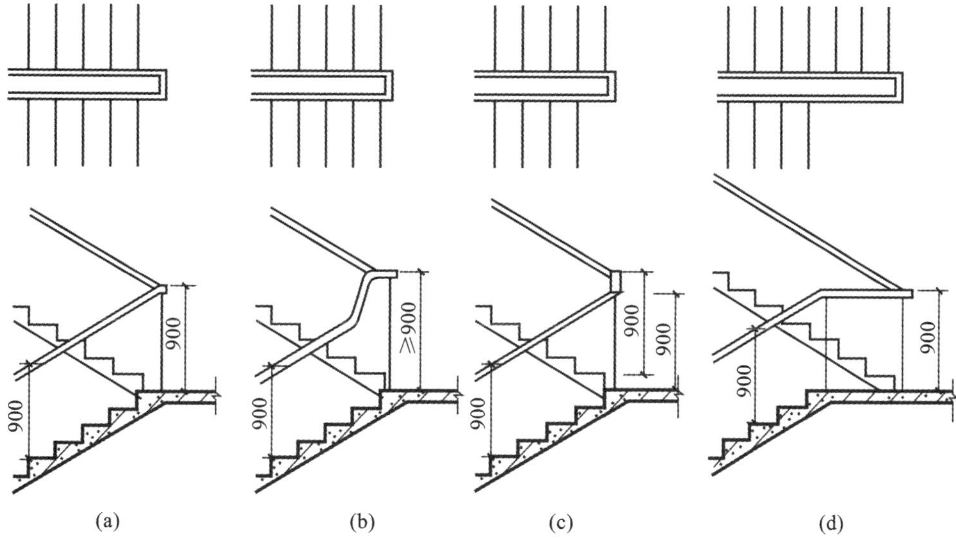

图 2-5-25 栏杆、扶手转折处理

(a)平顺扶手;(b)鹤颈木扶手;(c)斜接扶手;(d)一段水平扶手

2.5.3 识读楼梯详图

楼梯详图是由楼梯平面图、楼梯剖面图和楼梯节点详图三部分构成。

一、楼梯平面图

楼梯平面图就是将建筑平面图中的楼梯间比例放大后画出的图样，比例通常为1∶50。

1. 楼梯底层平面图

当水平剖切平面沿底层上行第一梯段及单元入口门洞的某一位置切开时，便可以得到底层平面图。

2. 楼梯标准层平面图

当水平剖切平面沿二层上行第一梯段及梯间窗洞口的某一位置切开时，便可得到标准层平面图。

3. 楼梯顶层平面图

当水平剖切平面沿顶层门窗洞口的某一位置切开时，便可得到顶层平面图。

在底层平面图中，还应注出楼梯剖面图的剖切符号。

举例：楼梯平面图的识读方法，见教材附图楼梯详图(楼梯平面图识读主要以一层楼梯间为例)。

步骤：

(1) 了解楼梯间在建筑物中的位置。

(2) 了解楼梯间的开间、进深、墙体的厚度、门窗的位置。

本建筑物楼梯间开间为2600 mm，进深4600 mm，墙体180 mm厚，门M1位于5轴、7轴之间。

(3) 了解楼梯段、楼梯井和休息平台的平面形式、位置、踏步的宽度和数量。

梯段的水平投影长度为2240 mm，楼梯井宽100 mm，休息平台宽分别为1460 mm和1160 mm，踏步的宽度为280 mm，踏步的数量为8+1=9个。

(4) 了解楼梯的走向以及上下行的起步位置，该楼梯走向如图中箭头所示。

(5) 了解楼梯段各层平台的标高。

底层两平台的标高分别为±0.000 m和1.500 m。

(6) 在底层平面图中了解楼梯剖面图的剖切位置及剖视方向。

2—2剖开之后往左投影。

二、楼梯剖面图

楼梯剖面图是用假想的铅垂剖切平面，通过各层的一个梯段和门窗洞口，将楼梯垂直剖切，向另一侧未剖到的梯段方向作投影，所得到的剖面图。

楼梯剖面图主要表明各层梯段及休息平台的标高，楼梯的踏步步数，踏面的宽度及踢面的高度，各种构件的搭接方法，楼梯栏杆的高度，楼梯间各层门窗洞口的标高及尺寸。

举例：楼梯剖面图的识读方法，见教材附图楼梯详图。

(1)了解楼梯的构造形式。

比如一层至二层为双跑楼梯。

(2) 了解楼梯在竖向和进深方向的有关尺寸。

竖向：a. 各层及平台的标高，比如一至二层中间休息平台的标高为 1.500 m，二层的楼面标高为 3.000 m；b. 踏步的高度及数量，比如一至二层上行的每一梯段均为 9×166.7 mm＝1500 mm，表明这一梯段总共有 9 个踏步，每个踏步的高度为 166.7 mm，楼梯段竖向的高度为 1500 mm。

进深方向：与平面图对照识读，每层可得出同样的平台宽度、梯段水平投影长度和踏步宽度。

(3) 了解楼梯段、平台、栏杆、扶手等的构造和用料说明。

(4) 了解图中的索引符号，从而知道楼梯细部做法。

三、楼梯节点详图

楼梯节点详图主要表达楼梯栏杆、踏步、扶手的做法，如图 2-5-26、图 2-5-27 所示。

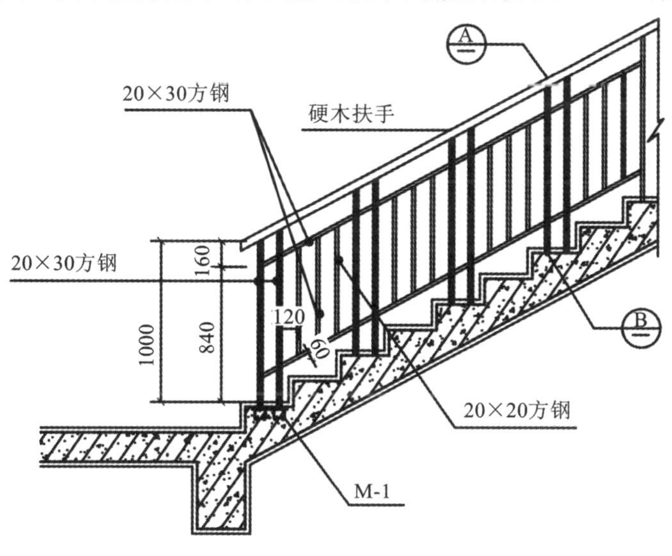

图 2-5-26　楼梯栏杆、扶手详图(一)

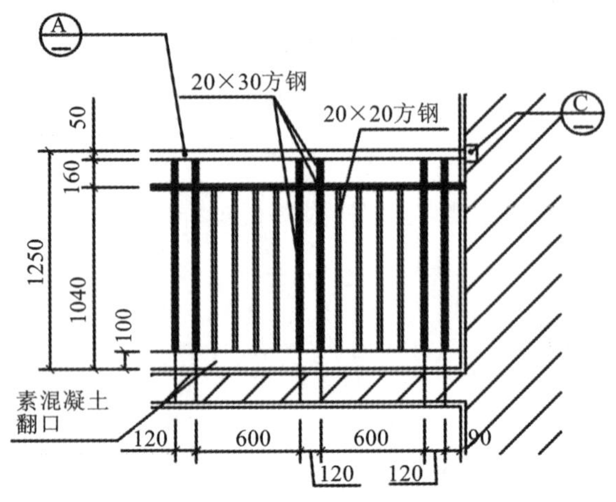

楼梯栏杆水平段平台处详图

续图 2-5-26

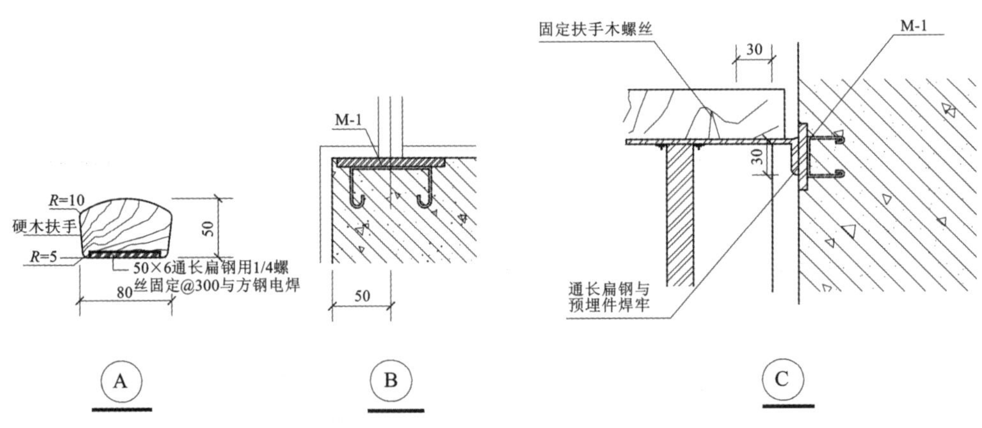

图 2-5-27 楼梯栏杆、扶手详图(二)

备注:方钢均为满焊焊接,防锈漆刷两遍,黑色烤漆罩面,本色水曲柳硬木扶手。

可知楼梯扶手的高是 50 mm,宽是 80 mm,材料是本色水曲柳硬木。方钢均为满焊焊接,防锈漆刷两遍,黑色烤漆罩面。

2.5.4 楼梯设计

楼梯设计

楼梯是建筑物的竖向构件,是供人和物上下楼层和疏散人流之用。因此对楼梯的设计要求首先是应具有足够的通行能力,即保证楼梯有足够的宽度和合适的坡度;其次为使楼梯通行安全,应保证楼梯有足够的强度、刚度,并具有防火、防烟和防滑等方面的要求;另外楼梯造型要美观,以增强建筑物内部空间的观瞻效果。

[例题 2-5-1] 某三层公共建筑楼梯,每层层高 3600 mm,楼梯开间 3000 mm,进深

6600 mm，室内外高差 750 mm，楼梯间墙厚均为 240 mm，平台梁高 300 mm，楼梯平台下做出入口，试设计一封闭式楼梯。

［解］ 解题步骤如下。

1. 层高方向

查常用踏步高宽尺寸表，取踏步高度 $h_1=150$ mm，则每层的踏步数量 $n_1=3600$ mm/150 mm＝24 步，因需满足每跑踏步数量 3～18 步的要求，可简单起见，设置成等跑双跑楼梯，则每跑的踏步数量为 $n_2=24$ 步/2＝12 步。

2. 开间方向

根据楼梯间尺度的要求，取梯井宽 $b_1=150$ mm，则梯段宽 $b_2=(3000-120\times2-150)/2=1305$ mm。

（注：公共建筑物楼梯井宽度不小于 150 mm）

3. 进深方向

查常用踏步高宽尺寸表，取踏步宽度 $b_3=300$ mm，则梯段的水平投影长度 $L=(n_2-1)\times b_3=(12-1)\times300$ mm＝3300 mm。

为方便起见，可将休息平台的宽度设置成等宽，则每边的休息平台宽度 $b_4=(6600-120\times2-3300)/2=1530$ mm。

（注：规范要求休息平台宽度≥梯段宽度，且≥1200 mm。）

4. 平台下净空高度尺寸

首层休息平台下的净空高度若不作处理，平台下的净空高度 $h_2=3600$ mm/2－300 mm＝1500 mm，不满足平台下净空高度≥2000 mm 的要求，可以采用下沉地面的方法。利用室内外高差 750 mm，可将室内地室下沉 600 mm，共设 4 个踏步，每个踏步宽 300 mm，高 150 mm，另外 150 mm 则为楼梯间的室内外高差，按此做法后的平台下净空高度为 1500 mm＋600 mm＝2100 mm，满足要求。

5. 校核

设计后的楼梯详图，如图 2-5-28 所示。

2.5.5 台阶与坡道

室外台阶与坡道都是在建筑物入口处连接室内外不同标高地面的构件。其中台阶更为多用，当有车辆通行或室内外高差较小时采用坡道。

一、室外台阶

室外台阶由踏步和平台组成，有单面踏步（一出）、双面踏步、三面踏步（三出）、带垂直面（或花池）、曲线形和带坡道等形式，如图 2-5-29 所示。

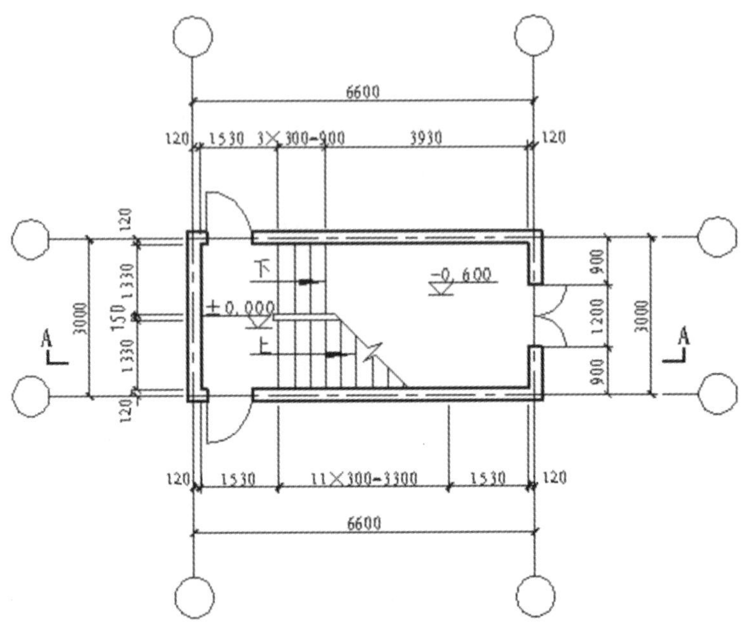

底层楼梯平面图1:50

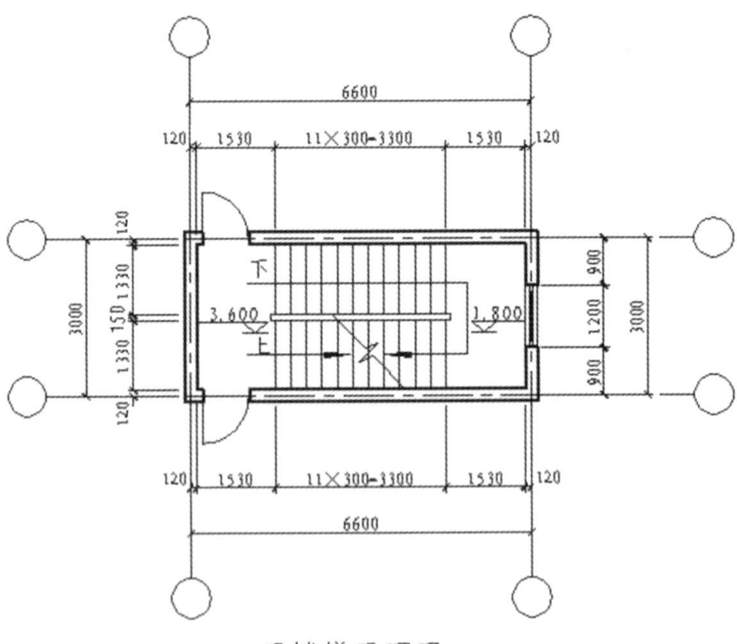

二层楼梯平面图1:50

图 2-5-28　楼梯详图

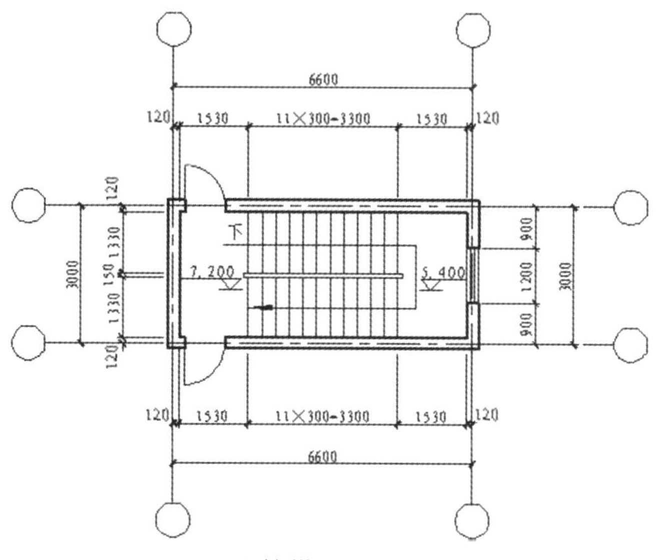
6600
120
1530
11×300=3300
1530
120
下
7.200
5.400
3000
1330
150
1330
120
900
1200
900
3000
三层楼梯平面图1:50

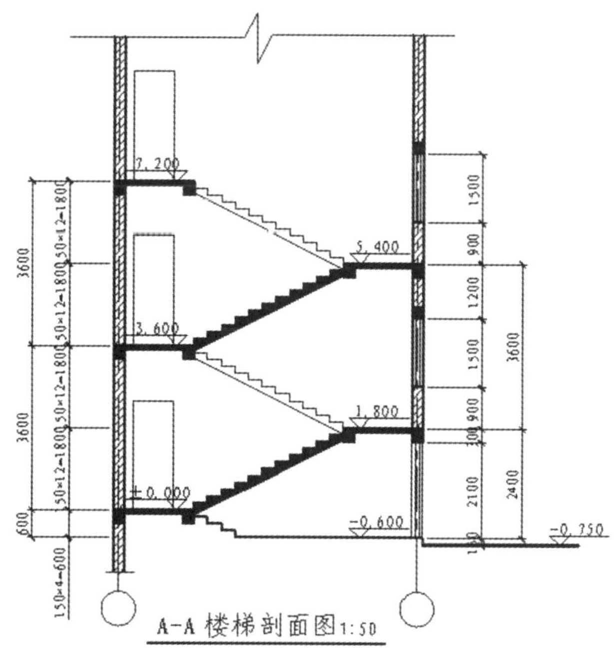
7.200
5.400
3.600
1.800
±0.000
-0.600
-0.750
3600
150×12=1800
150×12=1800
3600
150×12=1800
150×12=1800
600
150×4=600
1500
900
1200
1500
900
300
2100
150
3600
2400
A-A 楼梯剖面图1:50

续图 2-5-28

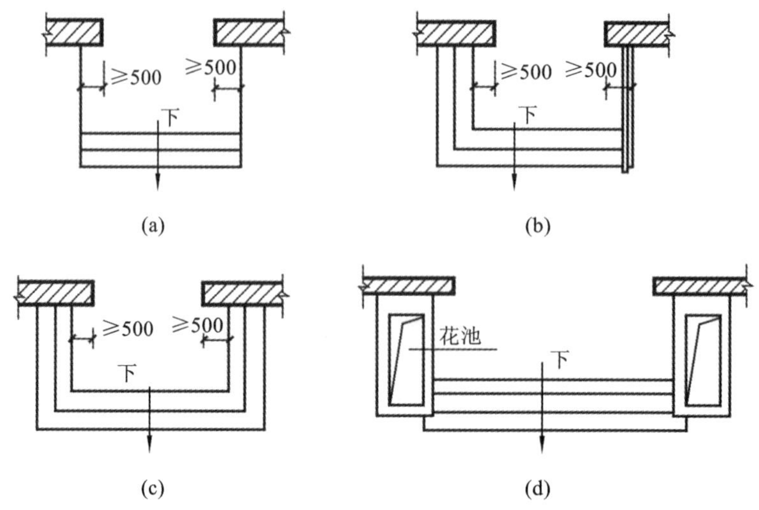

图 2-5-29 室外台阶形式

(a)单面踏步;(b)双面踏步;(c)三面踏步;(d)单面踏步带花池

室外台阶是解决室内外地坪高差的交通设施,其坡度一般较平缓,每级台阶踢面高度 120~150 mm,踏面宽度最好为 300~400 mm,步数根据室内外高差确定。在台阶与建筑出入口大门之间,常设一缓冲平台,作为室内外空间的过渡。平台宽度一般要比门洞口每边至少宽出 500 mm,平台深度一般不应小于 1000 mm,并需做 3%左右的排水坡度,以利于雨水排除。室外台阶的尺度要求,如图 2-5-30 所示。

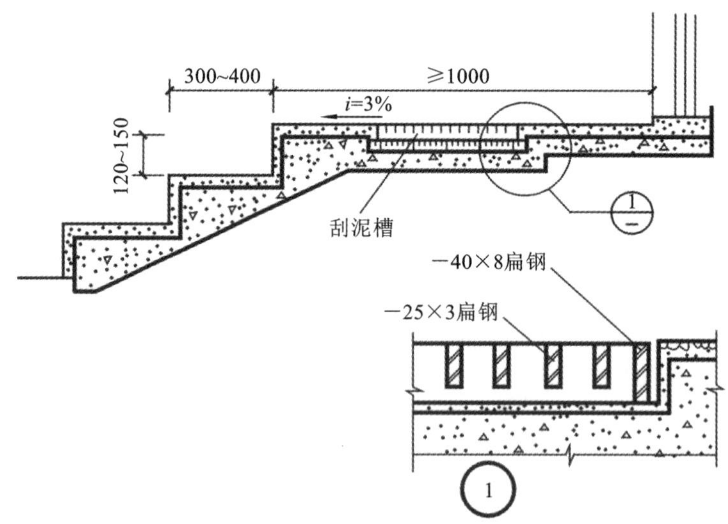

图 2-5-30 室外台阶的尺度要求

室外台阶应坚固耐磨,具有较好的耐久性、抗冻性和抗水性。台阶按材料不同有混凝土台阶、石台阶、钢筋混凝土台阶等。混凝土台阶应用最普遍,它由面层、混凝土结构层和垫层组成。面层可用水泥砂浆或水磨石,也可采用马赛克、天然石材或人造石材等块材面层，垫层可采用灰土(北方干燥地区)、碎石等。台阶也可用毛石或条石，其中条石台阶不需另做面层。当地基较差、踏步数较多时可采用钢筋混凝土台阶构造。台阶的做法有实铺式和架空式，如图2-5-31所示。

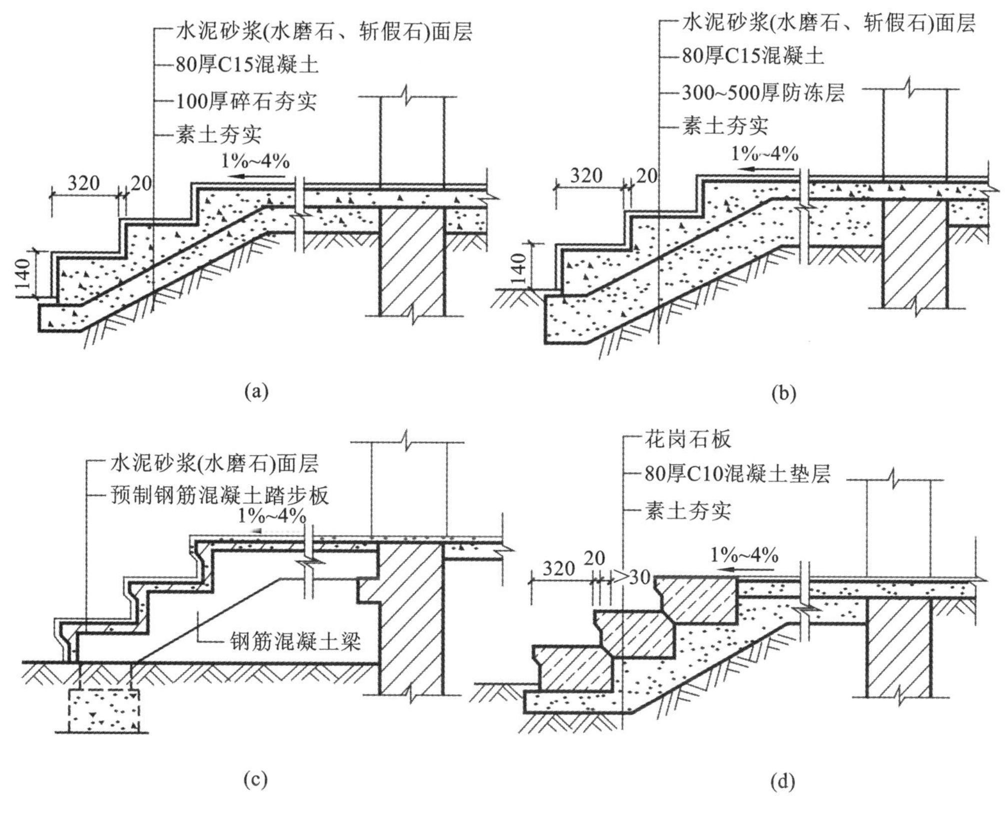

图2-5-31 台阶构造

(a)混凝土台阶；(b)设防冻层台阶；(c)架空台阶；(d)石材台阶

二、室外坡道

坡道可和台阶结合应用，如正面做台阶，两侧做坡道，如图2-5-32所示。

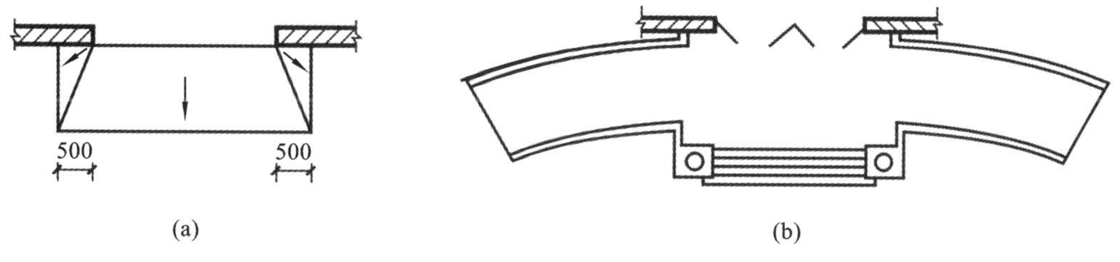

图2-5-32 坡道的形式

(a)普通坡道；(b)与台阶结合回车坡道

坡道的坡度与使用要求、面层材料及构造做法有关。坡道的坡度一般为1∶6～

1∶12,面层光滑的坡道坡度不宜大于1∶10,粗糙或设有防滑条的坡道,坡度稍大,但也不应大于1∶6,锯齿形坡道的坡度可加大到1∶4。对于残疾人通行的坡道其坡度不大于1∶12,同时还规定与之相匹配的每段坡道的最大高度为750 mm,最大水平长度为9000 mm。

坡道与台阶一样,也应采用坚实耐磨和抗冻性能好的材料,一般常用混凝土坡道,也可采用天然石材坡道,如图2-5-33(a)、(b)所示。

当坡度大于1/8时,坡道表面应做防滑处理,一般将坡道表面做成锯齿形或设防滑条防滑,如图2-5-33(c)、(d)所示,亦可在坡道的面层上做划格处理。

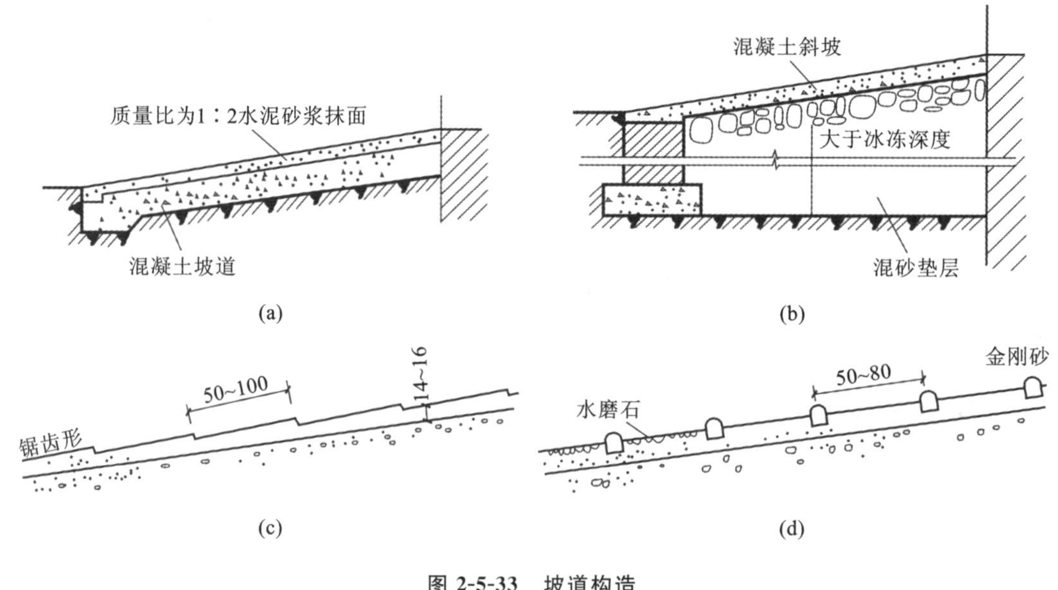

图2-5-33 坡道构造

(a)混凝土坡道;(b)换土地基坡道;(c)锯齿形坡面;(d)防滑条坡面

2.5.6 电梯与自动扶梯

一、电梯

电梯是高层建筑和某些多层建筑(如医院、商场和厂房等)必需的垂直交通设施,其类型有客梯、货梯、专用电梯、消防电梯和液压电梯等。

电梯通常由电梯井道、电梯轿厢和运载设备三部分组成。电梯井道内安装导轨、撑架和平衡重,轿厢沿导轨滑行,由金属块叠合而成的平衡重用吊索与轿厢相连并保持轿厢平衡。电梯轿厢供载人或载货用,要求经久耐用,造型美观。运载设备包括动力、传动和控制系统三部分,如图2-5-34所示。

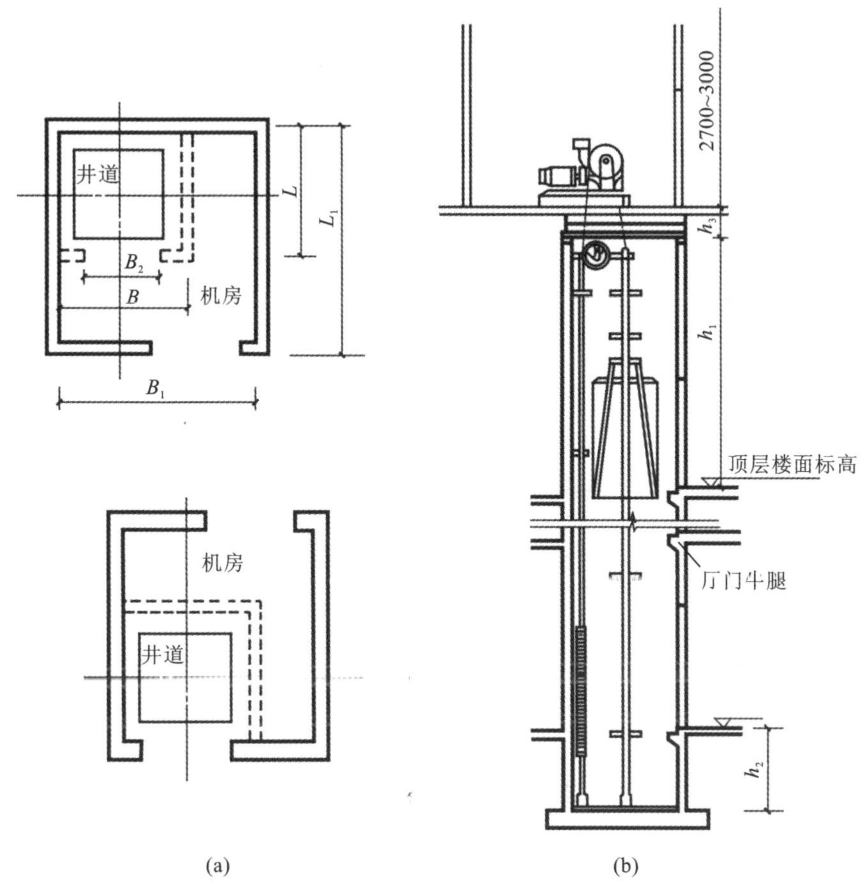

图 2-5-34 电梯组成示意

(a)平面;(b)剖面

二、自动扶梯

自动扶梯的运行原理,是采取机电系统技术,由电动马达、变速器以及安全制动器所组成的推动单元拖动两条环链,而每级踏板都与环链连接,通过轧轮的滚动,踏板便沿主构架中的轨道循环运转,而在踏板上面的扶手带以相应速度与踏板同步运转。

自动扶梯的提升高度通常为 3～10 m;速度在 0.45～0.75 m/s 之间,常用速度为 0.5～0.6 m/s;倾角有 27.3°、30°、30°几种,其中 30°为常用角度;宽度一般有 600 mm、800 mm、900 mm、1200 mm 几种;理论载客量可达 4000～10000 人次/h。自动扶梯的平面布置方式有折返式、平行式、连贯式和交叉式几种,如图 2-5-35 所示。

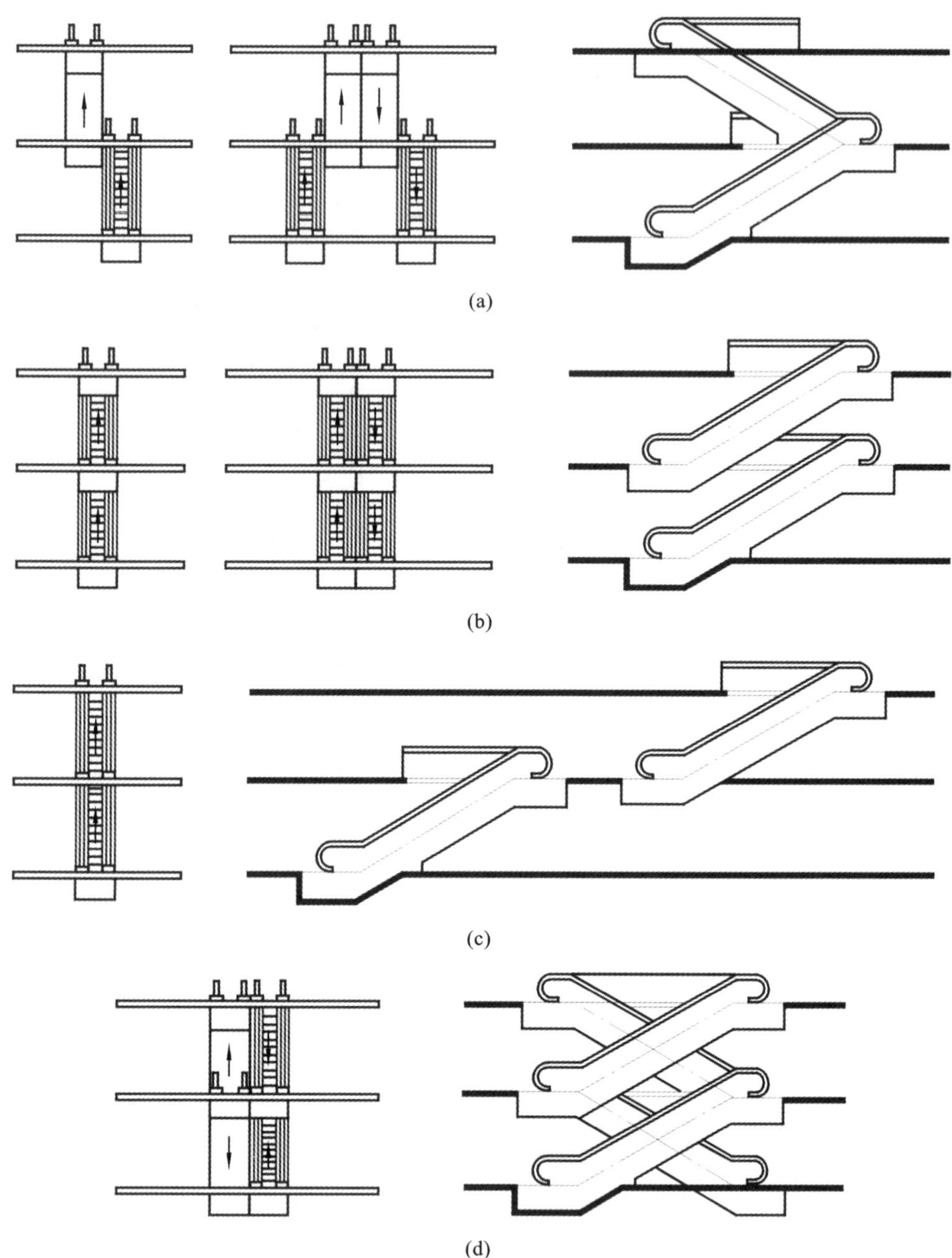

图 2-5-35　自动扶梯布置方式

(a)折返式;(b)平行式;(c)连贯式;(d)交叉式

任务 2.6　屋　　顶

能力目标	知识目标
能识读屋顶的构造组成及其细部构造 能够设计平屋顶的防水、隔热、保温等构造 能够设计坡屋顶的防水、隔热、保温等构造	熟悉屋顶的构造组成和设计要求 掌握平屋顶的防水、隔热、保温构造要求 掌握坡屋顶的防水、隔热、保温构造要求

2.6.1　概述

一、屋顶的作用及构造要求

1. 结构要求

屋顶作为建筑的屋盖首先必须满足结构要求，结构要求包括强度要求和刚度要求。强度要求是指屋顶要有足够的强度以承受作用于其上的各种荷载的作用；刚度要求是指屋顶在使用过程中必须防止过大的变形导致屋面功能受影响。

2. 功能要求

功能要求是指屋顶在规定的设计使用年限之内必须达到预定的功能，包括排水功能、防水功能、保温隔热功能等。我国现行的《屋面工程技术规范》(GB 50345—2012)根据建筑物的性质、重要程度、使用功能要求及防水耐久年限等，将屋顶划分为四个等级，各等级均有不同的设防要求，详见表 2-6-1。

表 2-6-1　屋面防水等级和设防要求

项　　目	屋面防水等级			
	Ⅰ级	Ⅱ级	Ⅲ级	Ⅳ级
建筑物类别	重要建筑和高层建筑	一般建筑	一般建筑	非永久建筑
防水层合理使用年限	25 年	15 年	10 年	5 年
设防要求	两道防水设防	一道防水设防	一道防水设防	一道防水设防

续表

项　目	屋面防水等级			
	Ⅰ级	Ⅱ级	Ⅲ级	Ⅳ级
防水层选用材料	宜选用合成高分子防水卷材、高聚物改性沥青防水卷材,金属板材、合成高分子防水涂料、细石防水混凝土等材料	宜选用高聚物改性沥青防水卷材、合成高分子防水卷材、金属板材、合成高分子防水涂料、高聚物改性沥青防水涂料、细石防水混凝土、平瓦、油毡瓦等材料	宜选用高聚物改性沥青防水卷材、合成高分子防水卷材、三毡四油沥青防水卷材、金属板材、高聚物改性沥青防水涂料、合成高分子防水涂料、细石防水混凝土、平瓦、油毡瓦等材料	可选用二毡三油沥青防水卷材,高聚物改性沥青防水涂料等材料

注:1. 本规范中采用的沥青均指石油沥青,不包括煤沥青和煤焦油等材料。

2. 石油沥青纸胎油毡和沥青复合胎柔性防水卷材防水卷时,系限制使用材料。

3. 在Ⅰ、Ⅱ级屋面防水设防中,如仅作一道金属板材时,应符合有关技术规定。

3. 美观要求

屋顶作为建筑形体的重要组成部分,屋顶的形式对建筑的造型极具影响,我国历来重视屋顶的造型设计,在建筑技术日益先进的今天,如何应用新型的建筑结构和种类繁多的装修材料来处理好屋顶的形式和细部,提高建筑物的整体美观效果,是建筑设计中不容忽视的问题。

二、屋顶的组成和形式

(一) 屋顶的组成

屋顶主要由屋面层、承重结构层、保温(隔热)层和顶棚层四部分组成。

屋面层位于最上层,对屋顶起保护作用,面层材料应具有防水和耐侵蚀的性能,并要有一定的强度。

承重结构层是屋顶的承重结构,主要用于承受屋面上所有荷载及屋面自重等,并将这些荷载传递给支承它的墙或柱。

保温(隔热)层位于承重结构层与面层之间,起保温隔热作用,我国北方地区,冬季室内需要采暖,为使室内热量不致散失过快,屋面需设保温层。而南方地区,夏季室外屋面温度高,会影响室内正常的工作和生活,因而屋面要进行隔热处理。

顶棚层是屋顶的最底层,也作为顶层房间的顶棚层,起装饰保护作用,主要有抹灰顶棚和吊顶两种形式,当承重结构采用梁板结构时,可在梁、板地面抹灰,形成抹灰顶棚,当装修要求较高时，可做吊顶处理。

（二）屋顶的类型

屋顶按其外形一般可分为平屋顶、坡屋顶、其他形式的屋顶。

1. 平屋顶

大量性民用建筑如采用与楼盖基本相同的屋顶结构就形成平屋顶。平屋顶便于协调统一建筑与结构的关系，节约材料，屋面可供多种利用，如设露台屋顶花园、屋顶游泳池等。

为排除屋顶的雨水，屋顶通常有一定的坡度，我们通常将坡度小于 5%的屋顶称为平屋顶，最常用的排水坡度是 2%～3%，如图 2-6-1 所示。

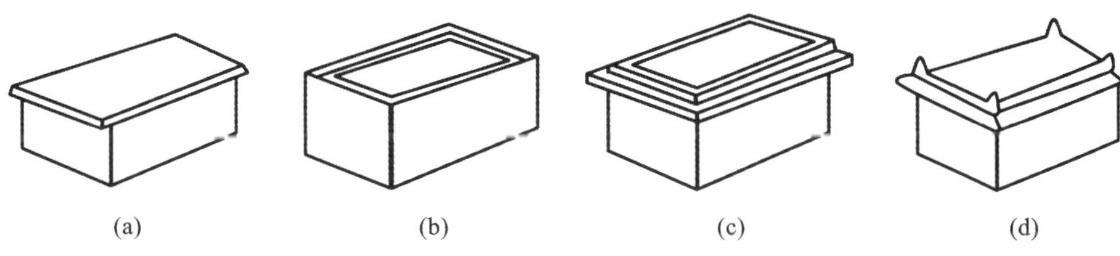

图 2-6-1 平屋顶的形式

(a)挑檐；(b)女儿墙；(c)挑檐女儿墙；(d)盝(盒)顶

2. 坡屋顶

坡屋顶是指屋面坡度较陡的屋顶，坡度一般在 10%以上。坡屋顶在我国有着悠久的历史，广泛应用于民居等建筑，现代建筑在考虑到景观环境或建筑风格的要求时也常采用坡屋顶，如图 2-6-2 所示。

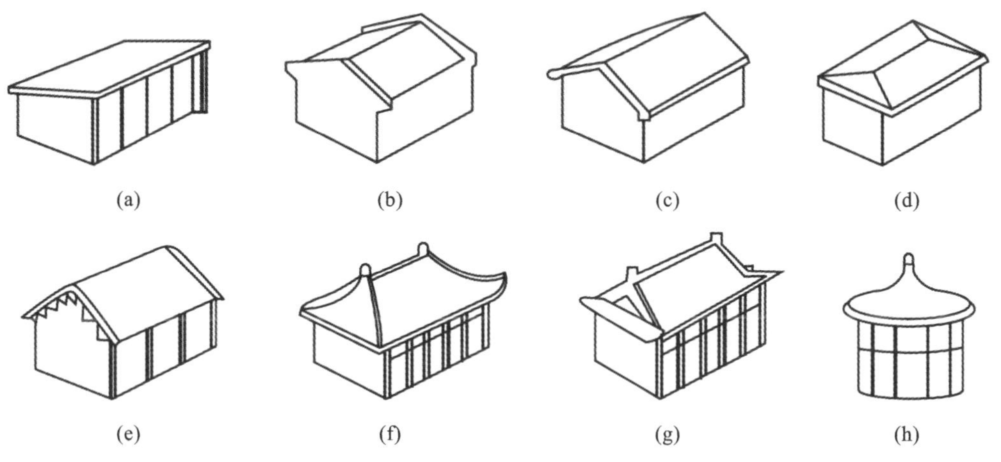

图 2-6-2 坡屋顶的形式

3. 其他屋顶

随着建筑科学技术的发展，出现了许多新型结构的屋顶，如曲面屋顶、拱屋顶、折板屋顶、网架屋顶等。其中曲面屋顶比较常见，曲面屋顶是由各种薄壁壳体或悬索结构、网架结构等作为屋顶承重结构的屋顶。这类屋顶结构的内力分布均匀、合理，节约材料，适用于大跨度、大空间和造型特殊的建筑屋顶，如图 2-6-3 所示。

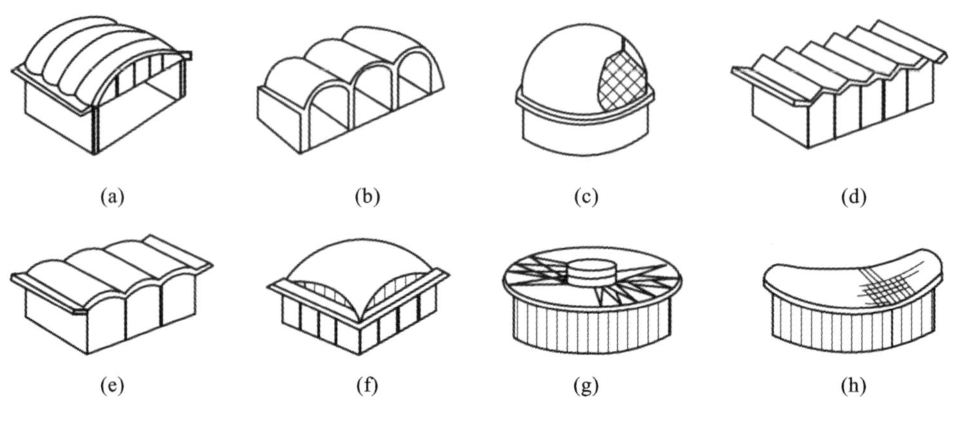

图 2-6-3 其他屋顶

三、屋顶排水设计

(一) 屋顶坡度选择

屋顶坡度的常用表示方法有斜率法、百分比法和角度法三种。斜率法是以屋顶高度与坡面的水平投影长度之比表示，可用于平屋顶或坡屋顶；百分比法是以屋顶高度与坡面的水平投影长度的百分比表示，多用于平屋顶；角度法是以倾斜屋面与水平面的夹角表示，多用于有较大坡度的坡屋顶，目前在工程中较少采用。

屋顶排水坡度的形成主要有材料找坡和结构找坡两种。

(1) 材料找坡，又称垫置坡度或填坡，是指将屋面板像楼板一样水平搁置，然后在屋面板上采用轻质材料铺垫而形成屋面坡度的一种做法。常用的找坡材料有水泥炉渣、石灰炉渣等；材料找坡坡度宜为 2%，找坡材料最薄处一般不应小于 30 mm 厚。材料找坡的优点是可以获得水平的室内顶棚面，空间完整，便于直接利用，缺点是找坡材料增加了屋面自重。如果屋面有保温要求时，可利用屋面保温层兼做找坡层。目前这种做法被广泛采用。

(2) 结构找坡，又称搁置坡度或撑坡，是指将屋面板倾斜地搁置在下部的承重墙或屋面梁及屋架上而形成屋面坡度的一种做法。这种做法不需另加找坡层，屋面荷载小，施工简便，造价经济，但室内顶棚是倾斜的，故常用于室内设有吊顶棚或室内美观要求不高的建筑工程中。

(二) 屋面防水等级

屋面防水工程应根据建筑物的性质、重要程度、使用功能及防水层合理使用年限，并结合工程特点、地区自然条件等，按不同等级进行设防。屋面的防水等级分为四级，其划分方法详见表 2-6-2。

表 2-6-2　卷材厚度选用表

屋面防水等级	设防道数	合成高分子防水卷材	高聚物改性沥青防水卷材	沥青防水卷材和沥青复合胎柔性防水卷材	自黏聚酯胎改性沥青防水卷材	自黏橡胶沥青防水卷材
Ⅰ	三道或三道以上设防	不应小于 1.5 mm	不应小于 3 mm	—	不应小于 2 mm	不应小于 1.5 mm
Ⅱ	二道设防	不应小于 1.2 mm	不应小于 3 mm	—	不应小于 2 mm	不应小于 1.5 mm
Ⅲ	一道设防	不应小于 1.2 mm	不应小于 4 mm	三毡四油	不应小于 3 mm	不应小于 2 mm
Ⅳ	一道设防	—		二毡三油	—	—

（三）屋面排水组织方式

屋面排水组织方式

1. 无组织排水

无组织排水是指屋面雨水直接从檐口滴落至地面的一种排水方式，因为不用天沟、雨水管等导流雨水，故又称自由落水。主要适用于少雨地区或一般低层建筑，相邻屋面高差小于 4 m；不宜用于临街建筑和较高建筑。如图 2-6-4 所示，为单向、双向、三向、四向排水的屋面排水平面图、示意图及无组织排水组合。

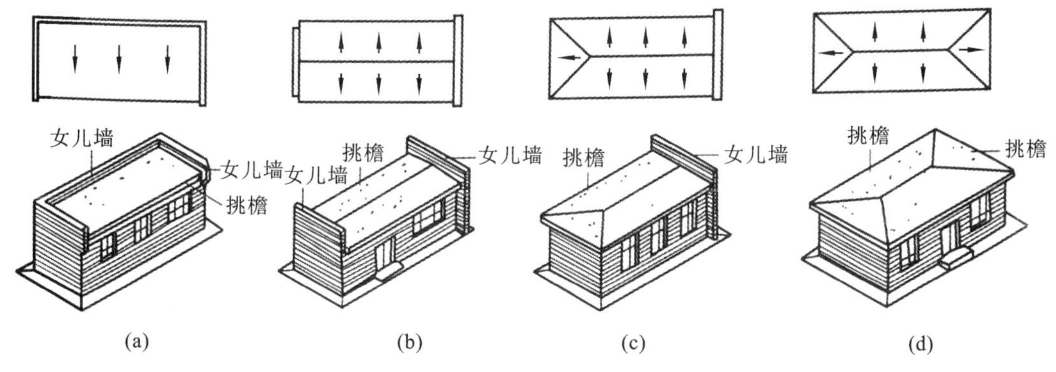

图 2-6-4　无组织排水方式及无组织排水组合实例

(a)三面女儿墙单坡排水；(b)两面女儿墙双坡排水；(c)一面女儿墙三坡排水；(d)四坡排水；(e)无组织排水屋面组合实例

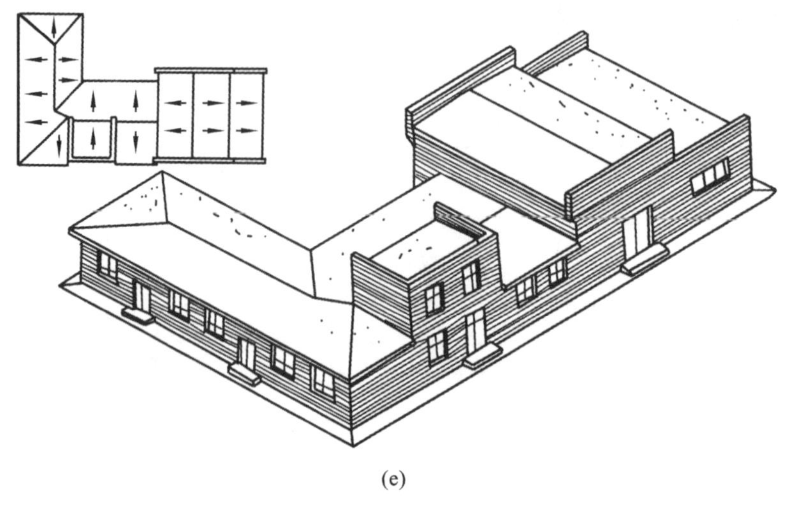

(e)

续图 2-6-4

2. 有组织排水

有组织排水是指雨水经过天沟、雨水管等排水装置被引导至地面或地下管沟的一种排水方式，在建筑工程中应用广泛。在工程实践中，由于具体条件的千变万化，可能出现各式各样的有组织排水方案。现按外排水、内排水、内外排水三种情况划分。

1）外排水

外排水是水落管装设在室外的一种排水方式，其优点是水落管不影响室内空间的使用和美观，构造简单，是屋顶常用的排水方式。外排水分为挑檐沟外排水、女儿墙外排水和女儿墙带挑檐沟外排水三种，如图 2-6-5 所示。

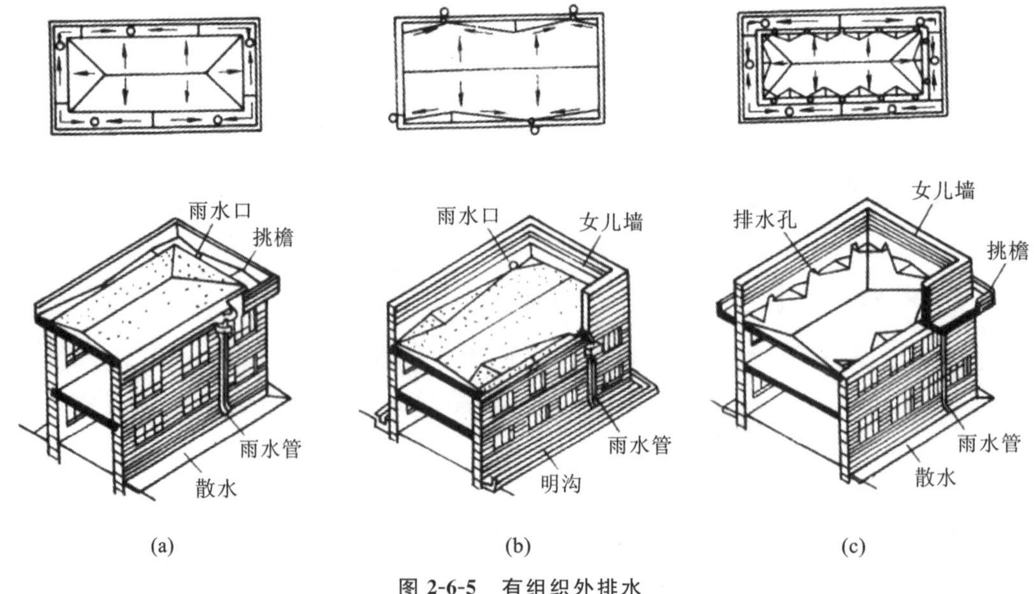

图 2-6-5 有组织外排水

(a)檐沟外排水；(b)女儿墙外排水；(c)女儿墙挑檐外排水

2）内排水

水落管装设在室内的一种排水方式，在多跨房屋、高层建筑以及有特殊需要时采用。水落管可设在跨中的管道井内，也可设在外墙内侧，如图 2-6-6 所示。

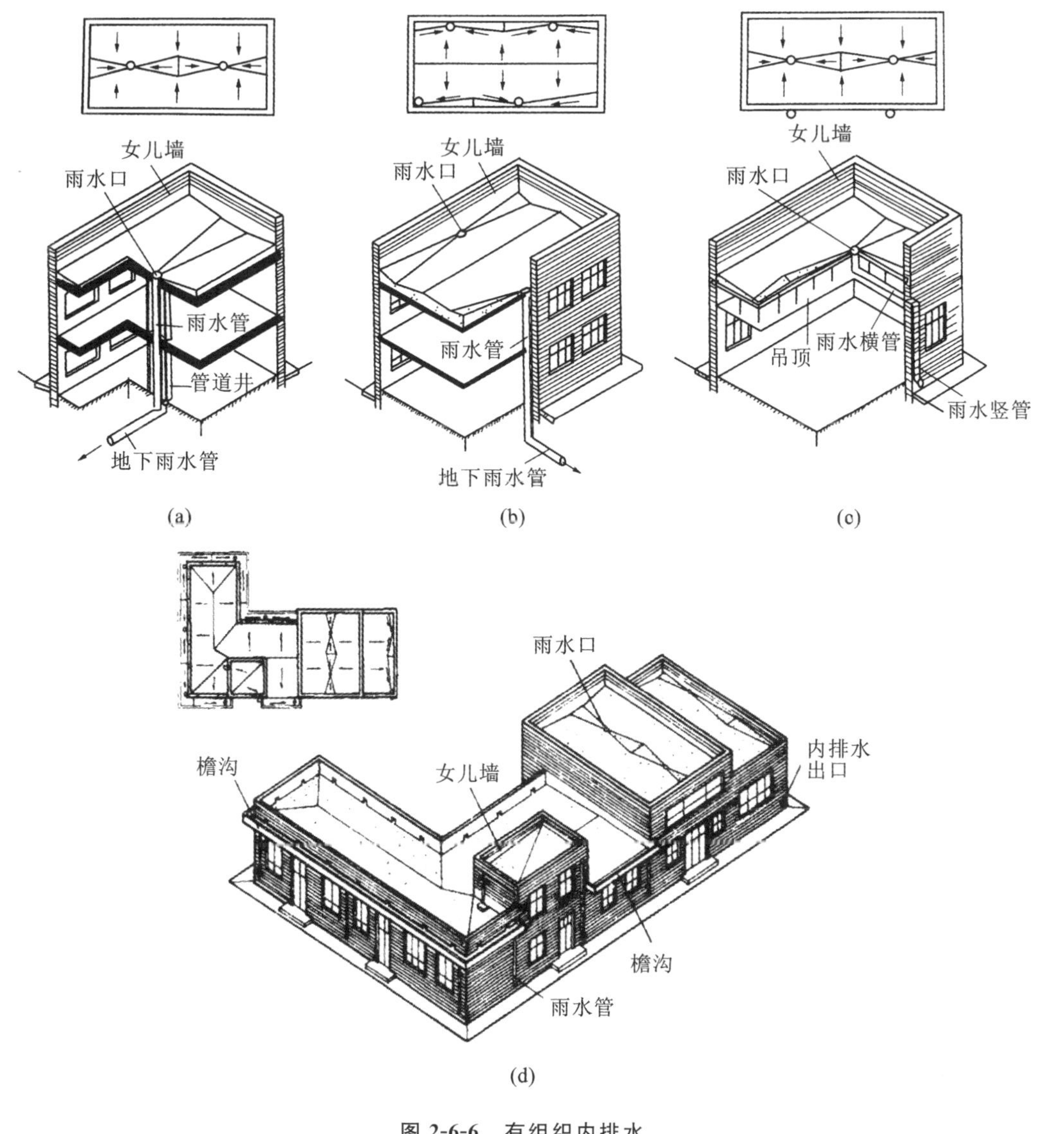

图 2-6-6 有组织内排水

(a)房间中部内排水；(b)外墙内侧内排水；

(c)外墙外侧内排水；(d)有组织排水屋面组合实例

2.6.2 平屋顶

平屋顶按选取防水材料的不同分为柔性防水屋面和刚性防水屋面。柔性防水屋面是用防水卷材与胶黏剂结合在一起的，形成连续致密的构造层，从而达到防水的目的，其基本构造层次由下至上依次为结构层、找平层、结合层、防水层、保护层；是指利用刚性防水材料作防水层的屋面。主要有普通细石混凝土防水屋面、预应力混凝土防水屋面、补偿收缩混凝土防水屋面、块材刚性防水屋面等。与卷材及涂膜防水屋面相比，刚性防水屋面所用材料易得，价格便宜，耐久性好，维修方便，但刚性防水层材料的表观密度大，抗拉强度低，极限拉应力变小，易受混凝土或砂浆的干湿变形、温度变形和结构变位的影响而产生裂缝。

一、柔性防水屋面

卷材防水屋面

1. 柔性防水屋面的基本构造

柔性防水屋面由多层材料叠合而成，一般包括结构层、找坡层、找平层、结合层、防水层和保护层，如图 2-6-7 所示。

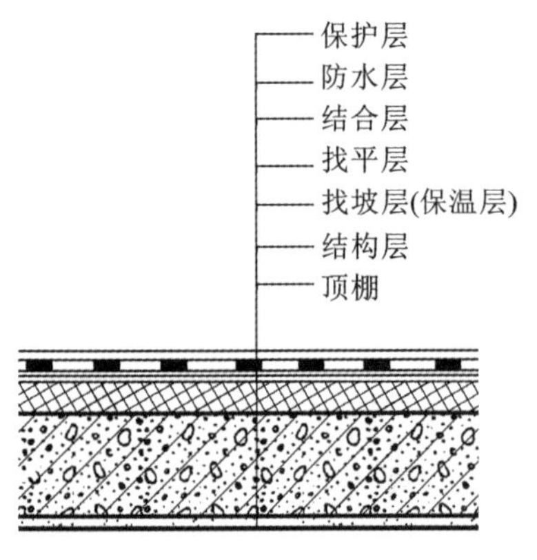

图 2-6-7　平屋顶防水构造

1）结构层

柔性防水屋面的结构层通常为预制或现浇的钢筋混凝土屋面板，对于结构层的要求是必须有足够的强度和刚度。

2）找坡层

这一层只有当屋面采用材料找坡时才设。通常的做法是在结构层上铺设 1：(6～8)水泥焦碴或水泥膨胀蛭石等轻质材料来形成屋面坡度。

3）找平层

防水卷材应铺贴在平整的基层上，否则卷材会发生凹陷或断裂，所以在结构层或找坡层上必须先做找平层。找平层可选用水泥砂浆、细石混凝土和沥青砂浆等，厚度视防水卷材的种类和基层情况而定。找平层宜设分格缝，分格缝也叫分仓缝，是为了防止屋面产生不规则裂缝以适应屋面变形而设置的人工缝。分格缝缝宽一般为 20 mm，且缝内应嵌填密封材料。分格缝应留在板端缝处，其纵横缝的最大间距为：找平层如采用水泥砂浆或细石混凝土时，不宜大于 6 m；找平层如为沥青砂浆时，不宜大于 4 m。

4）结合层

以油毡卷材为例，为了使第一层热沥青能和找平层牢固地结合，需涂刷一层既能与热沥青黏合，又容易渗入水泥砂浆找平层内的稀释沥青溶液，俗称冷底子油。另外，为了避免油毡层内部残留的空气或湿气，在太阳的辐射下膨胀而形成鼓泡，导致油毡皱折或破裂，应在油毡防水层与基层之间设有蒸汽扩散的通道，故在工程实际操作中，通常将第一层热沥青涂成点状(俗称花油法)或条状，然后铺贴首层油毡。

5）防水层

防水卷材有沥青防水卷材、高聚物改性沥青防水卷材和合成高分子防水卷材等。当屋面坡度小于 3%时，卷材宜平行屋脊从檐口到屋脊向上铺贴；屋面坡度在 3%～15%之间时，防水卷材可以平行或垂直屋脊铺贴；屋面坡度大于 15%或屋面受振动荷载时，沥青卷材应垂直屋脊铺贴。铺贴卷材应采用搭接法，上下搭接不小于 70 mm，左右搭接不小于 100 mm。多层卷材铺贴时，上下层卷材的接缝应错开。当屋面防水层为二毡三油时，可采用逐层搭接半张的铺设方法，操作较为简便。

6）保护层

保护层的材料做法，应根据防水层所用材料和屋面的利用情况而定。

2. 柔性防水屋面的细部构造

1）泛水构造

泛水是屋面防水层与垂直屋面凸出物交接处的防水处理。柔性防水屋面在泛水构造处理时应注意：a. 铺贴泛水处的卷材应采取满黏法，即卷材下满涂一层胶结材料；b. 泛水应有足够的高度，迎水面不低于 250 mm，非迎水面不低于 180 mm，并加铺一层卷材；c. 屋面与立墙交接处应做成弧形（R＝50～100 mm）或 45°斜面，使卷材收头应压入凹槽内固定密封，凹槽距屋面找平层最低高度不小于 250 mm，凹槽上部的墙体应做好防水处理，如图 2-6-8(a)所示。当女儿墙为混凝土时，卷材收头直接用压条固定于墙上，用金属或合成高分子盖板做挡雨板，并用密封材料封固缝隙，以防雨水渗漏，具体构造如图 2-6-8(b)所示。

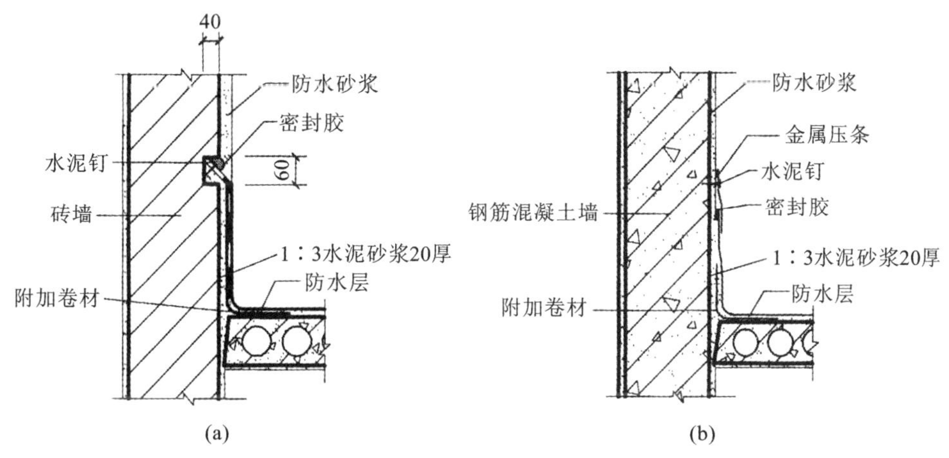

图 2-6-8 泛水构造做法

2）檐口构造

柔性防水屋面的檐口构造有无组织排水挑檐和有组织排水挑檐及女儿墙檐口等，在檐口构造处理时应注意以下问题。

(1) 无组织排水檐口卷材收头应固定密封，在距檐口卷材收头 800 mm 范围内，卷材应采取满黏法,如图 2-6-9 所示。

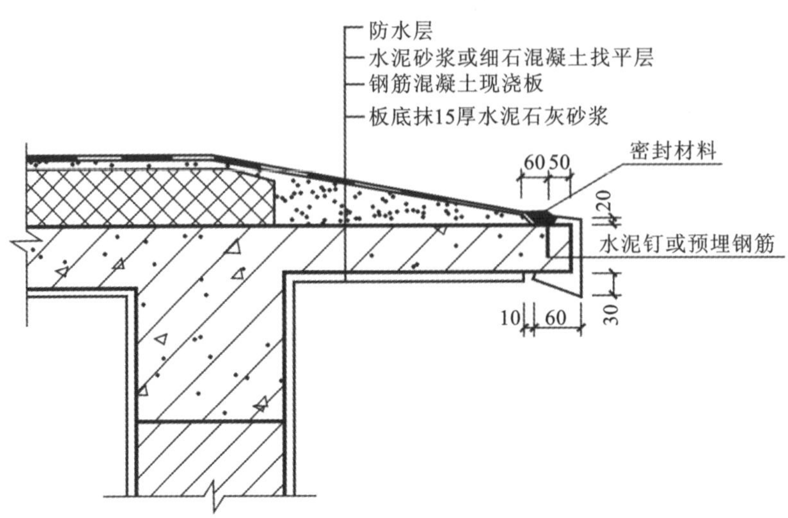

图 2-6-9　自由落水檐口构造

(2) 有组织排水在檐沟与屋面交接处应增铺附加层,且附加层宜空铺,空铺宽度为 200 mm,卷材收头应密封固定,同时檐口饰面要做好滴水,如图 2-6-10 所示。

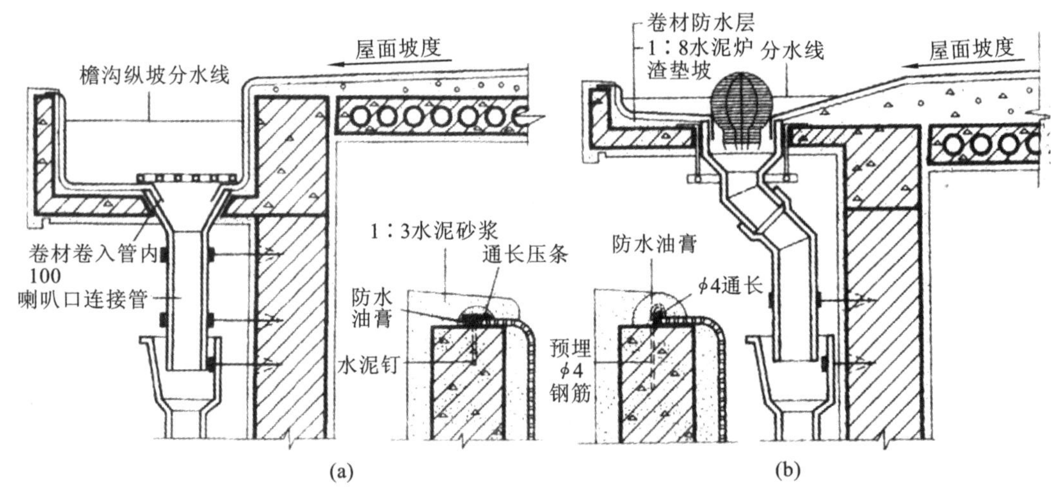

图 2-6-10　挑檐沟檐口构造

(3) 女儿墙檐口构造处理的关键是做好泛水的构造处理。女儿墙顶部通常应做混凝土压顶,并设有坡度坡向屋面,如图 2-6-11 所示。

3) 雨水口构造

雨水口有直管式雨水口和弯管式雨水口两种,如图 2-6-12 所示。

直管式雨水口,用于外檐沟排水或内排水。弯管式雨水口用于女儿墙外排水。

4) 变形缝构造

常见的处理方式有等高屋面变形缝和高低屋面变形缝两种。等高屋面变形缝是在

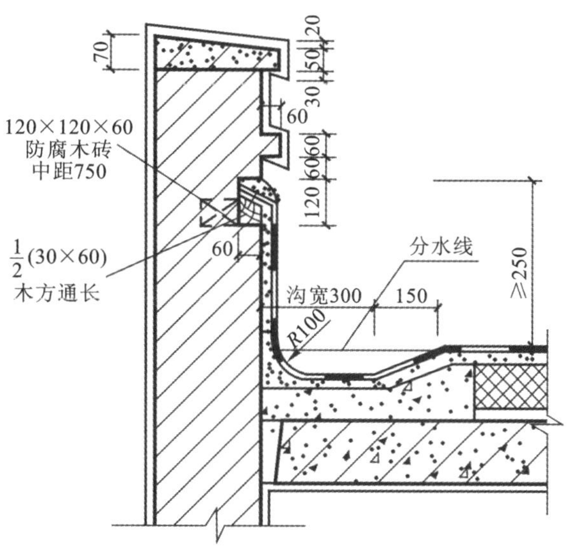

图 2-6-11　挑檐沟檐口构造

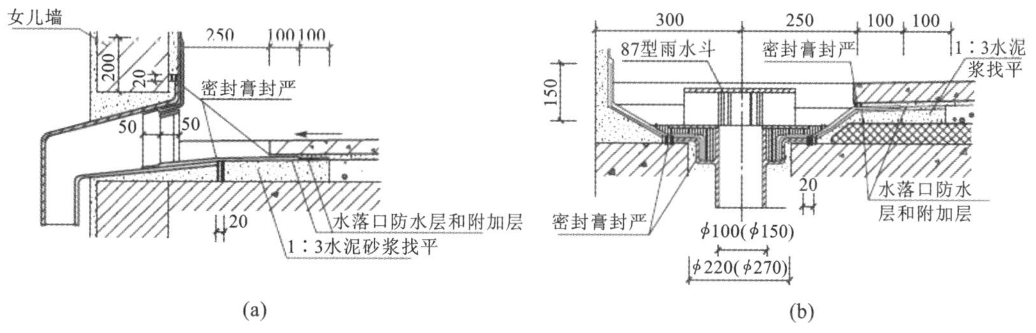

图 2-6-12　雨水口构造

(a)弯管式雨水口;(b)直管式雨水口

屋面板上缝的两端加砌矮墙,矮墙高度应大于 250 mm,并做好屋面防水及泛水处理,其要求同屋面泛水构造,如图 2-6-13 所示。上人屋面则用密封材料嵌缝并做好泛水处理。高低屋面变形缝是在低屋面板上加砌矮墙,如采用镀锌铁皮盖缝时,其固定方法与泛水

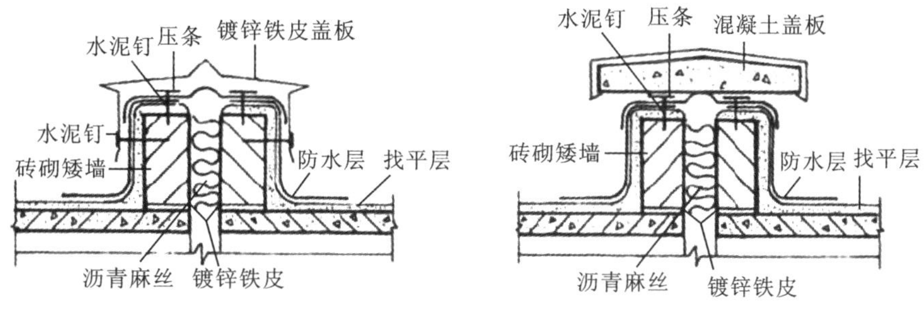

图 2-6-13　等高屋面变形缝

构造相同，如图 2-6-14 所示。在上人屋面的进出口处，可采用从高跨墙上悬挑钢筋混凝土板盖缝的方法进行变形缝的构造处理。

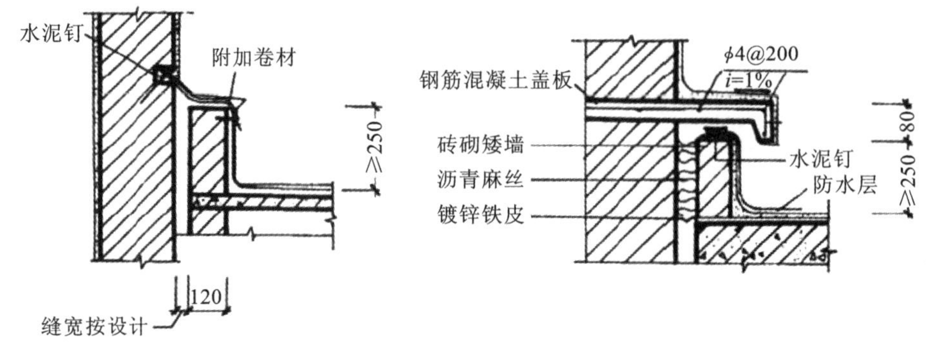

图 2-6-14　高低屋面变形缝

5）屋面检修孔、屋面出入口构造

屋面检修孔、屋面出入口处同样必须进行防水处理，不上人的屋面检修口四周的孔壁可用砖立砌，也可在现浇屋面板时将混凝土上翻制成，高度一般为 300 mm，壁外的防水层必须做成泛水并将卷材用镀锌薄钢板盖缝并压钉好。屋面出入口位置必须保证室内和屋面之间有足够的高差以利防水，屋面出入口位置必须做成泛水，如图 2-6-15 所示。

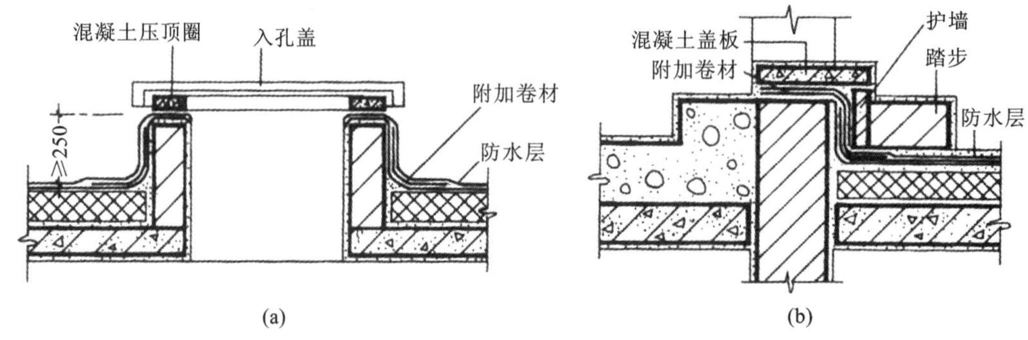

图 2-6-15　屋面检修孔、屋面出入口泛水构造

二、刚性防水屋面

1. 刚性防水屋面的基本构造

刚性防水屋面一般由结构层、找平层、隔离层和防水层组成，如图 2-6-16 所示。

1）结构层

刚性防水屋面的结构层必须具有足够的强度和刚度，故通常采用现浇或预制的钢筋混凝土屋面板。刚性防水屋面一般为结构找坡，坡度以 3%～5%为宜。屋面板选型时应考虑施工荷载，且排列方向一致，以平行屋脊为宜。为了适应刚性防水屋面的变形，屋

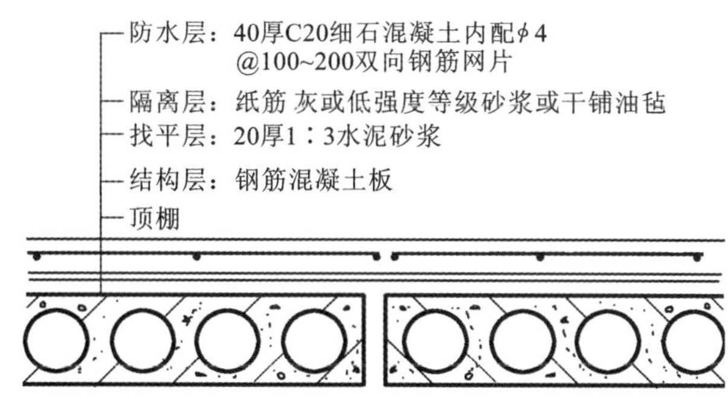

图 2-6-16 刚性防水屋面的构造层次

面板的支承处应做成滑动支座，其做法一般在墙或梁顶上用水泥砂浆找平，再干铺两层中间夹有滑石粉的油毡，然后搁置预制屋面板，并且在屋面板端缝处和屋面板与女儿墙的交接处都要用弹性物嵌填。如屋面为现浇板，也可在支承处做滑动支座。屋面板下如有非承重墙，应与板底脱开 20 mm，并在缝内填塞松软材料。

2）找平层

为了保证防水层厚薄均匀，通常应在预制钢筋混凝土屋面板上先做一层找平层，找平层的做法一般为 20 mm 厚 1∶3 水泥砂浆，若屋面板为现浇时可不设此层。

3）隔离层

隔离层的做法一般是先在屋面结构层上用水泥砂浆找平，再铺设沥青、油毡、油纸、黏土、石灰砂浆、纸筋灰等。有保温层或找坡层的屋面，也可利用它们作为隔离层。

4）防水层

刚性防水屋面防水层的做法有防水砂浆抹面和现浇配筋细石混凝土面层两种。目前，通常采用后一种。具体做法是现浇不小于 40 mm 厚的细石混凝土，内配 φ4 或 φ6，间距为 100～200 mm 的双向钢筋网片。由于裂缝容易出现在面层，钢筋应居中偏上，使上面有 15 mm 厚的保护层即可。为使细石混凝土更为密实，可在混凝土内掺外加剂，如膨胀剂、减水剂、防水剂等，以提高其抗渗性能。

2. 刚性防水屋面的细部构造

1）分格缝构造

刚性防水屋面的分格缝应设置在屋面温度年温差变化的许可范围内和结构变形敏感的部位。因此，分格缝的纵横间距一般不宜大于 6 m，且应设在屋面板的支承端、屋面转折处、防水层与凸出屋面结构的交接处，并应与屋面板板缝对齐。缝宽一般为20～40 mm，为了有利于伸缩，首先应将缝内防水层的钢筋网片断开，然后用弹性材料如跑米塑料或沥青麻丝填底，密封材料嵌填缝上口，最后在密封材料的上部还应铺贴一层防水卷材。其构造如图 2-6-17 所示。

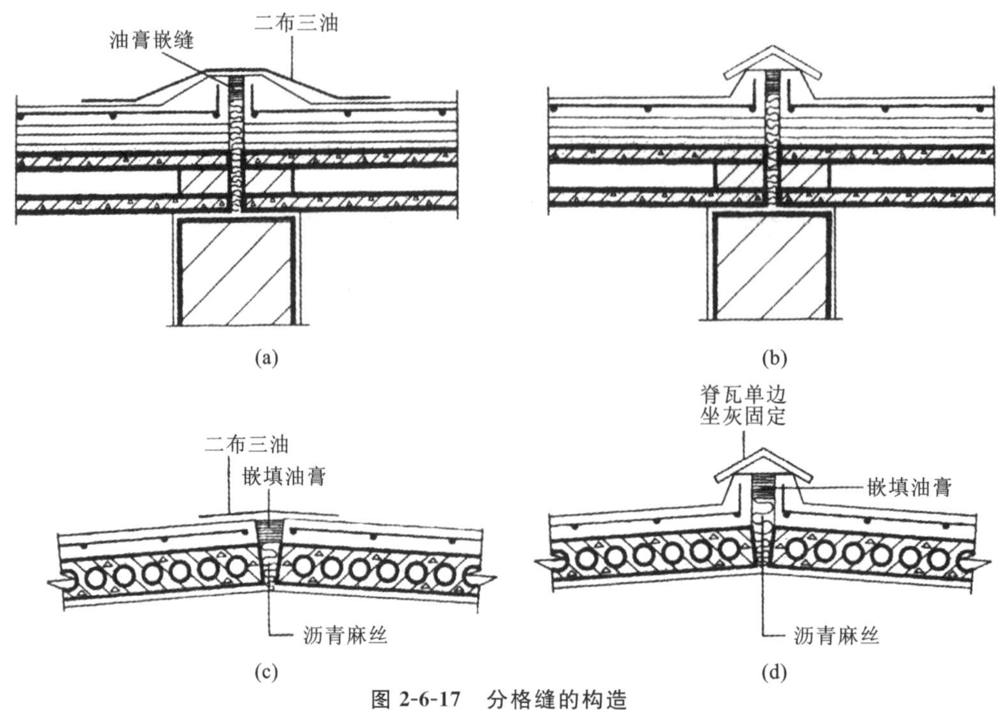

图 2-6-17　分格缝的构造

(a)、(b)横向分格缝；(c)、(d)屋脊分格缝

2）泛水构造

刚性防水屋面的泛水构造是指在刚性泛水层与垂直屋面凸出物交接处的防水处理。可先预留宽度为 30 mm 的缝隙，并且用密封材料嵌填，再铺设一层卷材或涂抹一层涂膜附加层，收头做法与柔性防水屋面泛水做法相同，如图 2-6-18 所示。

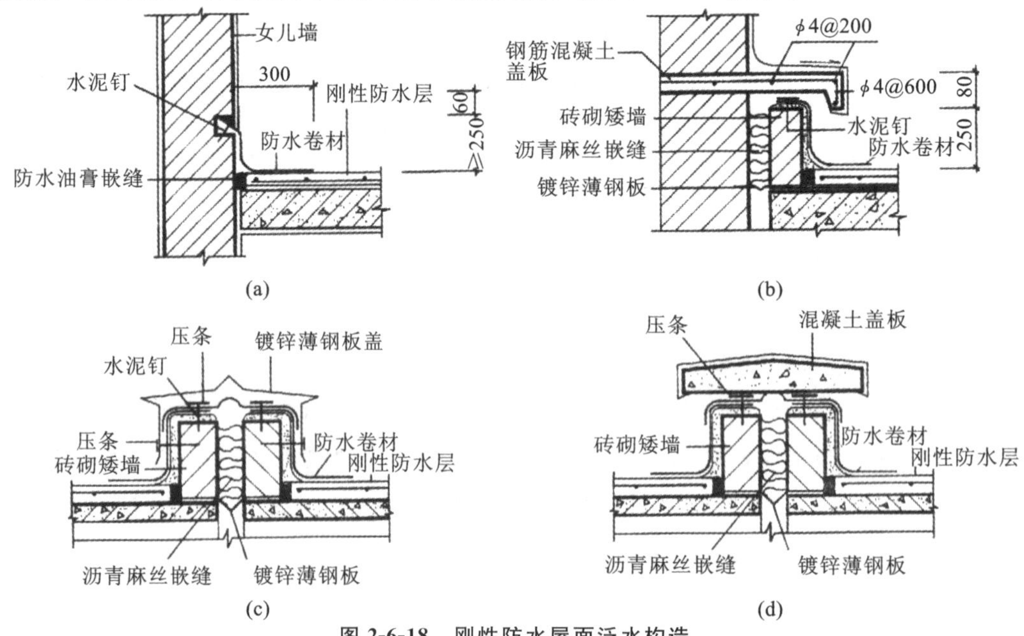

图 2-6-18　刚性防水屋面泛水构造

(a)女儿墙泛水；(b)高低屋面变形缝泛水；(c)、(d)横向变形缝泛水

3）檐口构造

刚性防水屋面檐口的形式一般有无组织排水檐口、挑檐沟外排水檐口和女儿墙外排水檐口三种做法。

(1) 无组织排水檐口一般是根据挑檐挑出的长度，直接利用混凝土防水层悬挑，也可以在增设的钢筋混凝土挑檐板上做防水层。这两种做法都要注意处理好檐口滴水，如图 2-6-19 所示。

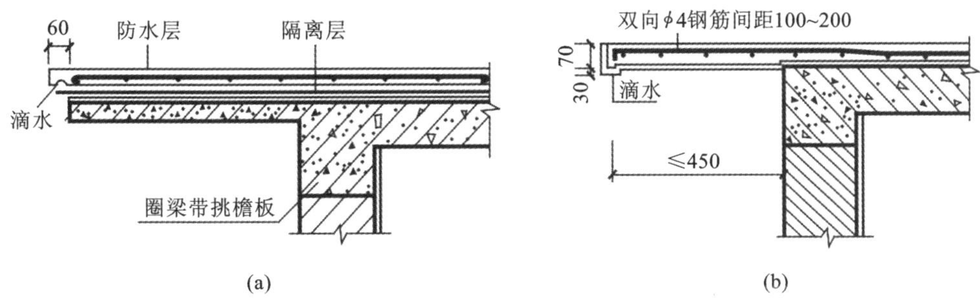

图 2-6-19 自由落水檐口构造

(a)防水层直接出挑檐口；(b)挑檐板檐口

(2) 挑檐沟外排水檐口一般是采用现浇或预制的钢筋混凝土槽形天沟板，在沟底用低强度的混凝土或水泥炉渣等材料垫置成纵向排水坡度。屋面铺好隔离层后再浇筑防水层，防水层应挑出屋面至少 60 mm，并做好滴水，如图 2-6-20 所示。

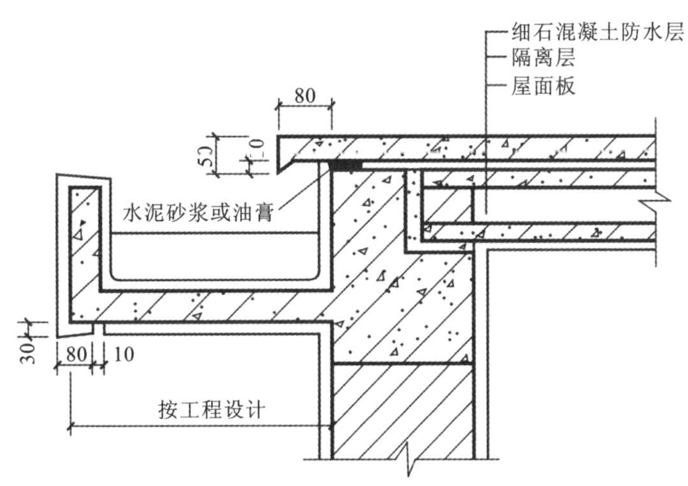

图 2-6-20 挑檐沟外排水檐口构造

(3) 女儿墙外排水檐口通常是在檐口处做成三角形断面天沟，其构造处理与女儿墙做法基本相同，但应注意在女儿墙天沟内需设纵向排水坡度，如图 2-6-21 所示。

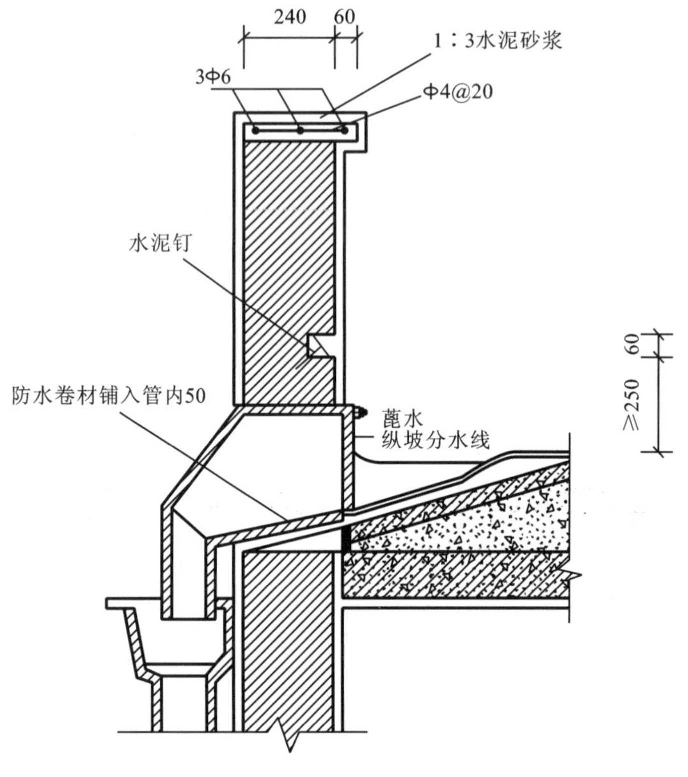

图 2-6-21　挑檐沟檐口构造

2.6.3　坡屋顶

坡屋顶是指屋面坡度在10%以上的屋顶。坡屋面的屋面防水常采用构件自防水方式,屋面构造层次主要由屋顶天棚、承重结构层及屋面面层组成。

一、坡屋顶的承重结构

1. 硬山搁檩

横墙间距较小的坡屋面房屋,可以把横墙上部砌成三角形,直接把檩条支承在三角形横墙上,如图 2-6-22(a)所示。

2. 屋架及支撑

当坡屋面房屋内部需要较大空间时,可把部分横向山墙取消,用屋架作为横向承重构件。坡屋面的屋架多为三角形,如图 2-6-22(b)所示。

3. 梁架承重

梁架承重是我国民间传统的结构形式,由木柱和木梁组成,这种结构的墙只是起维护和分隔作用,不承重,故有“墙倒,屋不塌”之称,如图 2-6-22(c)所示。

为了防止屋架的倾覆，提高屋架及屋面结构的空间稳定性，屋架间要设置支撑。屋架支撑主要有垂直剪刀撑和水平系杆等。

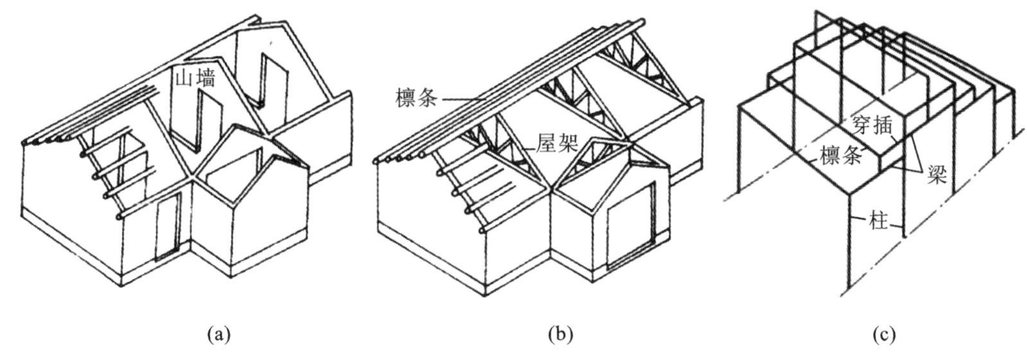

图 2-6-22 檩式结构屋面

(a)横墙承重；(b)屋架承重；(c)梁架承重

二、坡屋顶屋面

1. 平瓦屋面

平瓦有水泥瓦和黏土瓦两种，其外形按防水及排水要求设计制作。

机平瓦的外形尺寸约为 400 mm×230 mm，其在屋面上的有效覆盖尺寸约为 330 mm×200 mm。按此推算，每平方米屋面约需 15 块瓦。

平瓦屋面的主要优点是瓦本身具有防水性，不需特别设置屋面防水层。

平瓦屋面根据基层的不同有三种常见做法。

(1) 冷摊瓦屋面，如图 2-6-23 所示。

(2) 木望板瓦屋面，如图 2-6-24 所示。

(3) 钢筋混凝土板瓦屋面，如图 2-6-25 所示。

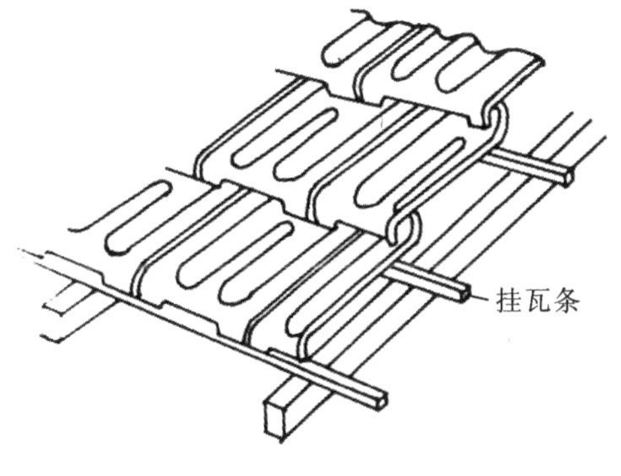

图 2-6-23 冷摊瓦屋面

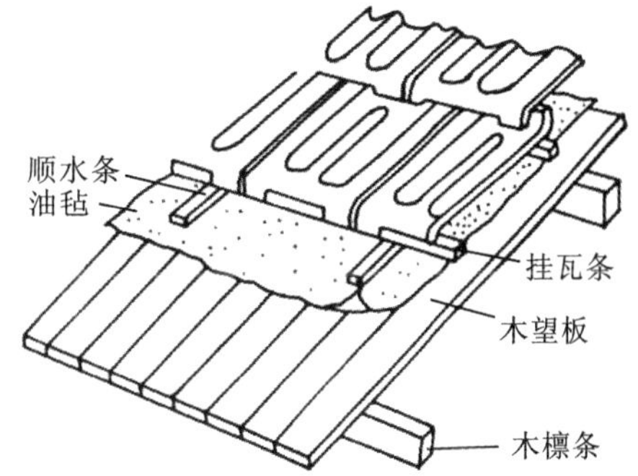

图 2-6-24 木望板瓦屋面

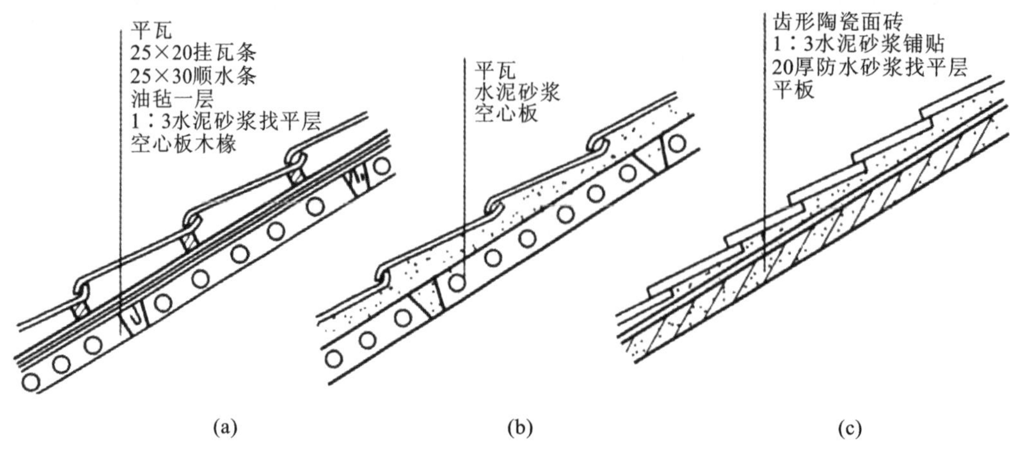

图 2-6-25 钢筋混凝土板瓦屋面

(a)木条挂瓦;(b)砂浆贴瓦;(c)砂浆贴面砖

2. 波形瓦屋面

包括水泥石棉波形瓦等。分为:大波瓦,中波瓦,小波瓦。

3. 小青瓦屋面

小青瓦屋面在我国传统房屋中采用较多,目前有些地方仍然采用。

三、坡屋面的细部构造

1. 檐口

坡屋面的檐口式样主要有两种:一种是挑出檐口,另一种是女儿墙檐口。

1) 砖挑檐

砖挑檐一般不超过墙体厚度的 1/2,且不大于 240 mm。每层砖挑长为 60 mm,砖可平挑出,也可把砖斜放,用砖角挑出,挑檐砖上方瓦伸出 50 mm,如图 2-6-26 所示。

2) 钢筋混凝土挑檐沟

当房屋屋面集水面积大、檐口高度高、降雨量大时,坡屋面的檐口可设钢筋混凝土天沟,并采用有组织排水,如图 2-6-27 所示。

2. 山墙

双坡屋面的山墙有硬山和悬山两种。硬山是指山墙与屋面等高或高于屋面称为女儿墙。悬山是把屋面挑出山墙之外,如图 2-6-28、图 2-6-29 所示。

3. 斜天沟

坡屋面的房屋平面形状有凸出部分,屋面上会出现斜天沟。构造上常采用镀锌铁皮折成槽状,依势固定在斜天沟下的屋面板上,以作防水层,如图 2-6-30 所示。

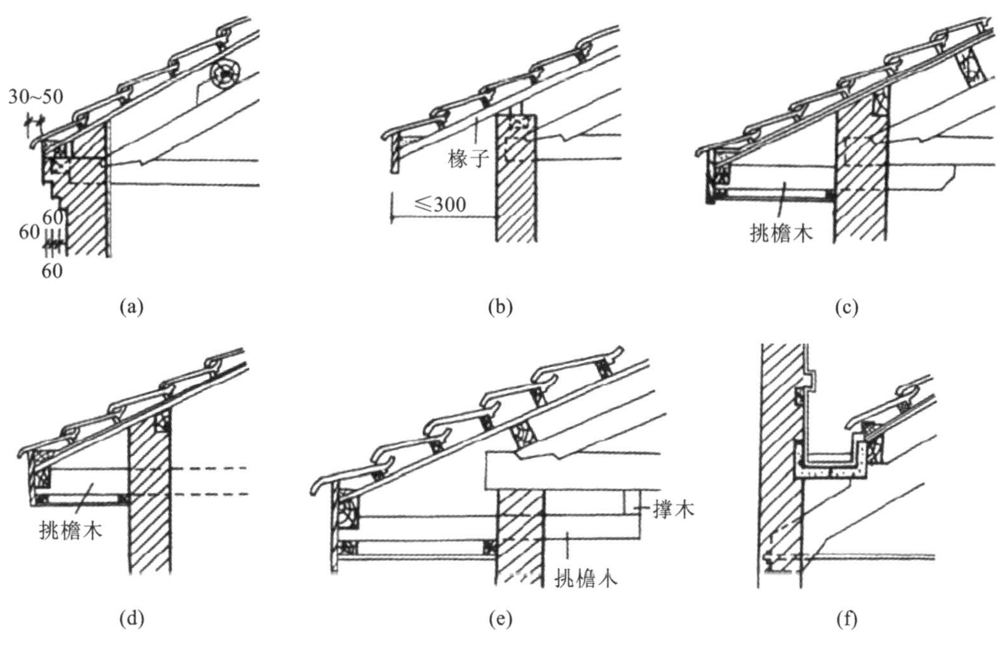

图 2-6-26 纵墙檐口构造

(a)砖砌挑檐;(b)檐条外挑;(c)挑檐木置于屋架下;

(d)挑檐木置于承重横墙中;(e)挑檐木下移;(f)女儿墙包檐口

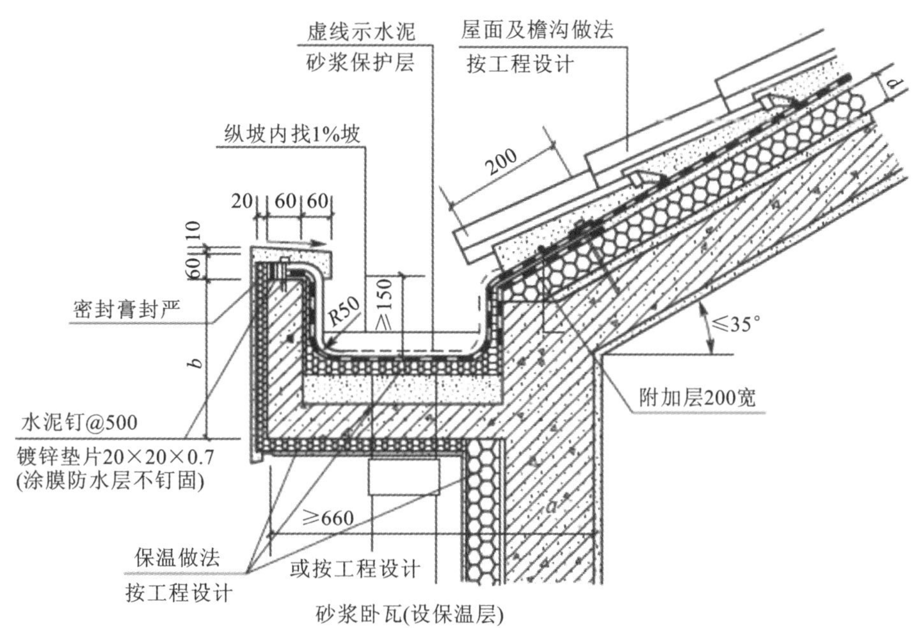

图 2-6-27 钢筋混凝土挑檐沟

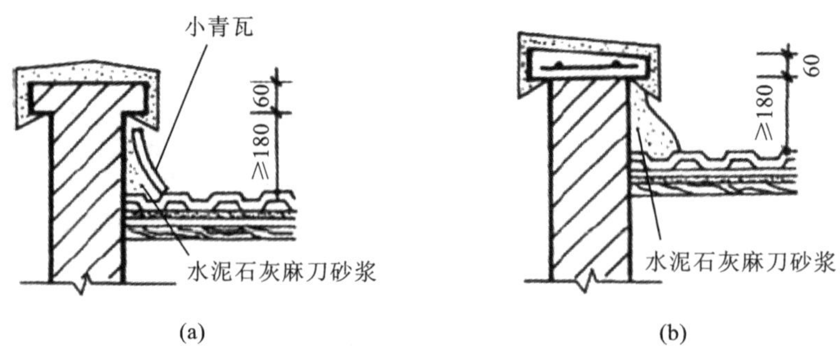

图 2-6-28 硬山檐口

(a)小青瓦泛水;(b)水泥石灰麻刀砂浆泛水

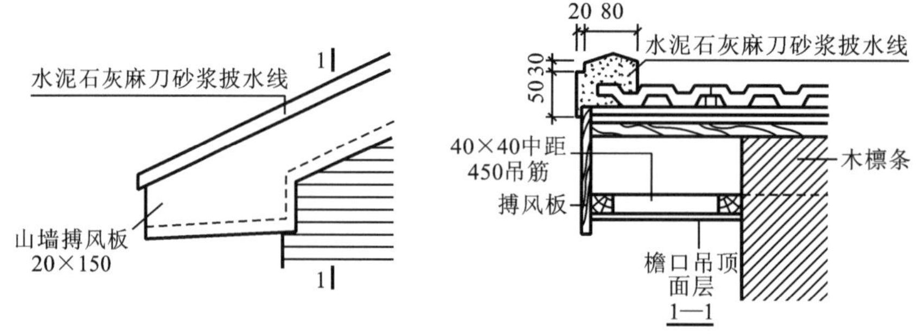

图 2-6-29 悬山檐口

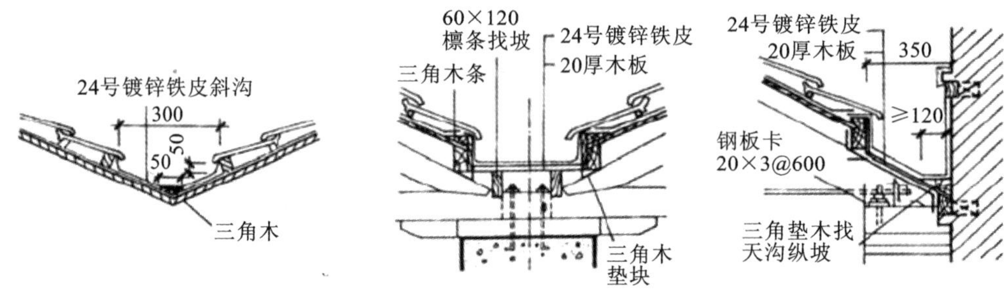

图 2-6-30 天沟和檐沟

2.6.4 采光屋顶的构造

采光屋顶是指建筑物的屋顶全部或部分由金属骨架和透光的覆盖构件所取代,形成既具有一般屋面隔热、防风雨的功能,又具有较强的采光和装饰功能的屋顶。

采光屋顶具有以下特点。

(1) 在提供遮风避雨的室内环境的同时,又将室外的光影变化引入室内,使人有置身于室外开敞空间的感觉,从而满足了人们追求自然情趣的美好愿望。

(2) 充足的自然采光不仅减少了人工照明的开支,而且可通过温室效应降低采暖费用,满足建筑追求高效节能的要求。

(3) 丰富多彩的采光屋顶造型,增强了建筑的艺术感。

一、采光屋顶的类型及构造要求

1. 采光屋顶的类型

采光屋顶可按造型和屋顶透光材料分类。

按造型分为方锥形、多角锥形、单坡式、双坡式、拱形和穹形等多种形式,如图 2-6-31 所示。

按透光材料分,目前大致有两大类,即玻璃屋顶和阳光板(简称 PC 板)屋顶。

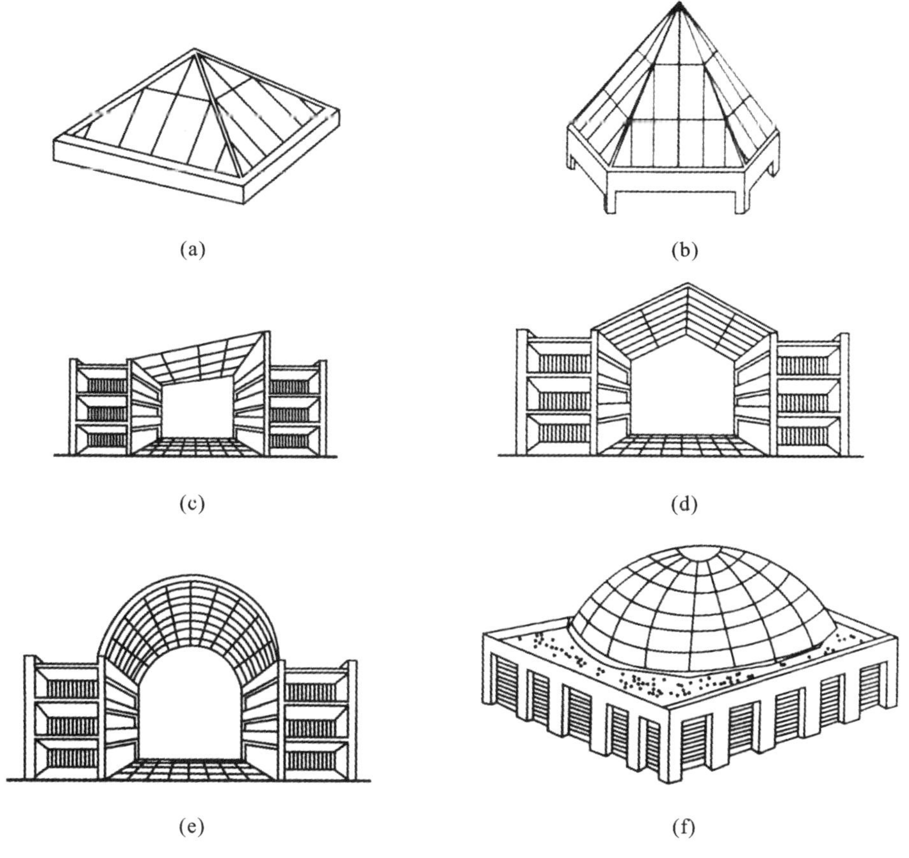

图 2-6-31 采光屋顶的类型

(a)方锥形采光罩;(b)多角锥形玻璃顶;(c)单坡式玻璃顶;(d)双坡式玻璃顶;(e)拱形玻璃顶;(f)穹形玻璃顶

2. 采光屋顶的构造要求

①满足良好的光环境和热环境要求;②满足强度安全方面的要求;③满足水密性方面的要求;④满足防结露的要求;⑤满足防火的要求;⑥满足防雷击的要求。

二、采光屋顶的构造

1. 采光屋顶的构造组成

采光屋顶一般由采光屋面板、骨架、连接件和密封材料组成，如图 2-6-32 所示。

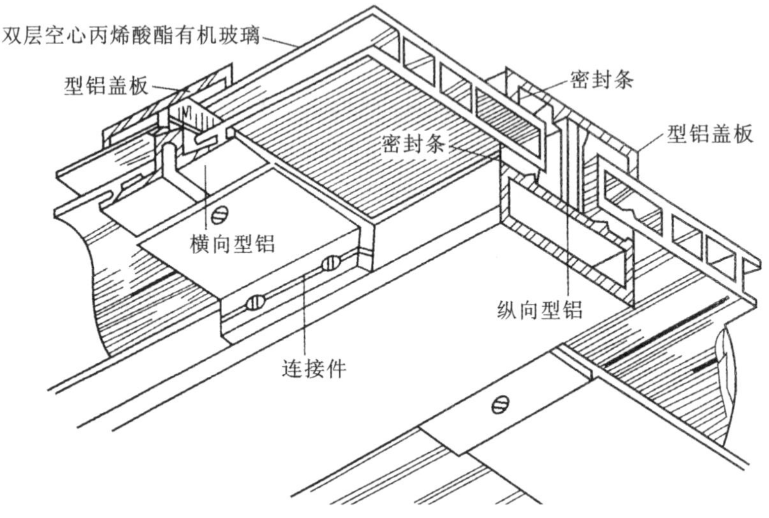

图 2-6-32　一般玻璃屋面的组成

2. 采光屋顶的构造方式

采光屋顶的玻璃与骨架的连接有露骨架的嵌装和不露骨架的整体式或分体式外装等，如图 2-6-33 所示。

露骨架的嵌装是采用型钢或铝合金型材压条固定玻璃，接缝处用密封材料密封；不露骨架的整体式或分体式外装是采用专用的结构胶将玻璃直接黏结在骨架上，玻璃间的接缝处用密封材料密封。

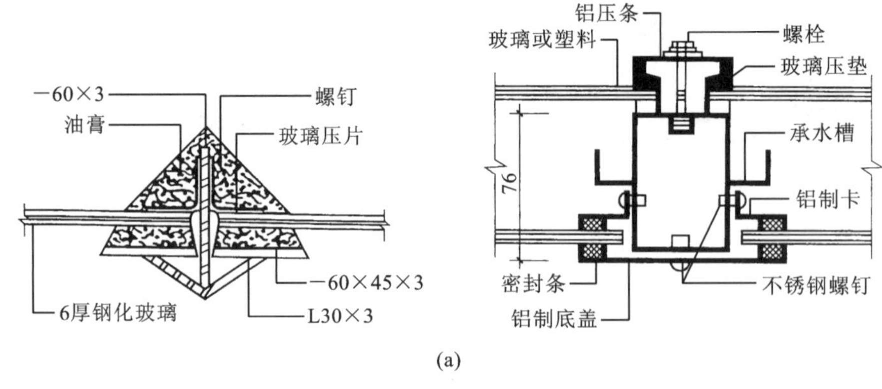

图 2-6-33　玻璃安装构造

(a)明框嵌装玻璃；(b)隐框外装

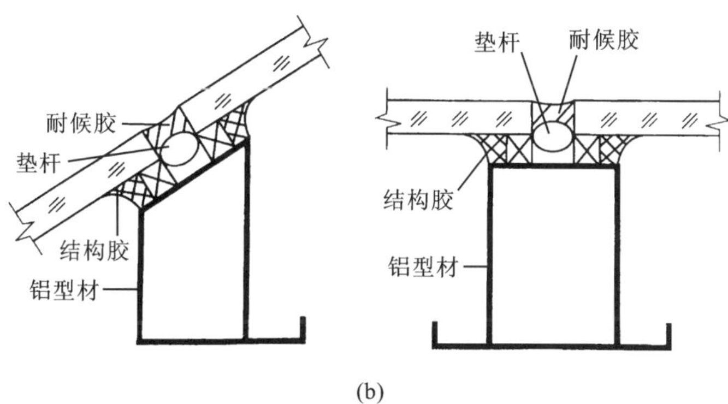

(b)

续图 2-6-33

任务 2.7　门　　窗

能力目标	知识目标
能正确识读门窗构造图 能合理选择门窗材料 能正确抄绘门窗构造详图	了解门窗的作用与类型 掌握平开门的构造 熟悉各门窗的选型和连接构造 了解窗遮阳设施及其构造

2.7.1　门窗的形式与尺度

一、门窗的作用

门在房屋建筑中的作用主要是交通联系，并兼采光和通风功能；窗的作用主要是采光、通风及眺望。

在不同情况下，门和窗还有分隔、保温、隔声、防火、防辐射、防风沙等要求。

门窗在建筑立面构造图中的影响也较大，它的尺度、比例、形状、组合、透光材料的类型等，都影响着建筑的艺术效果。

二、门的形式与尺度

1. 门的形式

门按其开启方式通常有平开门、弹簧门、推拉门、折叠门、转门、上翻门、升降门和卷帘门等，如图 2-7-1 所示。

(1) 平开门：水平开启的门，有单扇、双扇、内开和外开形式。

(2) 弹簧门：采用弹簧铰链或地弹簧做法，开启后能自动关闭。

(3) 推拉门：开启时节省空间，对五金的质量要求高。

(4) 折叠门：开启时占空间少，五金复杂，安装要求高。

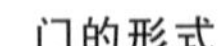
门的形式

(5) 转门：三扇或四扇在两个固定弧形门套内旋转的门，由于门始终是关着的，因此保温、隔声的效果好。

2. 门的尺度

门的尺度通常是指门洞的高宽尺寸。门作为交通疏散通道，其尺寸取决于人的通行

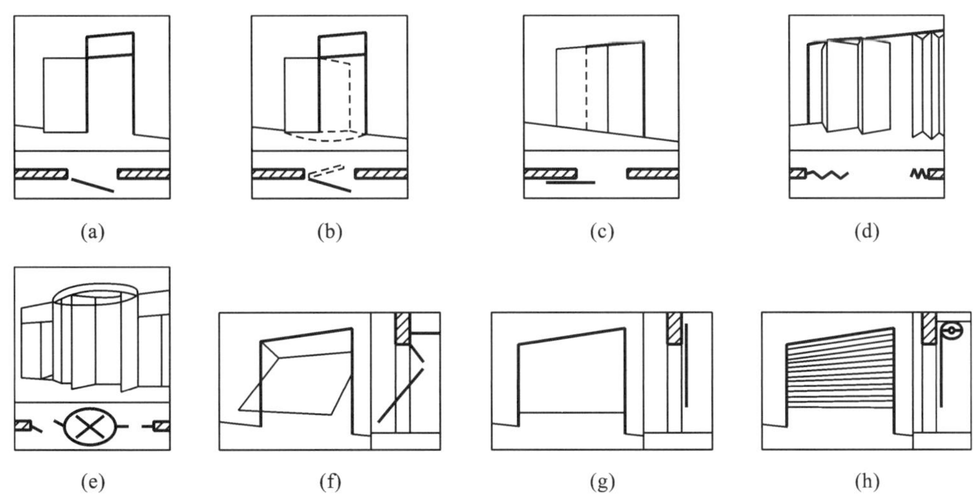

图 2-7-1 门的开启方式

(a)平开门;(b)弹簧门;(c)推拉门;(d)折叠门;

(e)转门;(f)上翻门;(g)升降门;(h)卷帘门

要求、家具器械的搬运及与建筑物的比例关系等,并要符合现行《建筑模数协调标准》(GB/T 50002—2013)的规定。

(1) 门的高度:不宜小于 2100 mm。如门设有亮子时,亮子高度一般为 300～600 mm,则门洞高度为 2400～3000 mm。公共建筑大门还应结合建筑立面形象确定尺度。

(2) 门的宽度:单扇门为 700～1000 mm,双扇门为 1200～1800 mm。宽度在 2100 mm 以上时,则做成三扇、四扇门或双扇带固定扇的门,因为门扇过宽易产生翘曲变形,同时也不利于开启。辅助房间(如浴厕、贮藏室等)门的宽度可窄些,一般为 700～800 mm。

门的尺寸应满足人流疏散、搬运家具、设备的要求。

三、窗的形式与尺寸

1. 窗的形式

窗的形式

窗的开启方式主要取决于窗扇铰链安装的位置和转动方式。通常窗的开启方式有以下几种(见图 2-7-2)。

(1) 固定窗:无窗扇、不能开启的窗为固定窗。固定窗的玻璃直接嵌固在窗框上,可供采光和眺望之用。

(2) 平开窗:铰链安装在窗扇一侧与窗框相连,向外或向内水平开启。有单扇、双扇、多扇,有向内开与向外开之分。其构造简单,开启灵活,制作维修均方便,是民用建筑中采用最广泛的窗。

(3) 旋窗:因铰链和转轴的位置不同,可分为上悬窗、中悬窗和下悬窗。

(4) 推拉窗:分垂直推拉窗和水平推拉窗两种。它们不多占使用空间,窗扇受力状态较好,适宜安装较大玻璃,但通风面积受到限制。

(5) 转窗:引导风进入室内效果较好,防雨及密封性较差,多用于单层厂房的低侧窗。因密闭性较差,不宜用于寒冷和多风沙的地区。

(6) 百叶窗:主要用于遮阳、防雨及通风,但采光差。百叶窗可用金属、木材、钢筋混凝土等制作,有固定式和活动式两种形式。

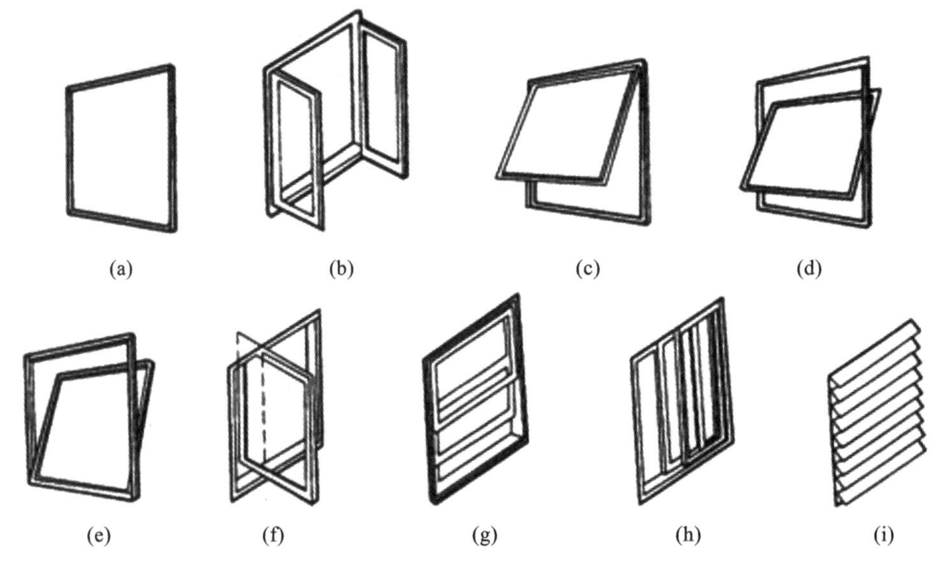

图 2-7-2 窗的开启方式

(a)固定窗;(b)平开窗;(c)上悬窗;(d)中悬窗;(e)下悬窗;
(f)立转窗;(g)垂直推拉窗;(h)水平推拉窗;(i)百叶窗

2. 窗的尺寸

窗的尺寸应综合考虑以下几方面因素。

(1) 采光 从采光要求来看,窗的面积与房间面积有一定的比例关系。

(2) 使用 窗的自身尺寸以及窗台高度取决于人的行为。

(3) 节能 在《严寒和寒冷地区居住建筑节能设计标准》(JGJ 26—2010)中,明确规定了寒冷地区及其以北地区各朝向窗墙面积比。该标准规定,按地区不同,北向、东西向以及南向的窗墙面积比,应分别控制在 20%、30%、35%左右。窗墙面积比是窗户洞口面积与房间的立面单元面积(即建筑层高与开间定位轴线围成的面积)之比。

(4) 符合窗洞口尺寸系列 为了使窗的设计与建筑设计、工业化和商业化生产,以及施工安装相协调,国家颁布了《建筑门窗洞口尺寸系列》(GB/T 5824—2008)这一标准。窗洞口的高度和宽度(指标志尺寸)规定为 3M 的倍数。但考虑到某些建筑,如住宅建筑的层高不大,以 3M 进位作为窗洞高度,尺寸变化过大,所以增加 1400 mm、

1600 mm作为窗洞高的辅助参数。

(5) 结构　窗的高宽尺寸受到层高及承重体系以及窗过梁高度的制约。

(6) 美观　窗是建筑物造型的重要组成部分，窗的尺寸和比例关系对建筑立面影响极大。

为使窗坚固耐久，一般平开木窗的窗扇高度为 800～1200 mm，宽度不宜大于 500 mm；上下悬窗的窗扇高度为 300～600 mm；中悬窗窗扇高度不宜大于 1200 mm，宽度不宜大于 1000 mm；推拉窗高宽均不宜大于 1500 mm。对一般民用建筑用窗，各地均有通用图，各类窗的高度与宽度尺寸通常根据使用情况、建筑造型和《建筑模数协调标准》(GB/T 50002—2013)现行要求，应尽量采用以 3M 为基本模数的标准洞口系列。需要时只要按所需类型及尺度大小直接选用。无特殊要求房间的窗台高度常取 900 mm。

2.7.2 门的构造

一、木门的构造

1. 木门的组成

木门一般由门框、门扇、亮子、五金零件及其附件组成，如图 2-7-3 所示。

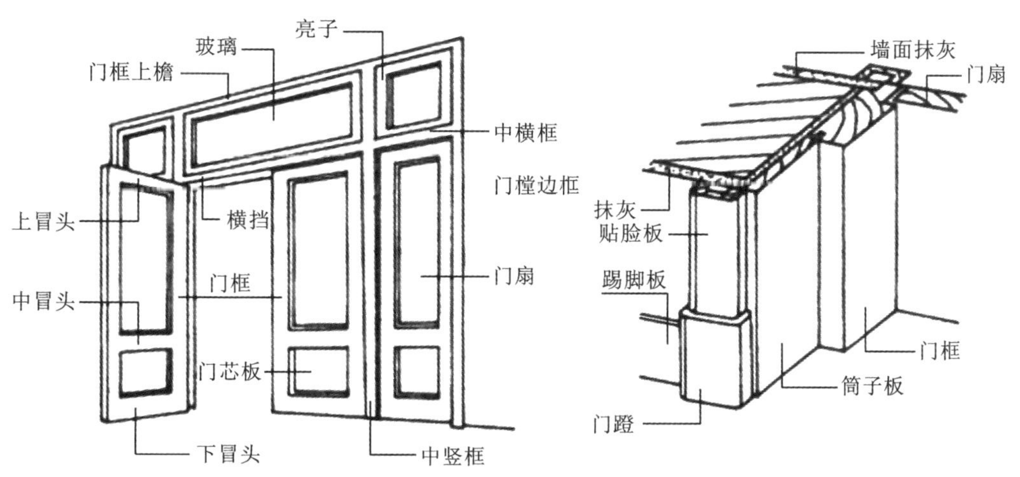

图 2-7-3　平开木门的组成

2. 木门的构造

1) 门扇

门扇按其构造方式不同，有镶板门、夹板门、拼板门、玻璃门和纱门等类型。亮子又称为腰头窗，在门上方，为辅助采光和通风之用，有平开、固定及上悬、中悬、下悬几种。门扇由上、中、下冒头和边梃组成骨架，之间固定门芯板。

2）门框

门框是门扇、亮子与墙的联系构件，由上框、边框、中横框和中竖框组成。

3）五金零件

五金零件一般有铰链、插销、门锁、拉手、门碰头等。

4）附件

附件包括贴脸板、筒子板等。

二、金属门窗构造

1. 铝合金门窗的特点

(1) 质量轻。铝合金门窗较钢门窗轻50%左右。

(2) 性能好。密封性好，气密性、水密性、隔声性、隔热性都较钢、木门窗有显著提高。

(3) 耐腐蚀、坚固耐用。

(4) 色泽美观。

2. 铝合金门窗的设计要求

应根据使用和安全要求确定铝合金门窗的风压强度性能、雨水渗漏性能、空气渗透性能综合指标；

组合门窗设计宜采用定型产品门窗作为组合单元，非定型产品的设计应考虑洞口最大尺寸和开启扇最大尺寸的选择和控制；

外墙门窗的安装高度应有限制，如广东地区规定，外墙铝合金门窗安装高度小于或等于 60 m(不包括玻璃幕墙)、层数小于或等于 20 层，若高度大于 60 m 或层数大于 20 层则应进行更细致的设计。

3. 铝合金门窗框料系列

系列名称是以铝合金门窗框的厚度构造尺寸来区别各种铝合金门窗的称谓，如：平开门门框厚度为 50 mm，即称 50 系列铝合金平开门。

三、塑钢门窗构造

塑钢是以改性硬质聚氯乙烯(简称 UPVC)为主要原料，加上一定比例的稳定剂、着色剂、填充剂、紫外线吸收剂等辅助剂，经挤出机挤出成型为各种断面的中空异型材。经切割后，在其内腔衬以型钢加强筋，用热熔焊接机焊接成型为门窗框扇，配装上橡胶密封条、压条、五金件等附件而制成的门窗即塑钢门窗。塑钢门窗具有如下优点：强度好、耐冲击；保温隔热、节约能源；隔音好；气密性、水密性好；耐腐蚀性强；防火；耐老化、使用寿命长；外观精美、清洗容易。

四、特殊门窗构造

彩板钢门窗是以彩色镀锌实腹钢板，经机械加工而成的门窗，目前有带副框和不带副框的两种。若外墙为花岗岩、大理石等贴面材料时，则安装时，先用自攻螺栓钉将连接件固定在副框上，并用密封胶将洞口与副框和窗框之间的缝隙进行密封。若外墙为普通粉刷，则直接用膨胀螺钉将门窗框固定在墙上。

2.7.3 遮阳的形式与构造

建筑上常用遮阳构件的形式有水平式、垂直式、综合式和挡板式。

1. 水平式遮阳板

利于遮挡高度角较大的阳光，适合于南向窗口。

2. 垂直式遮阳板

利于遮挡从东西侧斜射而高度角较小的阳光。

3. 综合式遮阳板

利于遮挡太阳高度角较小的阳光，适合于南向、南偏东和南偏西的窗口。

4. 挡板式遮阳板

利于遮挡太阳高度角较低，正射窗口的阳光，适合于近东、西朝向的窗口，常用花格遮阳、挡板遮阳和百叶遮阳。

5. 轻型遮阳板

轻型遮阳板可分为便于拆卸的轻型遮阳板和可调节角度的活动式遮阳板。

模块三　建筑施工图识图

任务 3.1　房屋建筑工程施工图概述

能力目标	知识目标
能说出房屋的组成 能识读建筑物各处标高 能根据索引符号找到对应详图	掌握房屋的组成及其作用 熟悉房屋建筑设计程序与施工图分类 了解定位轴线、标高、索引符号、详图符号、引出线等符号

3.1.1　房屋的组成及其作用

要学习建筑识图，首先应该了解房屋建筑的组成。房屋建筑按其使用功能的不同分为工业建筑（如各种厂房、仓库、动力车间）、农业建筑（如粮仓、温室、养殖场）和民用建筑三大类，民用建筑又分为居住建筑和公共建筑。虽然各种房屋的使用要求、空间组合、外形处理、结构形式和规模大小等各有不同，但一般都是由基础、墙、柱、楼地层、屋顶、门窗、楼梯等基本部分以及台阶、散水、阳台、天沟、雨水管、勒脚、踢脚等其他细部组成，如图 3-1-1 所示。下面简要介绍房屋的各个组成部分及其作用。

（1）基础。基础是房屋埋在地面以下的最下方的承重构件。它承受着房屋的全部荷载，并把这些荷载传给地基。

（2）墙或柱。墙或柱是房屋的垂直承重构件，它承受屋顶、楼层传来的各种荷载，并传给基础。外墙同时也是房屋的围护构件，抵御风雪及寒暑对室内的影响，内墙同时起分隔房间的作用。

（3）楼地面。楼板是水平方向的承重和分隔构件，它承受着人和家具设备的荷载并将这些荷载传给柱或墙。楼面是楼板上的铺装面层；地面是指首层室内地坪。

（4）楼梯。楼梯是楼房中联系上下层的垂直交通构件，也是火灾等灾害发生时的紧急疏散要道。

（5）屋顶。屋顶是房屋顶部的围护和承重构件，用以防御自然界的风、雨、雪、日晒和噪声等，同时承受自重及外部荷载。

（6）门窗。门与窗属于围护构件。门具有出入、疏散、采光、通风、防火等多种功能，窗具有采光、通风、观察、眺望的作用。

（7）其他。此外，房屋还有通风道、烟道、电梯、阳台、壁橱、勒脚、雨篷、台阶、天沟、雨水管等配件和设施,在房屋中根据使用要求分别设置。

总之,基础起着承受和传递荷载的作用;屋顶、外墙、雨篷等起着隔热、保温、避风、遮雨的作用;屋面、天沟、雨水管、散水等起着排水的作用;台阶、门、走廊、楼梯起着沟通房屋内外、上下交通的作用;窗则主要用于采光和通风;墙裙、踢脚板、勒脚等起着保护墙身的作用。

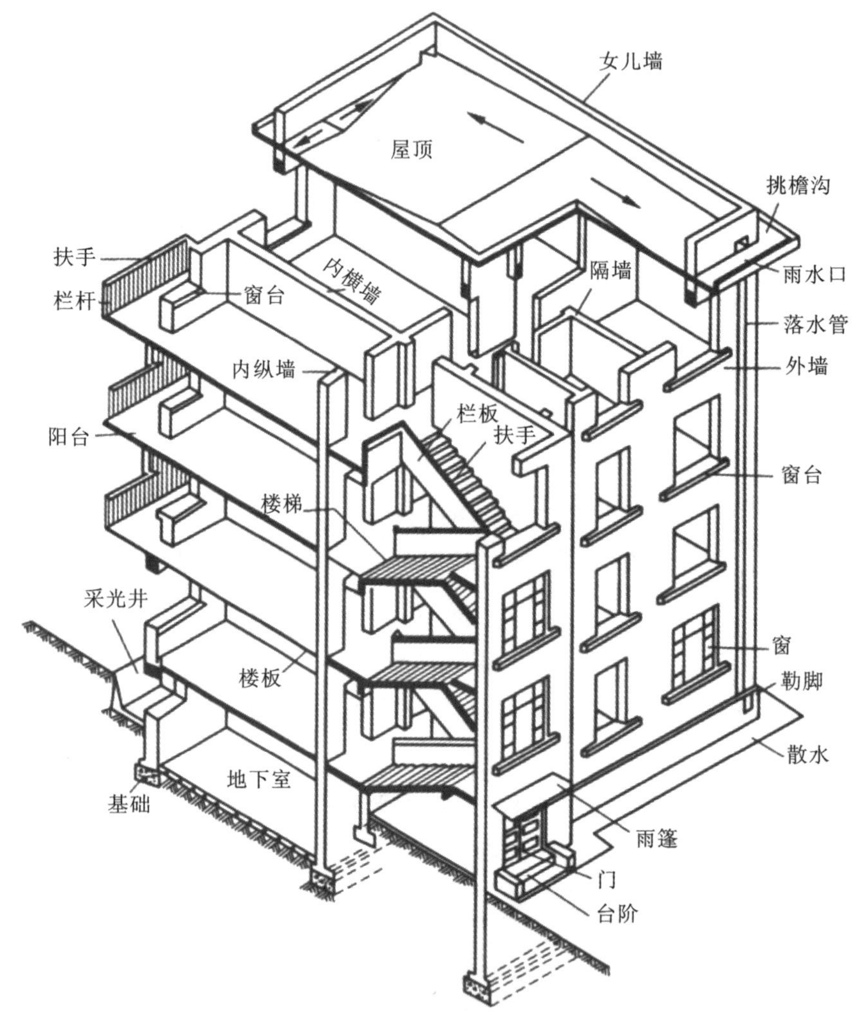

图 3-1-1 房屋的基本组成

房屋的组成

3.1.2 房屋建筑设计程序与施工图分类

房屋的建造要经历设计和施工两个阶段。

设计人员分别把建筑物的形状与大小、结构与构造、设备与装修等,按照相关国家标准的规定,用正投影法准确绘制的图样,主要用以指导施工,所以称为房屋建筑工程施工图，通常又简称为房屋施工图。

一、建筑设计程序

1. 建筑设计前期准备工作

建筑设计前期准备工作主要包括落实设计任务、熟悉设计任务书、调查研究与收集必要的设计原始资料数据等工作。

1）设计前期调查研究的主要内容

（1）深入了解使用单位对建筑物使用的具体要求，认真调查同类已有建筑的实际使用情况，进行分析和总结。

（2）了解所在地区建筑材料供应的品种、规格、价格等情况，结合建筑使用要求和建筑空间组合的特点，了解并分析不同结构方案的选型、当地施工技术与设备条件。

（3）进行现场踏勘，深入了解基地和周围环境的现状及历史沿革，包括基地的地形、方位、面积和形状等条件，以及基地周围原有建筑、道路、绿化等多方面的因素。

（4）了解当地传统建筑设计布局、创作经验和生活习惯，根据拟建建筑物的具体情况，创造出有地方特色的建筑形象。

2）设计原始资料数据收集的主要内容

（1）气象资料，即所在地区的温度、湿度、日照、雨雪、风向、风速以及冻土深度等。

（2）基地地形及地质水文资料，即基地地形标高、土壤种类及承载力、地下水位以及地震烈度等。

（3）水电等设备管线资料，即基地底下的给水、排水、电缆等管线布置，基地上的架空线等供电线路情况。

（4）设计项目的有关定额指标，即国家或所在省市地区有关设计项目的定额指标，如教室的面积定额，以及建筑用地、用材等指标。

2. 建筑设计阶段

建筑设计阶段主要包括方案设计阶段、初步设计阶段、技术设计阶段和施工图设计阶段。

（1）方案设计阶段：在建筑设计前期准备工作的基础上，进行方案的构思、比较和优化。如图 3-1-2 所示，为某别墅方案设计效果图。

（2）初步设计阶段：提出若干种设计方案供选用，待方案确定后，按比例绘制初步设计图，确定工程概算，报送有关部门审批，是技术设计和施工图设计的依据。

（3）技术设计阶段：又称扩大初步设计，是在初步设计的基础上，进一步确定建筑设计各工种之间的技术问题。技术设计的图纸和设计文件，要求建筑工种的图纸标明与技术工种有关的详细尺寸，并编制建筑部分的技术说明书，结构工种应有建筑结构布置方案图，并附初步计算说明，设备工种也应提供相应的设备图纸及说明书。

(4) 施工图设计阶段:通过反复协调、修改与完善,产生一套能够满足施工要求的,反映房屋整体和细部全部内容的图样,即为施工图,它是房屋施工的重要依据。

图 3-1-2 某别墅方案设计效果图

二、施工图的分类

一套完整的施工图包括建筑施工图、结构施工图、设备施工图。设备施工图主要包括给排水、暖气、通风、电气等施工图。

一幢房屋全套施工图的编排一般应为图纸目录、总平面图(施工总说明)、建筑施工图、结构施工图、给水排水施工图、采暖通风施工图、电气施工图等。

1. 建筑施工图(简称“建施”)

建筑施工图主要表明建筑物的总体布局、外部造型、内部布置、细部构造、内外装饰等情况。建筑施工图是房屋放线、砌墙、安装门窗、室内外装修以及作预算和编制施工组织计划等的依据。建筑施工图中所表达的设计内容必须与结构、水电设备等有关工种配合和协调统一。它包括首页图(设计说明)、建筑总平面图、平面图、立面图、剖面图和详图等。

2. 结构施工图(简称“结施”)

结构施工图主要表示各种承重构件的平面布置,构件的类型、大小、构造的做法以及其他专业对结构设计的要求等。结构施工图是房屋施工时开挖地基,制作构件,绑轧钢筋,设置预埋件,安装梁、板、柱等构件的主要依据,也是编制工程预算和施工组织计划等的主要依据。基本图纸包括:结构说明书、基础平面图及基础详图、结构平面布置图及节点构造详图、钢筋混凝土构件详图等。

3. 设备施工图(简称“设施”,又分为“水施”、“暖施”、“电施”)

设备施工图主要表示给水排水、采暖通风、电气照明等设备的设计内容,包括平面布置图、系统图等。

3.1.3　房屋建筑施工图的规定与特点

一、建筑施工图的相关规定

房屋建筑施工图要符合投影原理等图示方法与要求,此外,为了保证制图质量,提高制图效率,做到图面清晰、简明,符合设计、施工、存档的要求,绘制施工图时应严格遵守国家颁布的相关标准的规定。

在绘制建筑施工图时,要严格遵守国家颁布的《房屋建筑制图统一标准》(GB/T 50001—2017)、《总图制图标准》(GB/T 50103—2010)、《建筑制图标准》(GB/T 50104—2010)等制图标准中的相关规定。

1. 定位轴线

(1) 建筑施工图中的定位轴线是确定建筑物主要承重构件位置的基准线,是施工定位、放线的重要依据。定位轴线应以细点画线绘制。

(2) 定位轴线一般应编号。编号应注写在轴线端部的圆内。圆应用细实线绘制,直径应为 8 mm,详图上可增为 10 mm。定位轴线圆的圆心,应在定位轴线的延长线上或延长线的折线上。

(3) 平面图上定位轴线的编号,宜注写在图样的下方与左侧。横向编号应用阿拉伯数字,从左至右顺序编写,竖向编号应用大写拉丁字母,从下至上顺序编写,如图 3-1-3 所示。

拉丁字母的 I、O、Z 不得用作轴线编号。如字母数量不够使用,可增用双字母或单字母加注脚,如 AA、BA、…、YA 或 A_1、B_1、…、Y_1。

(4) 附加定位轴线的编号,应以分数的形式表示,并应按下列规定编写。

两根轴线之间的附加轴线,应以分母表示前一轴线的编号,分子表示附加轴线的编号,编号宜用阿拉伯数字顺序编写。1 号轴线或 A 号轴线之前的附加轴线应以分母 01、0A 表示,如图 3-1-4 所示。

(5) 分区、圆形平面和折线形平面定位轴线编号,如图 3-1-5 所示。

(6) 一个详图适用于几条轴线时,应同时注明各有关轴线的编号,如图 3-1-6 所示。通用详图中的定位轴线,应只画圆,不注写轴线编号。

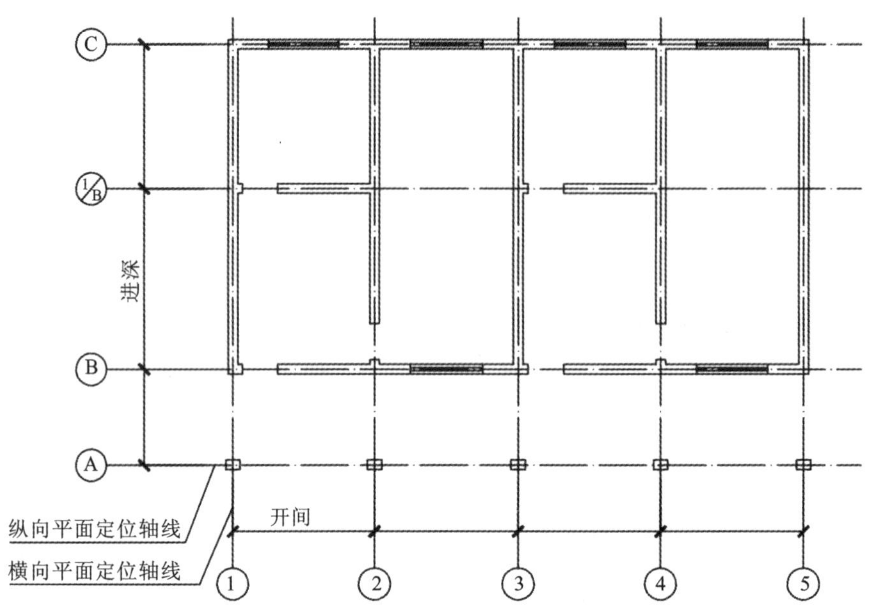

图 3-1-3　定位轴线的编号顺序

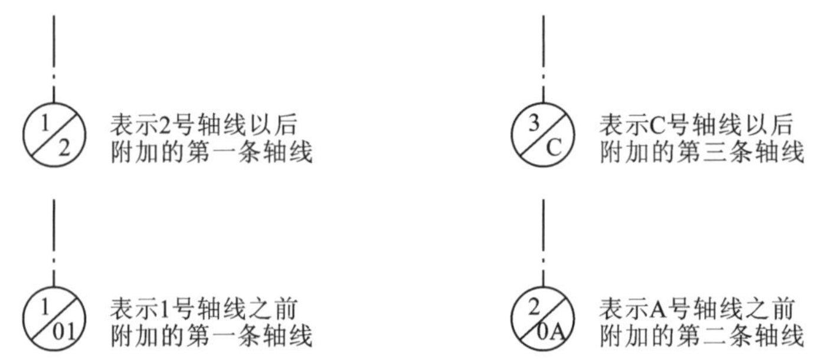

图 3-1-4　附加轴线的编号

2．标高

1）标高

标高是表示建筑物某一部位相对于基准面(标高的零点)的竖向高度，是竖向定位的依据。标高是标注建筑物高度的另一种尺寸形式。标高按基准面的不同分为相对标高和绝对标高。

(1) 绝对标高：以国家或地区统一规定的基准面作为零点的标高，称为绝对标高。我国规定以山东省青岛市的黄海平均海平面作为标高的零点。

(2) 相对标高：标高的基准面可以根据工程需要自由选定，称为相对标高。一般以建筑物一层室内主要地面作为相对标高的零点(±0.000)。

2）标高符号

标高符号应以直角等腰三角形表示。

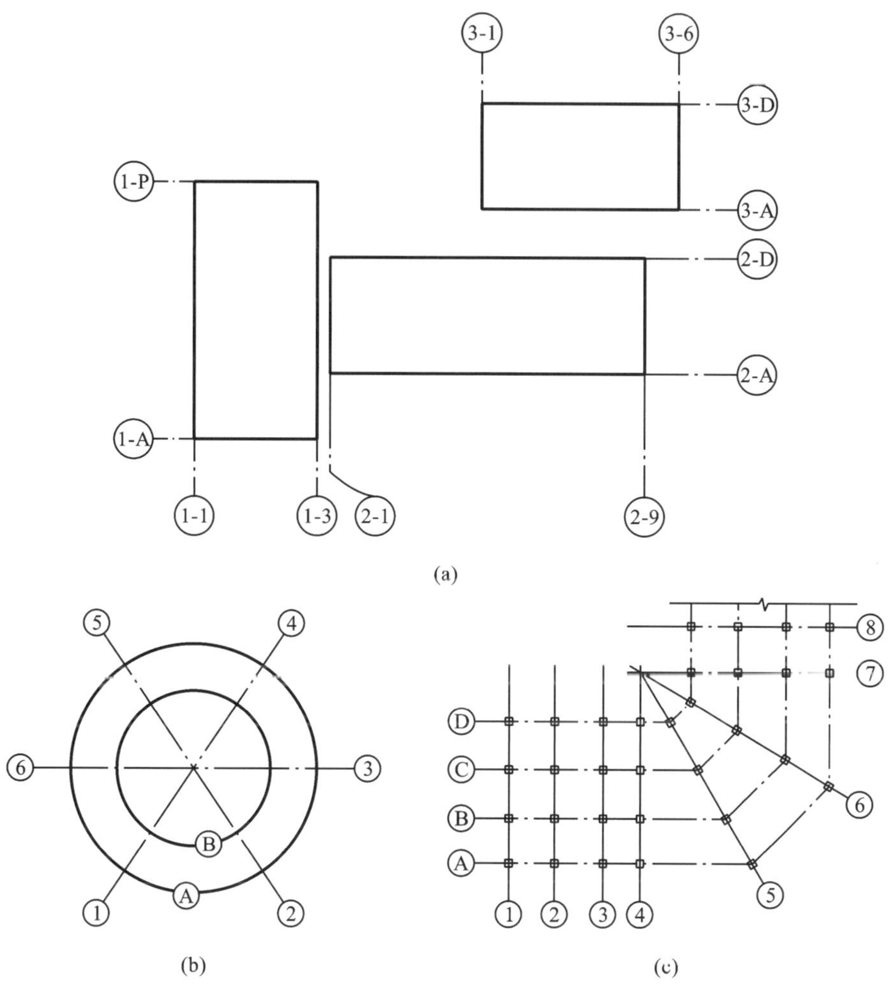

图 3-1-5 分区、圆形平面和折线形平面定位轴线编号

(a)分区定位轴线编号;(b)图形平面定位轴线编号;(c)折线形平面定位轴线编号

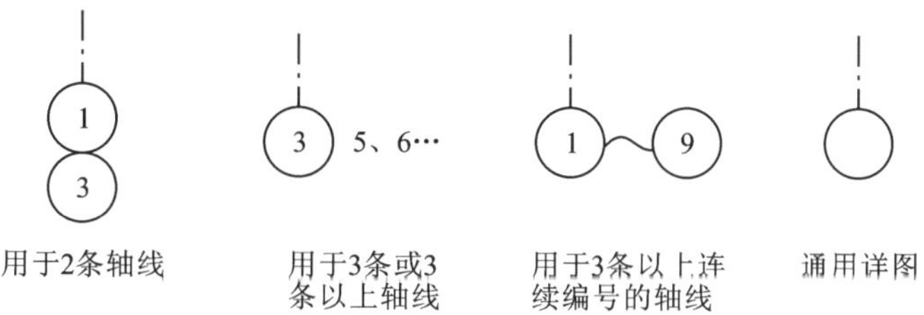

图 3-1-6 详图的轴线编号

总平面图室外地坪标高符号,用涂黑的三角形表示。

标高数字以米为单位,注写到小数点第 3 位,总平面图中可注写到小数点后两位,零点标高注写成±0.000;正数标高不注“+”号,负数标高应注“—”号,如图 3-1-7 所示。

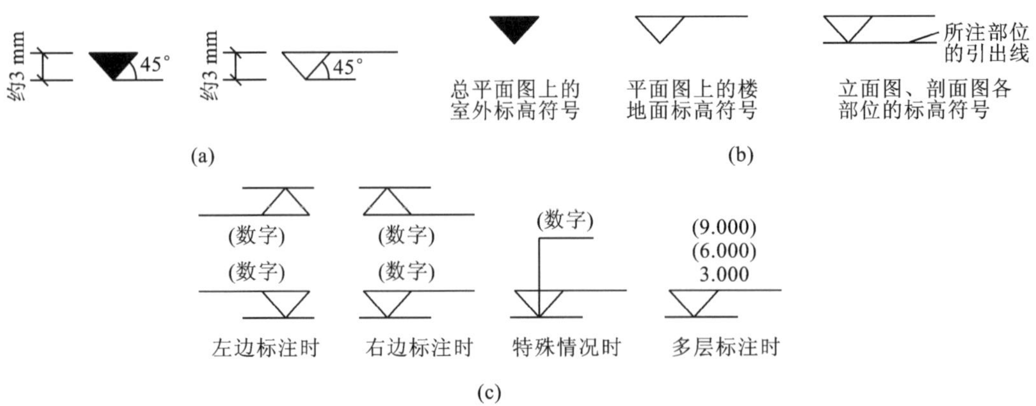

图 3-1-7　标高符号的标注

(a)标高符号画法;(b)标高符号形式;(c)立面图与剖面图上标高符号注法

3. 引出线

1）引出线

引出线应以细实线绘制,采用水平方向的直线,或与水平方向呈 30°、45°、60°、90°的直线,或经上述角度再折为水平线。文字说明应注写在水平线的上方,也可注写在水平线的端部。索引详图的引出线应与水平直线相连接,如图 3-1-8 所示。

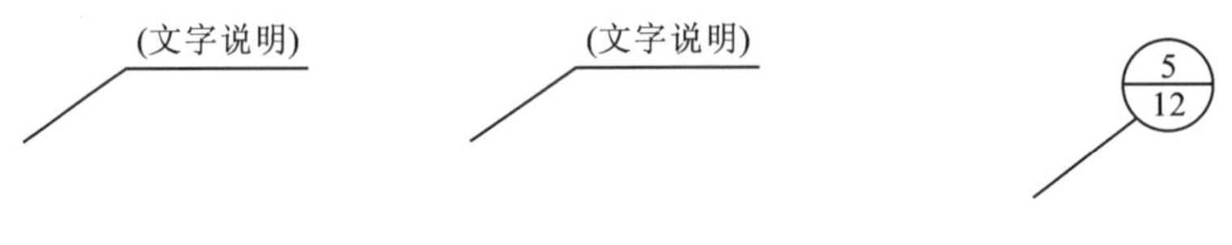

图 3-1-8　引出线

2）共同引出线

同时引出几个相同部分的引出线,如图 3-1-9 所示。

图 3-1-9　共同引出线

3）共用引出线

多层构造或多层管道共用引出线,应通过被引出的各层。文字说明宜注写在横线的上方,也可注写在横线的端部,说明的顺序应由上至下,并应与被说明的层次相互一致;如层次为横向排列,则由上至下的说明顺序应与由左至右的层次相互一致,如图 3-1-10 所示。

4. 索引符号与详图符号

(1) 索引符号。对图样中的某一局部或构件,如需另见详图,应以索引符号索引,如

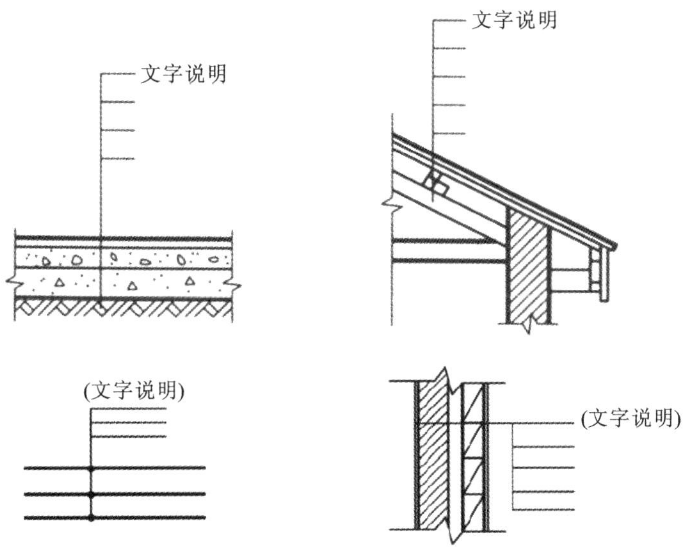

图 3-1-10　共用引出线

3-1-11(a)所示。索引符号由直径为 10 mm 的圆和水平直径组成,圆及水平直径均应以细实线绘制。索引符号应按下列规定编写。

①索引出的详图,如与被索引的详图同在一张图纸内时,应在索引符号的上半圆中用阿拉伯数字注明该详图的编号,并在下半圆中间画一段水平细实线如图 3-1-11(b)所示。

②索引出的详图,如与被索引的详图不在同一张图纸内,应在索引符号的上半圆中用阿拉伯数字注明该详图的编号,在索引符号的下半圆中用阿拉伯数字注明该详图所在图纸的编号,如图 3-1-11(c)所示。数字较多时,可加文字标注。

③索引出的详图,如采用标准图,应在索引符号水平直径的延长线上加注该标准图册的编号,如图 3-1-11(d)所示。

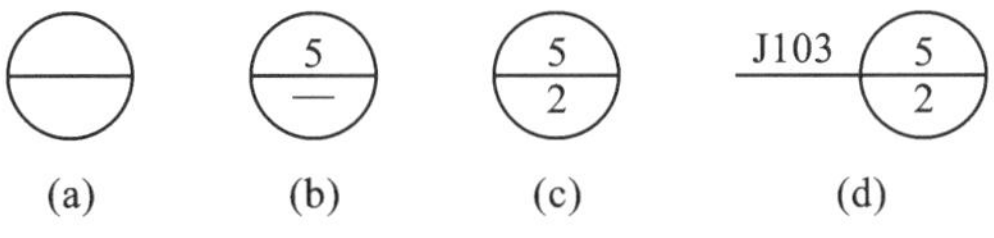

图 3-1-11　索引符号

(2) 索引符号如用于索引剖视详图,应在被剖切的部位绘制剖切位置线,以引出线引出索引符号,引出线所在的一侧应为投射方向。索引符号的编写同上条的规定,如图 3-1-12 所示。

(3) 钢筋、杆件、设备等的编号,以直径为 4～6 mm(同一图样应保持一致)的细实线圆表示,其编号应用阿拉伯数字按顺序编写,如图 3-1-13 所示。

(4) 详图符号。详图的位置和编号,应以详图符号表示。详图符号的圆应以直径为

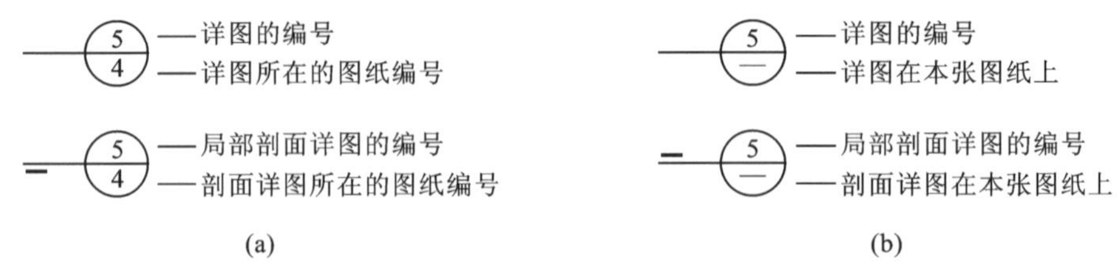

图 3-1-12 用于索引剖面详图的索引符号

(a)详图不在本张图纸上剖开后从下往上投影;(b)详图在本张图纸上剖开后从上往下投影

14 mm 粗实线绘制。详图应按下列规定编号。

①详图与被索引的图样同在一张图纸内时,应在详图符号内用阿拉伯数字注明详图的编号,如图 3-1-14 所示。

②详图与被索引的图样不在同一张图纸内,应用细实线在详图符号内画一水平直径,在上半圆中注明详图编号,在下半圆中注明被索引的图纸的编号,如图 3-1-15 所示。

③局部剖面详图符号如图 3-1-15 所示。

图 3-1-13 钢筋等的编号　**图 3-1-14 与被索引的图样同在一张图纸内的详图符号**　**图 3-1-15 与被索引的图样不在同一张图纸内的详图符号**

5. 其他符号

(1) 对称符号:对称符号由对称线和两端的两对平行线组成。对称线用细点画线绘制;平行线用细实线绘制,其长度宜为 6～10 mm,每对的间距宜为 2～3 mm,对称线垂直平分于两对平行线,两端超出平行线宜为 2～3 mm,如图 3-1-16(a)所示。

(2) 连接符号:连接符号应以折断线表示需要连接的部位。两部分相距过远时,折断线两端靠图样一侧应标注大写拉丁字母表示连接符号。两个被连接的图样必须用相同的字母编号,如图 3-1-16(b)所示。

(3) 指北针:形状如图 3-1-16(c)所示,其圆的直径为 24 mm,细实线绘制,指针头部应注写“北”或“N”。当图样较大时,指北针可放大,放大后的指北针,尾部宽度为圆直径的 1/8。

(4) 风向玫瑰图:表示一个地区在一定时期内风向频率的统计图。其中粗实线表示全年风向,细虚线表示夏季风向,风向线最长者为主导风向,风向为从外指向中心,如图 3-1-16(d)所示。

二、房屋建筑施工图的特点

(1) 房屋施工图,主要是用正投影法绘制的。房屋形体较大,图纸幅面有限,所以施

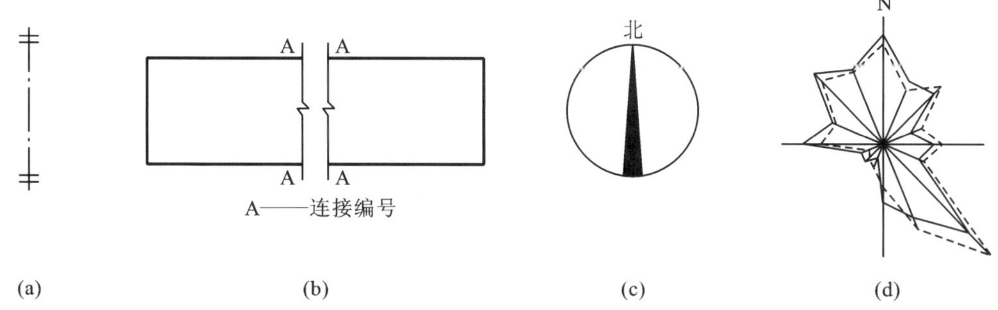

图 3-1-16　其他符号

(a)对称符号;(b)连接符号(A——连接编号);(c)指北针;(d)风向频率玫瑰图

工图一般都用缩小的比例绘制。平、立、剖面图可以分别单独画出。

(2) 在用缩小比例绘制的施工图中,对于一些细部构造、配件及卫生设备等就不能如实画出,为此,多采用统一规定的图例或代号来表示。

(3) 施工图中的不同内容,是采用不同规格的图线绘制,选取规定的线型和线宽,用以表明内容的主次并增加图面效果。

(4) 采用标准定型设计的,可只标明标准图集的编号、页数和图号。

3.1.4　房屋建筑施工图的识读

房屋建筑施工图是用投影原理的各种图示方法和规定画法综合应用绘制的,所以识读房屋建筑施工图,必须具备相关的知识,按照正确的方法步骤进行识读。

一、施工图的识读

1. 施工图识读的一般要求

(1) 具备基本的投影知识。

(2) 了解房屋组成与构造。

(3) 掌握形体的各种图示方法及制图标准规定。

(4) 熟记常用比例、线型、符号、图例等,认真细致,全面准确。

2. 施工图识读的一般方法与步骤

识读施工图的一般方法是:先看首页图(图纸目录和设计说明),按图纸顺序通读一遍,按专业次序仔细识读,先基本图,后详图,分专业对照识读(看是否衔接一致)。

一套房屋施工图是由不同专业工种的图样综合组成的,简单的有几张,复杂的有几十张,甚至几百张,它们之间有着密切的联系,读图时应注意前后对照,以防出现差错和遗漏。识读施工图的一般步骤如下。

(1) 对于全套图样来说,先看说明书、首页图,后看建施、结施和设施。

(2) 对于每一张图样来说,先看图标、文字,后看图样。

(3) 对于建施、结施和设施来说,先看建施,后看结施、设施。

(4) 对于建筑施工图来说,先看平面图、立面图、剖面图,后看详图。

(5) 对于结构施工图来说,先看基础施工图、结构布置平面图,后看构件详图。

当然上述步骤并不是孤立的,而是要经常相互联系进行,反复阅读才能看懂。

二、标准图的识读

一些常用的构配件和构造做法,通常直接采用标准图集,所以在阅读了首页图之后,就要查阅本工程所采用的标准图集。

1. 标准图集分类

按编制单位和使用范围分,标准图集可分为以下三类。

(1) 国家通用标准图集(常用 J102 等表示建筑标准图集、G105 等表示结构标准图集)。

(2) 省级通用标准图集。

(3) 各大设计单位(院级)通用标准图集。

2. 标准图的查阅方法

(1) 按施工图中注明的标准图集的名称、编号和编制单位,查找相应图集。

(2) 识读时应先看总说明,了解该图集的设计依据、使用范围、施工要求及注意事项等内容。

(3) 按施工图中的详图索引编号查阅详图,核对有关尺寸和要求。

任务 3.2　建筑施工图识图

能力目标	知识目标
能够识读简单工程的图纸目录、工程做法表、门窗表及设计说明	掌握建筑施工图的组成 理解建筑总平面图的形成与作用
能够识读和绘制简单的建筑平面、立面、剖面和详图	理解建筑施工图的形成与作用
能用国家制图标准和相关规范绘制施工图	理解建筑详图的作用

建筑施工图主要表达的是建筑物的总体布局、外部造型、平面的布置、细部的构造、内外装饰、固定设施和施工要求等。

建筑施工图是整个房屋施工图中具有全局性、基础性的图纸，是其他专业（如结构、设备及二次装修）进行相关设计与制图的主要依据。

3.2.1　首页图

施工图中除各种图样外，一般还包括图纸目录、设计说明、工程材料表、门窗表等。这部分内容通常集中编写，编排在施工图的前部，当内容较少时，可以全部绘制于第一张图纸上，成为施工图的首页图。

习惯上将施工图首页图作为建筑施工图的一部分，是建筑施工图纸的第 张图样，主要包括图纸目录、设计说明、工程材料表、门窗表等。

一、图纸目录

工程项目均宜有总目录，图纸总目录说明该项目工程由哪几个专业图纸组成，各专业图纸名称、图号、图纸顺序等。专业图纸目录放在各专业图纸之前。建筑施工图图纸目录用于说明图纸的名称、图号、图幅及图纸数量等。如果采用标准图，应写出所使用标准图的名称、所在的标准图集和图号或页次。编制图纸目录的目的是为了便于查找图纸。

现以某别墅工程施工图为例，识读首页图中图纸目录的内容，见表 3-2-1。从表中可知：该套图纸均为建施图，共有 7 张；首层平面图及夹层平面图的图号 J-02，比例为 1∶100。

表 3-2-1　图纸目录

序号	图 纸 目 录	图号	规格	附注
	图纸目录(即本页)		A4	
	建筑部分			
1	建筑总说明	J-01	A3	
2	首层平面图　夹层平面图	J-02	A3	
3	二层平面图　三层平面图	J-03	A3	
4	屋面平面图	J-04	A3	
5	Ⓓ-Ⓐ立面图　⑤-①立面图	J-05	A3	
6	Ⓐ-Ⓓ立面图　①-⑤立面图	J-06	A3	
7	1—1 剖面图　　门窗表	J-07	A3	

二、设计说明

一般为建筑施工图的第一张图纸,建筑设计说明主要介绍设计依据、工程概况、主要工程做法及施工图未用图形表达的内容等。

三、工程做法表

工程做法表主要是对屋面、楼地面、顶棚、墙面、勒脚、台阶等构造做法,可在设计说明里说明,也可用局部图示或表格进行说明。如采用标准图集中的做法,应注明所采用标准图集的代号、做法编号,如有改变,在备注中说明。

四、门窗表

门窗表是汇总整个建筑物中所包含的门、窗的编号、宽度和长度、数量、开启方式、所采用的材料及制作要求等,主要为了便于订货和加工,并为编制预算提供方便,如表3-2-2所示。

从表中可知:C1 为铝合金窗,宽为为 1.900 m,高为 3.600 m,此类窗共有 1 扇,依此类推。一般门窗制作安装前需现场校核尺寸。

表 3-2-2　门窗表　　单位:mm

序　号	编　号	尺寸(宽×高)	樘　数	材　　料	备　　注
1	M1	1800×2400	1	金属	
2	M2	800×2100	7	木	
3	M3	900×2400	5	木	

续表

序　号	编　号	尺寸(宽×高)	樘　数	材　　料	备　　注
4	M4	700×2100	1	木	
5	M5	1800×2100	1	玻璃	
6	M6	1500×2400	2	木	
7	M7	1200×2100	2	玻璃	
8	M8	2400×2500	2	玻璃	
9	M9	900×2100	2	玻璃	
10	M10	800×2300	1	木	
11	C1	1900×3600	1	铝合金	
12	C2	5400×4100	1	铝合金	
13	C3	2000×4300	1	铝合金	
14	C4	1600×1000	4	铝合金	
15	C5	2200×1300	1	铝合金	
16	C6	1000×900	5	铝合金	
17	C7	5300×1800	1	铝合金	
18	C8	2200×1100	1	铝合金	
19	C9	3000×1600	2	铝合金	
20	C10	1500×1600	2	铝合金	
21	C11	3400×2000	2	铝合金	
22	C12	2000×600	4	铝合金	
23	C13	2200×1600	2	铝合金	

3.2.2　建筑总平面图

一、总平面图概述

1. 总平面图的形成

将项目用地范围内的新建、拟建、原有和拆除的建筑物、构筑物连同其周围的道路、地形、地物状况用水平投影方法和相应的图例绘制而成的工程图样，称为建筑总平面图。

建筑总平面图主要反映的是项目范围内建筑的平面轮廓形状和层数、与周边道路或建筑物的相对位置、周围环境、地形地貌、道路绿化等的布置情况。

2. 总平面图的作用

总平面图是建设工程中新建房屋施工定位、土方施工、设备专业管线平面布置的依据，也是安排在施工时进入现场的材料和构件、配件堆放场地，构件预制的场地以及运输道路等施工总平面布置的依据。

二、总平面图的图示内容和图示方法

总平面图一般采用 1∶500、1∶1000 或 1∶2000 的比例,因为比例较小,图示内容多按《总图制图标准》(GB/T 50103—2010)中相应的图例要求进行简化绘制。表 3-2-3 摘录了其中一部分图例,如果该标准中图例还不够使用时,可自行设定图例,但绘图时应在总平面图上,专门另行画出自定的图例,并注明其名称。

表 3-2-3 建筑总平面图图例

图 例	名 称	说 明
12 ▲	新建建筑物	1. 需要时,可用▲表示出入口,可在图形内右上角用点数或数字表示层数。 2. 建筑物外形(一般以±0.000 高度处的外墙定位轴线或外墙面为准)用粗实线表示。需要时,地面以上建筑用中粗实线表示,地面以下建筑用细虚线表示
	原有建筑物	用细实线表示
	计划扩建的预留地或建筑物	用中粗虚线表示
	拆除的建筑物	用细实线表示
	地下建筑物或构筑物	
	散状材料露天堆场	需要时可注明材料名称
	公路桥	
	铁路桥	
	烟囱	实线为烟囱下部直径,虚线为基础,必要时可注写烟囱高度和上、下口直径

续表

图 例	名 称	说 明
	围墙及大门	实体性质的围墙
	围墙及大门	通透性质的围墙
154.20	室内地坪标高	
142.00	室外地坪标高	
	原有道路	
	计划扩建的道路	
	护坡	
北	风向频率玫瑰图	
	指北针	

1. 总平面图的图示内容

(1) 项目工程的地形、用地范围。

(2) 新建建筑物的位置,总平面图中应详细绘出其定位坐标值或相互关系尺寸。

(3) 地面以上建筑轮廓形状及地下室边线。

(4) 项目工程内道路宽度和走向、室外地坪标高、建筑物的入口、室内设计标高、层数。

(5) 绿化规划、管道布置。

(6) 指北针或风玫瑰(线表示全年风向频率,虚线表示按 6、7、8 三个月统计的夏季风向频率)。

(7) 项目的工程位置图。

(8) 主要技术经济指标。

注:总平面图中的标高采用绝对标高,取小数点后两位。总平面图中的尺寸单位为 m。以上所列内容,应根据工程的特点和实际情况而定。

2. 总平面图的图示方法

在画有等高线或坐标方格网的地形图上图示新设计、未来扩建的,以及原有的建筑、道路、绿化等。

(1) 比例。常用的比例:1∶500、1∶1000、1∶2000。

(2) 图例,见表 3-2-3。

(3) 图线。

粗实线——新建建筑物±0.000 高度的可见轮廓线;

中实线——新建构筑物、道路、桥涵、围墙、边坡、挡土墙等的可见轮廓线、新建建筑物±0.00 高度以外的可见轮廓线;

粗虚线——新建建筑物±0.000 高度以下的建筑边线;

中虚线——计划预留建(构)筑物等轮廓;

细实线——原有建筑物、构筑物、建筑坐标网格等以细实线表示。

(4) 标高与尺寸。

在总平面图中,采用绝对标高,室外地坪标高符号宜用涂黑的三角形表示,总平面图的坐标、标高、距离以米为单位,并应至少取至小数点后两位。

3. 总平面图的识读

阅读总平面图的一般步骤,如图 3-2-1 所示。

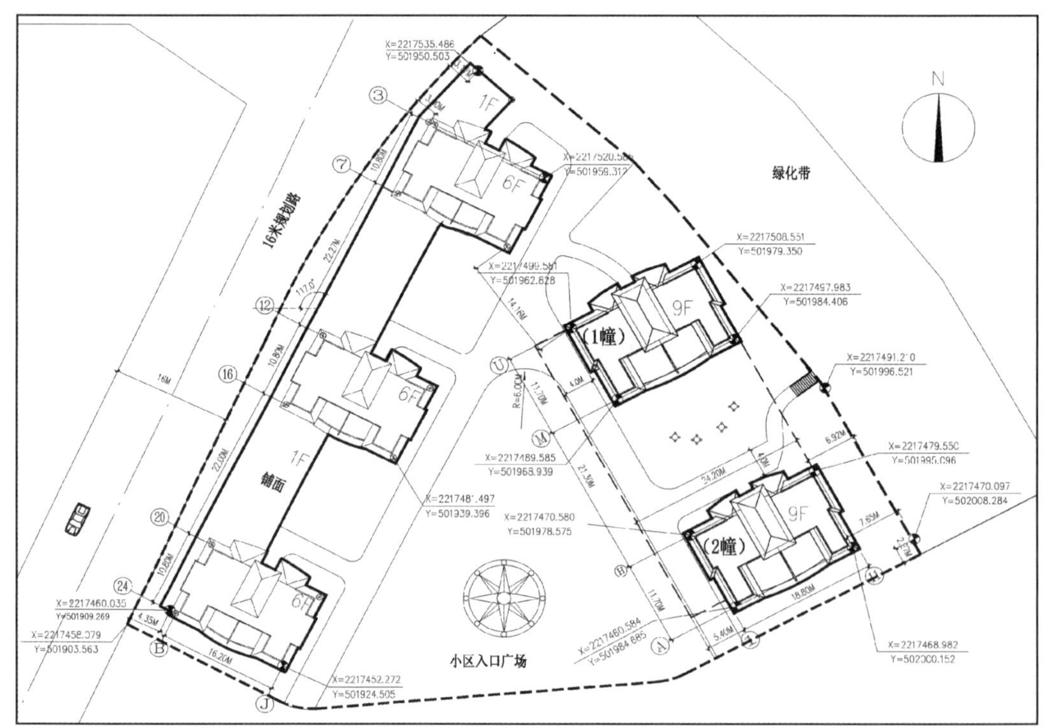

图 3-2-1 建筑总平面图

(1) 阅读标题栏、图名、比例、图例及有关文字说明,总平面图因包括的地方范围较大,所以绘制时都用较小比例,如 1∶500、1∶1000、1∶2000 等。

(2) 阅读设计说明,在总平面图中常附有设计说明,一般包括如下内容:工程规模、主要技术经济指标、用地范围等;有关确定建筑物位置的事项;标高及引测点说明、相对标高与绝对标高的关系;补充图例等。

(3) 了解新建建筑物的位置、层数、朝向以及当地常年主导风向等,有时也可只画单独的指北针。

(4) 了解新建建筑物的周围环境状况。

(5) 了解新建建筑物首层地坪、室外设计地坪的标高和周围地形等。

(6) 了解原有建筑物、构筑物和计划扩建的项目,如道路、绿化等。

3.2.3　建筑平面图

一、建筑平面图概述

用一个假想的水平剖切平面沿略高于窗台的部位剖切房屋,移去上面部分,将剩余部分向水平面做正投影而得到的水平投影图,称为建筑平面图,简称平面图,如图 3-2-2 所示。

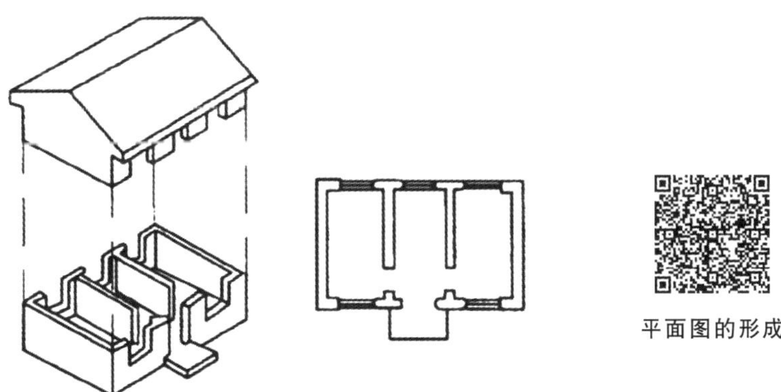

图 3-2-2　建筑平面图

二、建筑平面图的图示内容

(1) 承重墙、柱及其定位轴线和轴线编号,内外门窗位置、编号及定位尺寸,门的开启方向,注明房间名称或编号,库房(贮藏)注明储存物品的火灾危险性类别。

(2) 轴线总尺寸、轴线间尺寸、门窗洞口尺寸、分段尺寸。

(3) 墙身厚度,柱与壁柱截面尺寸及其与轴线关系尺寸;当围护结构为幕墙时,标明幕墙与主体结构的定位关系;玻璃幕墙部分标注立面分格间距的中心尺寸。

(4) 变形缝位置、尺寸及做法索引。

(5) 主要建筑设备和固定家具的位置及相关做法索引,如卫生器具、雨水管、水池台、橱、柜、隔断等。

(6) 电梯、自动扶梯及步道(注明规格)、楼梯(爬梯)位置和楼梯上下方向示意和编号索引。

(7) 主要结构和建筑构造部件的位置、尺寸和做法索引,如中庭、天窗、地沟、地坑、重要设备或设备机座的位置尺、各种平台、夹层、人孔、阳台、雨篷、台阶、坡道、散水、明沟等。

(8) 楼地面预留孔洞和管道、管线竖井、烟囱、垃圾道等位置、尺寸和做法索引,以及墙体(主要为填充墙、承重砌体墙)预留洞位置、尺寸与标高及高度等。

(9) 车库的停车位(无障碍车位)和通行路线。

(10) 室外地面标高、底层地面标高、各楼层标高、地下室各层标高。

(11) 底层平面标注剖切位置、编号及指北针。

(12) 屋面平面应有女儿墙、檐口、天沟、坡度、坡向、雨水口,屋脊(分水线)、变形缝、楼梯间、水箱间、电梯机房、天窗及挡风板、屋面上人孔、检修梯、室外消防楼梯及其他构筑物,必要的详图索引号、标高等。由于屋顶平面图比较简单,常用小比例尺绘制。

三、建筑平面图的图示方法

1. 图名、比例

应注明是哪层平面图,在图名处加中实线作下画线,常用绘图比例为 1∶50、1∶100、1∶200 等。例如:

<u>六层平面图 1∶100</u>

2. 图线

在平面图中的线型要求粗细分明。

粗实线 b——被剖切到的主要建筑构造(包括构配件),如承重墙、柱的断面轮廓线及剖切符号。

中实线 0.5b——被剖切到的次要建筑构造(包括构配件)的轮廓线(如墙身、台阶、散水、门扇开启线)、建筑构配件的轮廓线及尺寸起止斜短线。

中虚线 0.5b——建筑构配件不可见轮廓线,被剖切到的高窗、墙洞等。

细实线 0.25b——其余可见轮廓线及图例、引出线、尺寸标注等线,原有建筑物、构筑物、建筑坐标网格等以细实线表示。

细点画线——定位轴线和中心线。

3. 定位轴线

平面图上定位轴线的编号，宜标注在图样的下方与左侧，轴线分区编号、圆形平面定位轴线和折线平面定位轴线要求，如图 3-1-3、图 3-1-4、图 3-1-5 所示。

4. 图面布置

建筑平面图的方向宜与总平面图方向一致，长边宜与横式幅面图纸的长边一致。

在同一张图纸上绘制多个平面图，宜按层数有低到高的顺序从左至右或从下至上布置。

除顶棚平面图宜用镜像投影法绘制外，其他平面图应按正投影法绘制。

5. 尺寸标注

主要标注长、宽尺寸，分外部尺寸和内部尺寸。

(1) 外部尺寸：包括外墙三道尺寸(总尺寸、定位尺寸、细部尺寸)及局部尺寸。

总尺寸：房屋的总长和总宽尺寸，即两端外墙外侧之间的距离，通常称为房屋的外包尺寸。

定位尺寸：各定位轴线间的尺寸，它表达房间的开间和进深尺寸(开间为房间的横向定位轴线间的尺寸，进深为房间的纵向定位轴线间的尺寸)。

细部尺寸：外墙的门窗洞口的定型、定位尺寸，以及窗间墙、柱和外墙轴线到墙外边线的尺寸。

局部尺寸：建筑物的外墙以外的台阶、花池、散水、阳台、雨棚以及室内固定设施等的定型定位尺寸。

(2) 内部尺寸：包括室内净空、内墙上的门窗洞口、墙垛位置大小、内墙厚度、柱位置大小、室内固定设备位置大小等尺寸。

6. 标高标注

建筑平面图中的标高，除特殊说明外，通常都采用相对标高，并将底层室内主要房间地面定为±0.000。应标注不同楼地面高度房间及室外地坪等标高。要标示主要楼、地面及其他主要台面的相对标高。如：室内、外地面，室外台阶、楼梯的平台标高，要符合规定。

7. 平面图图例符号

由于建筑平面图的绘图比例较小，所以在平面图中某些建筑构造、配件和卫生器具等都不能按其真实投影画出，而是按“国标”中规定的图例表示。绘制房屋施工图常用图例，见表 3-2-4。

表 3-2-4　常用建筑构配件图例

序号	名　称	图　例	说　明
1	墙体		
2	楼梯	上 下 上 下	1. 上图为底层楼梯平面,中图为中间层楼梯平面,下图为顶层楼梯平面 2. 楼梯及栏杆扶手的形式和梯段踏步数应按实际情况绘制
3	坡道	下 下 下	左图为长坡道,右图为门口坡道
4	通风道		
5	烟道		1. 阴影部分可以涂色代替 2. 烟道与墙体为同一材料时,其相接处墙身线应断开

续表

序号	名称	图例	说明
6	单、双扇门（包括平开或单面弹簧）	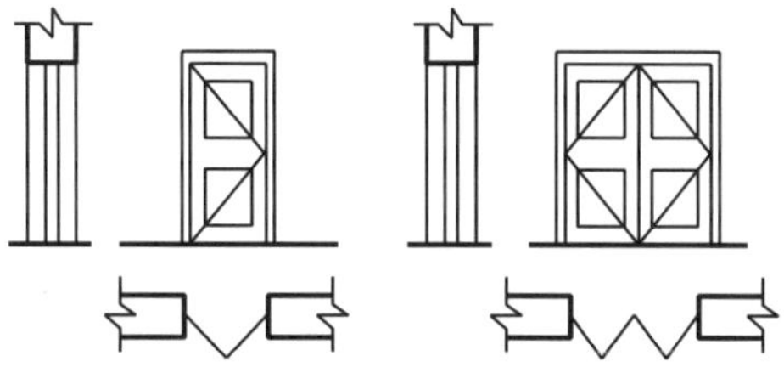	1. 门的名称代号用 M 2. 图例中剖面图左为外、右为内，平面图下为外、上为内 3. 立面图上开启方向线交角的一侧为安装合页的一侧，实线为外开，虚线为内开 4. 平面图上门线应 90°或 45°开启，开启弧线宜绘出 5. 立面图上的开启线在一般设计图中可不表示，在详图及室内设计图上应表示 6. 立面形式应按实际情况绘制
7	单、双扇双面弹簧门	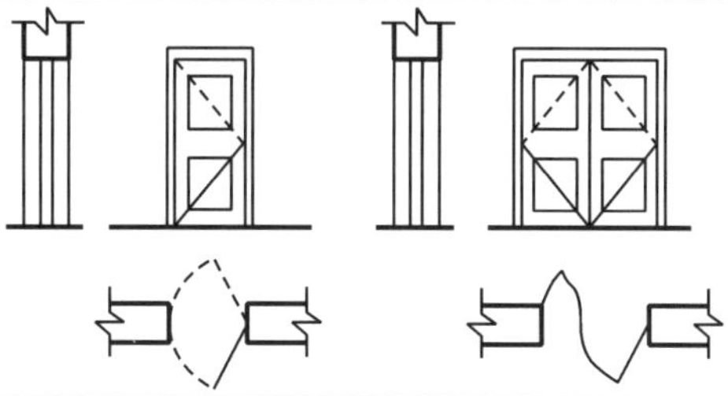	
8	墙中单扇、墙外双扇推拉门	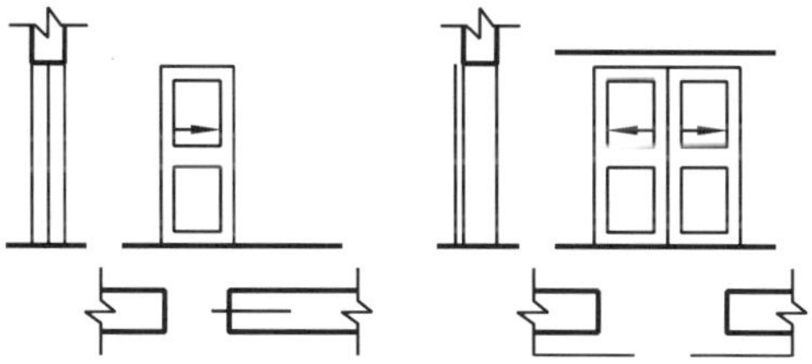	
9	自动门	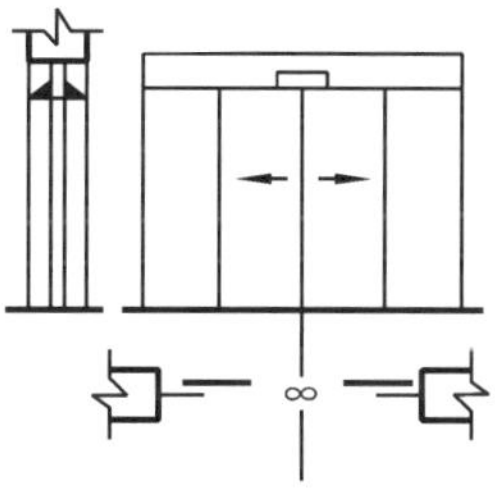	
10	竖向卷帘门	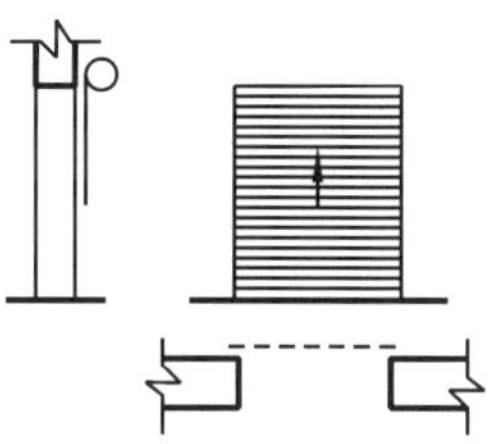	
11	提升门	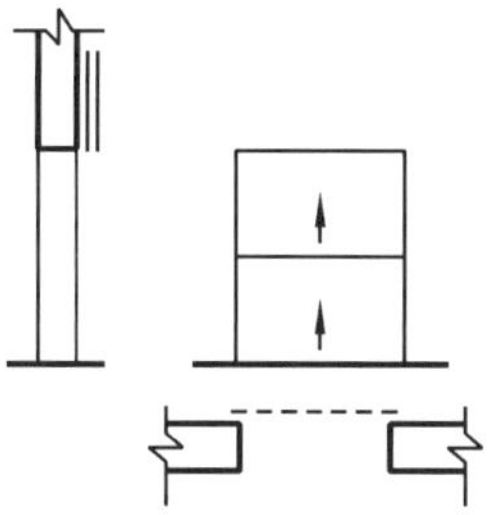	

续表

序号	名　　称	图　　例	说　　明
12	转门	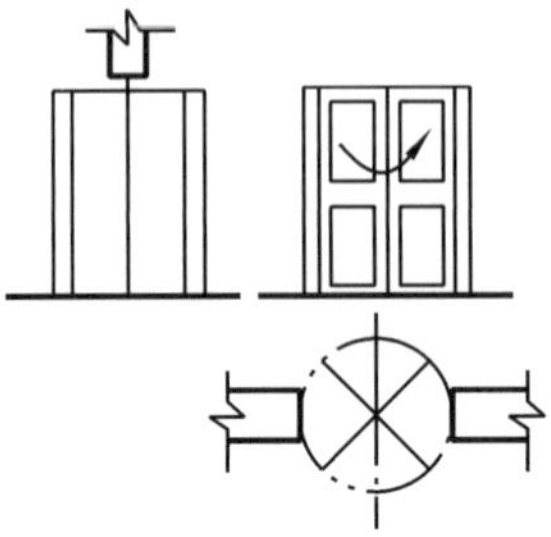	1. 门的名称代号用 M 2. 图例中剖面图左为外、右为内，平面图下为外、上为内 3. 平面图上门线应 90°或 45°开启，开启弧线宜绘出 ①立面图上的开启线在一般设计图中可不表示，在详图及室内设计图上应表示 ②立面形式应按实际情况绘制
13	单层固定窗	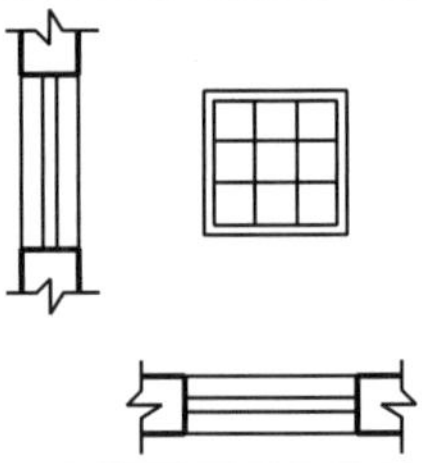	1. 窗的名称代号用 C 表示 2. 立面图中的斜线表示窗的开启方向，实线为外开，虚线为内开；开启方向线交角的一侧为安装合页的一侧，一般设计图中可不表示 3. 图例中，剖面图所示左为外，右为内，平面图所示下为外，上为内 4. 平面图和剖面图上的虚线仅说明开关方式，在设计图中不需表示 5. 窗的立面形式应按实际绘制 6. 小比例绘图时平、剖面的窗线可用单粗实线表示
14	单层外开上悬窗	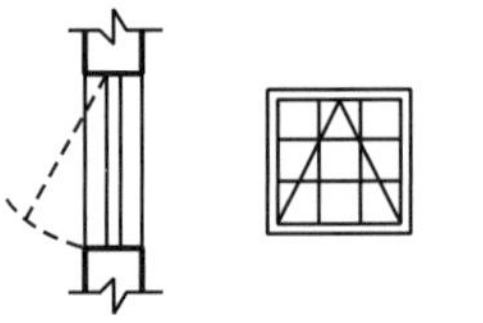	
15	单层中悬窗	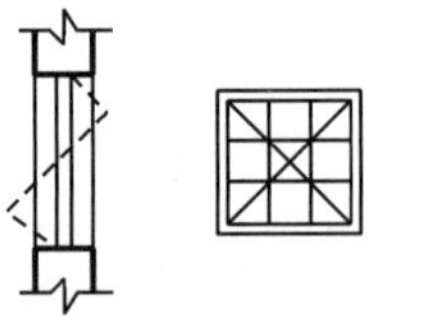	
16	单层内开下悬窗	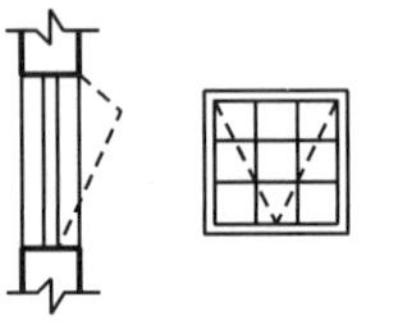	

续表

序号	名　称	图　例	说　明
17	单层外开平开窗		1. 窗的名称代号用C表示 2. 立面图中的斜线表示窗的开启方向，实线为外开，虚线为内开；开启方向线交角的一侧为安装合页的一侧，一般设计图中可不表示 3. 图例中，剖面图所示左为外，右为内，平面图所示下为外，上为内 4. 平面图和剖面图上的虚线仅说明开关方式，在设计图中不需表示 5. 窗的立面形式应按实际绘制 6. 小比例绘图时平、剖面的窗线可用单粗实线表示
18	百叶窗		

四、建筑平面图识图

1. 阅读平面图的一般步骤

(1) 看图名、比例，了解该图是哪一层平面图，绘图比例是多少。

(2) 看底层平面图上画的指北针，了解房屋的朝向。

(3) 看房屋平面外形和内部墙的分隔情况，了解房屋平面形状和房间分布、用途、数量及相互间联系，如入口、走廊、楼梯和房间的位置等。

(4) 在底层平面图上看室外台阶、花池、散水坡(或明沟)及雨水管的大小和位置。

(5) 看图中定位轴线的编号及其间距尺寸。从中了解各承重墙(或柱)的位置及房间大小，以便于施工时定位放线和查阅图纸。

(6) 看平面图的各部分尺寸。从各道尺寸的标注，可知各房间的开间、进深、门窗及室内设备的大小位置。

(7) 看地面标高。楼地面标高是表明各层楼地面对标高零点(即正负零)的相对高度。一般平面图分别标注下列标高：室内地面标高、室外地面标高、室外台阶标高、卫生间地面标高、楼梯平台标高等。

(8) 看门窗的分布及其编号。了解门窗的位置、类型及其数量。

(9) 在底层平面图上看剖面的剖切符号,了解剖切部位及编号,以便与有关剖面图对照阅读。

(10) 查看平面图中的索引符号。当某些构造细部或构件,需另画比例较大的详图或引用有关标准图时,则须标注出索引符号,以便与有关详图符号对照查阅。

下面以某别墅建筑施工图为例来讲解建筑施工图的识读与绘制。该别墅平面图如图 3-2-3、图 3-2-4、图 3-2-5、图 3-2-6、图 3-2-7 所示。

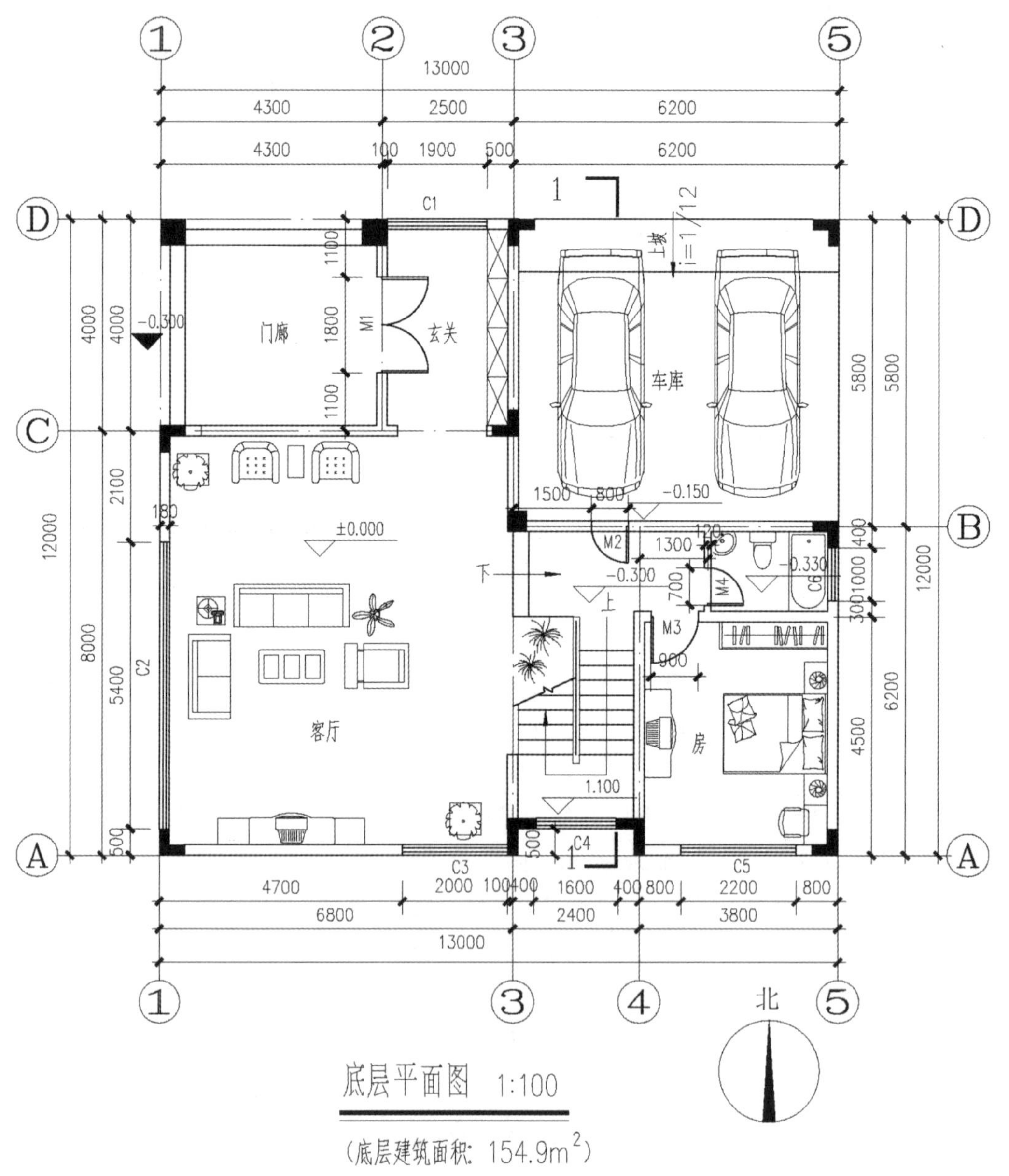

图 3-2-3 某别墅底层平面图

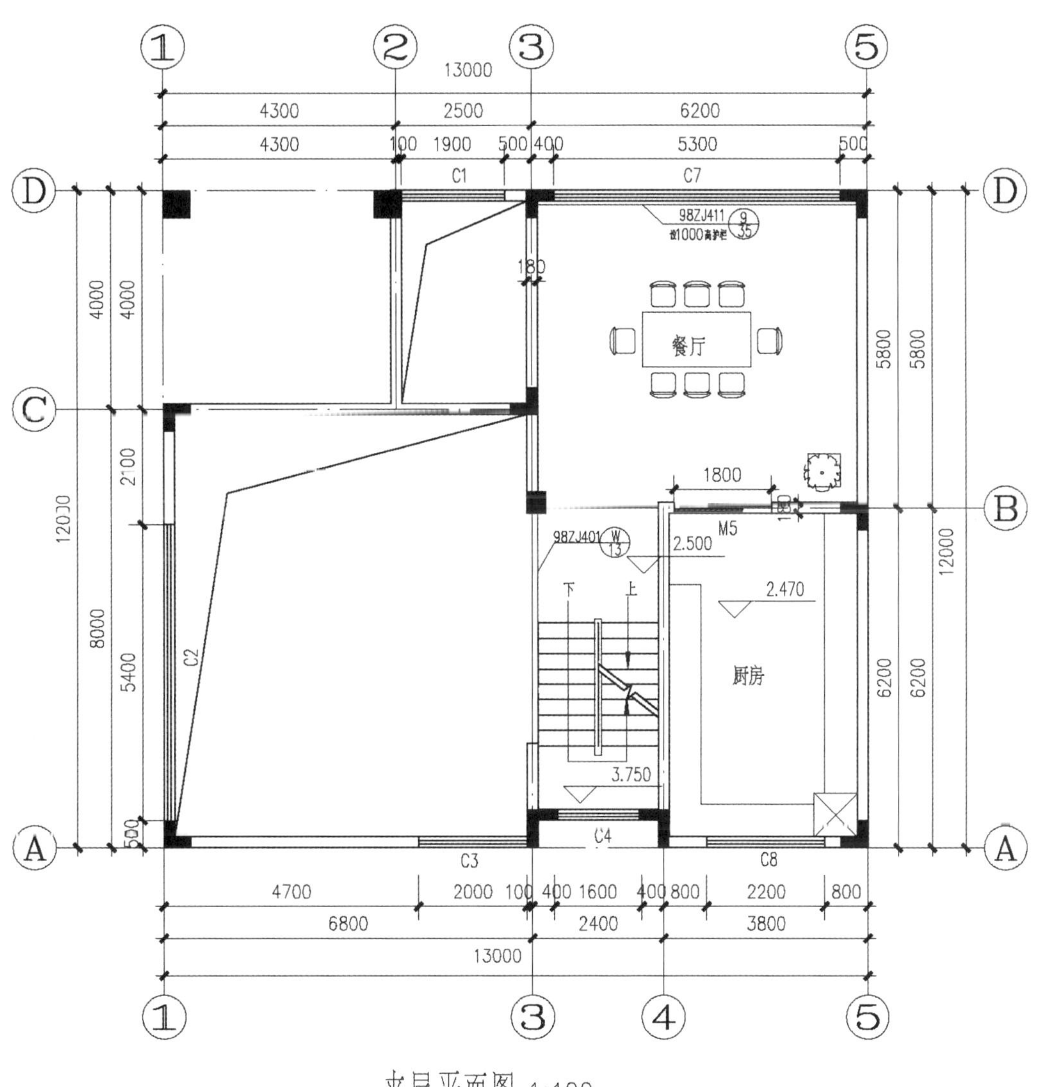

图 3-2-4　某别墅夹层平面图

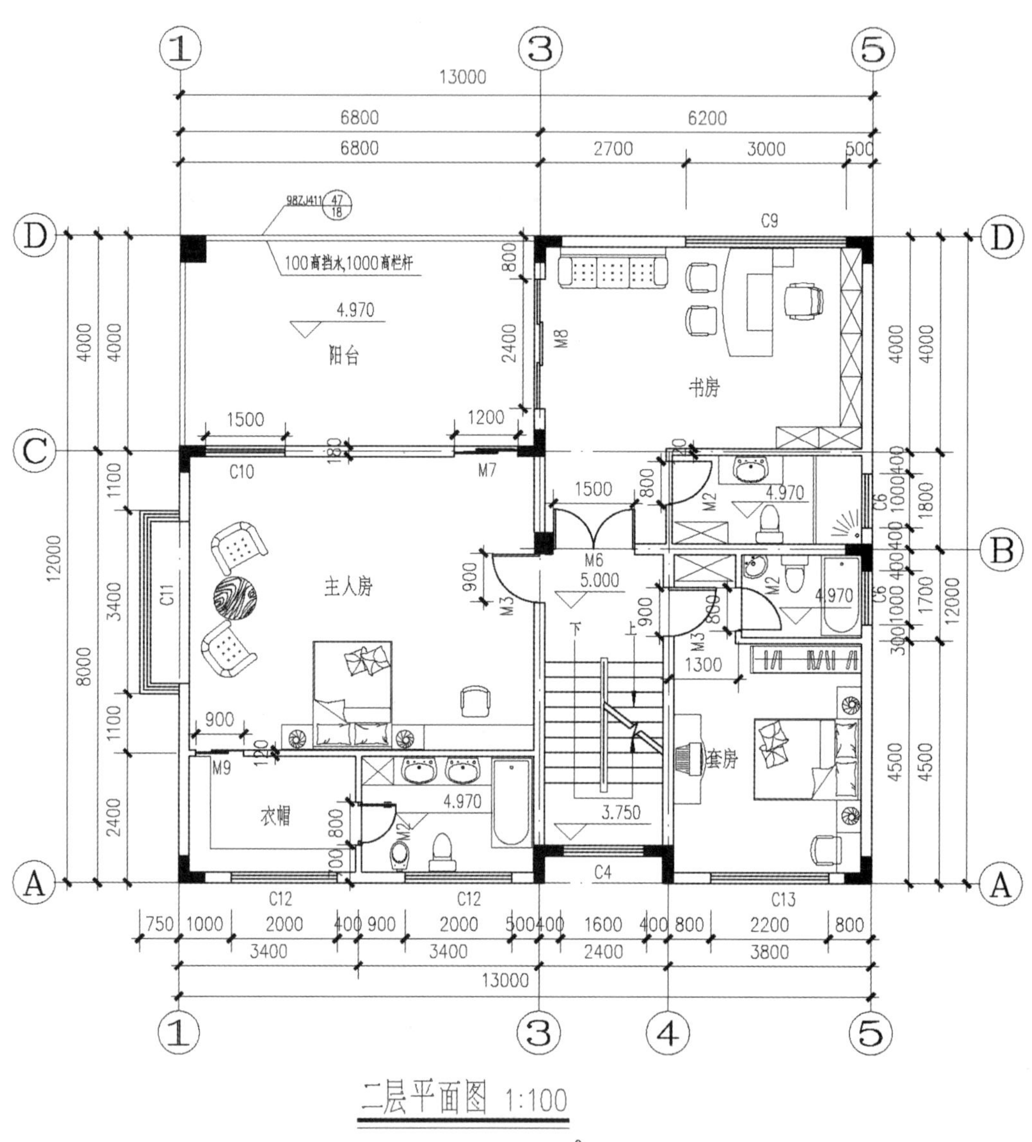

图 3-2-5 某别墅二层平面图

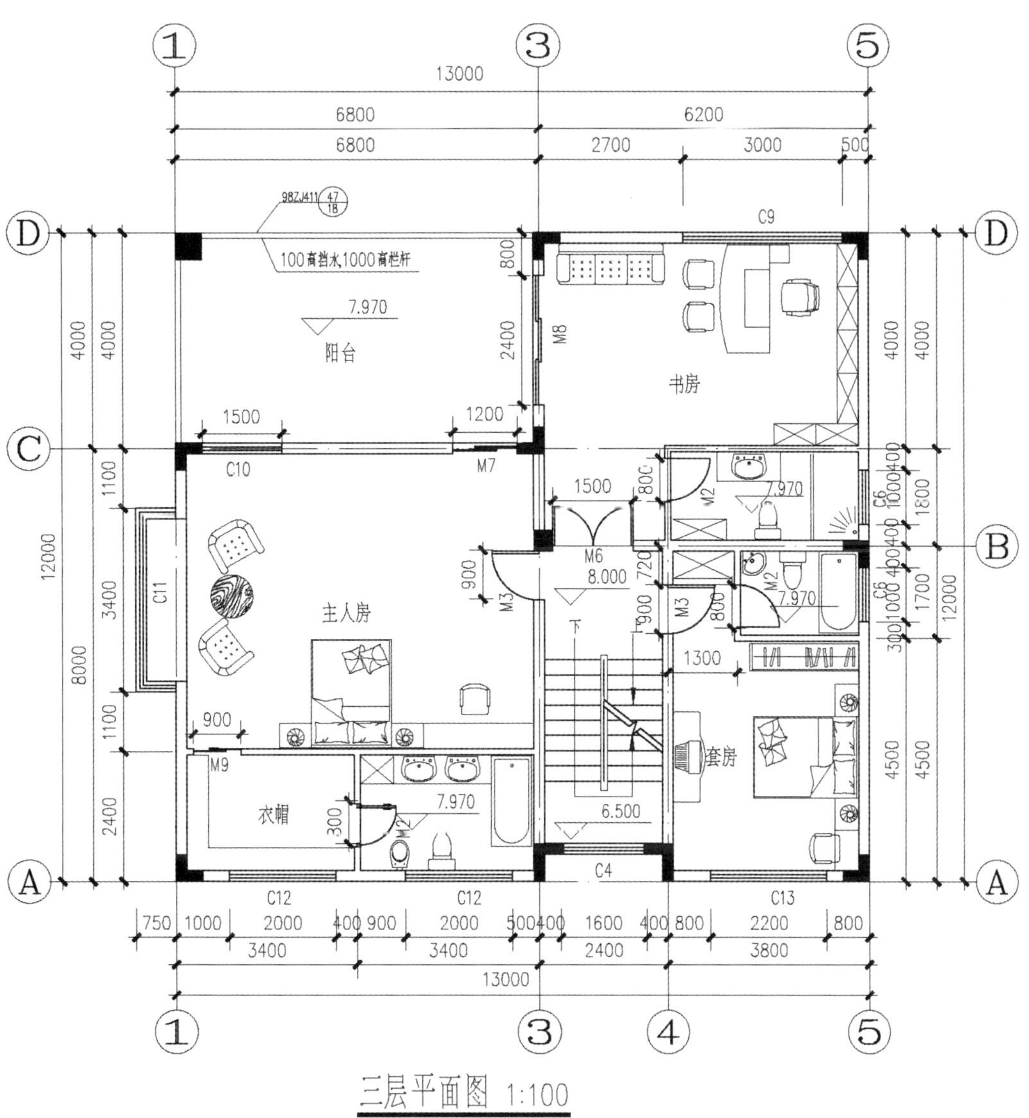

图 3-2-6 某别墅三层平面图

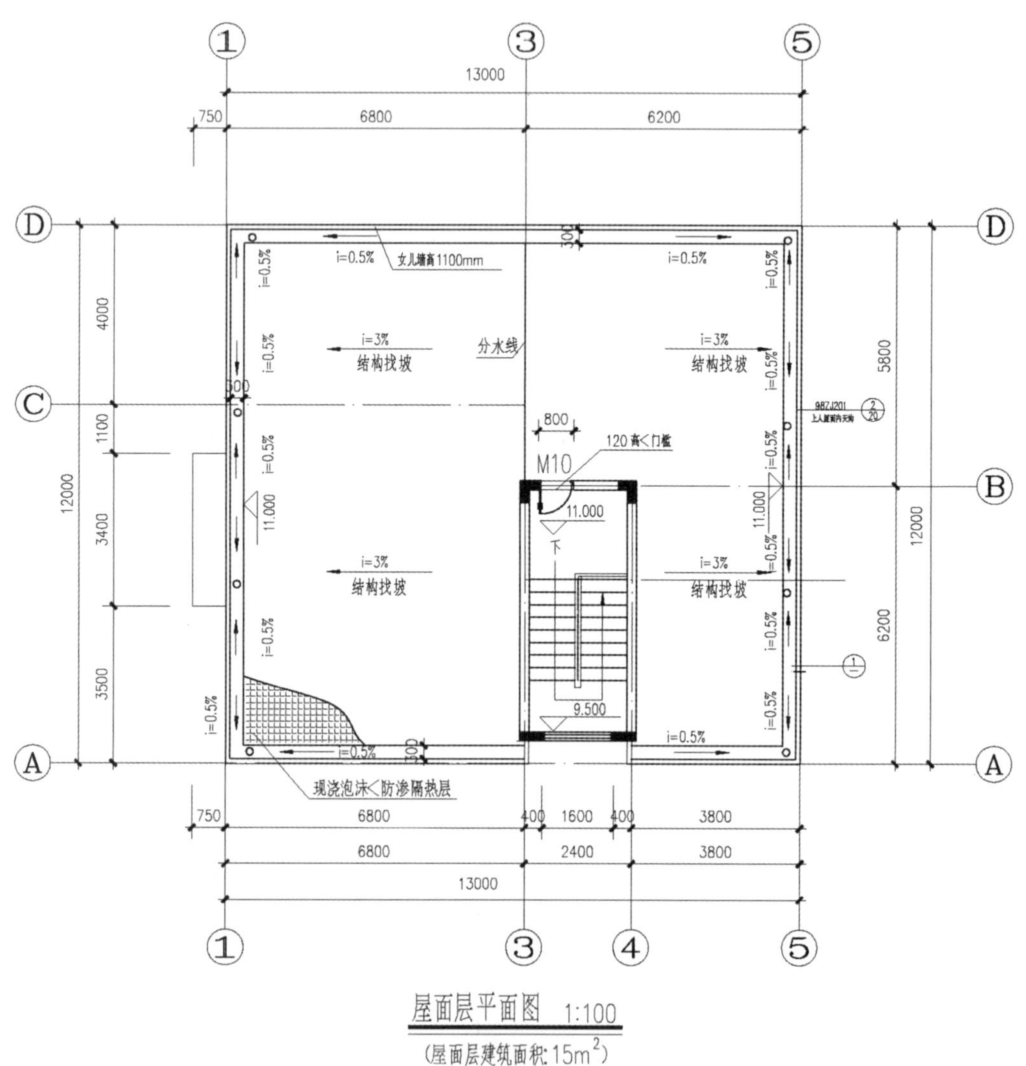

图 3-2-7 某别墅屋面层平面图

2. 建筑平面图读图举例

以图 3-2-3 某别墅底层平面图为例,读图过程如下。

(1) 该图为某别墅的底层平面图中,绘图比例是 1∶100。

(2) 该别墅建筑,平面基本形状为矩形。房屋平面外轮廓总长为 13.00 m,总宽为 12.00 m。在南侧设有出入口、客厅,东侧设有卧房和楼梯,北侧设有车库。

(3) 从定位轴线看出墙(或柱)的布置情况。该别墅纵向轴线编号为Ⓐ～Ⓓ,横向轴线编号为①～⑤轴。

客厅开间为 6.800 m,进深为 8.000 m;卧房开间为 3.800 m,进深为 4.500 m;车库开间为 6.200 m,进深为 5.800 m。

(4) 室内标高为±0.000 m,楼梯地面标高为－0.300 m,卫生间地面标高为－0.330 m,室外标高为－0.300 m。

(5) 图中采用专门的代号标注门窗,其中门的代号为 M,窗的代号为 C,代号后面用数字表示它们的编号,如 M1、…、C1、…。一般每个工程的门窗规格、型号、数量都由门窗表说明。

(6) 了解建筑物外部的情况,如散水、花坛、台阶、室内外高差等情况。

(7) 一般仅在底层平面图中需画出指北针,以表明建筑物的朝向。通过右下角的指北针,可以看出该建筑坐北朝南。在底层平面中,还应画上剖面图的剖切位置,以便与剖面图对照查阅。

(8) 了解屋面的布置与屋面排水情况,包括屋面处的水箱、屋面出入口、女儿墙、变形缝等设施,以及屋面排水方向、坡度、檐沟、泛水、雨水口构造等情况。

五、建筑平面图的绘制步骤

1. 确定比例和图幅

根据建筑物的长度、宽度、复杂程度及要进行标注所占用的位置和必要的文字说明的位置确定图纸的比例和幅面。

2. 画底图

(1) 按开间、进深尺寸画定位轴线;

(2) 量墙厚画墙线,如图 3-2-8(a)所示;

(3) 确定柱断面、门窗洞口位置,画门的开启线,窗线定位;

(4) 画出房屋的细部(如窗台、阳台、室外、台阶、楼梯、雨篷、阳台、室内固定设备等细部),如图 3-2-8(b)所示。

3. 加深线条和符号标注

检查无误后,按建筑平面图的线型要求进行加粗,并标注轴线、尺寸、门窗等编号、剖切符号、索引符号等。在底层平面图中,还应画剖切符号以及在图外适当的位置画上指北针图例,以表明方位,如图 3-2-8(c)。

书写数字、代号编号、图名、房间名称等文字如图 3-2-8 所示。

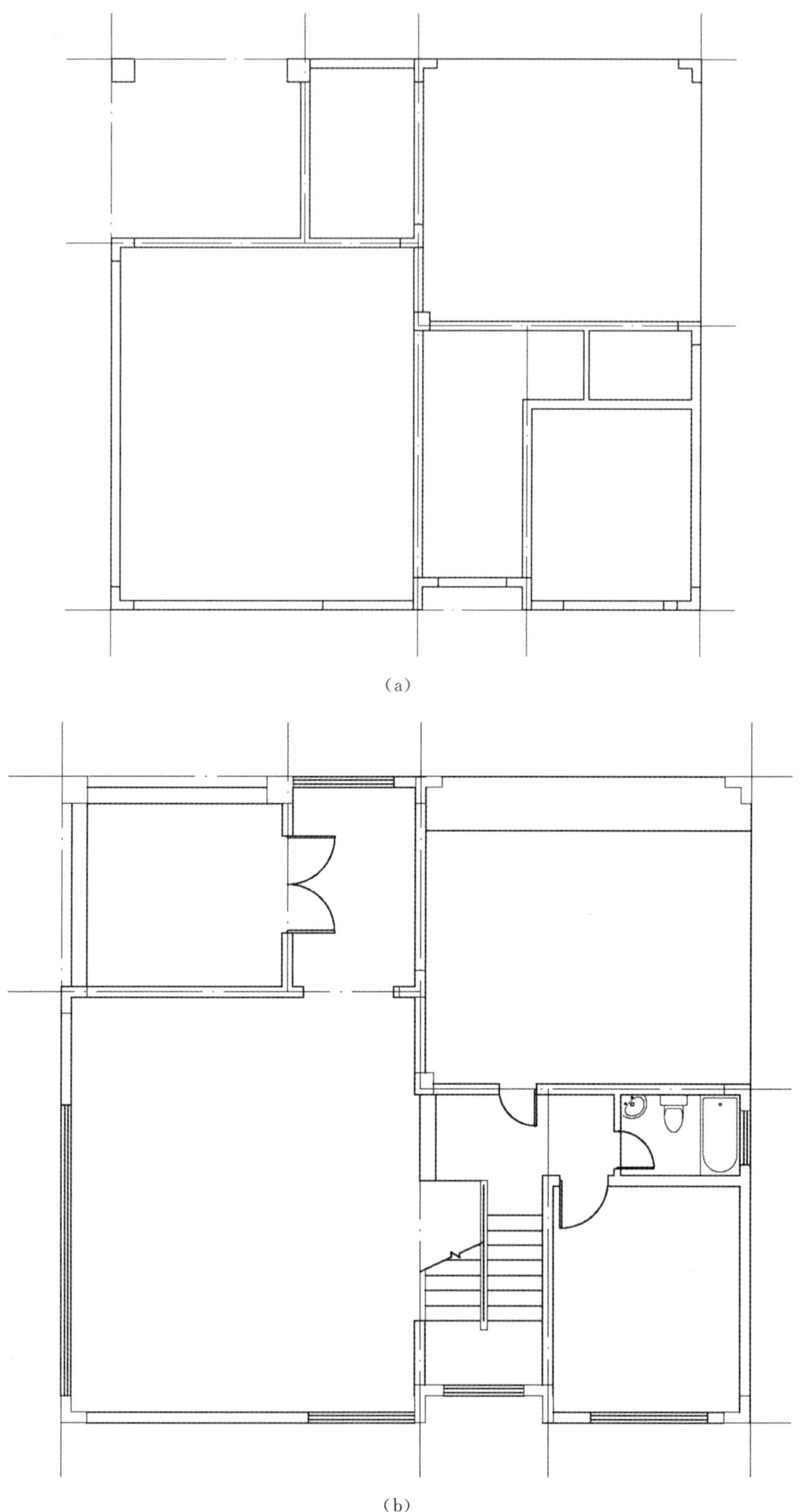

图 3-2-8　建筑平面图作图过程

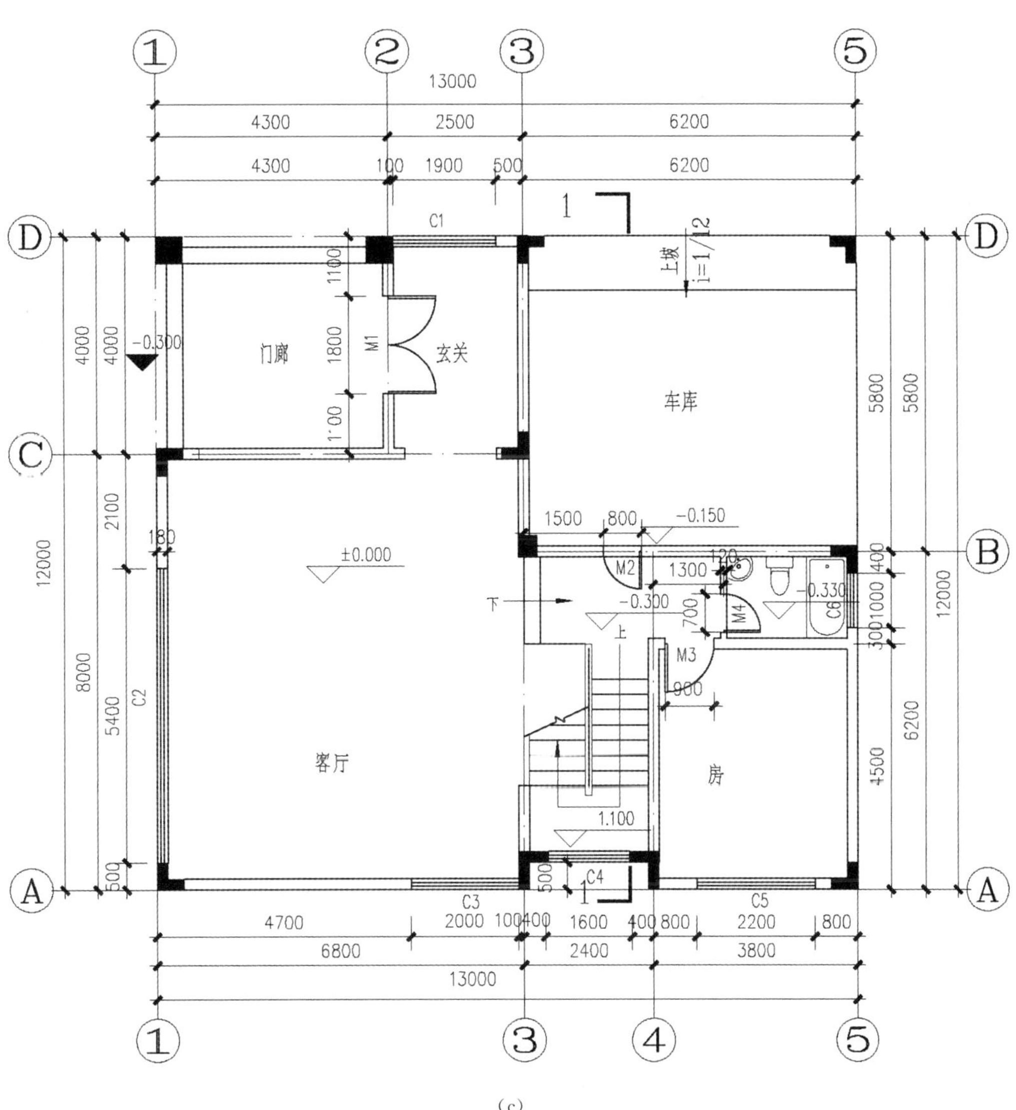
门廊
玄关
车库
客厅
房
M1
M2
M3
M4
C1
C2
C3
C4
C5
C6
上坡
i=1/12
±0.000
-0.300
-0.150
-0.330
1.100
13000
4300
2500
6200
12000
5800
8000
5400
4000
2100
4500
6800
2400
3800
4700
2000
1600
2200

(c)

续图 3-2-8

3.2.4 建筑立面图

立面图的形成

一、建筑立面图概述

向与房屋立面平行的投影面上做正投影,称为建筑立面图,简称立面图。立面图反映房屋的外貌、各部分配件的形状和相互关系,同时反映房屋的高度、层数,屋顶的形式,外墙面装饰的色彩、材料和做法,门窗的形式、大小和位置,以及窗台、阳台、雨篷、檐口、勒脚、台阶等构造和配件各部位的标高等。建筑立面图在施工过程中,主要用于室外装修,以表现房屋立面造型的艺术处理,它是建筑及装饰施工的重要图样。

二、建筑立面图的图示内容

建筑立面图的图示内容包括:

(1) 立面外轮廓及主要结构和建筑结构部件的位置,如女儿墙顶、檐口、柱、变形缝、室外楼梯和垂直爬梯、室外空调机搁板、外遮阳构件、阳台、栏杆、台阶、坡道、花台、雨篷、烟囱、勒脚、门窗、幕墙、洞口、门头、雨水管,以及其他装饰构件、线脚和粉刷分格线。

(2) 建筑总高度、楼层位置辅助线、楼层数和标高以及关键控制标高的标注,如女儿墙或檐口标高等;外墙的留洞应标注尺寸与标高或高度尺寸等。

(3) 节点详图索引及必要的文字说明。

三、建筑立面图的图示方法

1. 图名

有三种命名方式:

(1) 按房屋的朝向来命名,如南立面图、北立面图、东立面图、西立面图;

(2) 按立面图中首尾轴线编号来命名,如①～⑤立面图、⑤～①立面图;

(3) 按房屋立面的主次来命名,如正立面图、背立面图、左侧立面图、右侧立面图。

2. 比例

绘制立面图所采用的比例应与平面图一致,常采用 1∶50、1∶100、1∶200。

3. 定位轴线

在立面图中,一般只画首尾的定位轴线及其编号。

4. 图线

粗实线(b)——建筑物外轮廓和较大转折处轮廓的投影;

特粗实线(1.4b)——室外地坪;

中实线(0.5b)——外墙上凸出、凹进部位如壁柱、窗台、楣线、挑檐、门窗洞口、台阶、花台、阳台、雨篷、烟道、通风道等的投影；

细实线(0.25b)——其他图素，如某些细部轮廓线，如门窗格子、阳台栏杆、装饰线脚、墙面分格线、雨水管和文字说明引出线等。

5. 图例及省略画法

外墙面的装饰材料除可画出部分图例外，还应用文字加以说明。图中相同的构件和构造如门窗、阳台、墙面装修等可局部详细图示，其余简化画出。如相同的门窗可只画 1 个代表图例，其余的只画轮廓线。

6. 尺寸标注

外部三道尺寸即高度方向总尺寸、定位尺寸(两层之间楼地面的垂直距离即层高)和细部尺寸(室外地面、台阶、楼地面、门窗洞口、窗台、阳台、雨篷、屋顶、檐口、女儿墙、烟道、通风道等部位的尺寸)三道尺寸。

7. 标高标注

楼地面、阳台、檐口、女儿墙、台阶、平台等处标高。上顶面标高应注建筑标高(包括粉刷层，如女儿墙顶面)下底面标高应注结构标高(不包括粉刷层，如雨篷、门窗洞口)

8. 文字说明

在建筑立面图上，外墙表面分格线应表示清楚，应用文字说明各部位所用材料及颜色。

9. 特殊情况

房屋立面如有部分不平行于投影面，可将该部分展开至与投影面平行，再用投影法画出其立面图，但应在该立面图图名后注写“展开”二字。

四、建筑立面图识图

1. 识读立面图的一般步骤

(1) 看图名比例，确认立面图的比例及投影方向。

(2) 看立面外形，了解立面外形和门窗、屋檐、台阶、阳台、烟囱、雨水管等的形状及位置。

(3) 看立面图中的标高尺寸，了解各细部高度、室内外高差、各层高度和总高度。

(4) 看房屋外墙表面装修做法和分格形式，了解装饰细部构造做法及具体位置。

(5) 查看图上的索引符号，查详图索引符号的位置与其作用，了解细部做法。

(6) 识读过程中，注意立面图与平面图对照识读。

下面以某别墅建筑施工图为例来讲解建筑施工图的识读与绘制。该别墅立面图如图 3-2-9、图 3-2-10、图 3-2-11、图 3-2-12 所示。

2. 建筑立面图读图举例

下面以如图 3-2-9 所示的建筑立面图为例，说明其图示内容和识读步骤。

(1) 从图名或轴线的编号可知,该图是按首尾轴线编号来命名的,①～⑤立面图,比例为 1：100。

(2) 对照建筑底层平面图上的指北针或定位轴线编号,可知南立面图的左端轴线编号为①,右端轴线编号为⑤,与建筑平面图相对应,所以该图也可称为“南立面图”。

(3) 该别墅楼为三层,底层上部有一层夹层,屋顶为平屋顶,二、三层主人房设有飘窗。

(4) 立面图上一般应在室内外地坪、阳台、檐口、门、窗等处标注标高,并宜沿高度方向注写某些部位的高度尺寸。从图中所注标高可知,房屋室外地坪比室内地面低 0.300 m,屋顶结构最高处为 13.700 m,由此可推算房屋外墙的总高度为 14.000 m。其他各主要部位的标高在图中均已注出。

(5) 该楼的窗户均为铝合金平开窗。

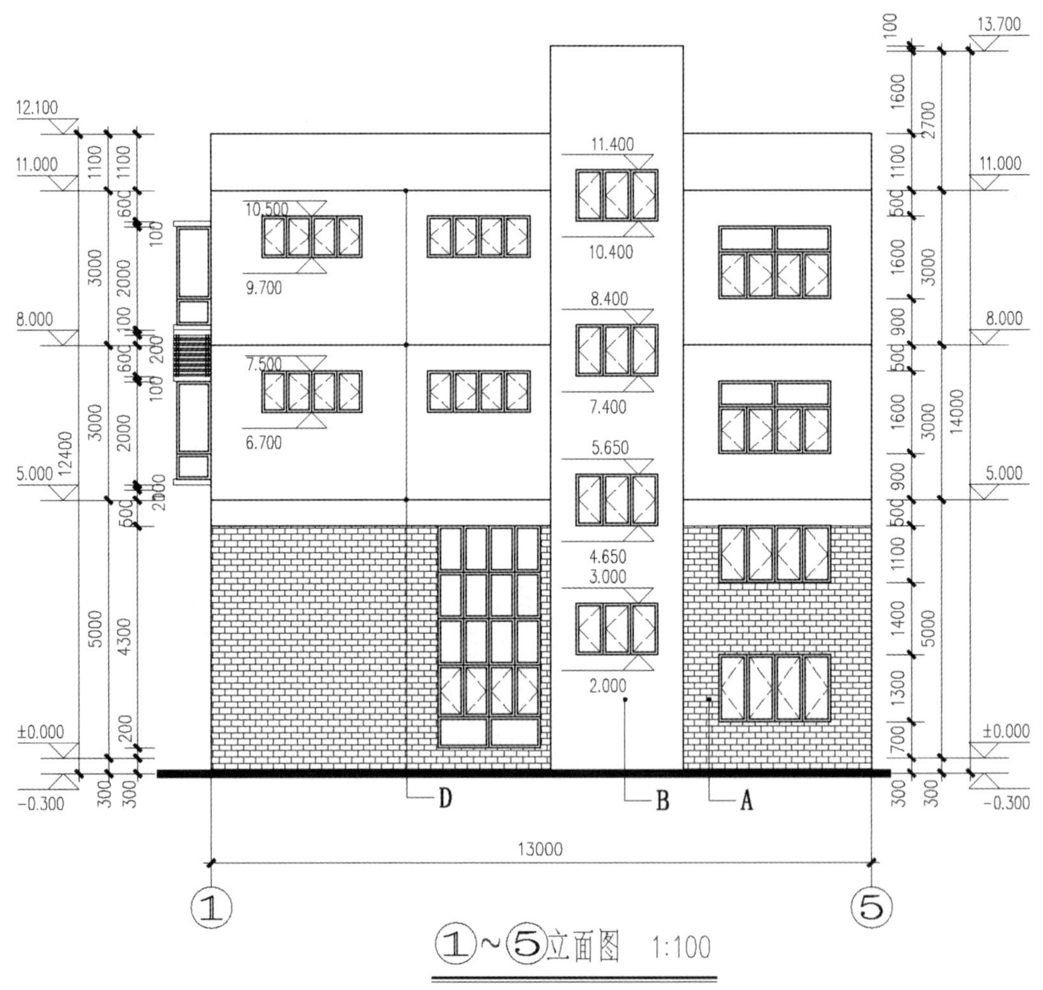

图 3-2-9 某别墅①～⑤立面图

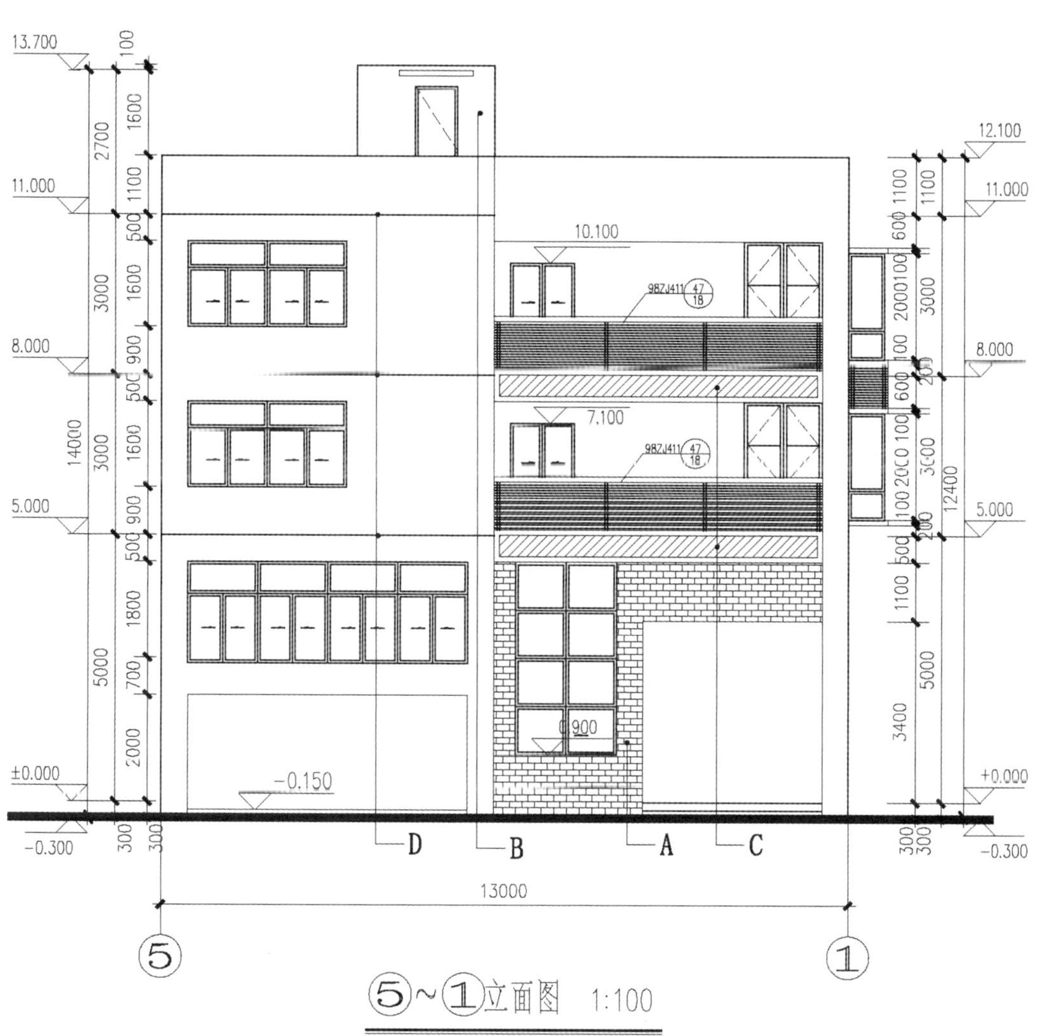

图 3-2-10　某别墅⑤～①立面图

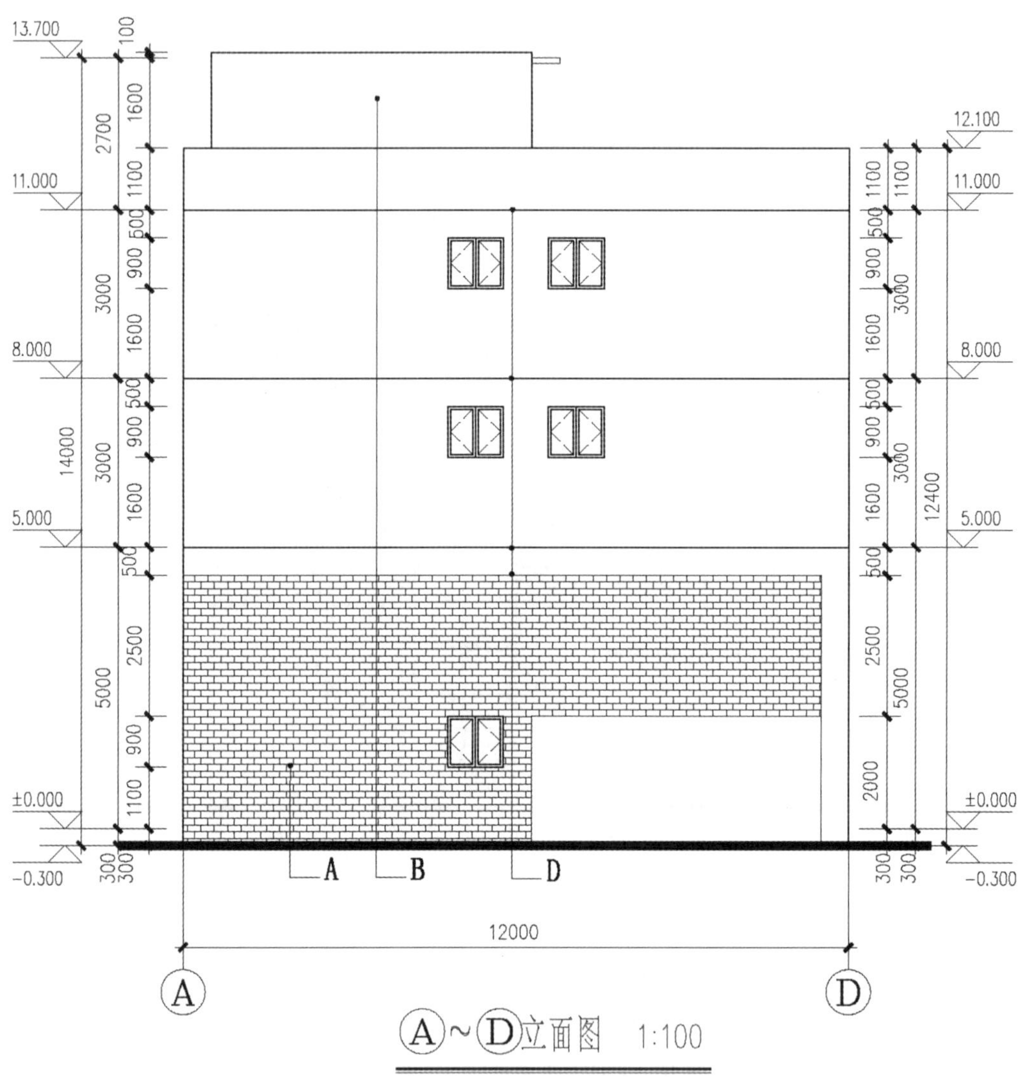

图 3-2-11 某别墅 A～D 立面图

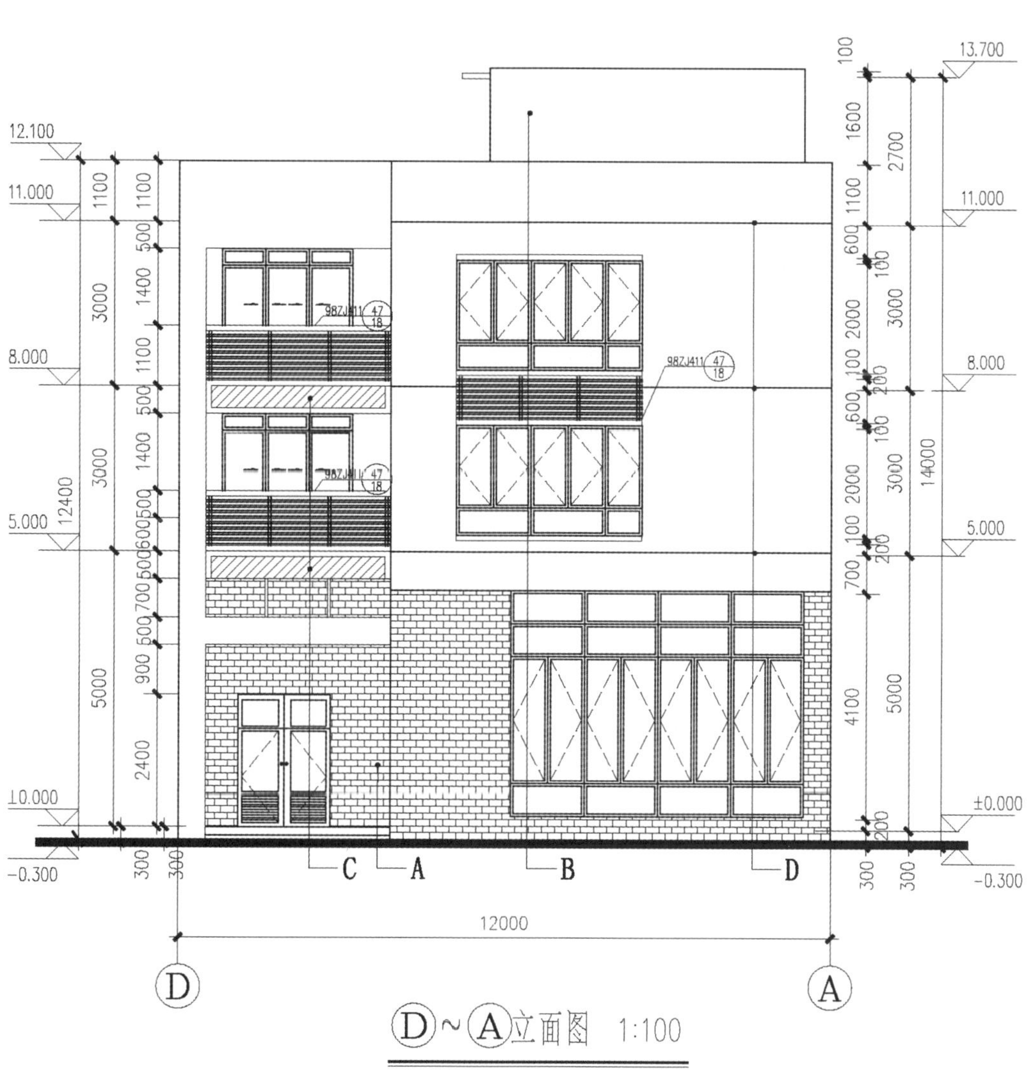

图 3-2-12 某别墅 D～A 立面图

五、建筑立面绘图步骤

立面图的画法和步骤与建筑平面图基本相同，同样先选定比例和图幅，经过画底图、加深、标注、文字说明等步骤。下面以某别墅建筑施工图为例说明绘图过程。

(1) 画室外地坪线、根据平面图画首尾两端的定位轴线、外墙轮廓线、屋面檐口线，如图 3-2-13(a)所示。

在合适的位置画上室外地坪线。定外墙轮廓线时，如果平面图和正立面图画在同一张图纸上，则外墙轮廓线应由平面图的外墙外边线，根据“长对正”的原理向上投影而得。根据高度尺寸画出屋面檐口线。如无女儿墙，则应根据侧立面或剖面图上屋面坡度的脊点投影到正立面定出屋脊线。

(2) 根据层高、各部分标高和对应平面图的门窗洞口尺寸，画出门窗洞、檐口、女儿墙轮廓、屋面、雨篷、雨水管等细部的外形轮廓线，如图 3-2-13(b)所示。

(3) 画房屋的细部：如门窗洞口、窗线、窗台、室外阳台、楼梯间超出屋面的小屋(冲层或塔楼)、柱子、雨水管、外墙面分格等细部的可见轮廓线。

(4) 布置标注：布置标高(楼地面、阳台、檐口、女儿墙、台阶、平台等处标高)、尺寸标注、索引符号及文字说明的位置等，只标注外部尺寸，也只需对外墙轴线进行编号。

(5) 经检查无误后，擦去多余的线条，按立面图的线型要求加深、加粗图线。

(6) 最后注写文字、图名、比例、首尾轴线和文字说明。

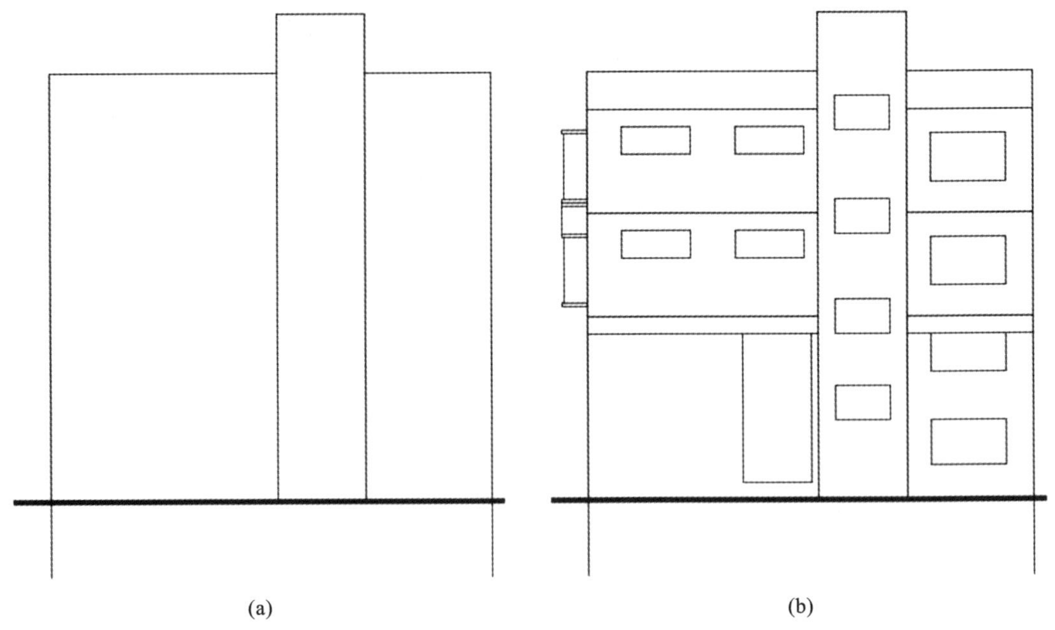

(a)　　(b)

图 3-2-13　立面图绘制过程

3.2.5 建筑剖面图

一、建筑剖面图概述

剖面图的形成

假想一个或一个以上垂直于外墙的铅垂剖切平面将房屋剖开，移去靠近观察者的部分，对剩余部分所做的正投影图，称为建筑剖面图，简称剖面图。

剖面图的剖切位置应选择室内结构较复杂的部位，并应通过门、窗洞口及主要出入口、楼梯间或高度有特殊变化的部位。剖面图的剖切位置符号和方向，一般在首层平面中表示。

二、建筑剖面图的图示内容

(1) 墙柱位置，轴线及其编号。

(2) 建筑物内部的分层情况及层高，水平分隔。

(3) 室内外地面、楼板层、屋顶层、内外墙、楼梯，以及其他剖切到的构件，如台阶、雨篷的位置、形状、相互关系。

(4) 投影可见部分的形状及位置等。

(5) 地面、楼面、屋面的分层构造，可用文字说明或图例表示。

(6) 详图索引符号，垂直方向的尺寸和标高。

三、建筑剖图的图示方法

1. 图名

建筑剖面图所表达的内容与投影方向要与对应的平面图(常见于首层平面图)中标注的剖切符号的位置与方向一致，剖面图图名与对应的平面图中标注的剖切符号的编号一致，如 1—1 剖面图。

2. 图线和比例

剖面图上使用的图线与平面图相同，凡是被剖切到的墙身、屋面板、楼板、楼梯间的休息平台、阳台、雨篷及门窗过梁等用两条粗实线表示，其中钢筋混凝土构件较窄的断面可涂黑表示，其他没被剖切到的可见轮廓线，如门窗洞口、楼梯、女儿墙、内外墙的表面均用中实线表示。

比例也应尽量与平面图一致，有时为了更清晰地表达图示内容或当房屋的内部结构较为复杂时，剖面图的比例可相应地放大。

3. 定位轴线

被剖切到的承重墙、柱均应绘制与平面图相同的定位轴线，并标注轴线编号与轴线间尺寸。

4. 标注尺寸和标高

(1) 竖直方向上,在图形外部标注三道尺寸:最外一道为总高尺寸,从室外地平面起标到檐口或女儿墙顶止,标注建筑物的总高度;中间一道为层高尺寸,标注各层层高(两层之间楼地面的垂直距离称为层高);最里面一道尺寸称为细部尺寸,标注墙段及洞口高度尺寸。

(2) 水平方向上,常标注剖到的墙、柱及剖面图两端的轴线编号及轴线间距。

(3) 建筑物的室内外地面、楼面、楼梯平台面、门窗的上下口及檐口、女儿墙顶的标高。某些梁的底面、雨篷底面等应注明结构标高(不包括粉刷层在内的高度尺寸)。

5. 其他标注

(1) 由于剖面图比例较小,某些部位如墙脚、窗台、过梁、墙顶等节点,不能详细表达,可在剖面图上的该部位处,画上详图索引标志,另用详图来表示其细部构造尺寸。此外,楼地面及墙体的内外装修,可用文字分层标注。

(2) 地面以下的基础部分是属于结构施工图的内容,因此,在画建筑剖面图时,室内地面只画一条粗实线。

(3) 在图的下方注写图名和比例。

四、建筑剖面图识读

1. 阅读剖面图的一般步骤

(1) 看图名、轴线编号和绘图比例。

与首层平面图对照,确定剖切平面的位置及投影方向,从中了解所画出的剖面图是房屋的哪部分投影。

(2) 看房屋内部构造和结构形式。

如各层梁、板、楼梯、屋面的结构形式、位置及其与其他墙(柱)的相互关系等。

(3) 看房屋各部位的高度。

如房屋总高、室外地坪、门窗顶、窗台、檐口等处标高,室内底层地面、各层楼面及楼梯平台面标高等。

(4) 看楼地面、屋面的构造。

在剖面图中表示楼地面、屋面的构造时,通常用一引出线指着需说明的部分,并按其构造层次顺序地列出材料等说明。有时将这一内容放在墙身剖面详图中表示。

(5) 看图中有关部位坡度的标注。

如屋面、散水、排水沟与坡道等,需要作成斜面时,都标有坡度符号,如2%等。

(6) 查看图中索引符号。

剖面图尚不能表示清楚的地方,还注有详图索引,说明另有详图表示。

2. 建筑剖面图读图举例

下面以如图 3-2-14 所示建筑剖面图为例，说明建筑剖面图的识读方法与步骤：

(1) 对照底层平面图中 1—1 剖切位置可知，1—1 剖面图的剖切位置在③～④定位轴线之间，剖切后向左(西)投影，剖切到构造有楼梯间的窗、楼梯的下行梯段、Ⓑ和Ⓓ号轴线的墙身、西侧车库放坡等。

(2) 从 1—1 剖面图可知，该建筑为三层楼房加一夹层，平屋顶，四周无挑檐沟，框架结构。室外地面标高－0.300 m，进车库上坡到达室内－1.500 m。夹层标高为 2.500 m，二层以上各层的楼面标高分别为 5.000 m、8.000 m、11.000 m。另外还显示了梁高尺寸，可见的楼梯间窗洞。

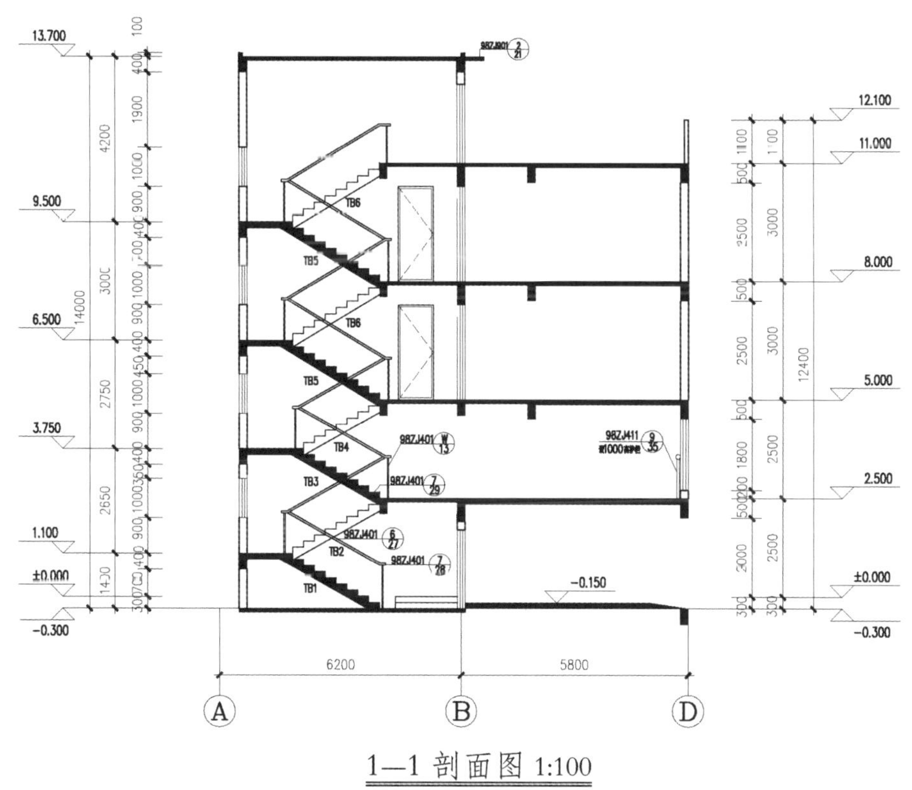

图 3-2-14　某别墅建筑剖面图

五、建筑剖面图绘图步骤

下面以某别墅建筑施工图为例说明绘图过程。

绘制建筑剖面图与绘制建筑平面图、建筑立面图类似，一般绘制方法步骤如下。

(1) 依次画出定位轴线、室内外地面线、各层楼面线和屋面线，并画出墙身轮廓线，如图 3-2-15(a)所示。

(2) 画楼板、屋顶的构造厚度，再绘制门窗洞、楼梯、梁、板、楼梯段、休息平台、雨篷、檐口、屋面、台阶等,画出楼板、屋顶的构造厚度,如图 3-2-15(b)所示。

(3) 经检查无误后,擦去多余线条。按标准的规定加粗图线,画材料图例,注写标高、尺寸、图名、比例及有关文字说明等。

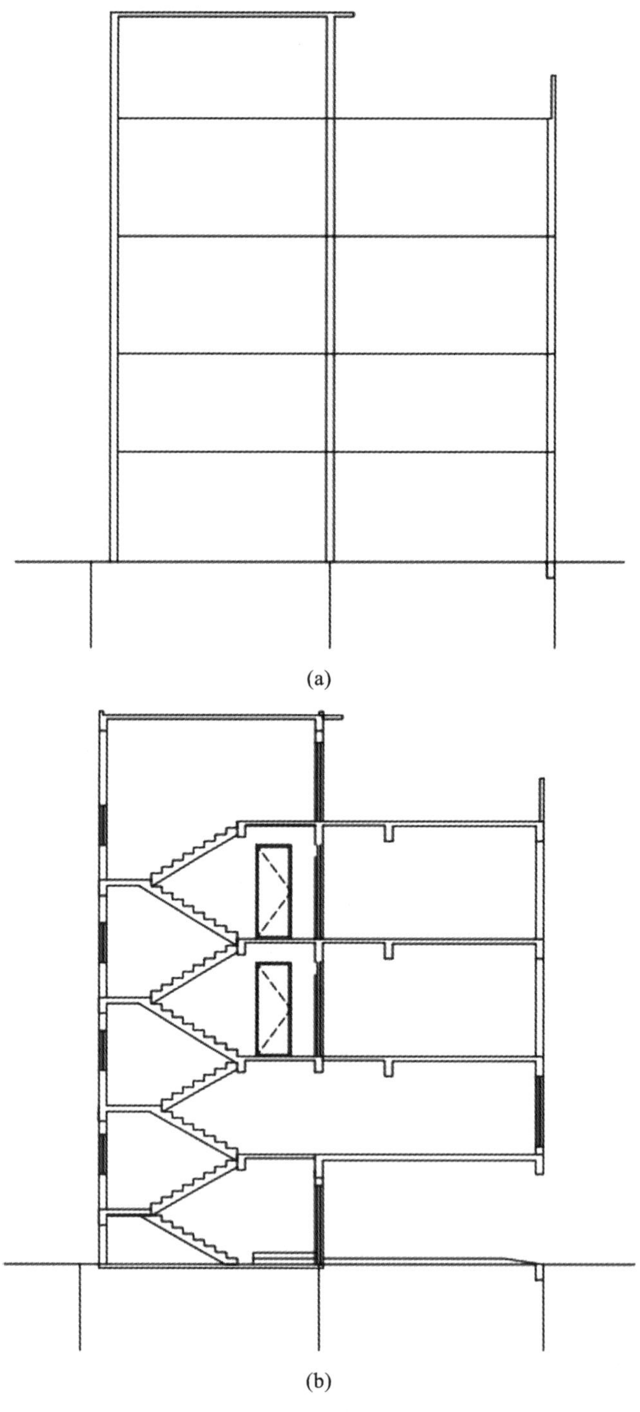

图 3-2-15　建筑剖面图绘制步骤

3.2.6 识读建筑详图

一、建筑详图的形成

建筑详图是对建筑结构用较大的比例详细地表达出来的图样，有时也称为大样图。建筑详图是建筑平、立、剖面图等基本图纸的补充和深化，是建筑工程的细部施工、建筑构配件的制作及编制预算的依据。建筑详图大致分三类：构造详图；配件和设施详图以及装饰详图。包括建筑构件、配件详图和剖面节点详图。主要有墙身详图和楼梯详图。对于采用标准图或通用详图的建筑构配件和剖面节点，只要注明所采用的图集名称、编号或页次，则可不必再画详图。

二、详图的主要内容

(1) 图名、比例；

(2) 表达出建筑各部分的构造连接方法及相对位置关系；

(3) 表达出各部位、各细部的详细尺寸；

(4) 详细表达构配件或节点所用的各种材料及其规格；

(5) 有关施工要求及制作方法说明等。

墙身详图

三、墙身详图

1. 墙身详图的图示内容与图示方法

墙身详图实际上是建筑剖面图中外墙身部位的局部放大图，又称墙身大样图。墙身详图主要表达房屋的屋面、楼面、地面和檐口的构造，楼板与墙的连接以及窗台、窗顶、勒脚、室内外地面、防潮层、散水等处的构造、尺寸和用料等。

2. 墙身详图读图举例

阅读外墙身详图时，首先应根据详图中的轴线编号找到所表示的建筑部位，然后与平、立、剖面图对照阅读。看图时应由下而上或由上而下逐个节点阅读，了解各部位的详细做法与构造尺寸，并注意与总说明中的材料表核对。

1) 勒脚、散水节点

如图 3-2-16 所示，主要表达外墙面在墙角处的勒脚和散水的做法，以及室内外底层地面的构造和外墙防潮层的位置、做法等情况。散水的多层材料做法由下而上分别是素土夯实、80 厚碎石垫层、70 厚 C15 混凝土、20 厚 1∶2 水泥砂浆。

2) 窗台、窗顶节点

如图 3-2-17 所示，该窗为飘窗，外窗台材料为钢筋混凝土，厚度 100 mm，并做有滴水，内窗台不出挑。从图中还可以看到楼地面、内外墙及顶棚的做法。

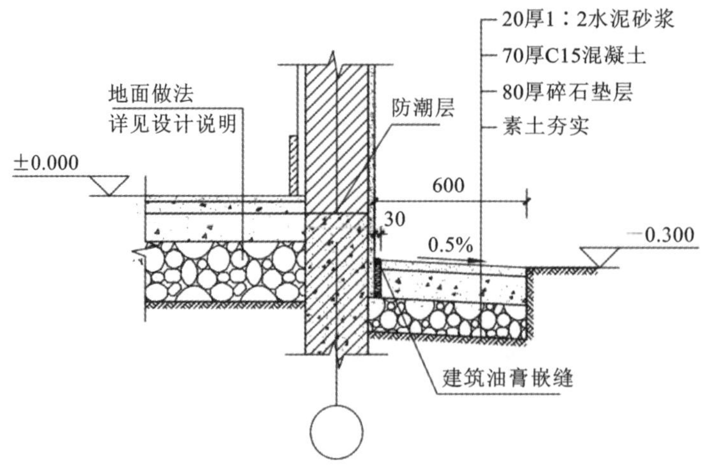

图 3-2-16　勒脚、散水节点大样

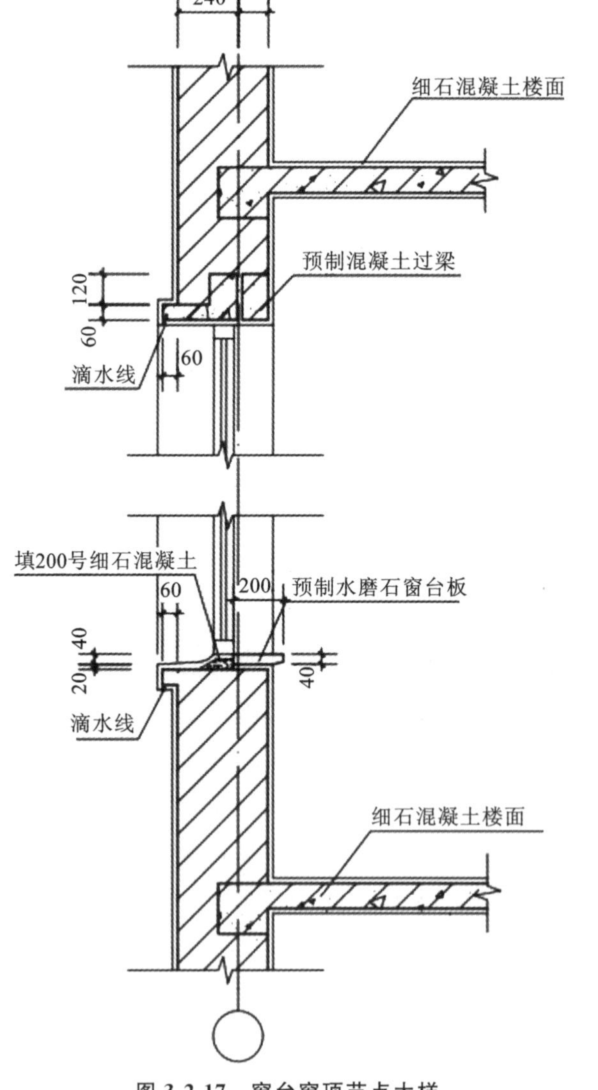

图 3-2-17　窗台窗顶节点大样

3）檐口节点

如图 3-2-18 所示，图中绘制并标注出了屋顶的各构造层次，屋面标高 20.000 m，女儿墙高 1400 mm。屋面与檐沟的详细做法详见施工说明。

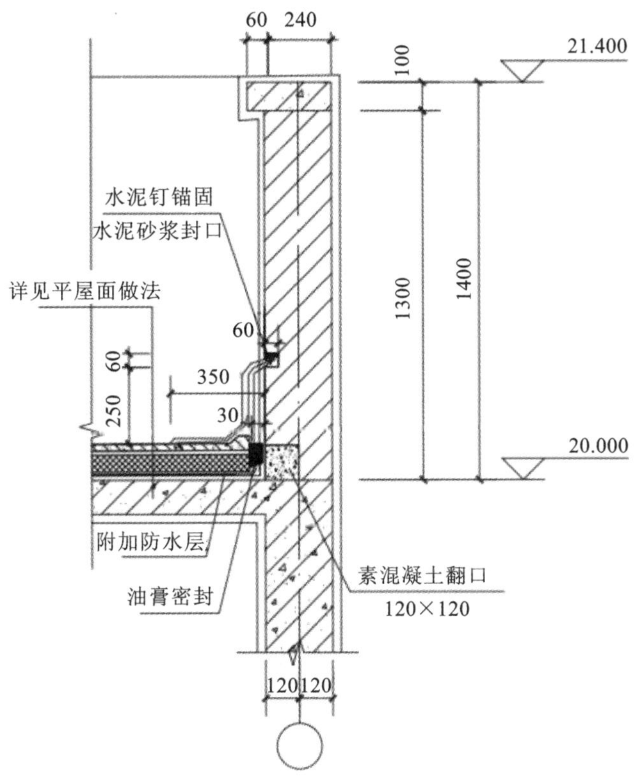

图 3-2-18　檐口节点大样

3. 墙身详图绘制

（1）确定比例，布置图面，绘制定位轴线。

（2）绘制墙体厚度，绘制室内外地坪、楼层面、屋面等位置线和窗台、窗顶、挑檐底部等位置线，绘制窗口图例，并在窗口适当位置折断。

（3）绘制楼地层、屋顶各多层材料构造，绘制墙身及楼地面等的面层线。绘制出各层次构造的材料图例。

（4）检查并加深图线。

（5）标注楼地层和屋顶的多层材料构造。标注室内外地坪、楼层面、屋面等位置线和窗台、窗顶、挑檐底部等处标高。标注出各细部构造的尺寸。

（6）绘制定位轴线，写上图名、比例。

注意：外墙中各节点——勒脚、散水、窗台、檐口等节点可以连续按实际相互位置关系上下对齐整体绘制，也可以通过详图索引符号分别绘制。外墙身详图如图 3-2-19 所示。

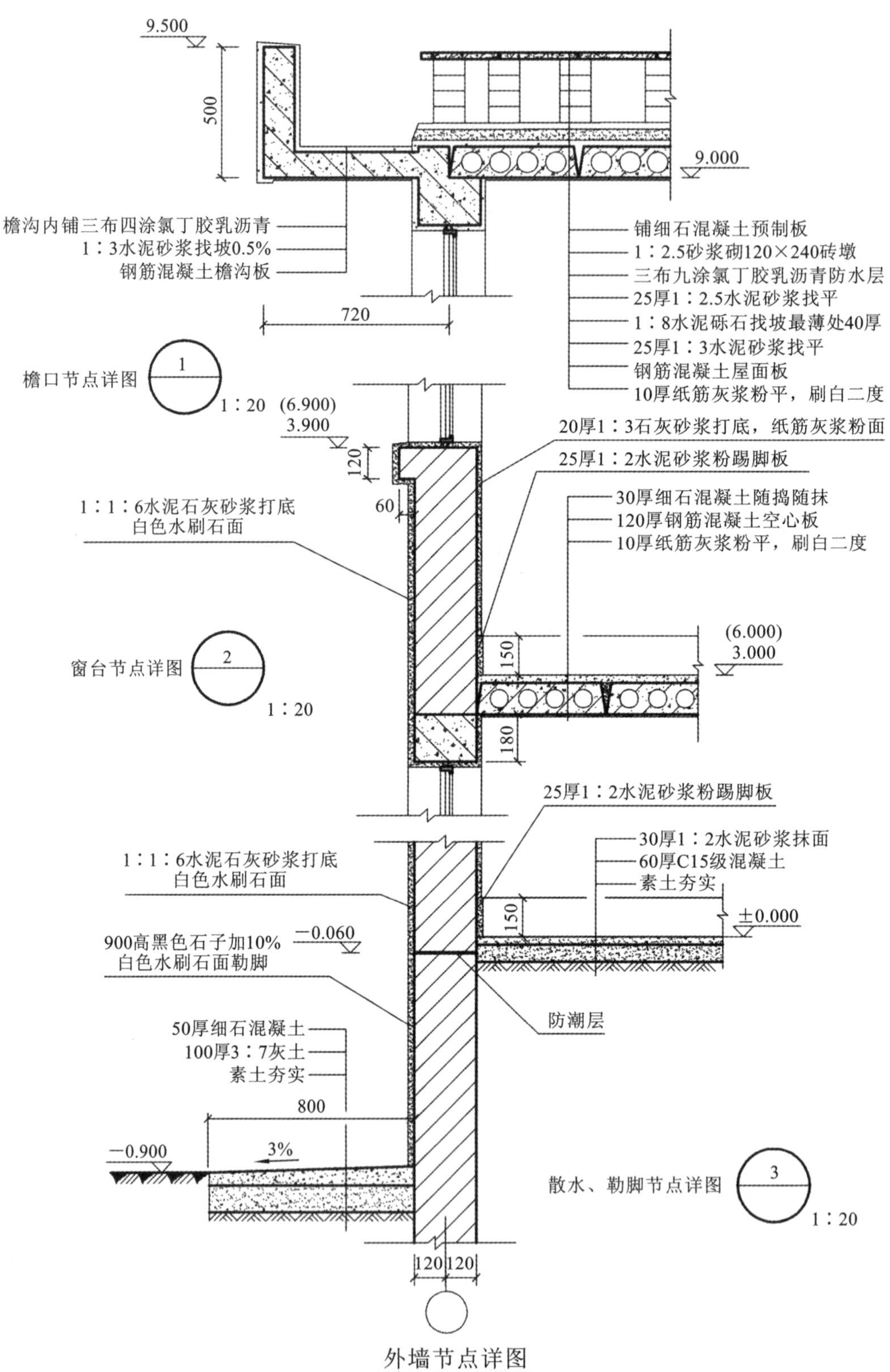

9.500
500
檐沟内铺三布四涂氯丁胶乳沥青
1：3水泥砂浆找坡0.5%
钢筋混凝土檐沟板
720
9.000
铺细石混凝土预制板
1：2.5砂浆砌120×240砖墩
三布九涂氯丁胶乳沥青防水层
25厚1：2.5水泥砂浆找平
1：8水泥砾石找坡最薄处40厚
25厚1：3水泥砂浆找平
钢筋混凝土屋面板
10厚纸筋灰浆粉平，刷白二度
檐口节点详图
1
1：20
(6.900)
3.900
120
60
20厚1：3石灰砂浆打底，纸筋灰浆粉面
25厚1：2水泥砂浆粉踢脚板
1：1：6水泥石灰砂浆打底
白色水刷石面
30厚细石混凝土随捣随抹
120厚钢筋混凝土空心板
10厚纸筋灰浆粉平，刷白二度
窗台节点详图
2
1：20
150
180
(6.000)
3.000
25厚1：2水泥砂浆粉踢脚板
30厚1：2水泥砂浆抹面
60厚C15级混凝土
素土夯实
1：1：6水泥石灰砂浆打底
白色水刷石面
150
±0.000
900高黑色石子加10%
白色水刷石面勒脚
−0.060
防潮层
50厚细石混凝土
100厚3：7灰土
素土夯实
800
−0.900
3%
散水、勒脚节点详图
3
1：20
120
120
外墙节点详图

图 3-2-19 外墙身详图

四、楼梯详图

楼梯是由楼梯段(简称梯段,包括踏步或斜梁)、平台(包括平台板和梁)和栏杆(或栏板)等组成。房屋中的楼梯通常用现浇或预制的钢筋混凝土楼梯,或者部分现浇,部分预制构件相组合的楼梯。

楼梯的构造较为复杂,在 1∶100 比例绘制的房屋平、剖面图中无法完全表示清楚,需另画详图表示。楼梯详图主要表示楼梯的类型、结构形式、各部位的尺寸及装修做法,是楼梯施工放样的主要依据。

楼梯详图一般由楼梯平面图、剖面图及踏步、栏杆等详图组成。楼梯平面图与楼梯剖面图比例要一致,常用比例为 1∶50,以便对照阅读。踏步、栏杆等节点详图比例要更大一些,以便能清楚地表达该部分的构造情况。

楼梯详图一般分建筑详图与结构详图,并分别绘制。但对比较简单的楼梯,有时可将楼梯平面图中,楼梯段被水平剖切后,其剖切线是水平线,而各级踏步也是水平线,为了避免混淆,剖切处规定画 45°折断符号,首层楼梯平面图中的 45°折断符号应以楼梯平台板与梯段的分界处为始点画出,使第一梯段的长度保持完整。

1. 楼梯平面图

将建筑平面图中楼梯间的比例放大后画出的图样,称为楼梯平面图,比例通常为 1∶50,包含楼梯底层平面图、楼梯标准层平面图和楼梯顶层平面图等。按国标规定,各层被剖切到的梯段,均在平面图中以 45°折断线表示;在每一梯段处绘带箭头的指示线,在指示线尾部注写“上”或“下”字样及踏步数,表明上行、下行的方向及到达上(或下)一层楼地面的方向与踏步总数。

在楼梯平面图中,除注出楼梯间的开间和进深尺寸、楼地面和平台面的尺寸及标高外,还须注出各细部的详细尺寸。通常用踏面数与踏面宽度的乘积来表示梯段的长度。楼梯平面图一般包括底层楼梯平面图、标准层楼梯平面图和顶层楼梯平面图。

阅读楼梯平面图时,要掌握各层平面图的特点。底层平面图中只有一个被剖到的上行梯段;顶层平面图中由于剖切平面在栏杆扶手之上,剖切平面未剖到任何梯段,平面图中反映完整的下行梯段和楼梯平台;标准层平面图则表达了上行梯段、下行梯段、楼梯平台等,其上行梯段、下行梯段以 45°折断线为界。

读图时还应注意的是,各层平面图上所画的每一分格表示梯段的一级。但因最高一级的踏面与平台面或楼面重合,所以平面图中每一梯段画出的踏面数,总比级数少一个。

1) 读图举例

以某别墅楼梯详图如图 3-2-20 所示为例,读图过程如下。

了解楼梯或楼梯间在房屋中的平面位置。如图所示,楼梯间位于③～④轴×Ⓐ～Ⓑ轴。

熟悉楼梯段、楼梯井和休息平台的平面形式、位置、踏步的宽度和踏步的数量。该楼梯为双跑楼梯。底层平面图上，梯段有 8 个踏步，踏面宽为 280 mm，楼梯段水平投影长为 1960 mm。在标准层和顶层平面图上，每个梯段有 9 个踏步，每个踏步宽 280 mm，楼梯段水平投影长为 2240 mm。

(1) 了解楼梯间外的墙、柱、门窗平面位置及尺寸。该楼梯间外墙和两侧内墙厚 200 mm，平台上方分别设外墙窗，窗口居中。

(2) 看清楼梯的走向以及楼梯段起步的位置。楼梯的走向用箭头表示。

(3) 了解各层的标高。底层入口地面标高为－0.300 m，三层休息平台为 6.500 mm，顶层休息平台为 9.500 m。

(4) 在楼梯底层平面图中了解楼梯剖面图的剖切位置。

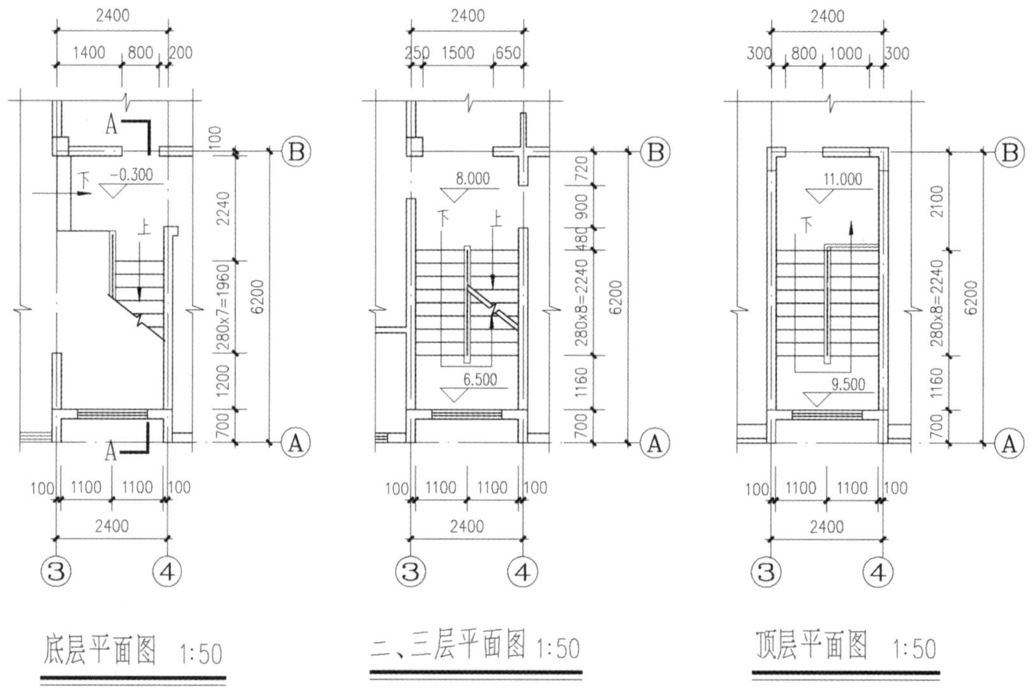

图 3-2-20 楼梯平面图

2) 绘图步骤

(1) 比例。

平面图常用 1∶50。

(2) 楼梯平面图的画法。

①确定楼梯间的定位轴线位置，并画出梯段长度、平台深度、梯段宽度、梯井宽度等。

②根据踏面数和宽度，用几何作图中等分平行线的方法等分梯段长度，画出踏步。

③画栏杆、箭头等细部，并按线型要求加深图线。

④标注标高、尺寸、定位轴线、图名、比例等。

2. 楼梯剖面图

假想用一个竖直剖切平面沿梯段的长度方向将楼梯间从上至下剖开，然后往另一梯段方向投影所得的剖面图称为楼梯剖面图。剖切位置最好通过上行第一梯段和楼梯间的门窗洞剖切，投射方向为向未剖切到的梯段作正投影。

楼梯剖面图能清楚地表明楼梯梯段的结构形式、踏步的踏面宽度、踢面高度、踏步级数以及楼地面、楼梯平台、墙身、栏杆、栏板等的构造做法及其相对位置。

在多层建筑中，若中间层楼梯完全相同时，楼梯剖面图可只画出底层、中间层、顶层的楼梯剖面，在中间层处用折断线符号分开，并在中间层的楼面和楼梯平台面上注写适用于其他中间层楼面的标高。若楼梯间的屋面构造做法没有特殊之处，一般不再画出。

在楼梯剖面图中，应标注楼梯间的进深尺寸及定位轴线编号，各梯段和栏杆栏板的高度尺寸，楼地面的标高以及楼梯间外墙上门窗洞口的高度尺寸和标高。梯段的高度尺寸可用级数与踢面高度的乘积来表示。

1）读图举例

以某别墅楼梯详图如图 3-2-21 所示为例，读图过程如下：

（1）了解楼梯的构造形式，从图中可以看出该楼梯为双跑楼梯，现浇钢筋混凝土制作。

（2）熟悉楼梯在竖向和进深方向的有关标高、尺寸等。该楼梯底层层高为 2.800 m，夹层层高为 2.500 m，二、三层层高均为 3.000 m。

（3）了解楼梯段、平台、栏杆、扶手等相互间的连接构造。

（4）明确踏步及栏杆高度等。每个梯段的竖向尺寸常采用乘积的形式来表达，如“167×8＋164＝1500”，表示该梯段有 8 个踏步的高度为 167 mm，1 个踏步的高度为 164 mm，梯段垂直高度为 1500 mm。

2）绘图步骤

（1）比例。

剖面图常用比例 1∶50。

（2）楼梯平面图的画法。

绘制楼梯剖面图时，注意图形比例应与楼梯平面图一致。画栏杆或栏板时，其坡度应与梯段一致。

①确定楼梯间定位轴线的位置，画出楼地面、平台面与梯段的位置。

②确定墙身并定踏步位置，确定踏步时仍用等分平行线间距的方法。

③画细部如窗、梁、栏杆等。

④经检查无误后，按线型要求加深图线。

⑤标注定位轴线、尺寸、标高、索引符号、图名、比例等。

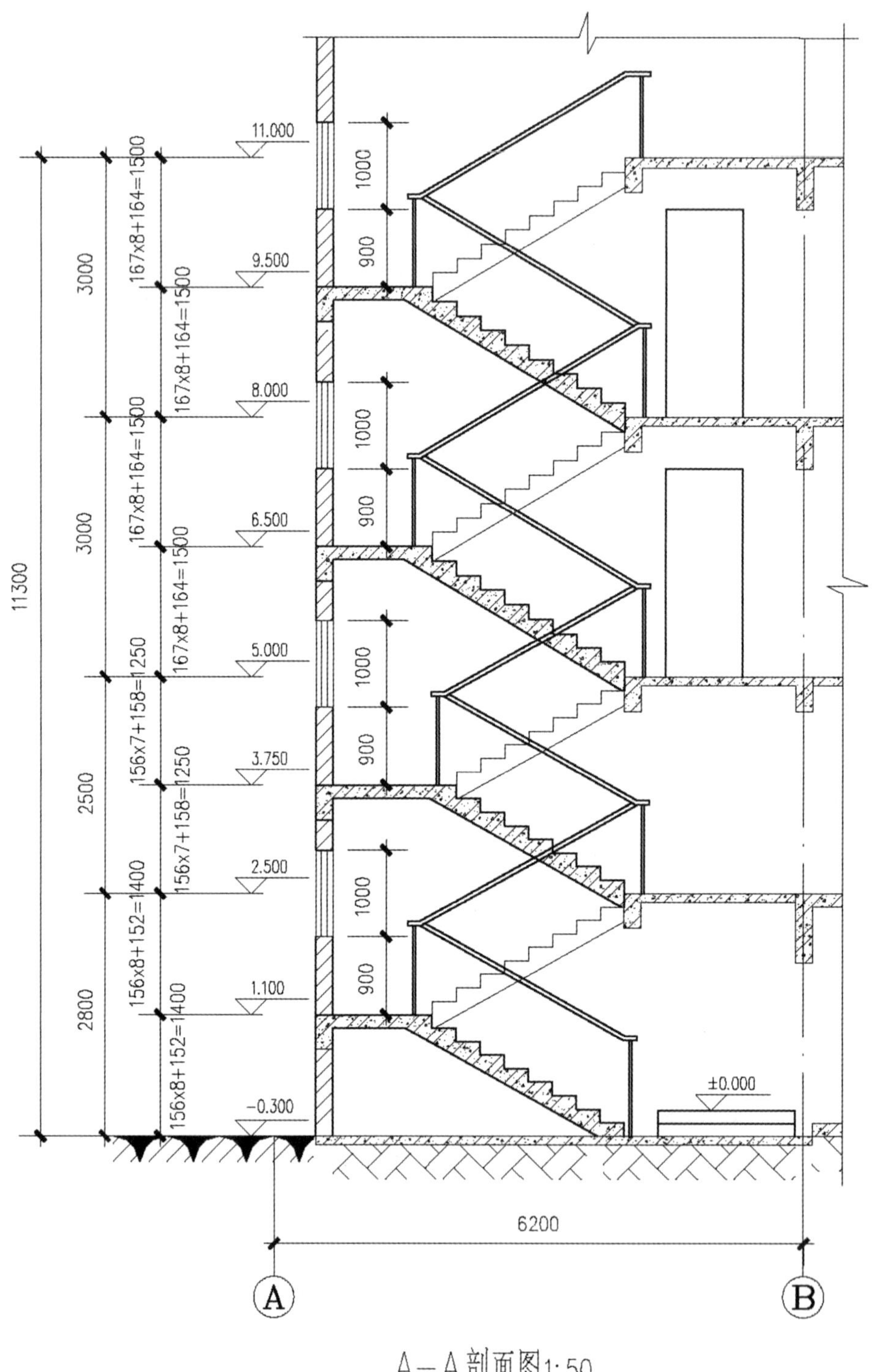

11.000
9.500
8.000
6.500
5.000
3.750
2.500
1.100
-0.300
±0.000
11300
3000
3000
2500
2800
167x8+164=1500
156x7+158=1250
156x8+152=1400
1000
900
6200
A
B
A—A剖面图1:50

图 3-2-21 楼梯剖面图

任务 3.3　结构施工图识图

能力目标	知识目标
能正确识读结构施工图中出现的钢筋代号、钢筋图例、钢筋画法及构件代号等 能正确识读一般的结构施工图	了解钢筋混凝土的基本知识及钢筋混凝土构件图的图示方法 了解结构施工图的作用、熟悉结构施工图的组成 掌握建筑结构制图标准的相关内容 掌握平法标注的意义 掌握柱、梁、板的平法制图规则

结构是承受建筑物重量的骨架体系。主要由基础、柱、梁、板、墙等部件组成，这些部件称为结构构件。结构施工图就是表达建筑物承重构件的布置、形状、尺寸、材料、构造及其相互关系的图样，简称“结施”。

结构施工图是施工定位、放线、基槽开挖、支模板、绑扎钢筋、设置预埋件、浇筑混凝土、安装梁、板、柱及编制预算和施工进度计划的重要依据。因此结构施工图必须与建筑施工图密切配合，结构施工图不得与建筑施工图有矛盾。

结构施工图的主要内容一般包括：结构设计说明、结构平面布置图和构件详图。

3.3.1　结构设计说明

结构设计说明主要是说明工程概况；结构设计的依据，如：建筑的耐久年限、抗震设防烈度、地基状况等；对主要材料如钢材、水泥等的要求；采用的标准图、通用图；施工的注意事项；新结构、新工艺及特殊部位的施工顺序、方法及质量验收标准等。

在建筑结构专业制图中，除应遵循《房屋建筑制图统一标准》(GB/T 50001—2010)中的基本规定外，还必须遵守《建筑结构制图标准》(GB/T 50105—2010)的规定。

结构施工图中各种图线的用法如表 3-3-1 所示。

在结构施工图中，构件种类繁多、布置复杂，为了方便阅读，简化标注，构件的名称应用代号来表示，代号后应用阿拉伯数字标注该构件的型号或编号，也可为构件的顺序号。构件的顺序号采用不带角标的阿拉伯数字连续编排。常用的构件代号见表 3-3-2。

表 3-3-1 图线

名称		线型	线宽	用途
实线	粗		b	螺栓、主钢筋线、结构平面图中的单线结构构件线、钢支撑及系杆线，图名下横线、剖切线
	中		0.5b	结构平面图及详图中剖到或可见的墙身轮廓线、基础轮廓线、钢、木结构轮廓线、箍筋线、板钢筋线
	细		0.25b	可见的钢筋混凝土构件轮廓线、尺寸线、标注引出线，标高符号，索引符号
虚线	粗		b	不可见的钢筋、螺栓线，结构平面图中的不可见的单线结构构件线及钢、木支撑线
	中		0.5b	结构平面图中的不可见构件、墙身轮廓线及钢、木构件轮廓线
	细		0.25b	基础平面图中的管沟轮廓线、不可见的钢筋混凝土构件轮廓线
单点长画线	粗		b	柱间支撑、垂直支撑、设备基础轴线图中的中心线
	细		0.25b	定位轴线、中心线、对称线等
双点长画线	粗		b	预应力钢筋线
	细		0.25b	原有结构轮廓线
折断线	细		0.25b	断开界线
波浪线	细		0.25b	断开界线

表 3-3-2 常用结构构件代号

序号	名称	代号	序号	名称	代号	序号	名称	代号
1	板	B	18	过梁	GL	35	设备基础	SJ
2	屋面板	WB	19	联系梁	LL	36	桩	ZH
3	空心板	KB	20	基础梁	JL	37	挡土墙	DQ
4	槽形板	CB	21	楼梯梁	TL	38	地沟	DG
5	折板	ZB	22	框架梁	KL	39	柱间支撑	ZC
6	密肋板	MB	23	框支梁	KZL	40	垂直支撑	CC
7	楼梯板	TB	24	屋面框架梁	WKL	41	水平支撑	SC
8	盖板或沟盖板	GB	25	檩条	LT	42	梯	T
9	挡雨板或檐口板	YB	26	屋架	WJ	43	雨篷	YP
10	墙板	QB	27	天窗架	CJ	44	阳台	YT
11	天沟板	TGB	28	框架	KJ	45	梁垫	LD
12	梁	L	29	刚架	GJ	46	预埋件	M
13	屋面梁	WL	30	支架	ZJ	47	钢筋网	W
14	吊车梁	DL	31	柱	Z	48	钢筋骨架	G
15	单轨吊车梁	DDL	32	框架柱	KZ	49	基础	J
16	轨道连接	DGL	33	构造柱	GZ	50	暗柱	AZ
17	圈梁	QL	34	承台	CT			

3.3.2 钢筋混凝土构件详图

一、钢筋混凝土有关知识

（一）混凝土

混凝土简写“砼”，是指用水泥作胶凝材料，砂、石作集料，与水（加或不加外加剂和掺和料）按一定比例配合，经搅拌、成型、养护而得的混凝土，也称普通混凝土。普通混凝土按立方体抗压强度标准值划分为C15、C20、C25、C30、C35、C40、C45、C50、C55、C60、C65、C70、C75、C80等14个强度等级。混凝土的抗压强度高，抗拉强度低，在外力荷载作用下，受拉处易开裂而损坏，若在混凝土构件中加入一定数量的钢筋，形成钢筋混凝土构件，可有效地提高其抗拉强度。

（二）钢筋

1. 常用钢筋类型和钢筋符号

普通混凝土结构及预应力混凝土结构的钢筋：普通钢筋宜采用HRB400级和HRB335级钢筋，也可采用HPB300级和RRB400级钢筋；预应力钢筋宜采用预应力钢绞线、钢丝，也可采用热处理钢筋。常用钢筋的种类与符号见表3-3-3。

表3-3-3 常用钢筋的种类与符号

钢筋级别	Ⅰ级	Ⅱ级	Ⅲ级	Ⅳ级	Ⅰ级冷拉	冷拔低碳钢丝
钢筋符号	Φ	Φ	Φ	Φ	Φ^{l}	Φ^{b}
种类	HPB300	HRB335	HRB400	RRB400		

2. 钢筋的作用与分类

受力筋：承受拉力或压力的钢筋，起受力作用，在梁、板、柱等各种钢筋混凝土构件中都有配置。

箍筋：一般用于梁和柱内，用以固定受力筋位置，并承受一部分斜拉力。

架立筋：一般只在梁中使用，与受力筋、钢箍一起形成钢筋骨架，不起受力作用，用以固定钢筋的位置。

分布筋：一般用于板内，与受力筋垂直，布置于受力钢筋的内侧，用以固定受力筋的位置，与受力筋一起构成钢筋骨架，将板上所受的力均匀传递给受力筋，此外，分布筋还能抵抗热胀冷缩所引起的温度变形。

其他钢筋：因构造或施工需要而设置在混凝土中的钢筋，主要有腰筋、构造筋、吊钩、马凳筋等，如图3-3-1所示。

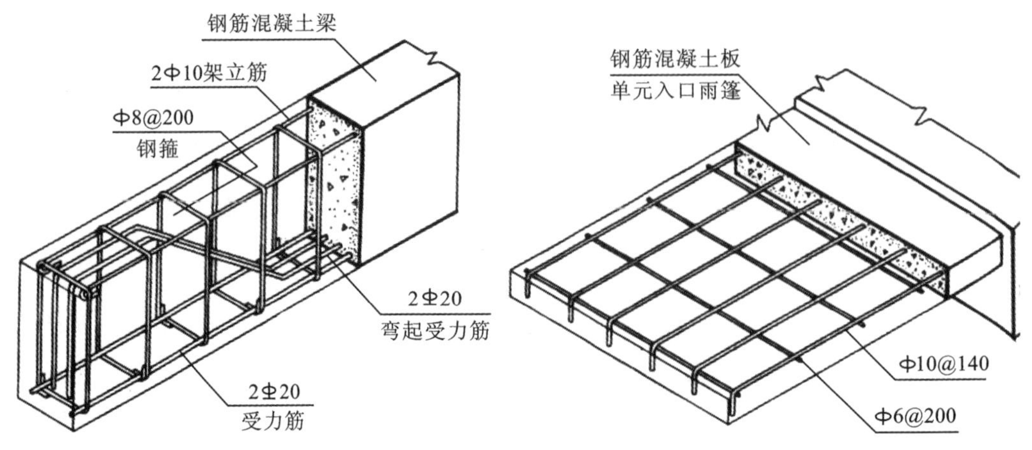

图 3-3-1　梁、板内的钢筋

3. 钢筋弯钩及保护层

钢筋弯钩作用:增强钢筋与混凝土的黏结力,防止钢筋在受力时滑动(一般光圆钢筋做弯钩,带肋钢筋不做)。钢筋弯钩及画法,如图 3-3-2 所示。

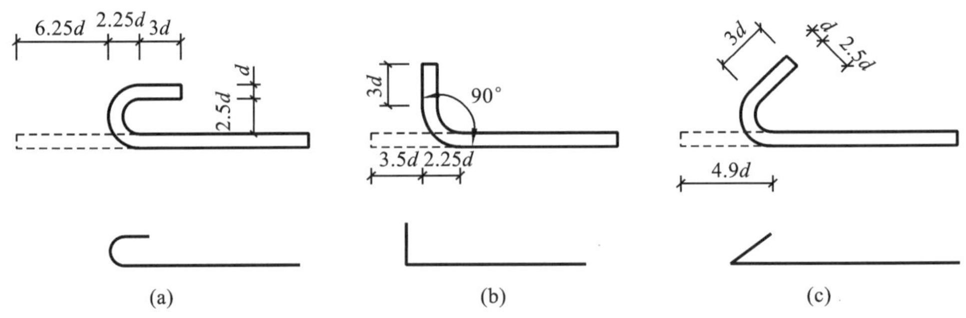

图 3-3-2　钢筋的弯钩

(a)180°弯钩;(b)90°弯钩;(c)135°弯钩

钢筋的保护层:为了防止钢筋在空气中锈蚀,并使钢筋与混凝土有足够黏结性,钢筋外边缘和混凝土构件外表面应有一定的厚度,这个厚度的混凝土层叫做保护层。保护层的厚度与钢筋的作用及其位置有关,详见表 3-3-4。

表 3-3-4　纵向受力钢筋的混凝土保护层最小厚度　　单位:mm

环境类别		板、墙、壳			梁			柱		
		≤C20	C25～C45	≥C50	≤C20	C25～C45	≥C50	≤C20	C25～C45	≥C50
一		20	15	15	30	25	25	30	30	30
二	a	—	20	20	—	30	30	—	30	30
	b	—	25	20	—	35	30	—	35	30
三		—	30	25	—	40	35	—	40	35

4. 钢筋的图示方法与标注

在结构施工图中，为了突出钢筋的位置、形状和数量，钢筋一般用粗实线绘制，具体表示方法如表 3-3-5、表 3-3-6 所示。

表 3-3-5 一般钢筋的表示方法

名　　称	图例及说明	名　　称	图例及说明
钢筋横断面		无弯钩的钢筋搭接	
无弯钩的钢筋端部	右图表示长短钢筋投影重叠时，短钢筋的端部用 45°斜短画线表示	带半圆弯钩的钢筋搭接	
带半圆形弯钩的钢筋端部		带直弯钩的钢筋搭接	
带直钩的钢筋端部		花篮螺丝钢筋接头	
带丝扣的钢筋端部		机械连接的钢筋接头	

表 3-3-6 钢筋的画法

序号	说　　明	图　　例
1	在平面图中配置钢筋时，底层钢筋弯钩应向上或向左，顶层钢筋则向下或向右	底层　顶层
2	配双层钢筋的墙体，在配筋立面图中，远面钢筋的弯钩应向上或向左，而近面钢筋则向下或向右	近面　远面
3	如在断面图中不能表示清楚钢筋配置，应在断面图外面增加钢筋大样图	
4	图中所表示的钢筋、环筋，应加画钢筋大样及说明	或

在钢筋混凝土构件图中，钢筋需标注其级别、直径和数量或钢筋中心距。如图 3-3-3 所示。

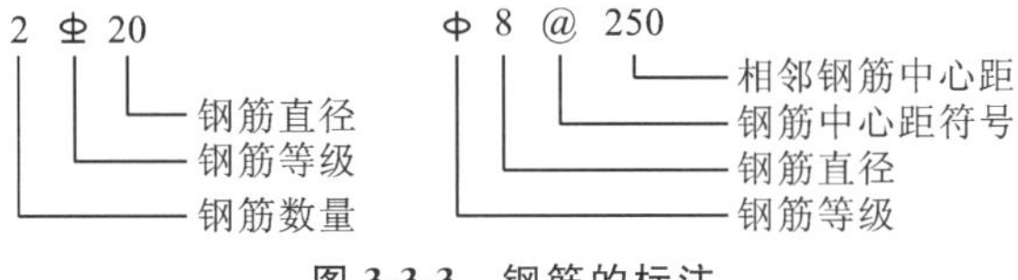

图 3-3-3 钢筋的标注

二、钢筋混凝土构件图示例

(一) 钢筋混凝土梁配筋图识图

钢筋混凝土梁的配筋图一般由梁的立面图、断面图、钢筋详图和钢筋表所组成。

如图 3-3-4 所示,为一钢筋混凝土梁配筋图,由立面图、断面图和钢筋详图组成。从立面图可知:梁的长度为 8480 mm,由Ⓑ©轴线墙体支承,Ⓑ©轴墙体厚 240 mm。

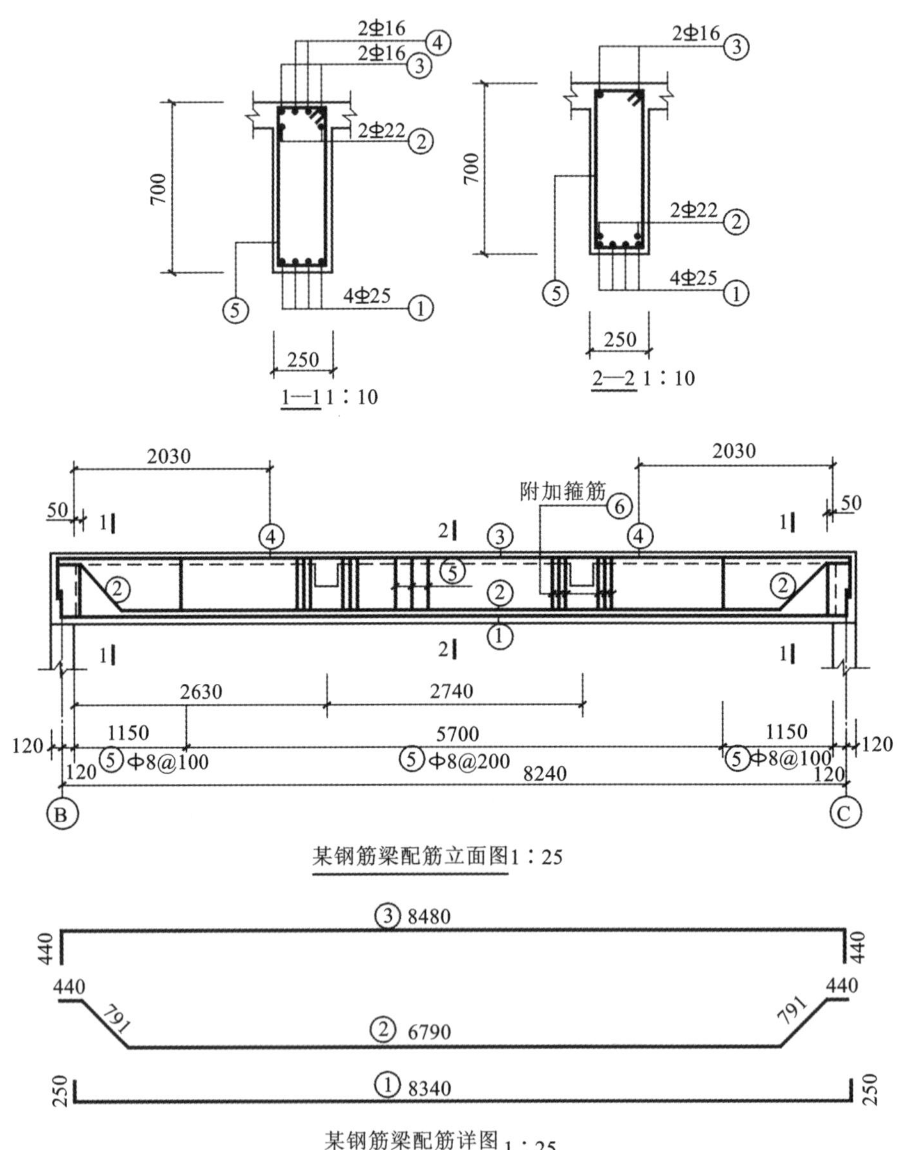

图 3-3-4 钢筋混凝土梁 L1 配筋图

对照梁立面图,识读梁断面图 1—1、2—2 可知,梁的截面高度为 700 mm,宽度为

250 mm；在梁的下部配置钢筋编号为①的 4 根直径为 25 mm 的Ⅱ级钢筋，编号为②的 2 根直径为 22 mm 的Ⅱ级钢筋，为弯起筋；梁跨中位于下部，在支座附近位于上部；梁上部配置了编号为③的 2 根直径为 16 mm 的Ⅱ级钢筋，为架立筋，在支座附近距轴 2030 mm 范围内增设编号为④的 2 根直径为 16 mm 的Ⅱ级钢筋；梁的箍筋编号为⑤，是直径为 8 mm的Ⅰ级钢筋，钢筋中心距为加密区 100 mm，非加密区 200 mm；主、次梁相交处增设附加箍筋，编号为⑥。

（二）钢筋混凝土板施工图识图

对于钢筋混凝土板，通常只用一个平面图表示其配筋情况。

图 3-3-5 为某钢筋混凝土板配筋图：在板底配置了③、④号钢筋，③、④号钢筋是两端带有向上弯起的半圆弯钩的Ⅰ级钢筋，③号钢筋直径为 8 mm，间距 200 mm，④号钢筋直径 6 mm，间距 150 mm；在板顶层配置了①、②号钢筋，①、②号钢筋为支座处的构造筋，直径 8 mm，间距均为 200 mm，布置在板的上层，90°直钩向下弯。

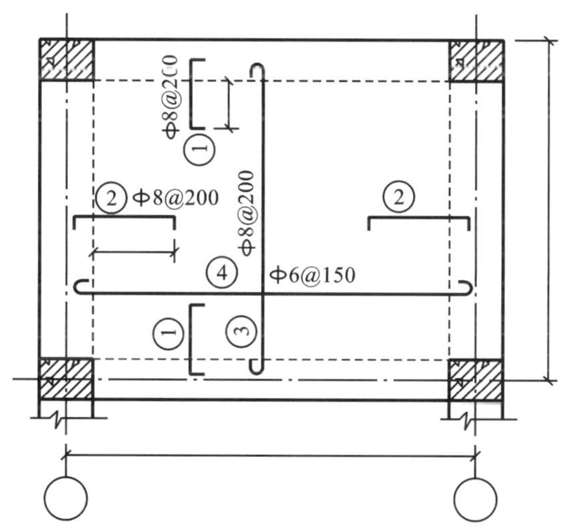

图 3-3-5　钢筋混凝土板配筋图

（三）钢筋混凝土柱施工图识图

如图 3-3-6 所示，为一钢筋混凝土柱的施工图。从图中可以看出，该柱从－1.050 m 起到标高 7.950 m 止，断面尺寸为 400 mm×400 mm。由 1—1 断面可知，柱 Z1 纵筋配 8 根直径为 18 mm 的Ⅰ级钢筋，其下端与柱下基础搭接。除柱的终端外，4 根角部纵筋上端伸出每层楼面 1400 mm，其余 4 根纵筋上端伸出楼面 500 mm，以便与上一层钢筋搭接。加密区箍筋为Φ8@100，柱内箍筋为Φ8@200。本例介绍的现浇钢筋混凝土柱断面形状简单，配筋清楚，比较容易识读。在单层工业厂房中设有边柱、中间柱，牛腿(架设吊车梁)部分的断面变化多，配筋复杂，此处不再详述。

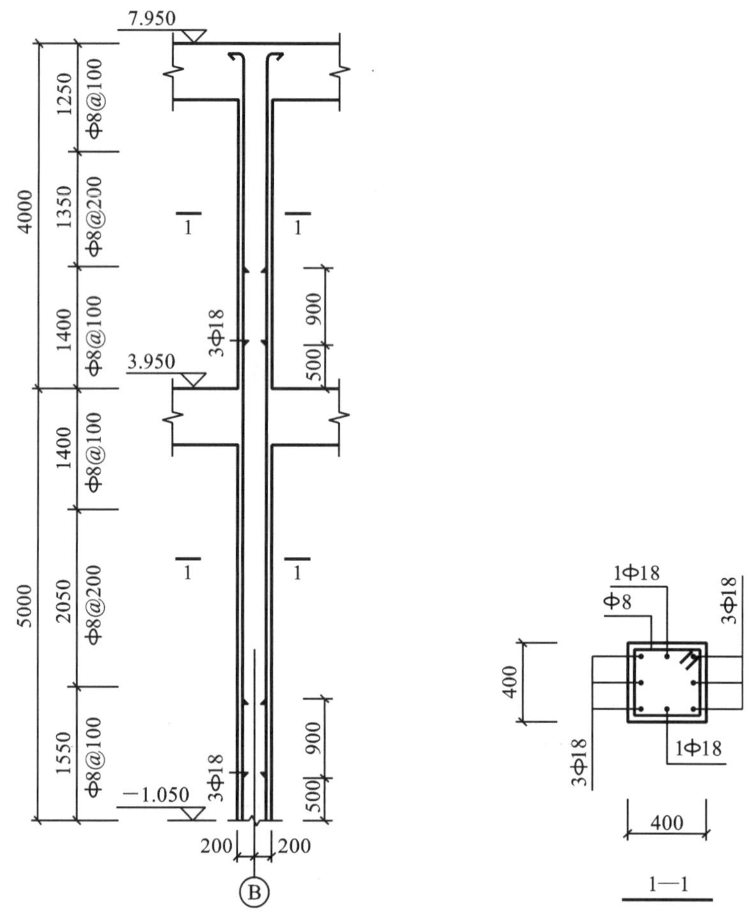

图 3-3-6 钢筋混凝土柱

3.3.3 平法识图

目前，工程图大都采用平面整体表示方法(简称“平法”)来绘制，即按照国家标准图集《混凝土结构施工图平面整体表示方法制图规则和构造详图》的绘图规则，将结构构件的尺寸和配筋等情况，整体地直接表达在各类构件的结构平面布置图上，再与标准构造详图相配合，构成一套完整的结构施工图。采用平面整体表示方法绘制的结构平面图，称为平法施工图。它改变了传统的那种将构件从结构平面布置图中索引出来，再逐个绘制配筋详图的烦琐方法，是混凝土结构施工图设计方法的重大改革。一般平法施工图均与标准图集配套使用，国家建筑标准设计图集(《混凝土结构施工图平面整体表示方法制图规则和构造详图》(16G101—1 等)是国家重点推广的科技成果，已在全国广泛使用。

一、柱平法施工图制图规则

柱平法施工图是在柱平面布置图上用列表注写方式和截面注写方式表达。

（一）列表注写方式

列表注写方式是在柱平面布置图上分别在同一编号的柱中选择一个截面标注几何参数代号，在柱表中注写柱号、柱段起止标高、几何尺寸与配筋的具体数值，并配以各种柱截面形状及其箍筋类型图的方式表达柱平法施工图（见图 3-3-7）。

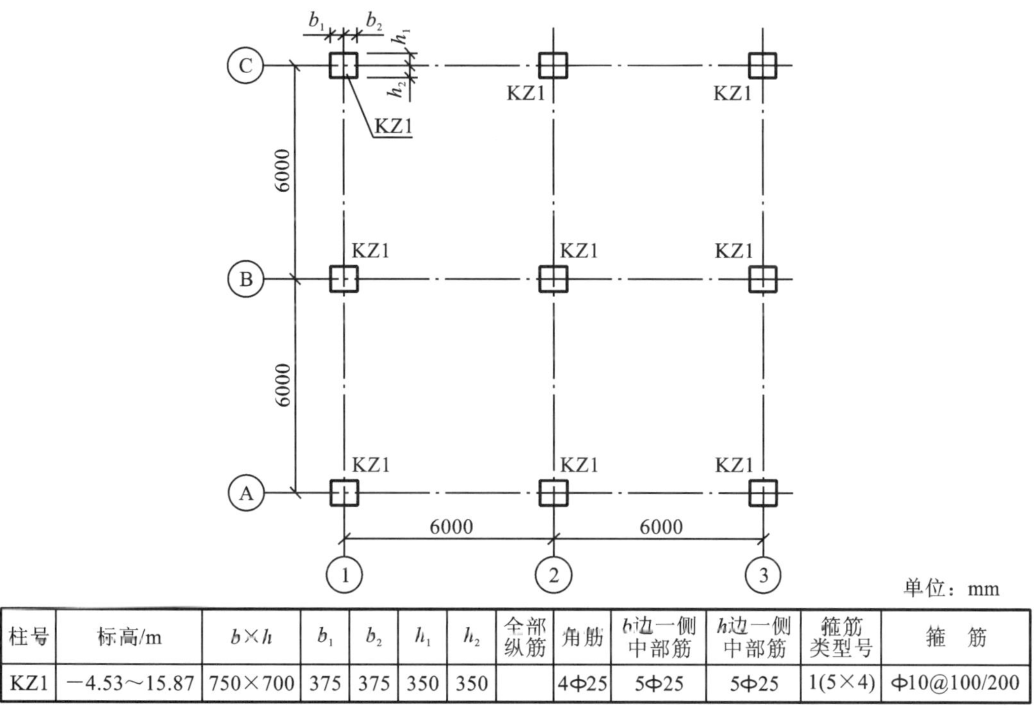

柱号	标高/m	$b\times h$	b_1	b_2	h_1	h_2	全部纵筋	角筋	b边一侧中部筋	h边一侧中部筋	箍筋类型号	箍　筋
KZ1	−4.53～15.87	750×700	375	375	350	350		4Φ25	5Φ25	5Φ25	1(5×4)	Φ10@100/200

图 3-3-7　柱列表注写方式示例

（1）注写柱编号。编号由代号和序号组成，如框架柱为 KZ×、框支柱为 KZZ×、剪力墙上柱为 QZ×等，“×”为数字。

（2）注写各段柱的起止标高。自柱根部往上以变截面位置或截面未变但配筋改变处为界分段注写。框架柱和框支柱的根部标高系指基础顶面标高，梁上柱的根部标高系指梁顶面标高。

（3）截面尺寸。对于矩形柱，注写截面尺寸 $b\times h$ 及与轴线关系的几何参数代号 b_1、b_2 和 h_1、h_2 的具体数值，须对应于各段柱分别注写。其中 $b=b_1+b_2$，$h=h_1+h_2$。当截面的某一面收缩变化至与轴线重合或偏到轴线另一侧时，b_1、b_2、h_1、h_2 中的某项为零或为负值。圆柱直径数字前加 d 表示，$d=b_1+b_2=h_1+h_2$。

（4）注写柱纵筋。当纵筋直径相同，各边根数也相同时，将纵筋注写在“全部纵筋”

一栏中;除此之外,柱纵筋分角筋、截面 b 边中部筋和 h 边中部筋三项分别注写。

(5) 注写箍筋类型号及箍筋肢数。

(6) 注写柱箍筋。包括钢筋级别、直径与间距。例如Φ10@100/250,表示箍筋为Ⅰ级钢筋,直径 10 mm,加密区间距为 100 mm,非加密区间距为 250 mm。当圆柱采用螺旋箍筋时,需在箍筋前加“L”。

(二) 截面注写方式

柱平法施工图截面注写方式,系在分标准层绘制的柱平面布置图的柱截面上,分别在同一编号的柱中选择一个截面,以直接注写截面尺寸和配筋具体数值的方式来表达柱平法施工图(见图 3-3-8)。

表达方法是除芯柱之外的所有柱截面,从相同编号的柱中选择一个截面,按另一种比例原位放大绘制柱截面配筋图,并在各配筋图上继其编号后再注写截面尺寸 $b\times h$、角筋和全部纵筋、箍筋的具体数值,以及在柱截面配筋图上标注柱截面与轴线关系 b_1、b_2、h_1、h_2 的具体数值。

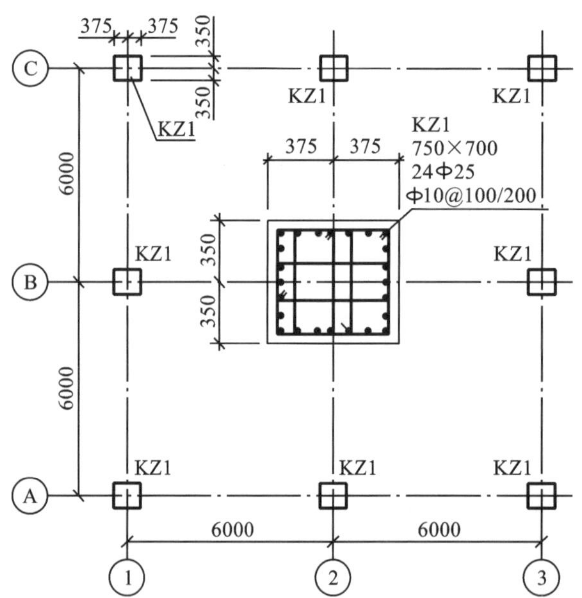

屋面	15.870	
4	12.270	3.6
3	8.670	3.6
2	4.470	4.2
1	−0.030	4.5
−1	−4.530	4.5
层号	标高/m	层高/m

图 3-3-8 柱截面注写方式示例

二、梁平法施工图制图规则

梁平法施工图是在梁平面布置图上采用平面注写方式或截面注写方式表达。

平面注写方式是在梁平面布置图上,分别在不同编号的梁中各选一根梁,在其上注写截面尺寸和配筋具体数值的方式表达梁平法施工图。

平面注写包括集中标注和原位标注,集中标注表达梁的通用数值,原位标注表达梁的特殊数值。当集中标注中某项数值不适用于梁的某部位时，则将该数值原位标注，施工时，原位标注取值优先，如图 3-3-9 所示。

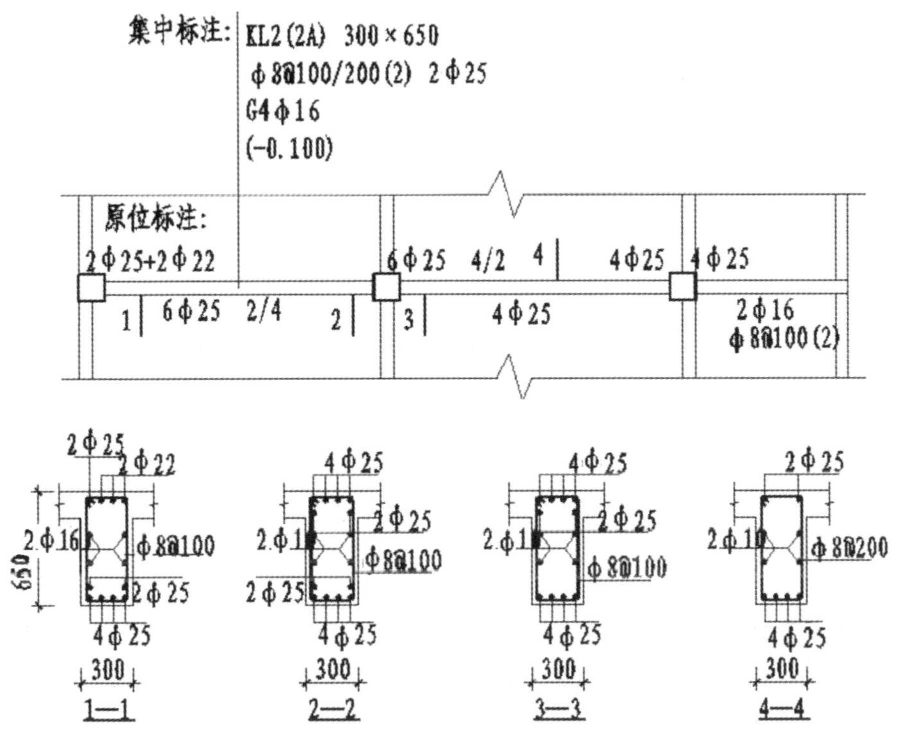

图 3-3-9 梁平法平面注写方式示例

1. 集中注写

梁集中标注的内容有五项必注值和一项选注值，集中标注可以从梁的任意一跨引出。

(1) 梁编号。梁编号为必注值，由梁类型、代号、序号、跨数及有无悬挑代号几项组成，并符合表 3-3-7 所示。

表 3-3-7 梁编号

梁 类 型	代号	序 号	跨数及是否带有悬挑
楼层框架梁	KL	×	(×)、(×A)或(×B)
屋面框架梁	WKL	×	(×)、(×A)或(×B)
框支梁	KZL	×	(×)、(×A)或(×B)
非框架梁	L	×	(×)、(×A)或(×B)
悬挑梁	XL	×	
井梁	JZL	×	(×)、(×A)或(×B)

表中(×A)为一端悬挑，(×B)为两端有悬挑，悬挑不计入跨数。

(2) 梁截面尺寸。该项为必注值如图 3-3-10 所示：当为等截面梁时，用 $b\times h$ 表示；当为加腋梁时，用 $b\times h$ $YC_1\times C_2$表示；当有悬挑梁，且根部和端部的高度不相同时，用 b

$\times h_1/h_2$表示。

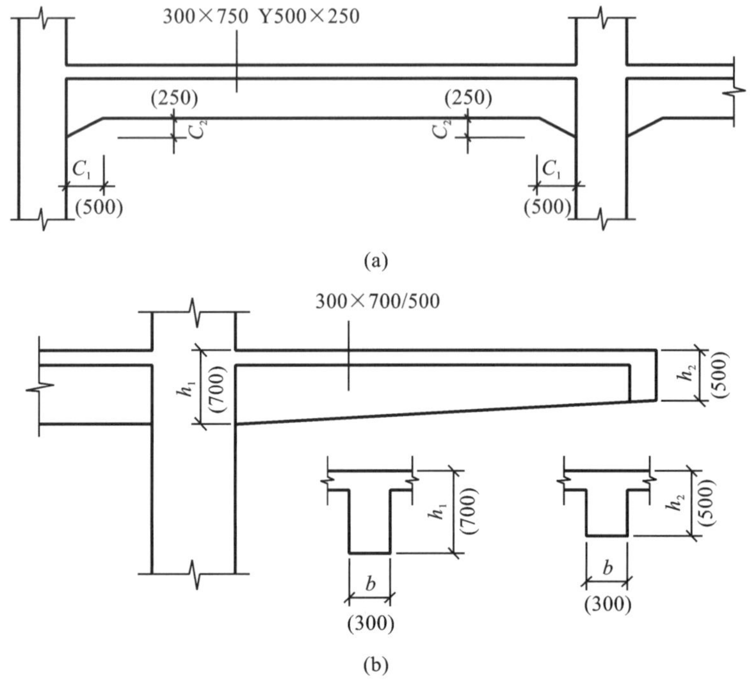

图 3-3-10 变截面梁尺寸的注写

(a)加腋梁截面尺寸注写;(b)悬挑梁不等高截面尺寸注写

(3) 梁箍筋,包括箍筋级别、直径、加密区与非加密区间距及肢数。箍筋加密区与非加密区的不同间距及肢数需用"/"分隔,箍筋肢数应写在括号内。

例如"Φ 10@100/200(4)"表示箍筋为 I 级钢筋,直径 10 mm,加密区间距为 100 mm,非加密区间距为 200 mm,均为四肢箍。

(4) 梁上部通长筋或架立筋。该项必注值。当同排纵筋中既有通长筋又有架立筋时,应用"+"将通长筋和架立筋相连。注写时须将角部纵筋写在加号的前面,架立筋写在加号后面的括号内,以表示不同直径及与通长筋的区别,当全部采用架立筋时,则将其写入括号内。

例如"2 Φ 22+(4 Φ 12)"用于六肢箍,其中 2 Φ 22 为通长筋,4 Φ 12 为架立筋。

当梁的上部纵筋和下部纵筋为全跨相同,且多数跨配筋相同时,此项可加注下部纵筋的配筋值,用分号";"将上部与下部的配筋值分隔开。

例如"3 Φ 22;3 Φ 20"表示梁上部配置 3 Φ 22 的通长筋,下部配置 3 Φ 20 的通长筋。

(5) 梁侧面纵向构造钢筋或受扭钢筋配置,为必注值。当梁腹板高度大于等于 450 mm 时,须配置纵向构造钢筋,注写以大写字母 G 打头,例如"G4 Φ 12",表示梁的两个侧面共配置 4 Φ 12 的纵向构造钢筋,每侧各配置 2 Φ 12。当梁侧面需配置受扭纵向钢筋时,注写以大写字母"N"打头。例 N6 Φ 22,表示表示梁的两个侧面共配置 6 Φ 22 的受扭纵向钢筋,每侧各配置 3 Φ 22。

(6) 梁顶面标高高差。该项为选注值，梁顶面标高高差，系指相对于结构层楼面标高的高差值，有高差时，将高差写入括号内，无高差时不注。当梁的顶面高于所在结构层的楼面标高时，其标高高差为正值，反之为负值。

如某结构层的楼面标高为 44.950 m，当某梁的梁顶面标高高差注写为(－0.050)时，即表明该梁顶面标高为 44.900 m。

2. 梁原位标注

1) 梁支座上部纵筋，该部位含通长筋在内的所有纵筋

(1) 当上部纵筋多于一排时，用“/”将各排纵筋自上而下分开；例如，梁支座上部纵筋注写为 6 Φ254/2，表示上一排纵筋为 4 Φ25，下排纵筋为 2 Φ25。

(2) 当同排纵筋有两种直径时，用“＋”将两种直径的纵筋相连，注写时将角部纵筋写在前面。如 2 Φ25＋2 Φ22，2 Φ25 放在角部，2 Φ22 放在中部。

(3) 当梁中间支座两边的上部纵筋不同时，须在支座两边分别标注，否则只注一端即可，如图 3-3-11 所示。

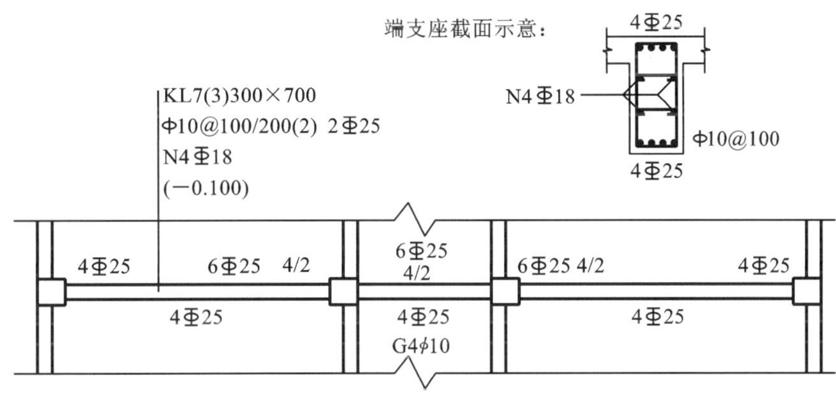

图 3-3-11　大小跨梁的注写示例

2) 梁下部纵筋

(1) 当下部纵筋多于一排时，用“/”将各排纵筋自上而下分开。例梁下部纵筋注写为 6 Φ25 2/4，则表示上排纵筋为 2 Φ25，下一排纵筋为 4 Φ25，全部伸入支座。

(2) 当同排纵筋有两种直径时，用加号“＋”将两种直径的纵筋相连，注写时角筋写在前面。

(3) 当梁下部纵筋不全部伸入支座时，将梁支座下部纵筋减少的数量写在括号内。例如梁下部纵筋注写为 6 Φ25　2(－2)/4，则表示上排纵筋为 2 Φ25，且不伸入支座；下一排纵筋为 4 Φ25，全部伸入支座。当梁的下部纵筋注写为 2 Φ25＋3 Φ22(－3)/5 Φ25，表示上排纵筋为 2 Φ25 和 3 Φ22，其中 3 Φ22 不伸入支座；下一排纵筋为 5 Φ25，全部伸入支座。

3) 附加箍筋和吊筋

将其直接画在平面图中的主梁上，用线引注总配筋值(附加箍筋的肢数注写在括号

内),如图 3-3-12 所示。

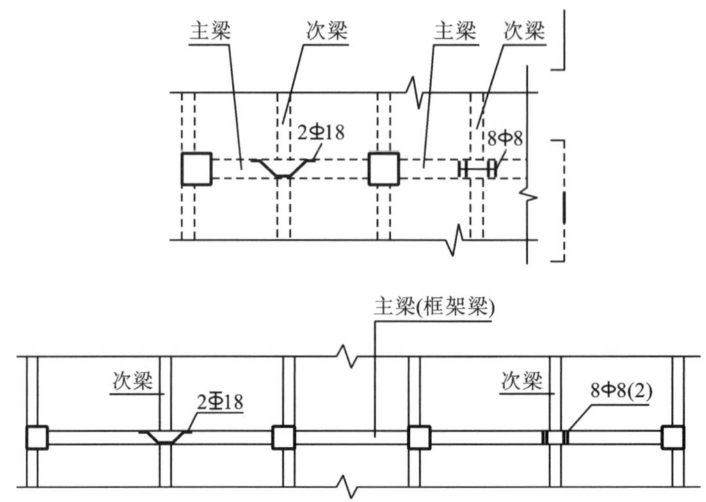

图 3-3-12　附加箍筋和吊筋的画法

4）梁上标注

当在梁上集中标注的内容不适用于某跨或某悬挑部分时,则将其不同数值原位标注在该跨或该悬挑部位,施工时应按原位标注数值取用。

当在多跨梁的集中标注中已注明加腋,而该梁某跨的根部却不需要加腋时,则应在该跨原位标注等截面的 $b\times h$,以修正集中标注中的加腋信息,如图 3-3-13 所示。

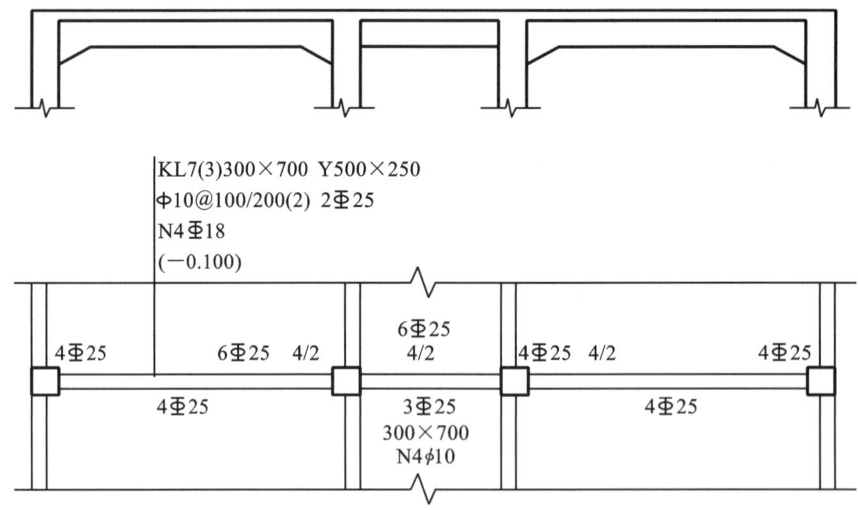

图 3-3-13　梁加腋平面注写方式表达示例

三、板平法标注

主要介绍有梁楼盖板的平法标注。有梁楼盖板系指以梁为支座的楼面与屋面板。

有梁楼盖板平法施工图，系在楼面板和屋面板布置图上，采用平面注写的表达方式。

板平面注写主要包括板块集中标注与板支座原位标注。

为方便设计表达和施工识图，规定结构平面的坐标方向为：当两向轴网正交布置时，图面从左至右为 X 轴，从下至上为 Y 轴；当轴网转折时，局部坐标方向顺轴网转折角做相应转折；当轴网向心布置时，切向为 X 向，径向为 Y 向。

（一）板块集中标注

板块集中标注的内容为：板块编号、板厚、贯通纵筋，以及当板面标高不同时的标高高差。

1. 板块编号

对于普通楼面，两向均以一跨为一板块；对于密肋楼盖，两向主梁（框架梁）均以一跨为一板块（非主梁密肋不计）。所有板块应逐一编号，相同编号的板块可择其一做集中标注，其他仅注写置于圆圈内的板编号，以及当板面标高不同时的标高高差。板块编号按表 3-3-8 的规定。

表 3-3-8　板块编号

板　类　型	代　　号	序　　号
楼面板	LB	××
屋面板	WB	××
延伸悬挑板	YXB	××
纯悬挑板	XB	××

备注：延伸悬挑板的上部受力钢筋应与相邻跨内板的上部纵筋连通配置。

2. 板厚

板厚注写为 h＝×××（为垂直与板面的厚度）；当悬挑板的端部改变截面厚度时，用斜线分隔根部与端部的高度值，注写为 h＝×××／×××；当设计已在图注中统一注明板厚时，此项可不注。

3. 贯通纵筋

贯通纵筋按板块的下部和上部分别注写（当板块上部不设贯通纵筋时则不注），并以 B 代表下部，以 T 代表上部，B＋T 代表下部与上部；X 向贯通纵筋以 X 打头，Y 向贯通纵筋以 Y 打头，两向贯通纵筋配置相同时则以 X＋Y 打头。当为单向板时，另一向贯通的分布筋可不必注写，而在图中统一注明。当在某些板内（例如在延伸悬挑板 YXB，或纯悬挑板 XB 的下部）配置有构造钢筋时，则 X 向以 X_c，Y 向以 Y_c 打头注写，当 Y 向采用放射配筋时（切向为 X 向，径向为 Y 向），设计者应注明配筋间距的度量位置。当板的悬挑部分与跨内板有高差且低于跨内板时，宜将悬挑部分设计为纯悬挑板 XB。

如图 3-3-14 所示，表示 1 号楼面板，板厚 120 mm，板下部配置的贯通纵筋 X 向为

Φ10@100;Y 向为Φ10@150;板上部未配置贯通纵筋。

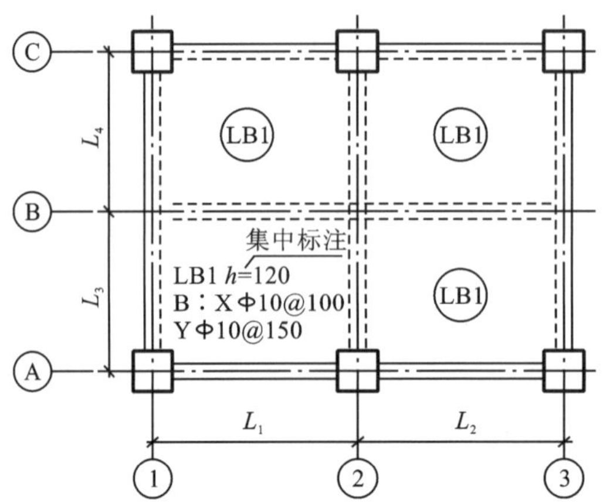

图 3-3-14　板平法集中标注

如图 3-3-15,表示 1 号延伸悬挑板,板根部厚 150 mm,端部厚 100 mm,板下部配置构造钢筋 X 向为Φ8@150;Y 向为Φ8@200;上部 X 方向为Φ8@150,Y 向按 1 号钢筋布置(Φ10@100)。

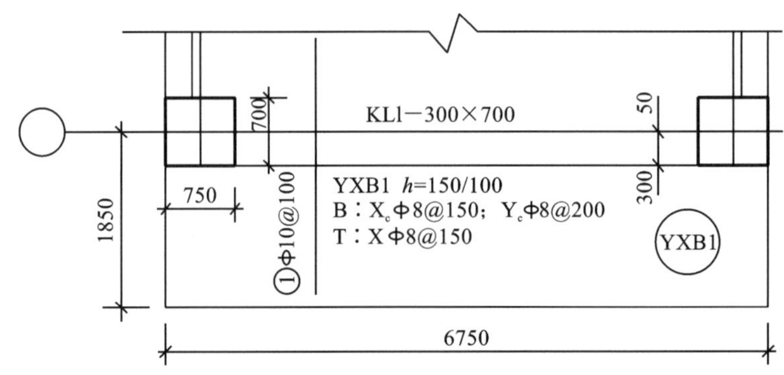

图 3-3-15　延伸悬挑板平法标注

4. 板面标高高差

板面标高高差,系指相对于结构层楼面标高的高差,应将其注写在括号内,且有高差则注,无高差不注。

5. 有关说明

同一编号板块的类型、板厚和贯通纵筋均应相同,但板面标高、跨度、平面形状以及板支座上部非贯通纵筋可以不同,如同一编号板块的平面形状可为矩形、多边形及其他形状等。

设计与施工应注意:单向或双向连续板的中间支座上部同向贯通纵筋,不应在支座位置连接或分别锚固。当相邻两跨的板上部贯通纵筋配置相同,且跨中部位有足够空间连接时,可在两跨任意一跨的跨中连接部位连接;当相邻两跨的上部贯通纵筋配置不同时，应将配置较大者越过其标注的跨数终点或起点伸至相邻跨的跨中连接区域连接。

（二）板支座原位标注

板支座原位标注的内容为：板支座上部非贯通纵筋和纯悬挑板上部受力钢筋。

板支座原位标注的钢筋，应在配置相同跨的第一跨表达（当在梁悬挑部位单独配置时则在原位标注）。在配置相同跨的第一跨（或梁悬挑部位），垂直于板支座（梁或墙）绘制一段适宜长度的中粗实线（当该筋通长设置在悬挑板或短跨板上部时，实线段应画至对边或贯通短跨），以该线段代表支座上部非贯通纵筋；并在线段上方注写钢筋编号（如①、②等），配筋值，横向连接布置的跨数（注写在括号内，且当为一跨时可不注），以及是否横向布置到梁的悬挑端。

如图 3-3-16 所示，①钢筋（2）表示横向布置的跨数为 2 跨，②钢筋（2A）为板支座钢筋连续布置 2 跨及一端的悬挑部位，若为（XXB），为横向布置的跨数及两端的悬挑部位。

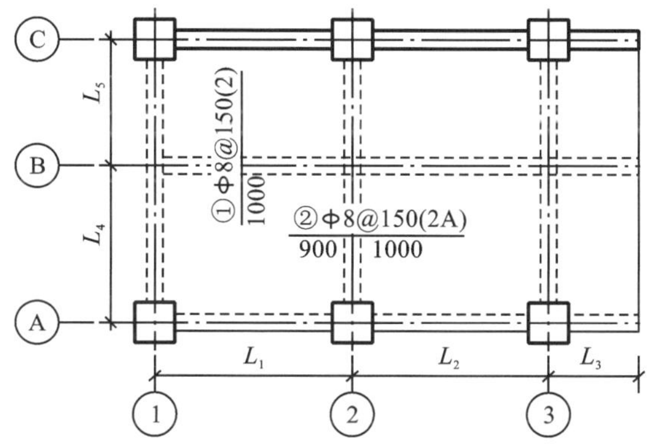

图 3-3-16　板支座原位标注示例

板支座上部非贯通筋自支座中线向跨内的延伸长度，注写在线段的下方位置。

对称：当中间支座上部非贯通纵筋向支座两侧对称延伸时，可仅在支座一侧线段下方标注延伸长度，另一侧不注。

非对称：当向支座两侧非对称延伸时，应分别在支座两侧线段下方注写延伸长度。

对线段画至对边贯通全跨或贯通全悬挑长度的上部通长纵筋，贯通全跨或延伸至全悬挑一侧的长度值不注，只注明非贯通筋另一侧的延伸长度值。

附图 A

暖通	给排水
建筑	结构

序号	图 纸 名 称	图 号	规格	文件名	备 注
001	总平面图	J-00	A2		
002	建筑设计说明	J-01	A3		
003	建筑装修做法表	J-02	A3		
004	首层平面图	J-03	A3		
005	二层平面图	J-04	A3		
006	三至五层平面图	J-05	A3		
007	六层平面图	J-06	A3		
008	屋顶平面图　梯屋面平面图	J-07	A3		
009	①—⑪ 轴立面图	J-08	A3		
010	⑪—① 轴立面图	J-09	A3		
011	Ⓐ—Ⓓ 轴立面图	J-10	A3		
012	1-1剖面图	J-11	A3		
013	T-1楼梯平面详图	J-12	A3		
014	T-1楼梯剖面详图	J-13	A3		
015	节点大样图(一)	J-14	A3		
016	节点大样图(二)	J-15	A3		
017	门窗表　门窗大样	J-16	A3		

xx市勘察设计院				工程名称	xx学院教师公寓JB型	设计阶段	建施图
设 计		专业负责人		图纸名称	图纸目录	图 号	
制 图		项目负责人				比 例	1:100
校 对		审 核				第 张	共 张

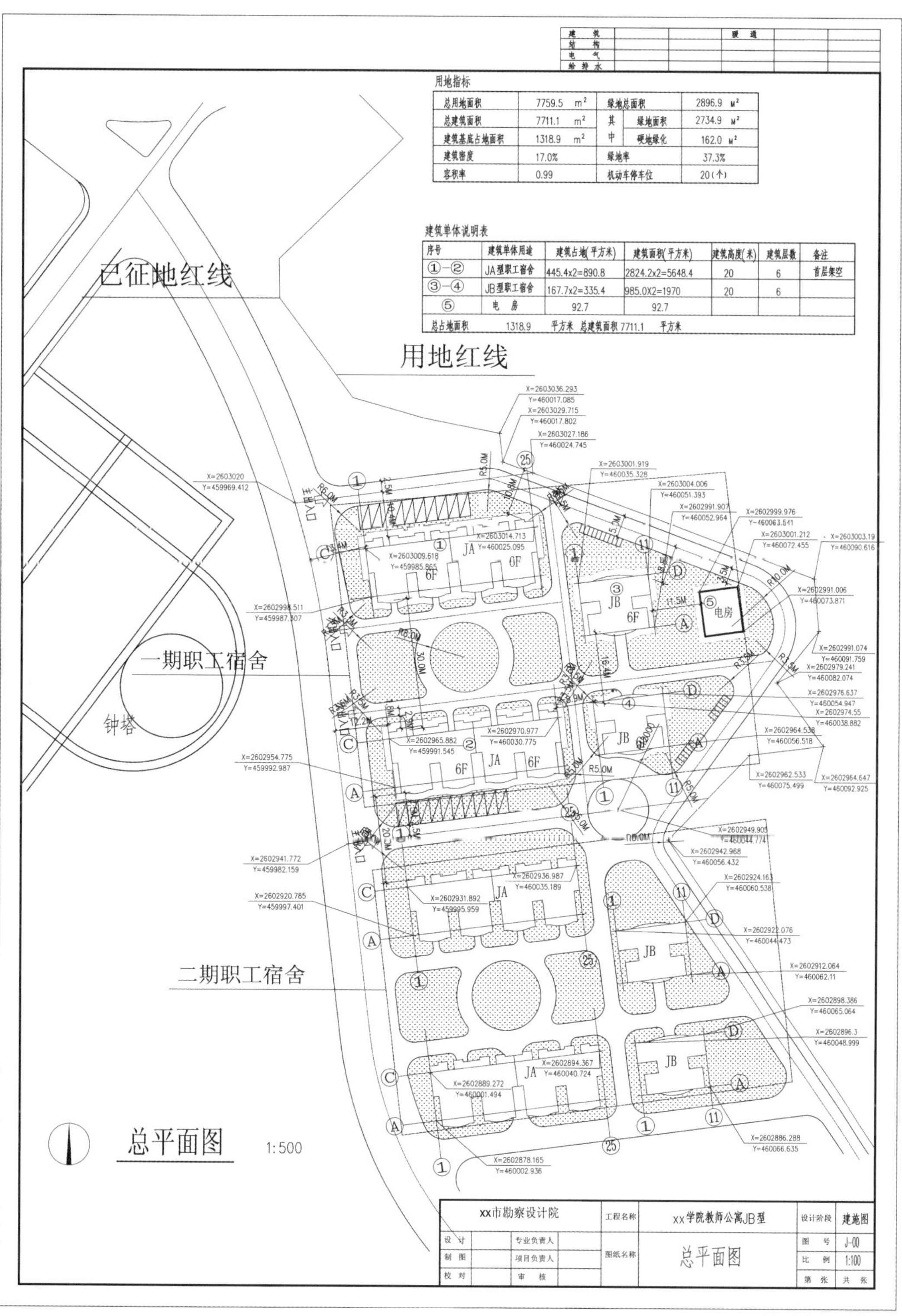

建筑
结构
电气
给排水
暖通
用地指标
总用地面积 7759.5 m²
总建筑面积 7711.1 m²
建筑基底占地面积 1318.9 m²
建筑密度 17.0%
容积率 0.99
绿地总面积 2896.9 M²
其中 绿地面积 2734.9 M²
硬地绿化 162.0 M²
绿地率 37.3%
机动车停车位 20(个)
建筑单体说明表
序号 建筑单体用途 建筑占地(平方米) 建筑面积(平方米) 建筑高度(米) 建筑层数 备注
①-② JA型职工宿舍 445.4x2=890.8 2824.2x2=5648.4 20 6 首层架空
③-④ JB型职工宿舍 167.7x2=335.4 985.0X2=1970 20 6
⑤ 电房 92.7 92.7
总占地面积 1318.9 平方米 总建筑面积 7711.1 平方米
已征地红线
用地红线
一期职工宿舍
钟塔
二期职工宿舍
JA
JB
6F
电房
总平面图 1:500
xx市勘察设计院
工程名称 xx学院教师公寓JB型
设计阶段 建施图
设计
制图
校对
专业负责人
项目负责人
审核
图纸名称 总平面图
图号 J-00
比例 1:100
第 张 共 张

暖通	给排水
建筑	结构

建筑设计说明

一、除本工程图纸内特别注明者外，均按本建筑说明执行.

二、本工程设计标高±0.000为绝对标高现场定.

三、本工程施工图所注尺寸，除总平面及标高以米(m)为单位外，其余均以毫米(mm)为单位. 建筑图所注之标高为建筑完成面标高.

四、小型钢筋混凝土及混凝土结构用C20混凝土，I级钢筋.

五、墙体

1. 钢筋混凝土墙柱与墙体连接处之构造，详结构统一说明.
2. 墙体的做法另详结构统一说明.
3. 本工程所选用的经政府部门确认的新型墙体材料(☐粘土空心砖、☐蒸压加气混凝土块、☑灰砂砖、☐免烧砖、☐煤矸石砌块、☐油页岩渣砌块、☐陶粒混凝土砌块、☐泡沫混凝土砌块、☐混凝土空心砌块、☐埃墨板、☐泰柏板、☐石膏板、☐____________，其砌筑用料及锚固方法应严格按产品说明及有关技术规程规定执行.

六、墙身防潮层: 无需防潮层.

七、外墙装修.

1. 外墙粉刷及贴面材料按立面所示分格，外墙粉刷分格凹缝宽10，深5，
2. ☐轻质砖外墙抹灰，在砌体与梁柱结合处和门窗洞边框处，需加挂钢丝网，钢丝规格φ1孔格10x10或φ2孔格20x20，宽度不小于200，(用射钉中距600x600锚固)，钢丝网固定牢固后再抹灰.
3. ☐采用轻质砖外墙或外墙高度超过30m实墙面粉刷，可加挂钢丝网，钢丝规格φ1孔格10x10或φ2孔格20x20，(用射钉中距600x600锚固)，1:2.5水泥砂浆分层大面找平. 严禁在砌块墙体上吊挂石材饰面.
4. 外墙门窗洞口之门窗框外侧面的做法与外墙身同. 所有受风雨之构造(如飘板、梁、檐门、雨篷、阳台底、外走廊底等)均应设滴水线，用1:2.5水泥砂浆批30x10滴水线.

八、室内装修.

1. 室内墙、柱面及门窗口的阳角应用1:2水泥沙浆做护角，高2000，每侧宽不小于50.
2. 所有埋入墙、柱内的木制构件，均须刷耐腐蚀涂料.
3. 墙面油漆须待抹灰基层干燥后方可进行.
4. 门隔头之宽度除图中特别注明者外，均为120宽.
5. 受雨水飘入之外走廊、阳台、梯平台及橱、厕、浴、卫生间等房间其楼面标高均比同层楼面标高低20mm，并应设向排水地漏方向的排水坡、坡度不小于1%.
6. 图中所示之排水管及地漏位置仅为示意，具体位置及做法详给排水专业图. 所有排水坡度均应尽量由结构标高解决.
7. 内墙与梁、板、柱结合处的抹灰层中，宜沿缝长方向加贴不少于200宽纤维网布作防裂处理.
8. 厨房、卫生间的内墙应采用防水砂浆抹灰，采用轻质砌块时，当有较多的吊挂设备时，应加设钢网水泥砂浆抹灰防裂防渗漏.

九、屋面.

1. 凡女儿墙与坐砌面砖交接处，均应做柔性嵌缝，缝宽30，高度平面砖，嵌缝油膏可选用聚氯乙烯胶泥或建筑防水油膏，其技术指标应符合规范之规定.
2. 基层与突出屋面结构(女儿墙、墙、天窗侧壁、变形缝、烟囱、管道等)的连接处，以及在基层的转角处(檐口、天沟、水落口、屋脊等水泥砂浆粉刷应做成圆弧或钝角，柔性防水应向上翻起200高.
3. 屋面水泥砂浆粉刷及刚性防水层应设温度分割缝，缝宽10，加填防水嵌缝油膏，分割缝位置按约6000x6000 进行分缝.

十、门窗.

1. 铝合金门窗应按立面图或门窗分位示意图及有关技术规范，按中南地区通用建筑标准设计图集,《铝合金门》98ZJ641、《铝合金窗》98ZJ721，由生产厂家按该厂铝型材实际情况绘制加工图纸经我院设计人会同使用单位，认可后方能施工.
2. 7层以上(含7层)所有外向窗，单块大于1m ^{2} 的玻璃及幕墙玻璃应采用不小于5厚的安全玻璃.
3. 铝合金门窗框与墙体相接处应按规范要求作防腐处理. 接触处用密闭胶嵌缝.
4. 钢门窗应按立面图或门窗分位图，按全国通用标准图集J647(一)《平开实腹钢门》，J736(一)、(二)《实腹钢侧窗》或中南标88ZJ631《实腹钢门》，88ZJ711《实腹钢侧窗》，并配合J736(三)《实腹钢侧窗五金零件》图集制作及安装.
5. 立樘位置.
   a. 铝合金门窗、钢门窗位置除图中注明者外，均居墙中安装.
   b. 木制门、塑料门、除图中注明者外，均平开启方向的墙体粉刷面立框，木制窗及塑料窗应平室内墙体粉刷面立樘，木制弹簧居墙中设置.
   c. ☑木制门窗均设40x10斜角形盖缝贴面.
6. 油漆.
   a. ☐胶合板门窗刮腻子打底，油________色调和漆，底油一道，面油二道，
   b. ☑硬木门、胶合板门按指定颜色先刷底色粉料，再用漆片打底，硝基清漆清漆罩面.
   c. ☑金属装饰构件先用防锈漆打底，油白色调和漆_二_道罩面.
   d. ☑门窗预埋件应作防腐(木)防锈(铁)处理.
7. 门窗小五金: 凡选用标准门窗均应按标准图配置齐全，非标准门窗按设计指定品种规格配置(铝合金门窗由生产厂配套，并经设计人认可).
8. 卷闸门、防火门、防盗门、人防门等的做法及预埋件，由厂家要求进行预埋，图中仅示洞口尺寸.
9. 突出墙面的腰线、檐板、窗台上部应做不小于3%的向外排水坡，下部应做滴水，与墙面交角处应做成直径100mm的圆角.(窗台之外面应比内面低10).

十一、其他.

1. 本工程所有铸铁雨水管、排污管接头处，均须用油麻填塞，然后用麻丝水泥密封，安装完毕后必须作灌水实验. 如果采用PVC管，应按有关技术规定施工.
2. 室外雨水管的油漆颜色若设计图中没有注明时，则由施工单位选用与建筑物外墙一致的颜色，涂一道底二道面调和漆.
3. 所有外罩铁面(括铁铸管)均刷防锈底漆一道，调和漆二道罩面.
4. 本工程所有装饰材料的颜色及墙身、楼地面粉刷、油漆等均应先取样板(或色板)会同设计人、使用单位商定后方可订货.
5. 凡贴墙、柱面的大理石、花岗石的颜色及纹理须经试排确定后方可铺贴.
6. 散水与墙身交接处设 10 宽伸缩缝，散水整体面层纵向距离每6000~10000长做 10 宽伸缩缝，用沥青麻刀灌面.
7. 凡大面积的混凝土地面工程，纵、横向每 6000~12000须设 10宽伸缩缝，用沥青麻刀填缝.
8. 工程中所有橱窗、货架、货柜、家具及橱具等一律由建设单位自理，图中仅作位置示意.
9. 凡食用水池内壁所有的防水材料及屋面材料必须经检验鉴定认为无毒方可施工，并须经蓄水化验水质符合卫生标准后方能使用.
10. 阳台、露台、通长窗台、外走廊拦板、女儿墙拦板(除注明外)转角和<3000处设120x180构造柱，C20混凝土浇筑，4ø6@200，压顶C20混凝土100高，内配2ø10，箍筋ø6@200.
11. 未详尽之处，均应严格按照国家现行施工操作规程，施工规范及验收规范执行.

十二、住宅部分的特殊说明.

1. ☑厅、房、餐厅的中央部分设φ14风扇吊钩.
2. ☐住宅的窗洞均设防护铁窗花.
3. ☑每梯间入口设铁制信报箱(每户一个).
4. ☑每梯间入口设防盗钢门(带对讲器).
5. ☐阳台加设方钢10x10防盗网.
6. ☐高级木制防盗门.
7. ☐夹板门.
8. ☐厨房、卫生间采用防潮夹板门.

XX市勘察设计院				工程名称	XX学院教师公寓JB型	设计阶段	建施图
设计		专业负责人		图纸名称	建筑设计说明	图号	J-01
制图		项目负责人				比例	1:100
校对		审核				第 张	共 张

暖通	
给排水	
建筑	
结构	

项目	各部分构造做法	使用部位
屋面	结构层: ☑(1)现浇钢筋混凝土板.	
屋面	防水层: 各种做法均需将混凝土板面清洗干净，纵横各扫水泥浆一道. □(1) 25厚 1:2水泥砂浆找平，随加水泥粉抹光. □(2) 现浇水泥珍珠岩最薄处 4cm . ☑(3) 20厚1:2水泥砂浆找平.(加 5%防水粉) □(4) 上述( )项上做乳化沥青. ☑(5) 上述(3)项上做防水材料(2)厚聚合物防水材料四周反高200). ☑(6) 上述(3)(5)项上用80厚(粘土陶粒混凝土找坡保温层 1:3水泥砂浆找平，上做柔性防水材料( ). □(7) 上述(3 5)项上做20厚1:2水泥砂浆保护层.	所有屋面 所有屋面
屋面	复盖层: □(1) 15 厚M5 水泥砂浆坐砌(珍珠岩隔热砖)，1:2.5 水泥砂浆灌缝，纯水泥浆抹缝. □(2) M 2.5 水泥石灰砂浆砌120x120x180砖墩(成五点支承)，上铺寸半方大阶砖(或C20细石混凝土预制块)，1:2.5水泥沙浆填缝，纯水泥浆抹平缝. □(3) 15厚1:2.5 水泥砂浆坐砌 色防滑砖，纯水泥浆抹平缝(每2000x2000设10宽分隔凹缝)并用玻璃胶填缝. ☑(4) 干铺30厚聚苯乙烯泡沫塑料板，面捣40厚C30 UEA细石混凝土ø4钢筋双向中距150，3x3m分缝，缝宽20mm改性沥青填缝. □(5) 100厚陶粒隔水层,尼龙网布过滤层(搭接宽度不小于200)300厚种植土(耕土、沙土、林区腐质土、泥炭土、蛭石、珍珠岩、锯木、灰渣混合物). □(6) 1:2水泥砂浆座砌浅灰色防水型隔热板 □(7) 25厚(最薄处)1:1:4水泥砂浆坐铺西班牙瓦	
勒脚	□(1) 15厚1:3水泥砂浆底，5厚1:2.5 水泥砂浆面高_______. □(2) 水刷石勒脚做法与外墙同，高_______.	
楼梯	顶板粉刷做法在天花栏内标注 □(1) 10厚1:2.5水泥砂浆抹底5厚1:2.5水泥砂浆面，步级铺砌水泥砂浆级嘴砖. ☑(2) 10厚1:2.5水泥砂浆底,面铺防滑砖，消防梯步级用水泥砂浆铺砌级嘴砖. □(3)15厚1:2.5水泥砂浆底，3厚1:1水泥细砂浆贴__色防滑砖，纯水泥浆填缝，边贴 50宽___色级嘴瓦. 水泥砂浆铺砌级嘴砖.	

注:
1. 在图中小方框内打"✓"，为本设计所选用的做法.
2. 本设计提供的是普通装修标准，最终的装修标准由甲方确定.
3. 本工程所选用的建筑材料及装饰材料必须符合《民用建筑室内环境控制规范》(GB50325-2001)的要求.
4. 统一图例.

钢筋混凝土结构墙体
180厚墙
120厚墙
○ 排水立管位
● 粪立管位
⊘ 排水地漏

工程概况说明
1. 建筑耐久年限: 50年
2. 建筑物类别: 居住建筑
3. 建筑物抗震设防等级: 6度四级
4. 建筑物高度: 19.3米
5. 建筑占地面积: 167.7平方米
6. 建筑面积: 985平方米
7. 建筑层数: 6
8. 屋面防水等级: III 级
9. 设计依据:
a. 设计合同:
b. 建设单位提供的规划部门用地红线图和使用要求:
c. 政府职能部门审批的初步设计文件:
d. 有关规范、标准:
10. 消防设计:
11. 其它说明:

项目	各部分构造做法	使用部位
楼地面	基层 ☑(1)素土分层淋水夯实，每层夯实厚度不大于200.	
楼地面	垫层 □(1)C10素混凝土120 厚. ☑(2) C20素混凝土120厚.	
楼地面	结构层 □(1)C20素混凝土 厚. □(2)现浇钢筋混凝土板. ☑(3)按结构图	
楼地面	复盖层 □(1)素水泥浆结合层一道. □(2) 20厚1:2.水泥砂浆找平，下做1.5厚合成高分子防水涂料. 墙角处翻起200. □(3) 20厚1:2.5水泥砂浆面，随加水泥粉抹光. ☑(4) 15厚1:2.5水泥砂浆找平，3厚1:1水泥细砂浆贴块料面层，白水泥浆抹平缝. a、_蓝_色防滑耐磨砖300x300. ✓b、_待定_色耐磨砖500x500. c、____色玻化砖. ✓d、_待定_色防滑砖300x300. □(5) 15厚1:2.5水泥砂浆找平.10 厚1:1.5 水泥石子浆色水磨石，用 厚玻璃(铜条)分格缝，方格尺寸__x__. □(6) 20厚1:2.5水泥砂浆找平，随铺 25厚， 色花岗岩块，缝密. □(7)上述( )项面贴 a、___色地毯. b、___色 __木地板.	其余地面 卫生间, 厨房
外墙面	□(1)7 厚聚合物水泥砂浆打底防水层. □(2)15厚1:1:6水泥石灰砂浆底，5厚1:1:4水泥石灰砂浆面，扫进口涂料 □(3) 15厚1:1:4水泥石灰砂浆底10厚1:1.5 水泥石子浆(加15%福粉)水刷石，分隔凹缝10x10，颜色与分缝详立面图. ☑(4) 15厚1:3水泥砂浆打底扫毛,3厚1:1水泥砂浆加水泥重量20%的108建筑胶. a、25x25_玻璃马赛克，白色水泥浆填缝. ✓b、45x95_ 色条形面砖，纯水泥浆勾缝. □(5)砖墙面(15厚1:1:6水泥石灰砂浆面抹平)，混凝土墙柱外面扫乌烟，面做玻璃幕墙(做法另详装修设计). □(6)25厚1:2.5水泥砂浆挂贴_黄砂岩墙面. □(7)不锈钢扣件吊挂_____色花岗岩墙面(做法另详装修设计). □(8)不锈钢扣件吊挂_____色组合外墙面铝扣板(做法另详装修设计). □(9)装饰线做法见产品厂家说明.	走廊，梯间内墙 所有外墙及首层柱面 颜色见立面

项目	各部分构造做法	使用部位
内墙面	基层 ☑(1)15厚1:1:6水泥石灰砂浆底，5厚1:0.5:3水泥石灰砂浆面. □(2)10厚1:1:6水泥石灰砂浆底，5厚1:0.5:3水泥石灰砂浆面. □(3)15厚1:2.5水泥砂浆底，5厚1:2.5水泥砂浆找平，5厚1:0.5:3水泥石灰砂浆面. ☑(4)15厚1:2水泥砂浆加5%防水剂打底.	其余部分 厨房、卫生间
内墙面	面层 □(1) 批___双飞粉两遍. □(2) 扫___色内墙涂料二道. ☑(3) 刮___色乳胶腻子，扫___色乳胶漆二道. □(4) 刮___色乳胶腻子，____色多彩喷涂面. □(5) 刮___色__厚"双飞粉"面. □(6) 面贴____色墙纸. ☑(7) 15厚1:1:6水泥石灰砂浆底，3 厚纯水泥砂浆结合层贴米白色色瓷片全高，规格为300x300. 白水泥浆擦缝. □(8) 20厚1:2.5水泥砂浆挂贴20厚_____色镜面花岗岩(大理石)板，缝密.	其余部分 厨房、卫生间
墙裙	□(1)10厚1:2.5水泥石灰砂浆底，5厚1:2.5水泥砂浆面. 贴_白__色瓷片到顶. □(2)15厚1:2.5水泥砂浆两次粉刷，1:1水泥细砂浆贴_____色瓷片______ 高. □(3)20厚1:2.5水泥砂浆挂贴 20厚_____色镜面花岗岩(大理石)板，缝密，高______. □(4)木龙骨，面钉9 厚木夹板，面扫_____色漆，高_____. □(5)10厚1:2.5水泥砂浆底，10厚1:1.5 ___水泥石子浆水磨石，高_____.	
踢脚线	☑(1)15厚1:1:6水泥石灰砂浆底，3 厚纯水泥浆结合层贴与同室地面同色耐磨砖100高 ，白水泥砂浆抹缝. □(2)10厚1:2.5水泥砂浆底， 水泥细砂浆贴_待定_色彩釉砖，高150_ .白水泥浆抹平缝. □(3)10厚1:2.5 水泥砂浆底，1:1水泥细砂浆贴____厚色镜面花岗岩(大理石)板，缝密，高______. □(4)15厚1:2.5水泥砂浆底，5厚1:2水泥砂浆面，高_______.	除厨房卫生间外所有墙面
天花板	□(1)9厚1:1:6水泥石灰砂浆打底扫毛6 厚1:2水泥砂浆抹面压光. 面扫白色内墙涂料两遍. ☑(2)10厚1:1:4水泥石灰砂浆底，a、3厚木质纤维灰浆罩面，✓b、3厚纸筋石灰浆. 面涂(白) 色内墙乳胶漆. □(3)钢筋混凝土板脱模后，去"鸡钉"，用 1:1:4 水泥石灰砂浆抹平扫白灰水两遍. □(4)钢筋混凝土板脱模后，去"鸡钉"，下吊天花(铝角矿棉板，铝角石膏纸板). □(5)钢筋混凝土板脱模后，去"鸡钉"，下吊"艺术"天花(做法另详装修设计). □(6)轻钢龙骨天花用石膏板吊顶.	

XX市勘察设计院			工程名称	XX学院教师公寓JB型	设计阶段	建施图
设计	专业负责人		图纸名称	建筑装修做法表	图号	J-02
制图	项目负责人				比例	1:100
校对	审核				第 张	共 张

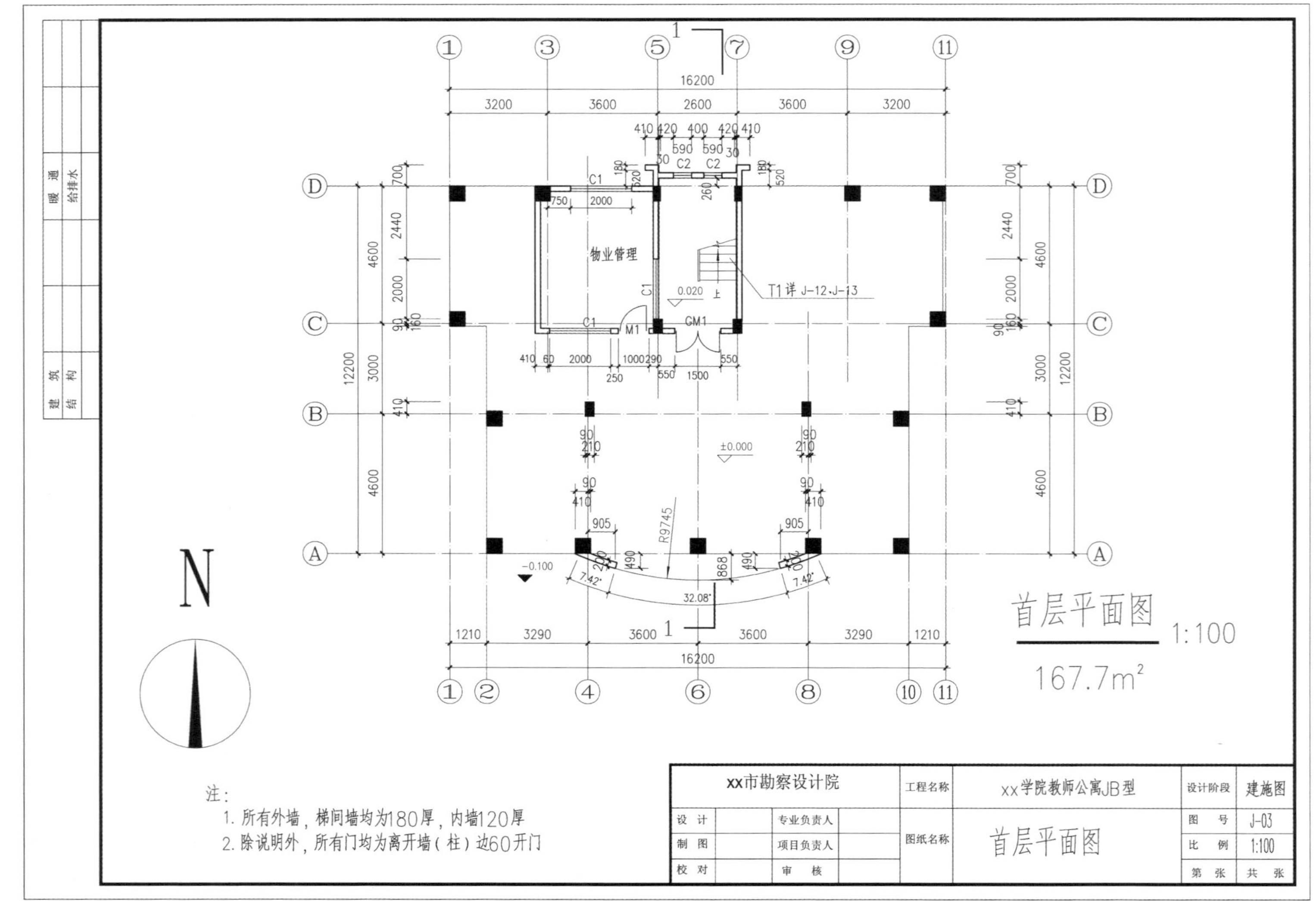

物业管理
T1详 J-12.J-13
0.020 上
±0.000
-0.100
R9745
首层平面图 1:100
167.7m²
注：
1. 所有外墙，梯间墙均为180厚，内墙120厚
2. 除说明外，所有门均为离开墙（柱）边60开门
N
xx市勘察设计院
设计
制图
校对
专业负责人
项目负责人
审核
工程名称
xx学院教师公寓JB型
图纸名称
首层平面图
设计阶段 建施图
图号 J-03
比例 1:100
第 张 共 张
建筑
结构
暖通
给排水

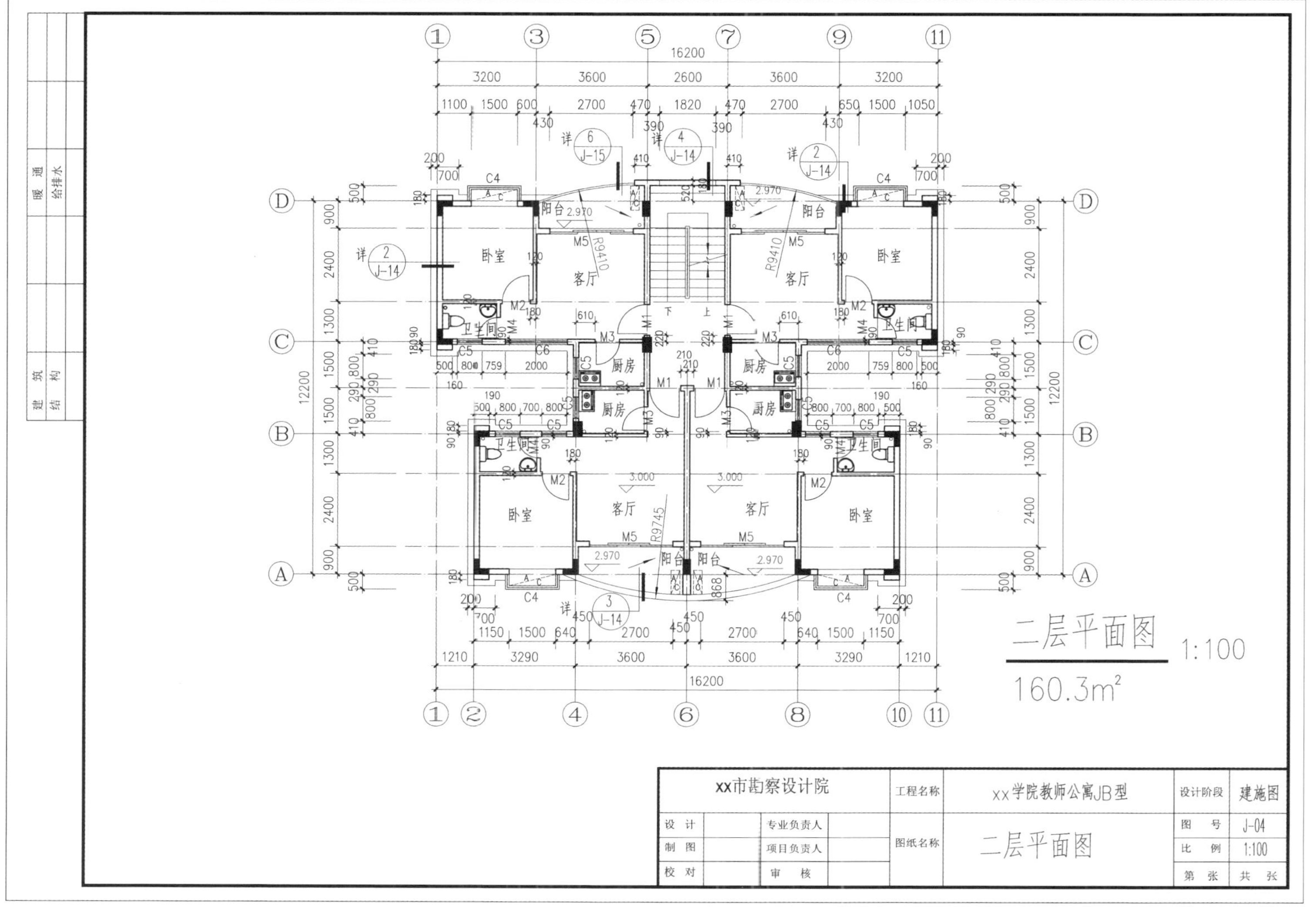
二层平面图 1:100
160.3m²
XX市勘察设计院
设 计
制 图
校 对
专业负责人
项目负责人
审 核
工程名称
XX学院教师公寓JB型
图纸名称
二层平面图
设计阶段
建施图
图 号
J-04
比 例
1:100
第 张
共 张
暖 通
给排水
建 筑
结 构
卧室
客厅
厨房
阳台
卫生间

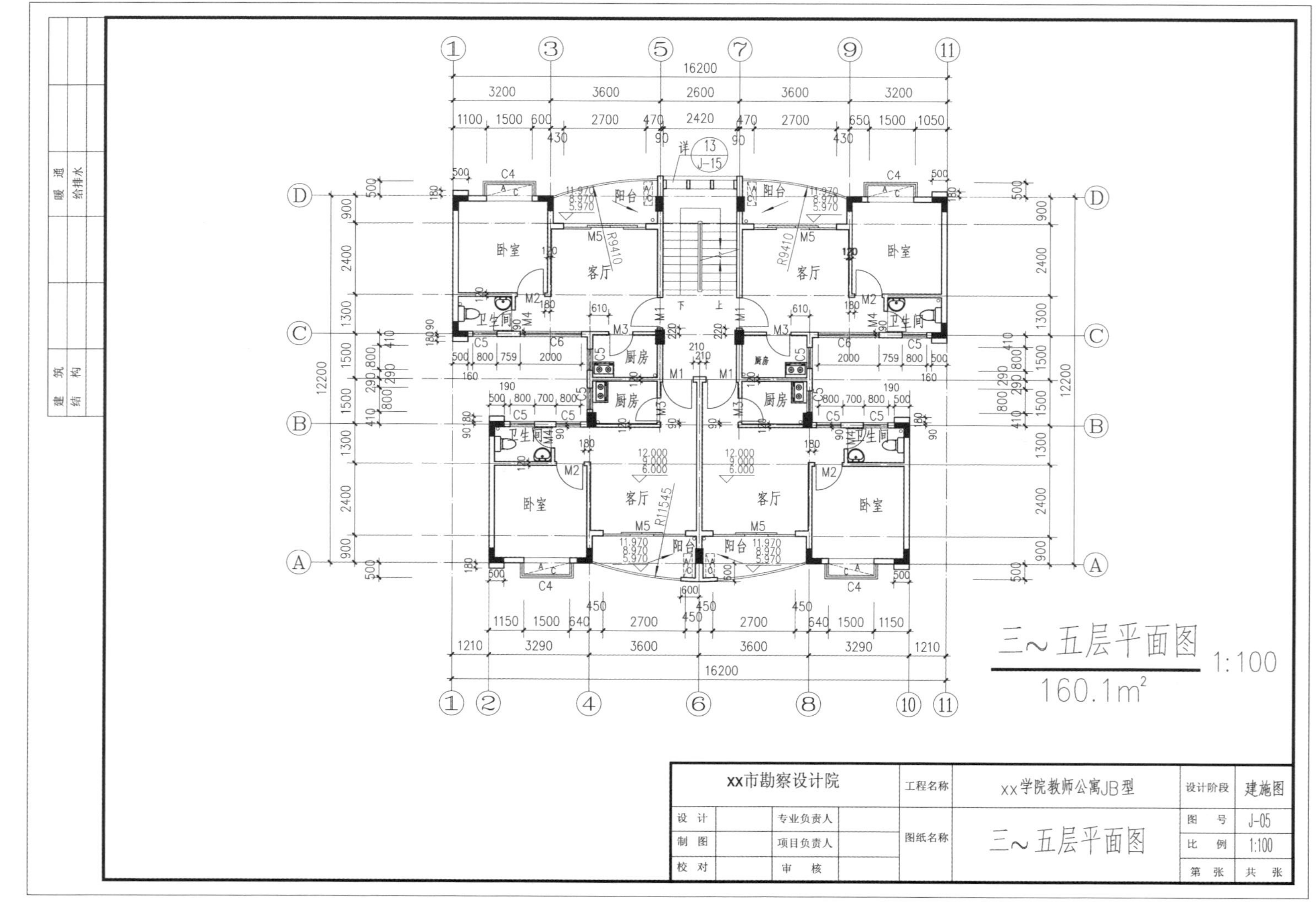
三~五层平面图 1:100
160.1m²
卧室
客厅
厨房
卫生间
阳台
16200
12200
XX市勘察设计院
设 计
制 图
校 对
专业负责人
项目负责人
审 核
工程名称
XX学院教师公寓JB型
图纸名称
三~五层平面图
设计阶段
建施图
图 号
J-05
比 例
1:100
第 张
共 张
建 筑
结 构
暖 通
给排水

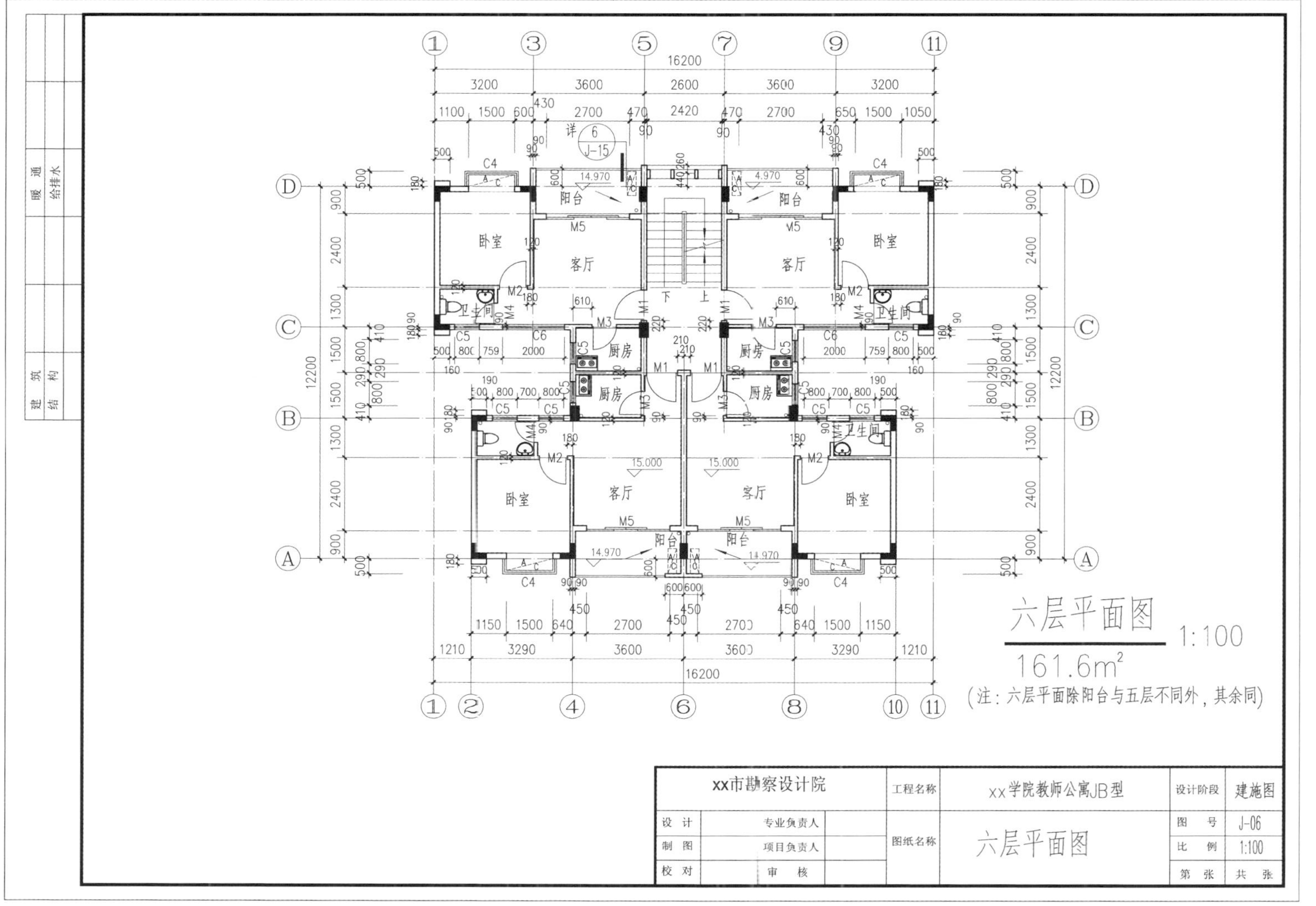
六层平面图 1:100
161.6m²
（注：六层平面除阳台与五层不同外，其余同）
卧室
客厅
阳台
厨房
卫生间
XX市勘察设计院
工程名称
XX学院教师公寓JB型
设计阶段
建施图
设计
专业负责人
制图
项目负责人
校对
审核
图纸名称
六层平面图
图号
J-06
比例
1:100
第 张
共 张
暖通
给排水
建筑
结构

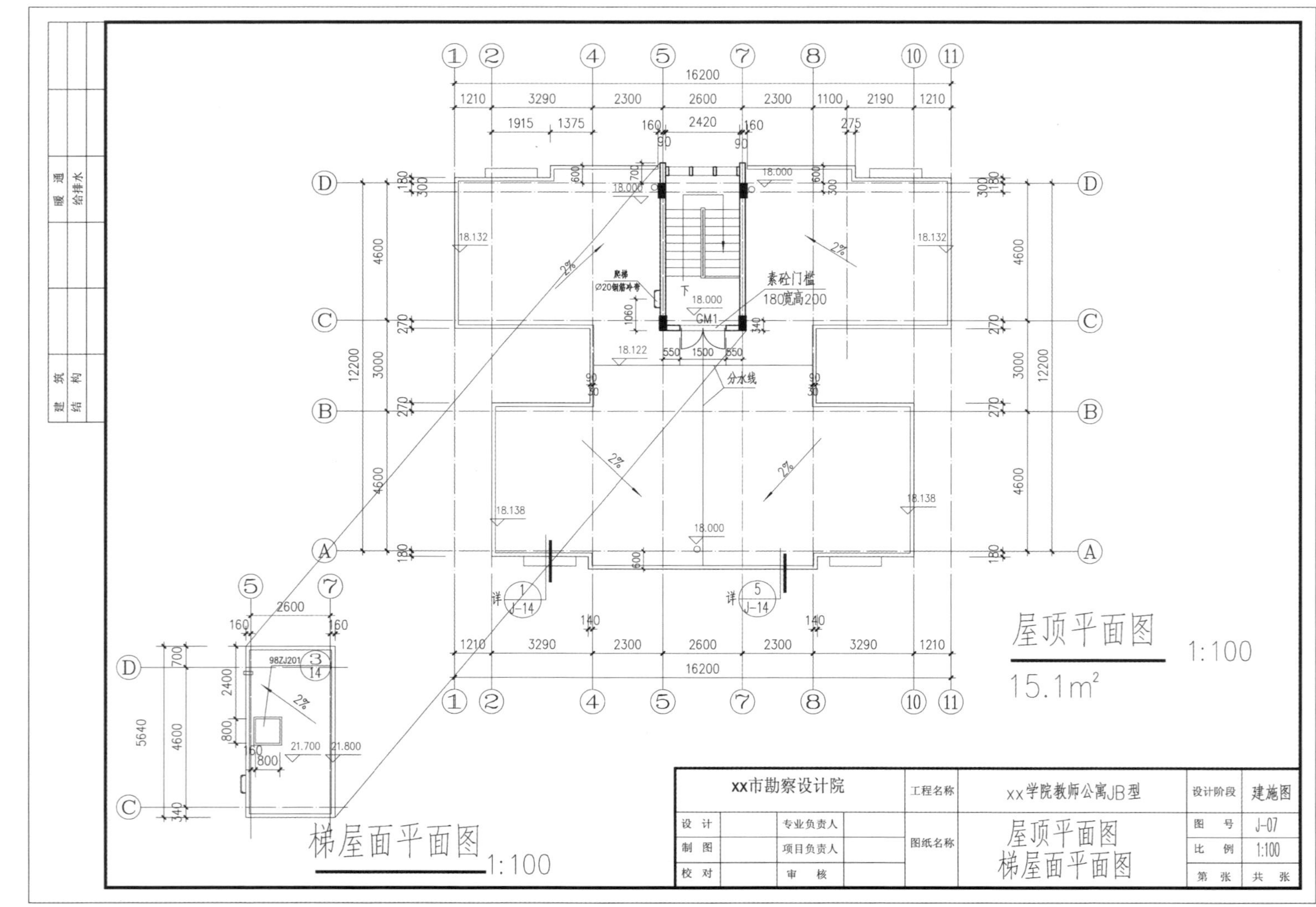
屋顶平面图 1:100
15.1m²
梯屋面平面图 1:100
素砼门槛
180宽高200
分水线
XX市勘察设计院
工程名称
XX学院教师公寓JB型
设计阶段
建施图
设计
专业负责人
制图
项目负责人
校对
审核
图纸名称
屋顶平面图
梯屋面平面图
图号
J-07
比例
1:100
第 张
共 张
建筑
结构
暖通
给排水

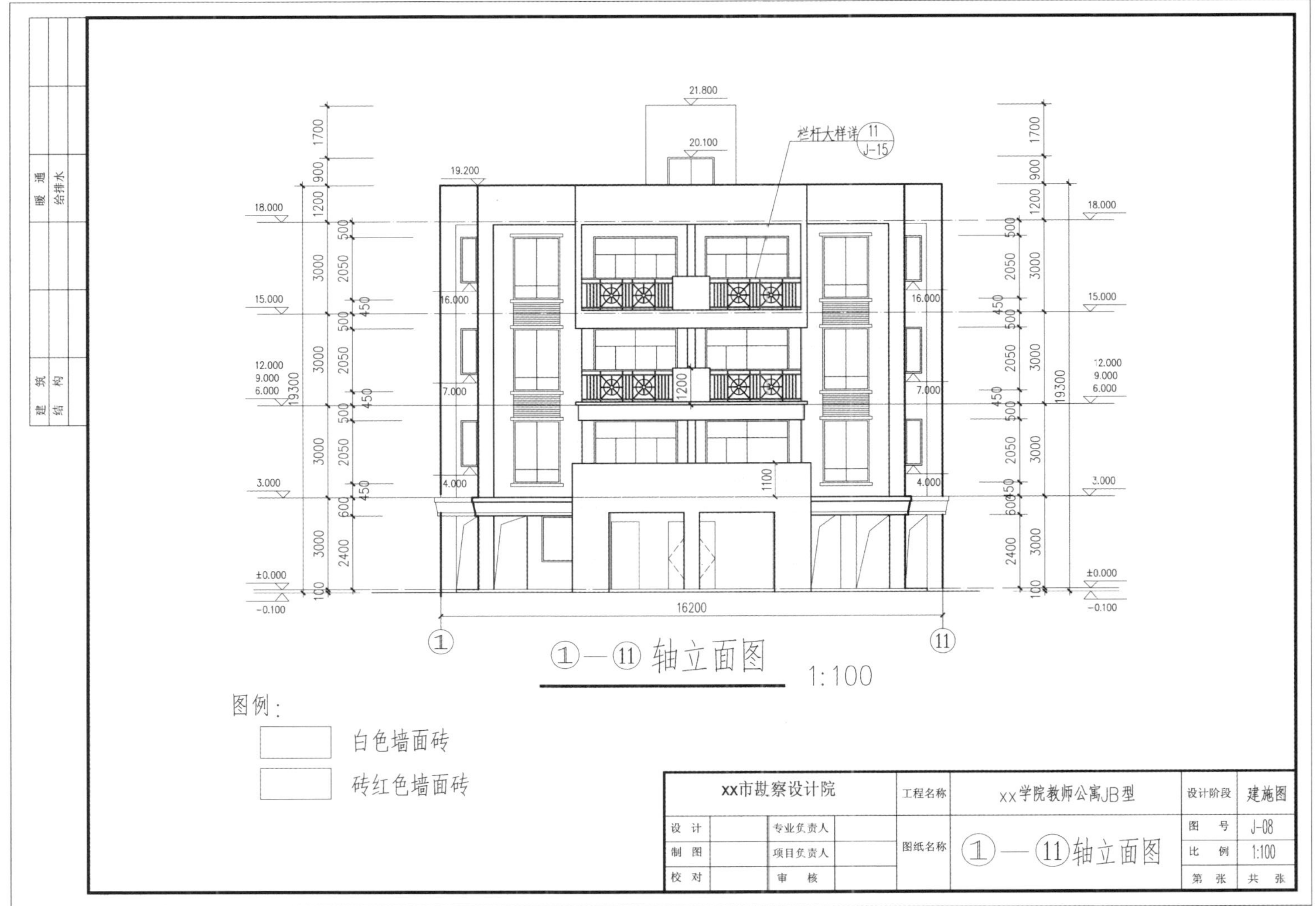

①—⑪轴立面图 1:100
栏杆大样详 11/J-15
21.800
20.100
19.200
18.000
16.000
15.000
12.000
9.000
6.000
7.000
4.000
3.000
±0.000
-0.100
19300
16200
1100
1200
图例：
白色墙面砖
砖红色墙面砖
XX市勘察设计院
工程名称 XX学院教师公寓JB型
图纸名称 ①—⑪轴立面图
设计阶段 建施图
图号 J-08
比例 1:100
第 张 共 张
设计
制图
校对
专业负责人
项目负责人
审核
建筑
结构
暖通
给排水

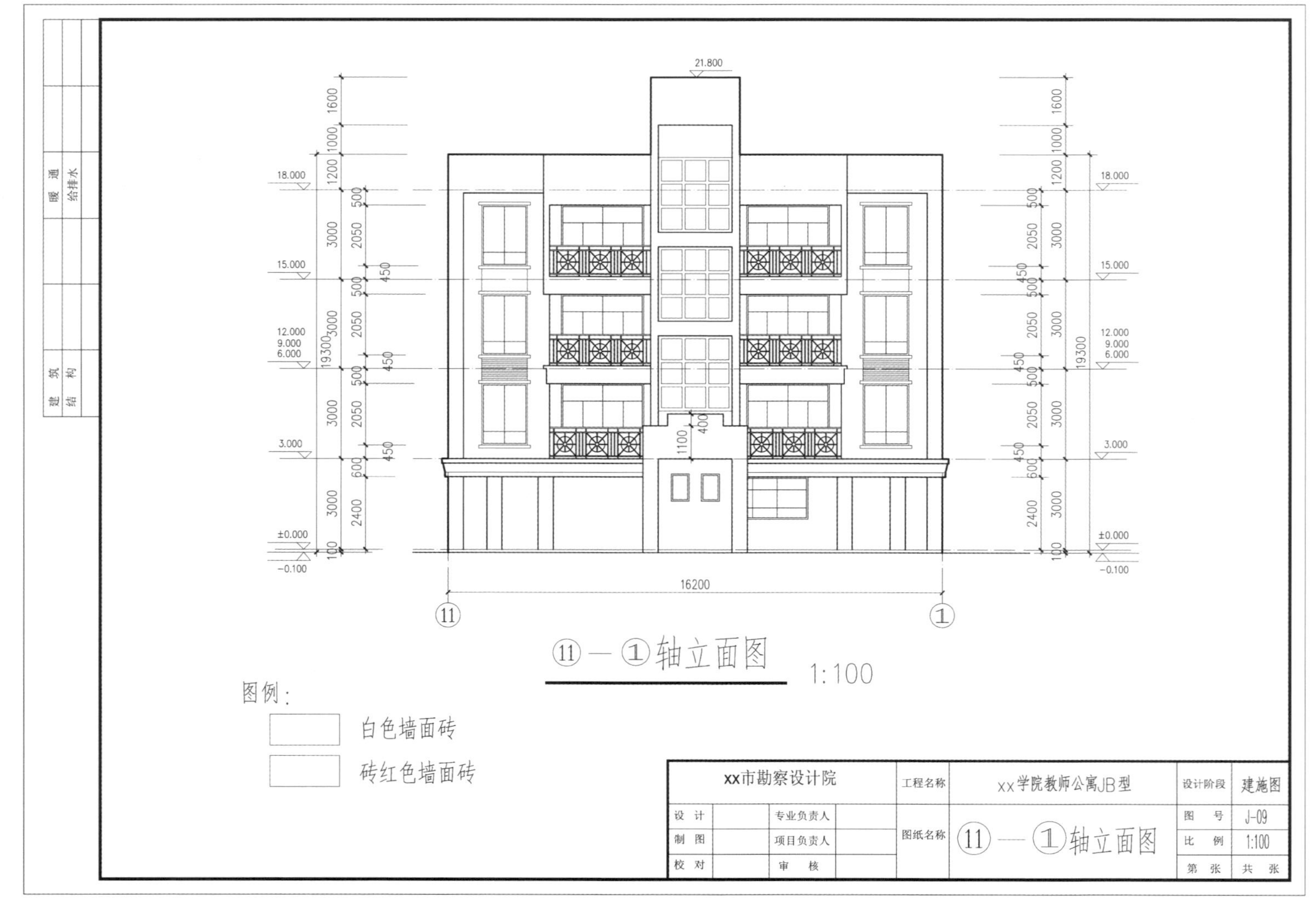
21.800
18.000
15.000
12.000
9.000
6.000
3.000
±0.000
−0.100
19300
16200
⑪—①轴立面图 1:100
图例：
白色墙面砖
砖红色墙面砖
XX市勘察设计院
工程名称 XX学院教师公寓JB型
图纸名称 ⑪—①轴立面图
设计阶段 建施图
图号 J-09
比例 1:100
设计
制图
校对
专业负责人
项目负责人
审核
第 张
共 张
建筑
结构
暖通
给排水

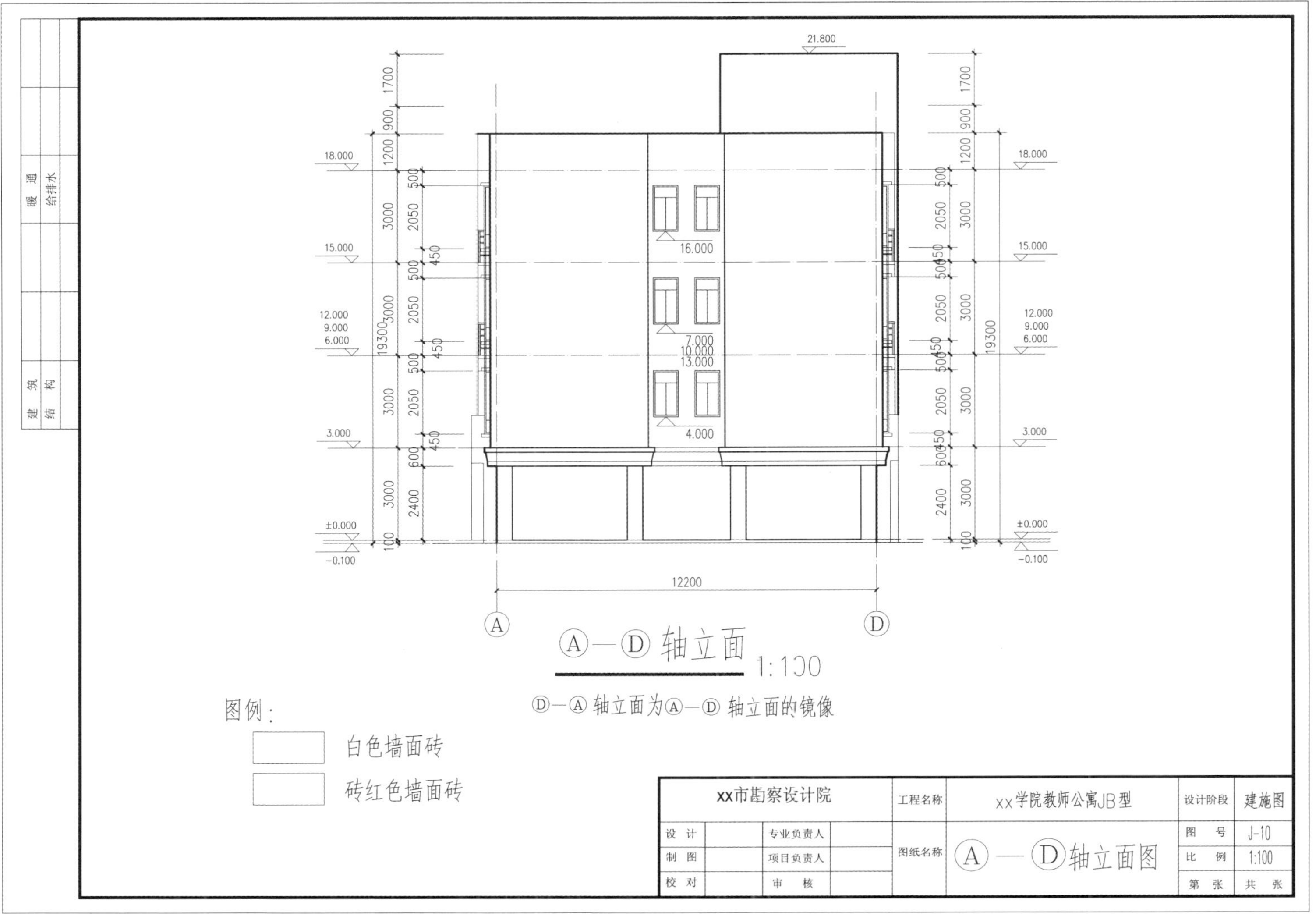

Ⓐ—Ⓓ轴立面 1:100
Ⓓ—Ⓐ轴立面为Ⓐ—Ⓓ轴立面的镜像
图例：
白色墙面砖
砖红色墙面砖
XX市勘察设计院
工程名称 XX学院教师公寓JB型
图纸名称 Ⓐ—Ⓓ轴立面图
设计阶段 建施图
图号 J-10
比例 1:100

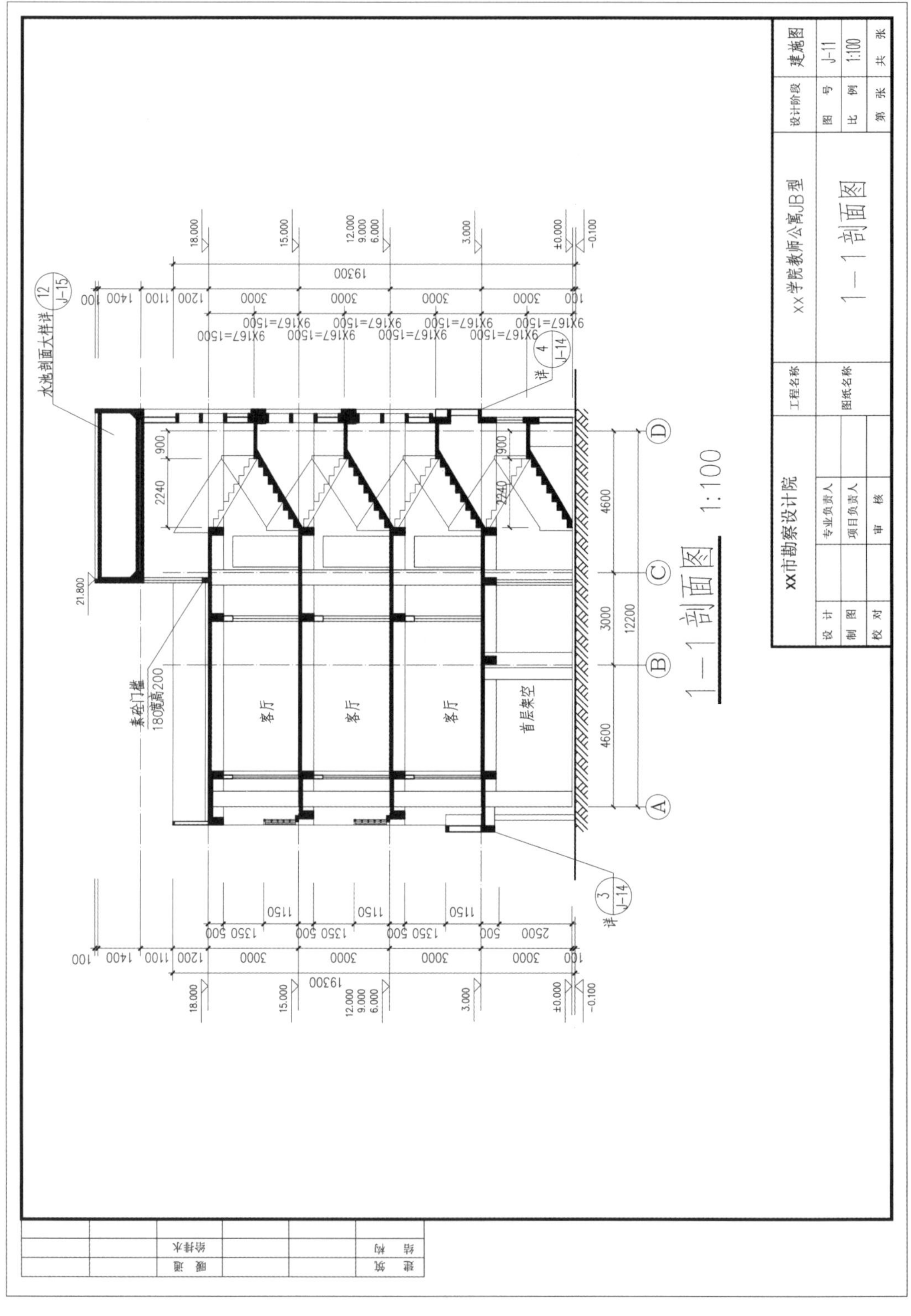
1—1剖面图 1:100
XX市勘察设计院
XX学院教师公寓JB型
1—1剖面图
设计阶段
建施图
图号
J-11
比例
1:100
客厅
客厅
客厅
首层架空
素砼门槛 180宽高200
水池剖面大样详
19300
12200
4600
3000
4600

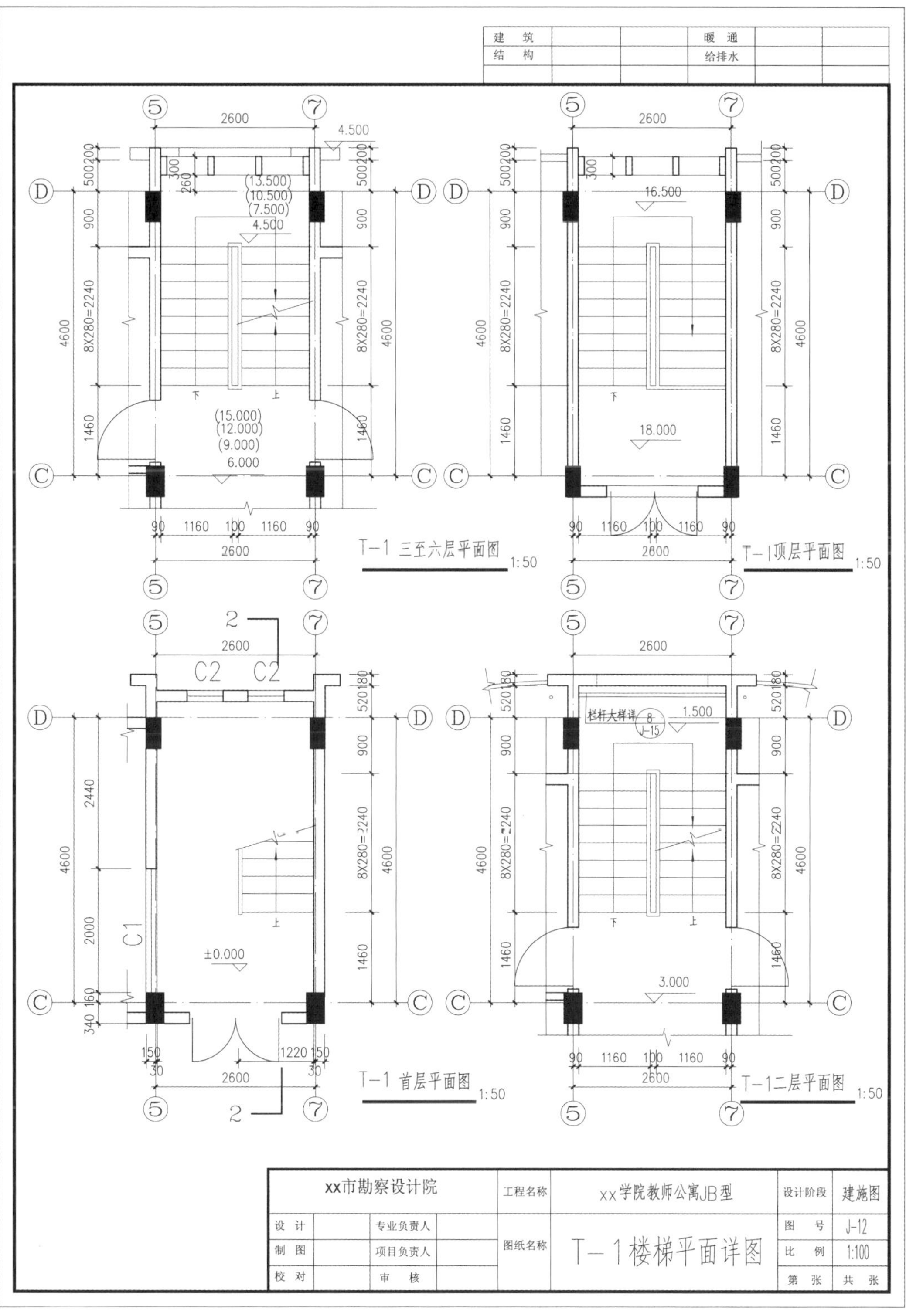
建 筑
结 构
暖 通
给排水
T-1 三至六层平面图 1:50
T-1顶层平面图 1:50
T-1 首层平面图 1:50
T-1二层平面图 1:50
栏杆大样详
xx市勘察设计院
工程名称
xx学院教师公寓JB型
设计阶段
建施图
设 计
专业负责人
图纸名称
T—1楼梯平面详图
图 号
J-12
制 图
项目负责人
比 例
1:100
校 对
审 核
第 张
共 张

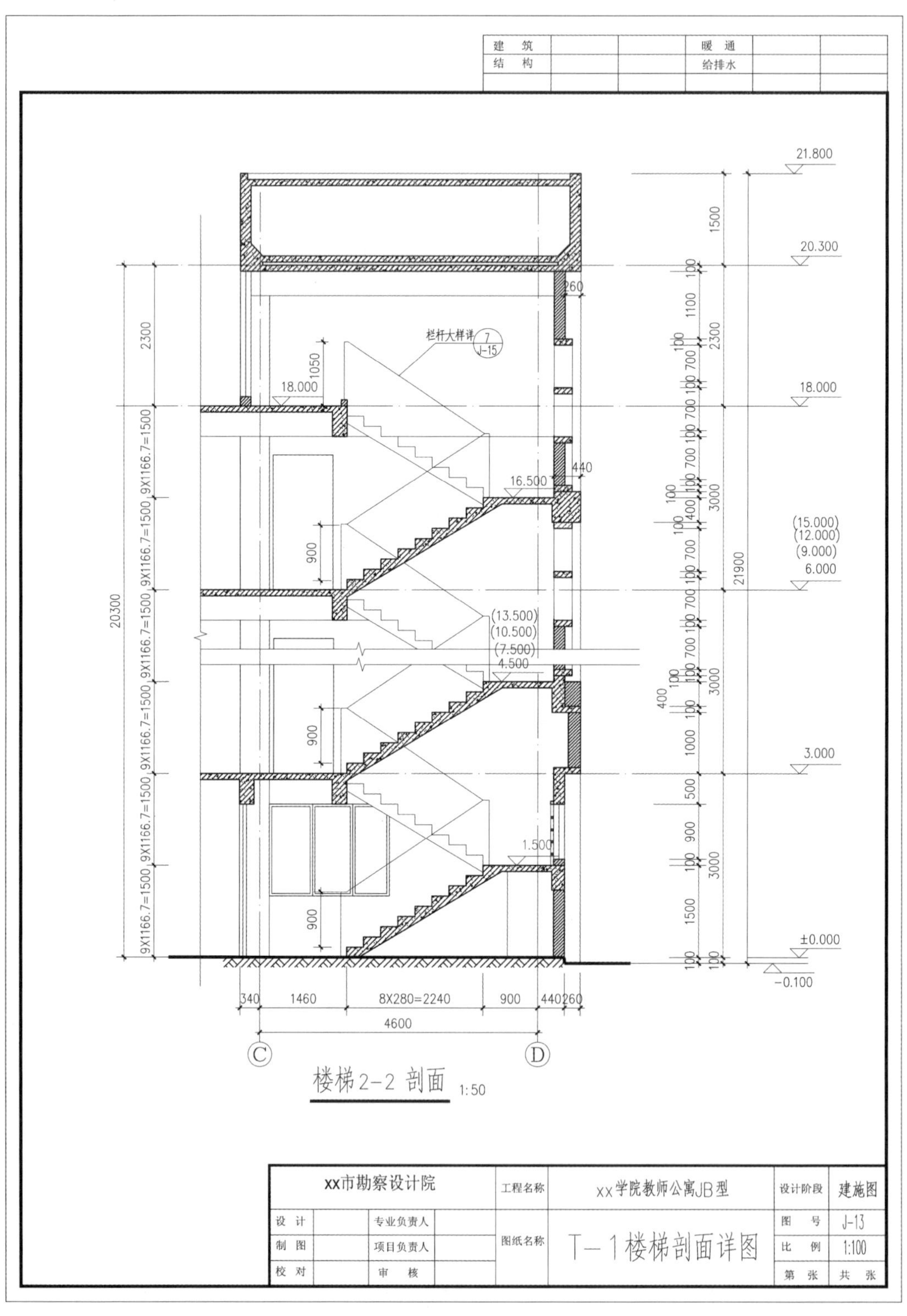
建筑
结构
暖通
给排水
栏杆大样详 7 J-15
21.800
20.300
18.000
16.500
(15.000)
(12.000)
(9.000)
6.000
(13.500)
(10.500)
(7.500)
4.500
3.000
1.500
±0.000
-0.100
2300
20300
21900
9X1166.7=1500
340
1460
8X280=2240
900
440
260
4600
C
D
楼梯2-2 剖面 1:50
xx市勘察设计院
工程名称
xx学院教师公寓JB型
设计阶段
建施图
设计
专业负责人
制图
项目负责人
校对
审核
图纸名称
T—1楼梯剖面详图
图号
J-13
比例
1:100
第 张
共 张

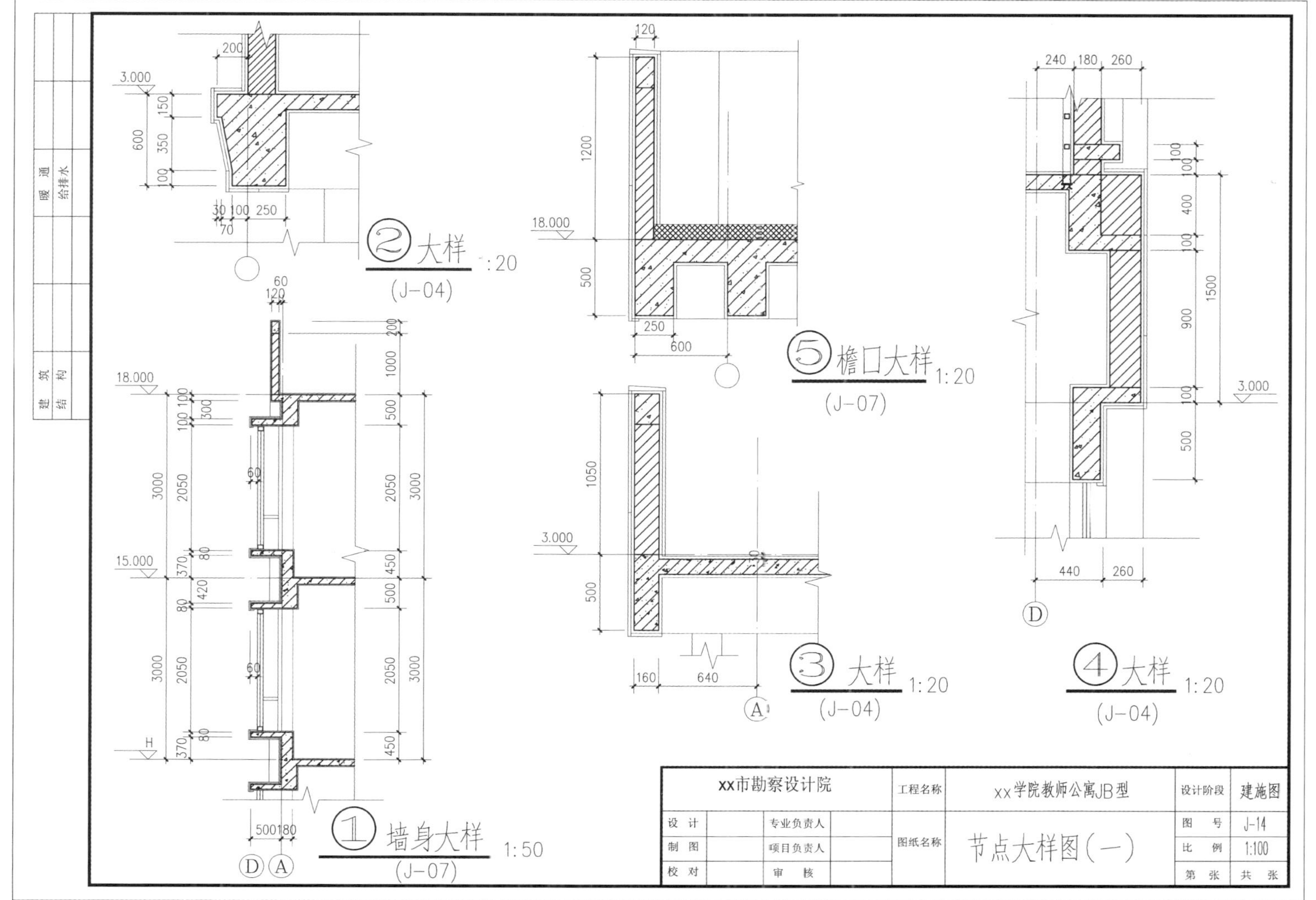

②大样 1:20
(J-04)
⑤檐口大样 1:20
(J-07)
④大样 1:20
(J-04)
③大样 1:20
(J-04)
①墙身大样 1:50
(J-07)
暖通
给排水
建筑
结构
XX市勘察设计院
工程名称
XX学院教师公寓JB型
设计阶段
建施图
设计
制图
校对
专业负责人
项目负责人
审核
图纸名称
节点大样图（一）
图号
J-14
比例
1:100
第 张
共 张

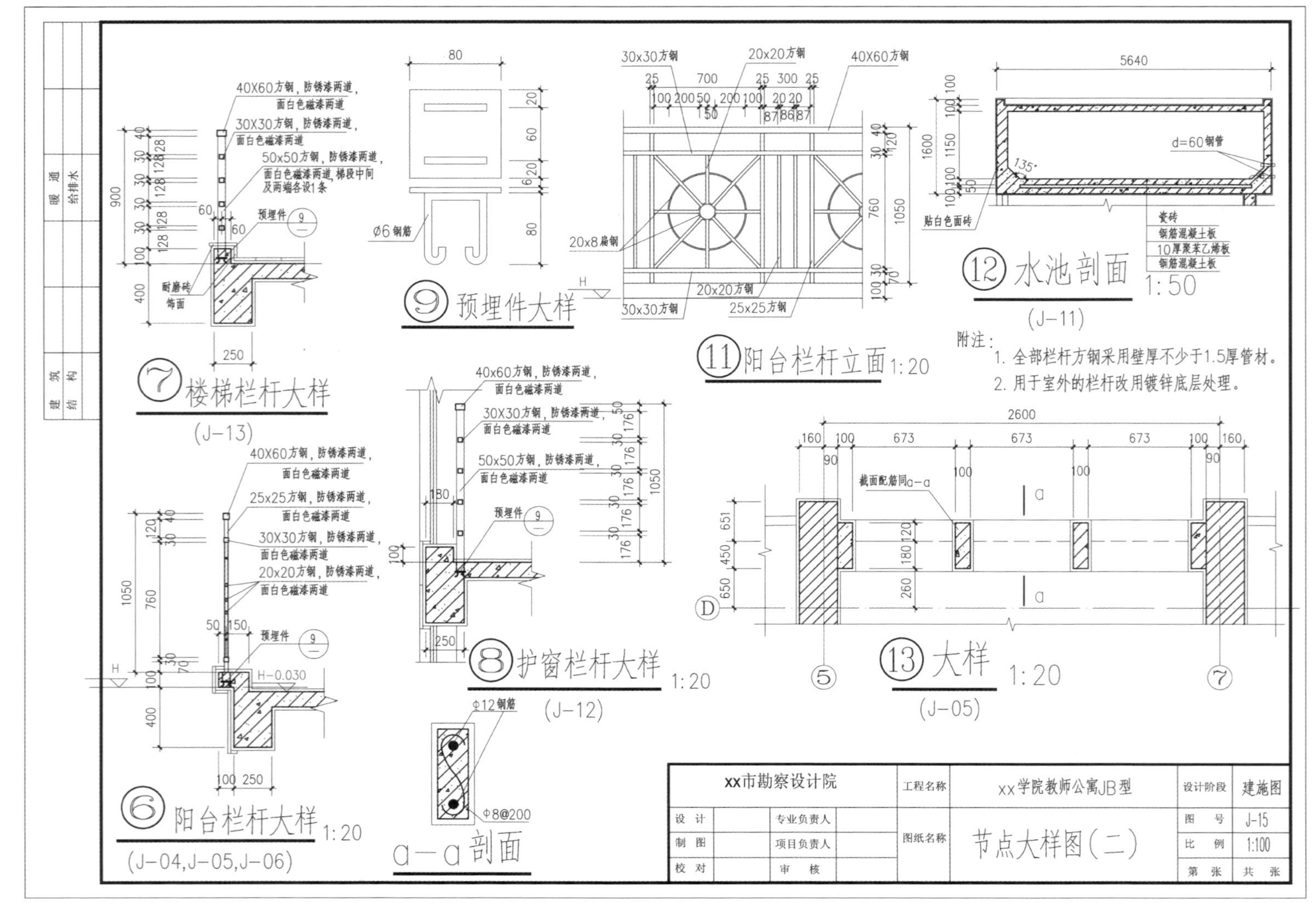
⑦ 楼梯栏杆大样
(J-13)
40X60方钢，防锈漆两道，面白色磁漆两道
30X30方钢，防锈漆两道，面白色磁漆两道
50x50方钢，防锈漆两道，面白色磁漆两道，梯段中间及两端各设1条
预埋件
耐磨砖饰面
⑨ 预埋件大样
Φ6钢筋
⑪ 阳台栏杆立面 1:20
30x30方钢
20x20方钢
40X60方钢
20x8扁钢
25x25方钢
⑫ 水池剖面 1:50
(J-11)
d=60钢管
贴白色面砖
瓷砖
钢筋混凝土板
10厚聚苯乙烯板
钢筋混凝土板
附注：
1. 全部栏杆方钢采用壁厚不少于1.5厚管材。
2. 用于室外的栏杆改用镀锌底层处理。
⑥ 阳台栏杆大样 1:20
(J-04,J-05,J-06)
40X60方钢，防锈漆两道，面白色磁漆两道
25x25方钢，防锈漆两道，面白色磁漆两道
30X30方钢，防锈漆两道，面白色磁漆两道
20x20方钢，防锈漆两道，面白色磁漆两道
H-0.030
⑧ 护窗栏杆大样 1:20
(J-12)
40x60方钢，防锈漆两道，面白色磁漆两道
30X30方钢，防锈漆两道，面白色磁漆两道
50x50方钢，防锈漆两道，面白色磁漆两道
a—a 剖面
Φ12钢筋
Φ8@200
⑬ 大样 1:20
(J-05)
截面配筋同a-a
xx市勘察设计院
工程名称 xx学院教师公寓JB型
设计阶段 建施图
设计 专业负责人
制图 项目负责人
校对 审核
图纸名称 节点大样图(二)
图号 J-15
比例 1:100
第 张 共 张
建筑 结构 暖通 给排水

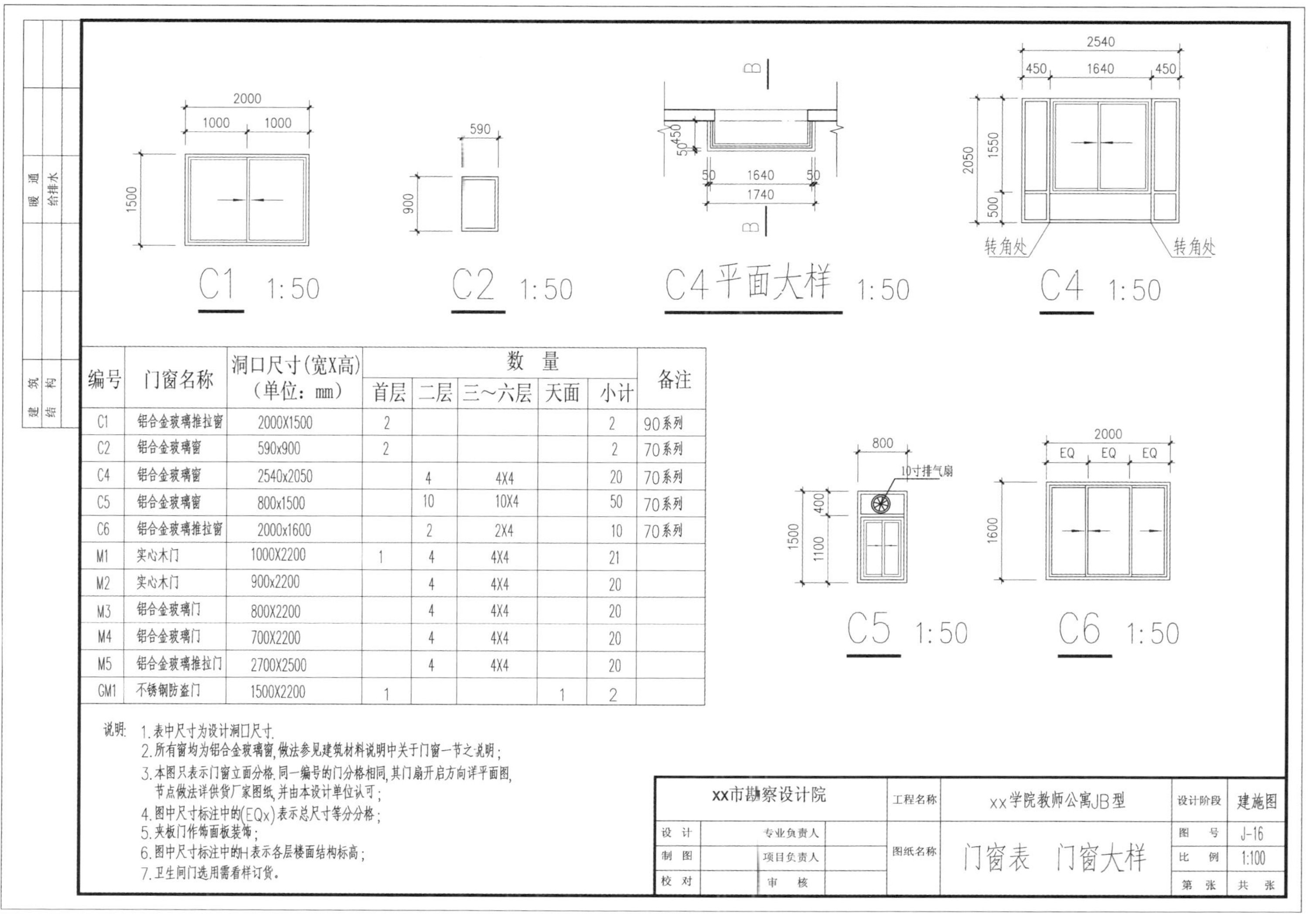

编号	门窗名称	洞口尺寸(宽X高)(单位：mm)	数量					备注
			首层	二层	三～六层	天面	小计	
C1	铝合金玻璃推拉窗	2000X1500	2				2	90系列
C2	铝合金玻璃窗	590x900	2				2	70系列
C4	铝合金玻璃窗	2540x2050		4	4X4		20	70系列
C5	铝合金玻璃窗	800x1500		10	10X4		50	70系列
C6	铝合金玻璃推拉窗	2000x1600		2	2X4		10	70系列
M1	实心木门	1000X2200	1	4	4X4		21	
M2	实心木门	900x2200		4	4X4		20	
M3	铝合金玻璃门	800X2200		4	4X4		20	
M4	铝合金玻璃门	700X2200		4	4X4		20	
M5	铝合金玻璃推拉门	2700X2500		4	4X4		20	
GM1	不锈钢防盗门	1500X2200	1			1	2	

说明：
1. 表中尺寸为设计洞口尺寸.
2. 所有窗均为铝合金玻璃窗，做法参见建筑材料说明中关于门窗一节之说明；
3. 本图只表示门窗立面分格，同一编号的门分格相同，其门扇开启方向详平面图，节点做法详供货厂家图纸，并由本设计单位认可；
4. 图中尺寸标注中的(EQx)表示总尺寸等分分格；
5. 夹板门作饰面板装饰；
6. 图中尺寸标注中的H表示各层楼面结构标高；
7. 卫生间门选用需看样订货。

附图 B

建筑			电气		
结构			暖通		
给水			其他		

编号	图纸名称	图纸编号	图幅	文件名	备注
01	结构设计总说明	G-01	A3		
02	构造配筋做法	G-02	A3		
03	钢筋混凝土结构平面表示法	G-03	A3		
04	梁柱通用做法	G-04	A3		
05	预应力混凝土管桩设计说明	G-05	A3		
06	预应力管桩大样	G-06	A3		
07	桩基承台表	G-07	A3		
08	桩基承台大样	G-08	A3		
09	柱定位图	G-09	A3		
10	基础平面图	G-10	A3		
11	柱表	G-11	A3		
12	柱截面型式	G-12	A3		
13	基础梁筋图	G-13	A3		
14	二层梁筋图	G-14	A3		
15	三～五层梁筋图	G-15	A3		
16	六层梁筋图	G-16	A3		
17	天面层梁筋图	G-17	A3		
18	二层板筋图	G-18	A3		
19	三～五层板筋图	G-19	A3		
20	六层板筋图	G-20	A3		
21	天面层板筋图	G-21	A3		
22	楼梯配筋图	G-22	A3		

XX市勘察设计院				工程名称	XX学院教师公寓JB型	设计阶段	施工图
设计		专业负责人		图纸名称	图纸目录	图号	G-00
制图		项目负责人				比例	1:100
校对		审核				第 张	共 张

结构设计总说明

1 总则

1.1 本工程按国家现行设计标准进行设计，施工单位应遵守本说明及各设计图纸详图外，尚应执行现行国家施工规范、规程和工程所在地区主管部门颁布的有关规定及规定执行。且应在设计图纸通过施工图审查，取得施工许可证后方可施工。不得违规违章施工，确保各阶段施工安全。

1.2 本工程位于广东省乐化市，地上6层，地下0层，±0.000为室内地面标高，相当于黄海高程标高30.85米。

1.3 全部尺寸单位除注明外，均以毫米（mm）为单位，平面角以度（°）分（′）秒（″）表示，标高则以米（m）为单位。

2 建筑结构安全等级及设计使用年限

2.1 本工程建筑结构的安全等级为2级，结构设计使用年限为50年，地基基础设计等级为丙级。建筑耐火等级二级。

3 设计依据

3.1 采用国家本行业标准的现行设计规范、规程、统一标准及工程建设标准强制性条文（房屋建筑部分2002年版）及“建设部公告”作为不能违反的法规，同时考虑当地实际情况采用地区性规范。

3.2 本工程结构设计采用的计算程序及辅助计算软件名称SATWE，软件序列号为2147，编制单位为中国建筑科学研究院。

4 结构抗震设计 荷载 及耐久性要求

4.1 本工程为抗震设防工程，工程所在地区的抗震设防烈度为6度，设计基本地震加速度为0.05g；主楼抗震等级为四级。

4.2 本工程均布活荷载标准值除图纸特别注明外，均按《建筑结构荷载规范》GB50009--2001（2006年版）执行。

4.3 本工程未经技术鉴定及设计许可，不得改变结构的用途和使用环境。

4.4 风、雪荷载：基本风压$w_0=0.5\ kN/m^2$，地面粗糙度为B类。基本雪压$S_0=0\ kN/m^2$。

4.5 本工程所有构件耐久性的环境类别为二b类环境，其结构混凝土耐久性的基本要求见11G101-1图集。

4.6 纵向受力钢筋的混凝土保护层，其厚度不应小于钢筋的公称直径，保护层最小厚度值见11G101-1图集。

5 场地 地基及基础部分

5.1 本建筑场地类别为Ⅱ类。本工程采用桩基础，建筑物桩基设计等级为丙级。

5.2 本工程岩土工程勘察报告由广东核力工程勘察院提供，基础施工时若发现地质实际情况与岩土工程勘察报告与设计要求不符时，须通知设计人员及岩土工程勘察单位技术人员共同研究处理。

6 现浇钢筋混凝土结构部分

6.1 普通钢筋强度设计值（抗拉强度设计值fy，抗压强度设计值fy′）见混凝土结构设计规范。

6.2 钢筋的锚固与连接（锚固长度及搭接长度）见11G101-1图集。

6.3 现浇结构混凝土强度等级及抗渗等级

构件混凝土强度等级：柱为C30，其余均为C25；基础（桩承台）详基础或桩承台结构图。构件混凝土抗渗等级：天面水池S6。

6.4 楼板、屋面板

1> 单向板底筋的分布筋及单向板、双向板支座负筋的分布筋，除平面图中另有注明者外应同时满足大于受力主筋的15%，且分布筋的最大间距为250。

2> 双向板（或异形板）钢筋的放置：短向钢筋置于外层，长向钢筋置于内层。当板底与梁底平时，板的下层钢筋应置于梁内底筋之上。

3> 结构图中之钢筋规格代号分别表示：K6=[6@200、G6=[6@180、N6=[6@150……

7 钢筋混凝土预埋件

7.1 预埋件内锚固应用HPB235、HRB335级钢筋，吊环埋入混凝土的锚固深度不应小于30d，并应绑扎在钢筋骨架上。

7.2 所有外露铁件均应涂刷防锈底漆、面漆材料及颜色按建筑要求施工。焊条及焊剂按国标《钢筋混凝土结构预埋件》04G362图集规定。

8 砌体部分

8.1 砌体部分（本设计所用的混合砂浆均为水泥石灰混合砂浆）

1> 砌体结构施工质量控制等级为二级。

2> 建筑总层数大于12层的非承重墙，不得使用每立方米重量超过14KN的墙体材料。广州地区禁止使用粘土类烧结砖。

3> 骨架结构中的填充墙砌体均不作承重用。

4> 当砌体墙的水平长度大于5m和需加强的丁字墙、转角墙，或非丁字墙端部没有钢筋混凝土墙柱时，应在墙中间或墙端部加设构造柱GZ。

5> 钢筋混凝土柱与砌体用2[6钢筋连结，该钢筋沿钢筋混凝土柱高度每隔500预埋，锚入混凝土柱内200，伸入砌体内的长度不小于500。

6> 填充砌体砌至接近梁或板底时，应留一定空隙，待填充砌体砌筑完成并至少间隔7天后，再将其补砌挤紧。不到板底或梁底的砌体必须加设压顶梁。

7> 门窗过梁：轻质砌块隔墙砌体上门窗洞口应设置钢筋混凝土过梁；当洞顶与结构梁（板）底的距离小于150时，过梁须与结构梁（板）浇成整体。

8> 底层内隔墙（高度<4000mm）可直接砌置在混凝土地骨（垫层）上。

8.2 全部砌体元经结构同意，不得任意更改墙体材料及厚度和砌体位置。

9 施工缝

1> 水平施工缝：板施工缝及分块施工缝大样见详图。地下室底板、楼板、顶板与外侧墙交接的施工缝设在墙上，其位置及止水带的位置见详图。

2> 当柱的混凝土强度等级高于梁板一个等级及以上时（5N/mm² 为一级），按详图施工。不超过一个等级时，可随梁板同时浇灌。

10 其它

10.1 水池混凝土强度达100%后应通过试水进行抗渗漏检测，第一次半池深水观察3天，接着加满水再观察4天。如渗漏应进行处理，确认可靠后面层施工。

11 沉降观测

11.1 本工程要求建筑物在施工及使用过程进行沉降观测，并符合《建筑变形测量规程》（JGJ8-2007）的有关规定。

11.2 施工期间观测工作由基础施工完成后即应开始，建筑物每升高__层观测1次，结构封顶后__月观测1次，施工过程如暂时停工，在停工时及新开工时应各观测1次，停工期间每隔2~3个月观测1次。使用期内第一年观测3~4次，第二年观测2~3次，第三年后每年1次，直至稳定为止。

xx市勘察设计院				工程名称	xx学院教师公寓JB型	设计阶段	施工图
设 计		专业负责人		图纸名称	结构设计总说明	图 号	G-01
制 图		项目负责人				比 例	1:100
校 对		审 核				第 张	共 张

建筑	结构	给水	电气	暖通	其他

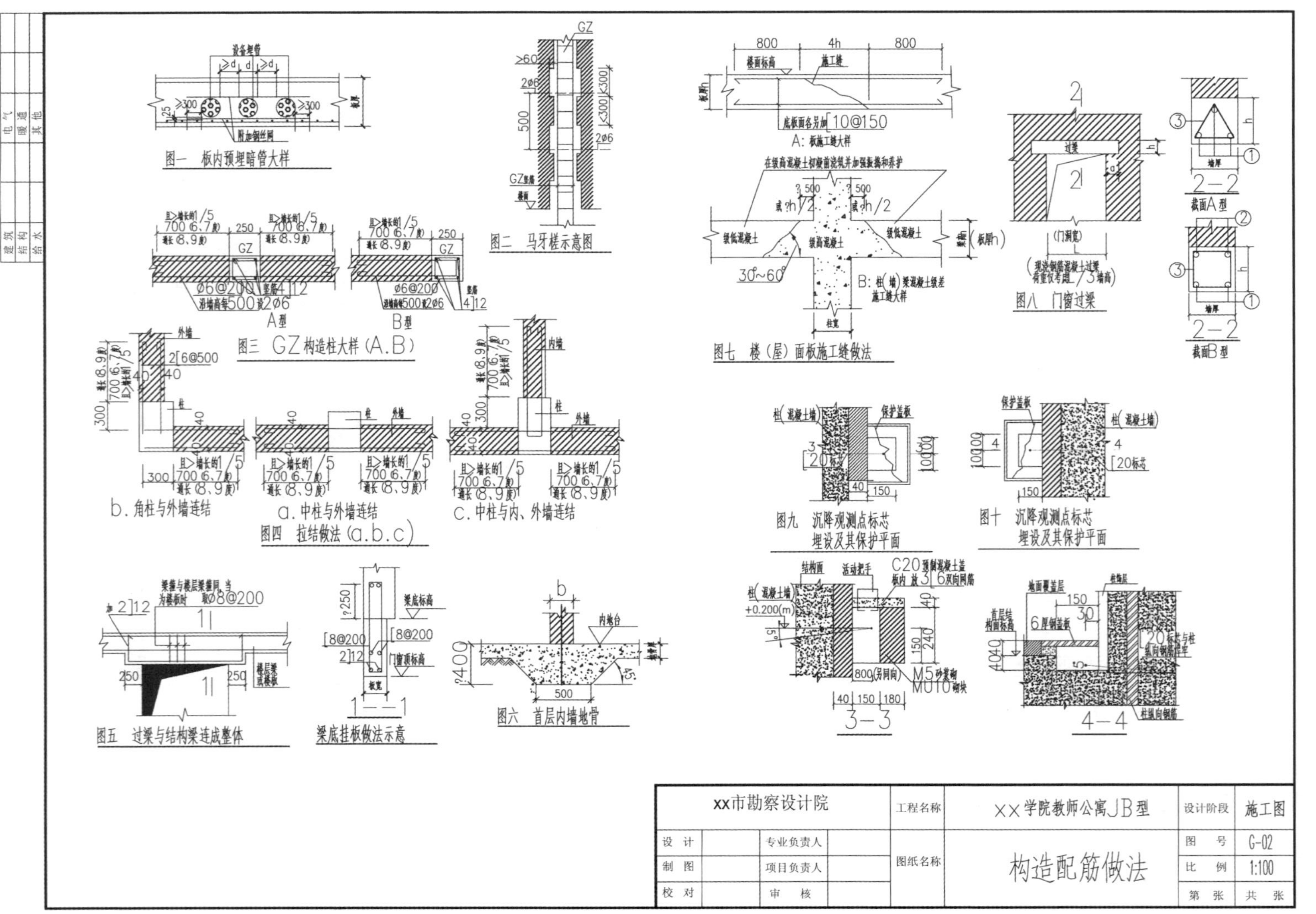

图一 板内预埋暗管大样
图二 马牙槎示意图
图三 GZ构造柱大样(A.B)
b. 角柱与外墙连结
a. 中柱与外墙连结
c. 中柱与内、外墙连结
图四 拉结做法(a.b.c)
图五 过梁与结构梁连成整体
梁底挂板做法示意
图六 首层内墙地骨
图七 楼(屋)面板施工缝做法
图八 门窗过梁
2—2
截面A型
截面B型
图九 沉降观测点标芯埋设及其保护平面
图十 沉降观测点标芯埋设及其保护平面
3—3
4—4
XX市勘察设计院
工程名称
XX学院教师公寓JB型
设计阶段
施工图
设计
专业负责人
图纸名称
构造配筋做法
图号
G-02
制图
项目负责人
比例
1:100
校对
审核
第 张
共 张

钢筋混凝土结构平面整体表示法
梁构造通用图说明

1. 采用本制图规则时，除按本图有关规定外，还应符合国家现行有关规范、规程和标准。
2. 本说明中"钢筋混凝土结构整体表示法"简称"平法" 如有其余节点构造不详者请参照《混凝土结构施工图平面整体表示方法制图规则和构造详图》 11G101—1

一、总则

(一) 本图与"梁平面配筋图"配套使用。
(二) 本图未包括的特殊构造和特殊节点构造，应由设计者自行设计绘制。

二、"平法"梁平面配筋图绘制说明

梁编号规则:

梁编号由梁类型代号，序号，跨数及有无悬挑代号几项组成，如下表:

梁类型	代号	序号	跨数及是否带有悬挑
框架梁	KL	XX	(XX)或(XXA)或(XXB)
非框架梁	LL	XX	(XX)或(XXA)或(XXB)
剪力墙连梁	JLL	XX	

注:(XXA)为一端悬挑；(XXB)为两端悬挑。关于梁的截面尺寸和配筋: 多跨通用的bXh、箍筋、梁跨中面筋基本值采用集中注写；梁底筋和支座面筋以及某跨特殊的bXh、箍筋、梁跨中面筋、腰筋均采用原位注写；梁编号及集中注写的bXh、梁配筋等代表许多跨，原位注写的要素仅代表本跨。

1. KL，WKL，L的标注方法

(1) 与梁编号写在一起的bXh、箍筋、梁跨中面筋基本值(用小括号括起来的为架立筋，反之为贯通筋)。

在集中标注中的梁跨中面筋基本值后以"；"分隔或换行标注的钢筋为底筋基本值，从梁的任意一跨引出集中注写。

个别跨的bXh、箍筋、梁跨中面筋(架立筋或贯通筋)以及腰筋与基本值不同时，则将其特殊值原位标注。

(2) 若无标注支座钢筋，则以梁跨中面筋基本值(架立筋或贯通筋)直入支座。

(3) 抗扭腰筋和非框架梁的抗扭箍筋值前面需加"N"，如为构造腰筋则在前面加"G"。

(4) 原位注写的梁面筋及梁底筋，当底筋或面筋多于一排时，则将各排筋按从上往下的顺序用斜线/分开，当同一排筋为两种直径时，则用加号+将其连接，当梁的中间支座两边的面筋相同时，则可将其配筋仅注在支座某一边的梁上边位置处。

2. PL，KL，WKL，L的悬挑端的标注方法(除下列三条外，与二.1条规定相同)

(1) 悬挑梁的梁根部与梁端截面高度不同时，用斜线"/"将其分开，即bXh1/h2，h1为梁根高度。

(2) 悬挑梁钢筋用小括号括起来表示在悬挑长度0.6Lo处截断。

例: 10]25，4/2+(2)/(2)，表明梁面筋第一排4]25直筋，第二排有2]25直筋和2]25在0.6Lo处截断，第三排有2]25在0.6Lo处截断。

(3) 当悬挑梁长度>=2米且<3米时，加2]20压筋；当>=3米时，加2]25压筋。

3. 箍筋肢数用括号括住的数字表示。箍筋加密与非加密区间距用斜线"/"分开。

例如: [8@100/200(4)表示箍筋加密区间距为100，非加密区间距为200，四肢箍。

4. 附加箍筋(加密箍)和附加吊筋绘在梁集中力位置，配筋值原位标注。

5. 当梁平面布置过密，全标注有困难时，可按纵横梁分开画在两张图上。

6. 多数相同的梁顶面标高在图面说明中统一注明为H，个别特殊的标高原位加注该梁与楼层标高H的相对标高。

7. 梁上起柱(LZ)的设计规定与构造详见下图大样。

三、各类梁的构造做法

1. 详下图图示和附注。 2. 当抗震时，本图La均为Lae及相应搭接长度。

3. 带*号的(抗扭)纵筋全跨通长，搭接长度均为La(若双面焊，则焊缝长为6d)。

4. 梁的架立筋与支座负筋搭接长度，框架梁应不少于35d；次梁当d≥12时为30d，当d≤10时为250。次梁架立筋入支座长200。

5. 框架梁的纵向钢筋在节点范围内的锚固按图所示，钢筋锚固长度Lae及搭接长度Lle按《结构总说明》。

6. 次梁底筋锚入支座长度为15d，水平段不足时向上折90/折。

7. 梁腰筋的搭接长度均为35d(若双面焊，则焊缝长为6d)，梁腰筋之拉筋("∽"形)均为[6，间距为非加密区箍筋间距的二倍。

8. 当设计图纸无无说明时，架立筋按下表采用。

梁跨度	L<4米	4米<=L<6米	L>=6米
架立筋直径	[10	]12	]14

四、大样Ⓐ～Ⓚ用于平面图中索引，索引号侧注明有关大样尺寸及配筋。

XX市勘察设计院	工程名称	XX学院教师公寓JB型	设计阶段	施工图
设计 / 专业负责人	图纸名称	钢筋混凝土结构平面表示法	图号	G-03
制图 / 项目负责人			比例	1:100
校对 / 审核			第 张	共 张

建筑 结构 给水 电气 暖通 其他

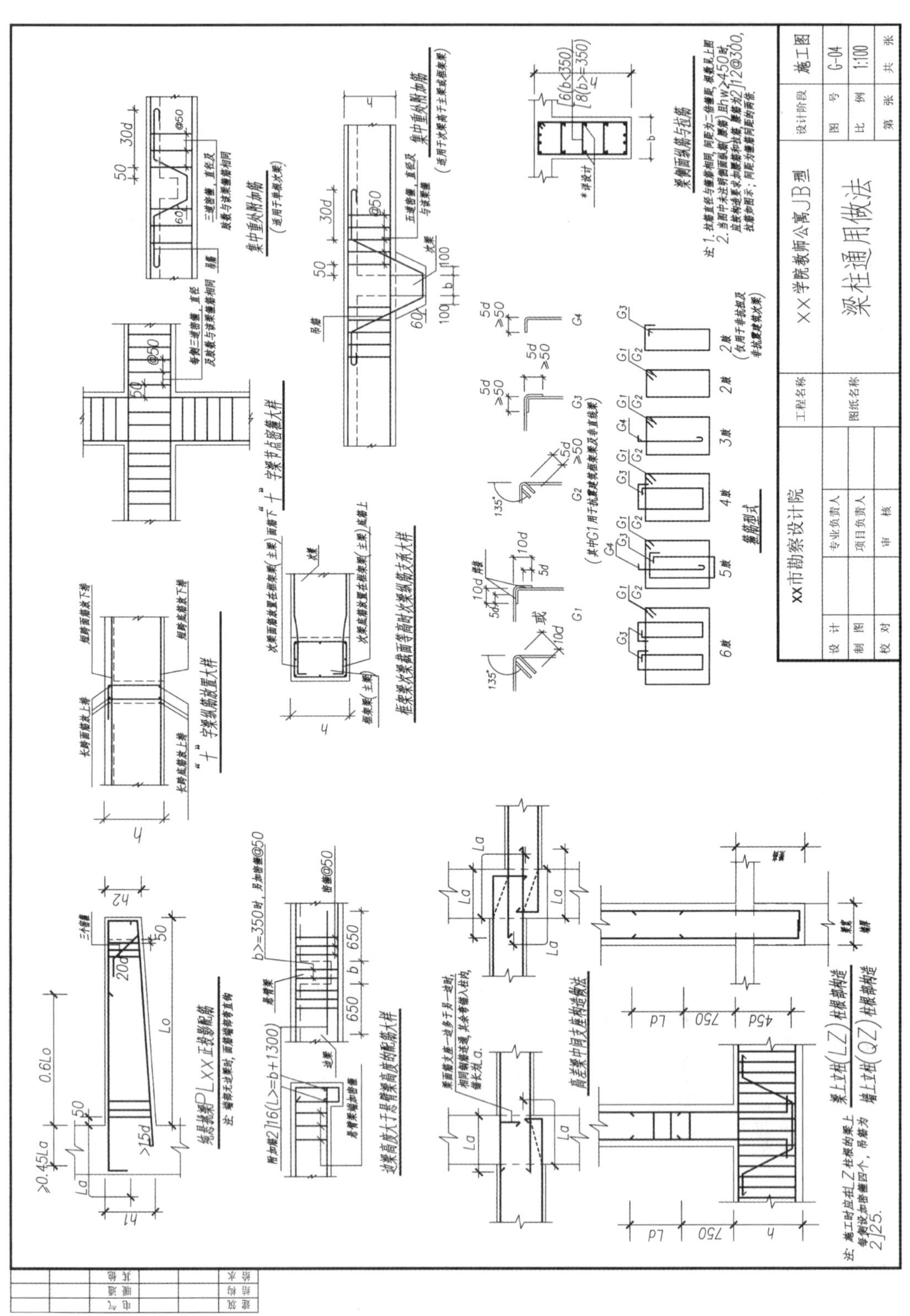
XX市勘察设计院
XX学院教师公寓JB型
梁柱通用做法
施工图
G-04
1:100

预应力混凝土管桩设计说明

一、一般说明

1. 全部尺寸除注明外，均以毫米（mm）为单位，标高和桩长(H)以米（m）为单位。

2. 本工程±0.000为室内地面标高，相当于 黄海 高程标高 30.85 m 。

二、管桩类型

1. 本工程采用Φ管桩桩径详见桩表。

2. 根据工程地质勘察资料，本工程采用的管桩为端承型桩，桩端持力层为强风化岩层。桩端持力层端阻力特征值 qpa = 3500 kPa（标贯击数 50 击），持力层入岩(土)深不小于 1 m。

三、施工方式及终桩控制标准

1. 本工程管桩采用静压力压桩方式施工，终压力值为单桩竖向承载力特征值的 3 倍。详见桩表及其附注。

2. 本工程采用的管桩为端承型桩，停打以桩端到达或进入持力层（对照地质资料）、最后贯入度（见桩表）和最后1m 沉桩锤击数为主要控制收锤标准。

3. 本工程采用的管桩为端承型桩，终压控制标准为终压力值达到设计要求，并按本图桩表要求进行复压，复压时每次稳压时间不超过10s。

四、施工要求

1. 接桩：下节桩施打后露出地面0.5~1.0m(机械接头为1.0~1.5m)时即可接桩。任一单桩的接头数量不超过4个，应避免桩尖接近硬持力层或桩尖处于硬持力层时接桩。每根桩须对照地质勘探资料预计总长，选用合理的桩节组合，尽可能减少接桩次数。

接桩采用焊接连接法：管桩的接长可采用桩端头板沿圆周坡口槽焊接，下节桩桩头须设导向箍上下节桩段偏差不宜大于2mm。焊接前应先确认管桩接头是否合格，上下端板应清理干净，坡口处应刷至露出金属光泽，油污铁锈清除干净。焊接前先在坡口圆周对称点焊4~6点，待上接头的焊缝宜为三层，每层焊缝的接头应错开，焊缝厚度 6mm ，（抗拔桩焊缝厚度8mm）焊缝须饱满，不得出现夹渣或气孔等缺陷，选用 压弧焊 。

施焊完毕须自然冷却8分钟后方可后方可继续施打（压）。严禁用水冷却或焊好后立即沉桩。

2. 送桩或复打(压)：本工程采用的管桩允许送桩，送桩须使用专用的送桩器，送桩深度不超过 2 m。当需要送桩或复打时，应先检查桩内是否充满水，若充满水，应抽去部分水后才能施打(压)。

3. 截桩头：最后一节桩之桩顶须高出设计桩顶标高1.5倍桩径长度以供截桩之用，截桩须用专用截桩机，严禁采用大锤横向敲击截桩或强行扳拉截桩；抗拔桩的桩头则须用手工凿去其中的混凝土，留下的预应力钢筋锚入承台，桩顶与承台之连接详见P15页桩顶构造大样。

4. 每一根桩应一次性连续打（压）到底，接桩、送桩应连续进行，尽量较少中间停歇时间。

5. 引孔：当设计要求或施工需要用引孔法打（压）桩时，应在打（压）桩施工前于该桩位处预先钻孔，钻孔孔径不大于 D-5Cmm ，采用螺旋钻机成孔，孔深不得超过桩端所处深度。

6. 桩端底部填灌混凝土：桩端持力层为易受地下水浸湿软化土层或非饱和状态的强风化岩层时，在第一节桩施打填灌微膨胀砼，砼强度等级为C30，灌注高度不小于 2m。（详图大样 ②）

7. 基坑开挖：基坑开挖需在全部工程桩完成并相隔若干天后进行，严禁边打桩边开挖基坑，挖土需分层均匀进行，挖土过程中桩周土体高差不宜大于1m，严禁集中一处开挖。饱和粘性土、粉土地区的基坑，开挖宜在打桩全部完成15天后进行。

8. 桩顶内填芯混凝土浇灌前，应先将管内壁浮浆清除干净；可根据设计要求，采用内壁涂刷水泥净浆、混凝土界面剂或采用微膨胀混凝土等措施，以提高填芯混凝土与管桩桩身混凝土的整体性。

五、施工允许误差及质量检查

1. 桩位允许偏差值：桩下桩数≤3根：允许偏差100mm；桩下桩数4~16根：允许偏差为1/2桩径或边长；桩数多于16根：最外边的桩，允许偏差1/3桩径或边长，中间桩，允许偏差1/2桩径或边长。

2. 截桩后的桩顶标高允许偏差为 ±10mm。

3. 施工单位必须对每根桩做好一切施工记录，记录内容包括：桩的节数、每节长度、总锤击数、最后一米锤击数、最后三阵每阵（10锤）时的贯入度；或静压终压值、复压次数、每次时间等，并将有关资料整理成册，提交有关部门检查及验收。

4. 静载试验具体操作按国家相关部门标准和现行规范执行；高应变动测法应符合行业标准的有关规定。

六、注意事项

1. 预应力管桩的桩身质量应符合国家标准《混凝土质量控制标准》(GB 50164-1992)、《先张法预应力混凝土管桩》(GB 13476-2009)、《先张法预应力混凝土薄壁管桩》的规定(JC888-2001)，并应按上述标准进行检验。施工质量应按《建筑基桩检测技术规范》JGJ106-2003及《建筑地基基础工程施工质量验收规范》(GE 50202-2002)执行。

XX市勘察设计院				工程名称	XX学院教师公寓JB型	设计阶段	施工图
设 计		专业负责人		图纸名称	预应力混凝土管桩设计说明	图 号	G-05
制 图		项目负责人				比 例	1:100
校 对		审 核				第 张	共 张

建筑		电气	
结构		暖通	
给水		其他	

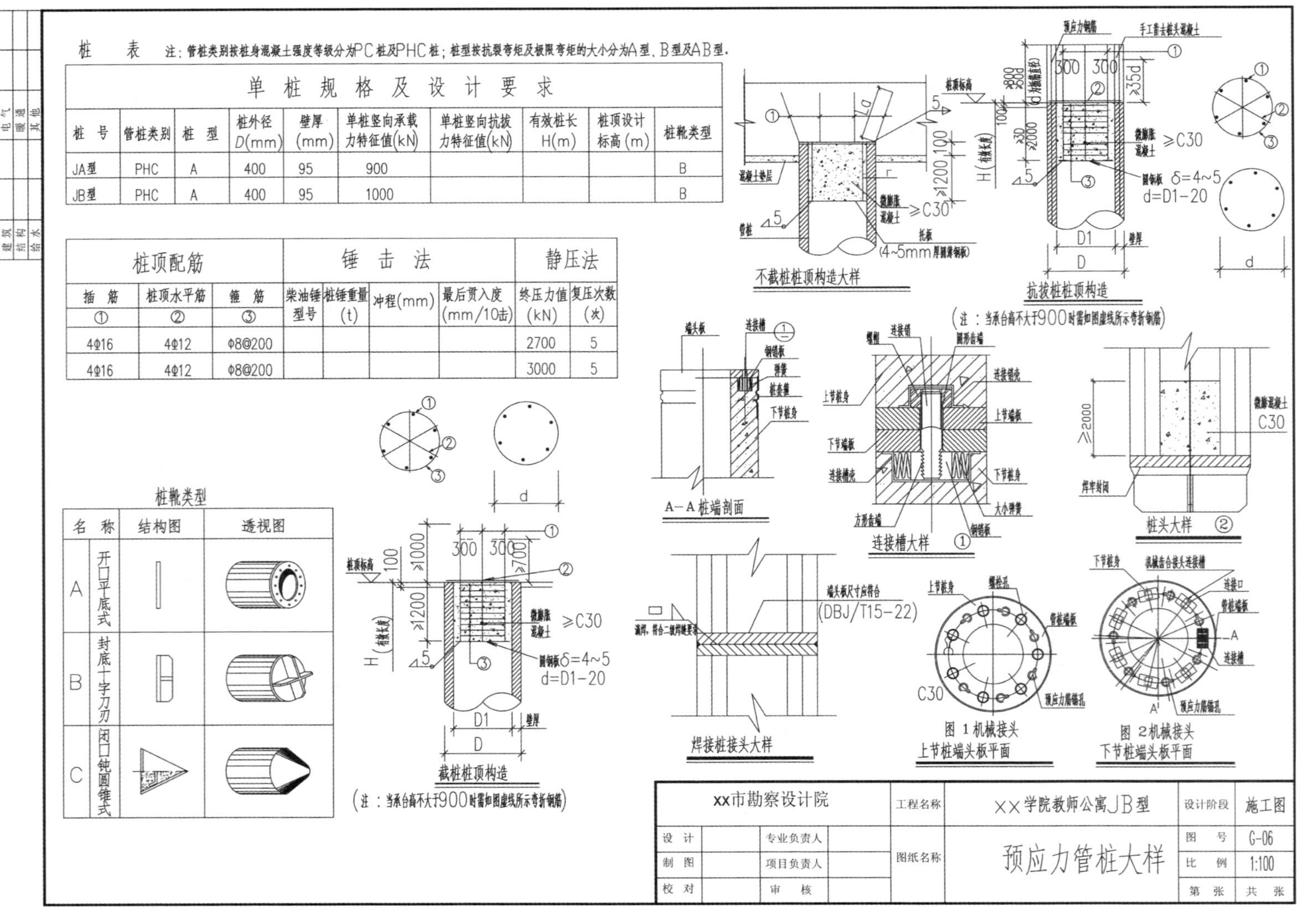

桩　表　注：管桩类别按桩身混凝土强度等级分为PC桩及PHC桩；桩型按抗裂弯矩及极限弯矩的大小分为A型、B型及AB型。

单桩规格及设计要求									
桩号	管桩类别	桩型	桩外径 D(mm)	壁厚 (mm)	单桩竖向承载力特征值(kN)	单桩竖向抗拔力特征值(kN)	有效桩长 H(m)	桩顶设计标高(m)	桩靴类型
JA型	PHC	A	400	95	900				B
JB型	PHC	A	400	95	1000				B

桩顶配筋			锤击法				静压法	
插筋 ①	桩顶水平筋 ②	箍筋 ③	柴油锤型号	桩锤重量 (t)	冲程(mm)	最后贯入度 (mm/10击)	终压力值 (kN)	复压次数 (次)
4Φ16	4Φ12	Φ8@200					2700	5
4Φ16	4Φ12	Φ8@200					3000	5

桩靴类型

名称		结构图	透视图
A	开口平底式		
B	封底十字刀刃		
C	闭口钝圆锥式		

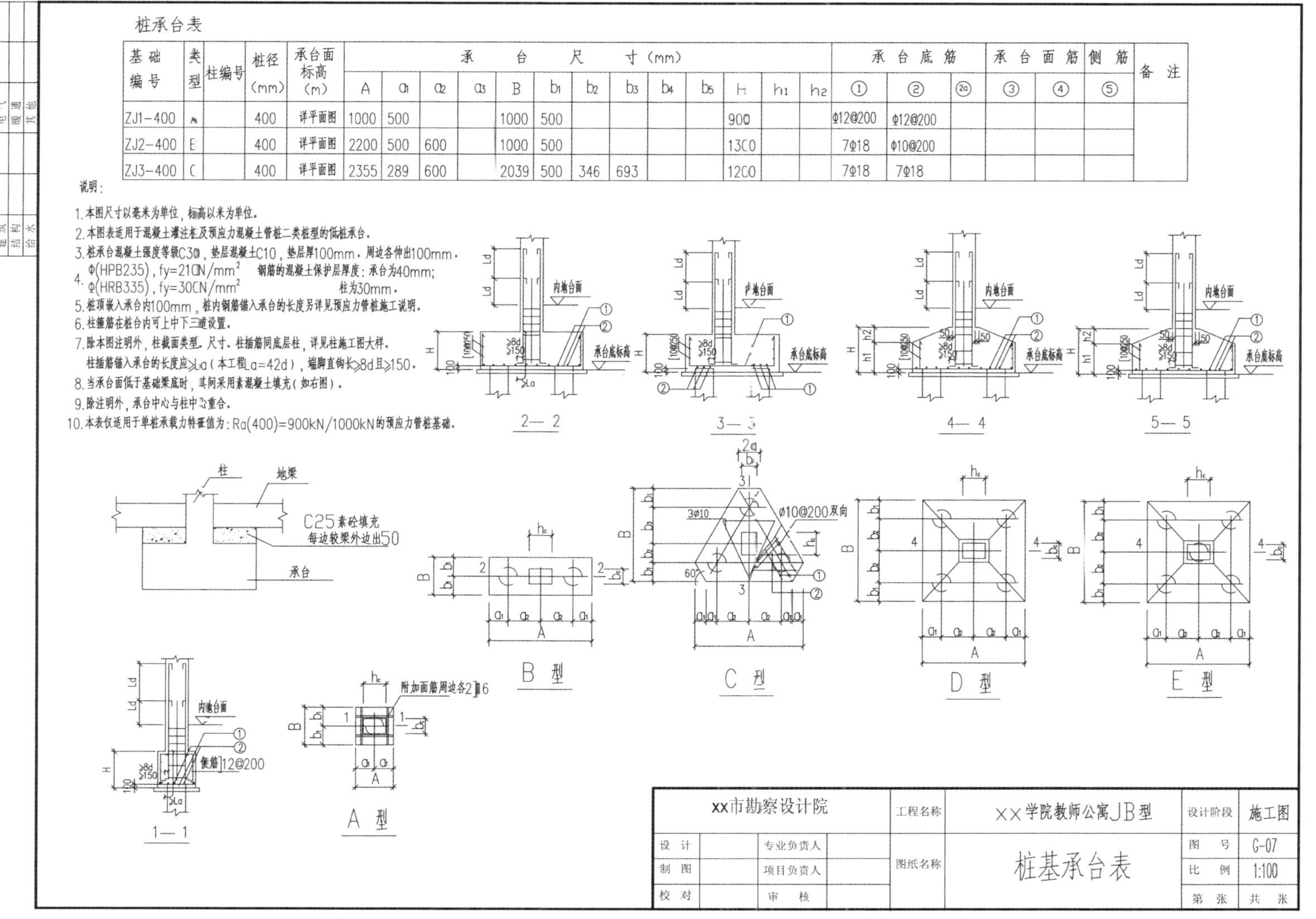

桩承台表

基础编号	类型	柱编号	桩径 (mm)	承台面标高 (m)	承台尺寸(mm) A	a_1	a_2	a_3	B	b_1	b_2	b_3	b_4	b_5	H	h_1	h_2	承台底筋 ①	②	②a	承台面筋 ③	④	侧筋 ⑤	备注
ZJ1-400	A		400	详平面图	1000	500			1000	500					900			Φ12@200	Φ12@200					
ZJ2-400	E		400	详平面图	2200	500	600		1000	500					1300			7Φ18	Φ10@200					
ZJ3-400	C		400	详平面图	2355	289	600		2039	500	346	693			1200			7Φ18	7Φ18					

说明：

1. 本图尺寸以毫米为单位，标高以米为单位。
2. 本图表适用于混凝土灌注桩及预应力混凝土管桩二类桩型的低桩承台。
3. 桩承台混凝土强度等级C30，垫层混凝土C10，垫层厚100mm，周边各伸出100mm。
4. Φ(HPB235)，fy=210N/mm² 钢筋的混凝土保护层厚度：承台为40mm；Φ(HRB335)，fy=300N/mm² 柱为30mm。
5. 桩顶嵌入承台内100mm，桩内钢筋锚入承台的长度另详见预应力管桩施工说明。
6. 柱箍筋在桩台内可上中下三道设置。
7. 除本图注明外，柱截面类型、尺寸、柱插筋同底层柱，详见柱施工图大样。柱插筋锚入承台的长度应≥La（本工程La=42d），端脚直钩长≥8d且≥150。
8. 当承台面低于基础梁底时，其间采用素混凝土填充（如右图）。
9. 除注明外，承台中心与柱中心重合。
10. 本表仅适用于单桩承载力特征值为：Ra(400)=900kN/1000kN的预应力管桩基础。

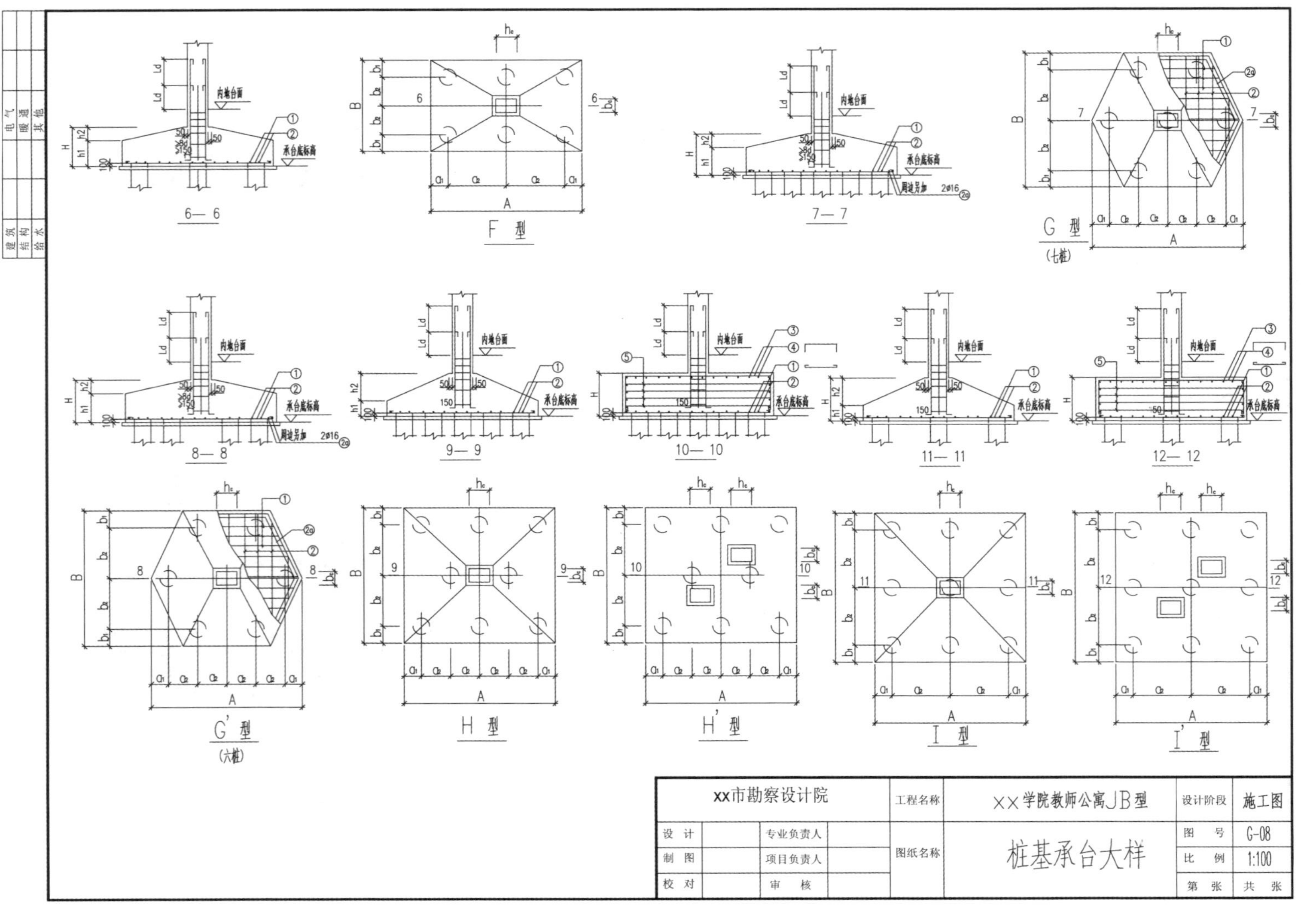
6—6
F 型
7—7
G 型
(七桩)
8—8
9—9
10—10
11—11
12—12
G' 型
(六桩)
H 型
H' 型
I 型
I' 型
内墙台面
承台底标高
周边另加 2ø16
XX市勘察设计院
设计
制图
校对
专业负责人
项目负责人
审核
工程名称
XX学院教师公寓JB型
图纸名称
桩基承台大样
设计阶段
施工图
图号
G-08
比例
1:100
第 张
共 张
建筑
结构
给水
电气
暖通
其他

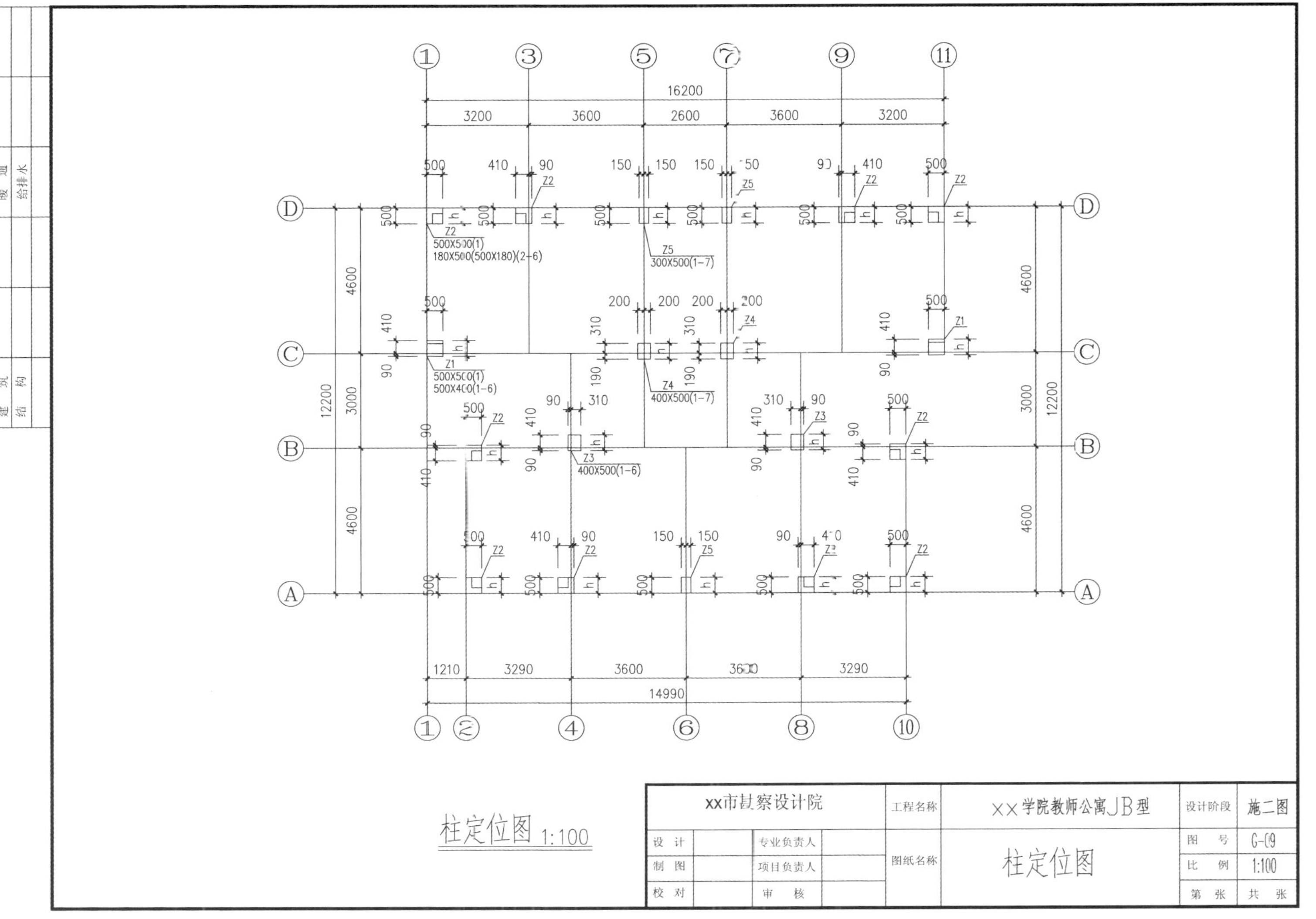
柱定位图 1:100
xx市勘察设计院
工程名称
XX学院教师公寓JB型
设计阶段
施二图
设计
专业负责人
制图
项目负责人
校对
审核
图纸名称
柱定位图
图号
G-09
比例
1:100
第 张
共 张
建筑
结构
暖通
给排水
16200
3200
3600
2600
14990
1210
3290
12200
4600
3000
Z1
500X500(1)
500X400(1-6)
Z2
500X500(1)
180X500(500X180)(2-6)
Z3
400X500(1-6)
Z4
400X500(1-7)
Z5
300X500(1-7)

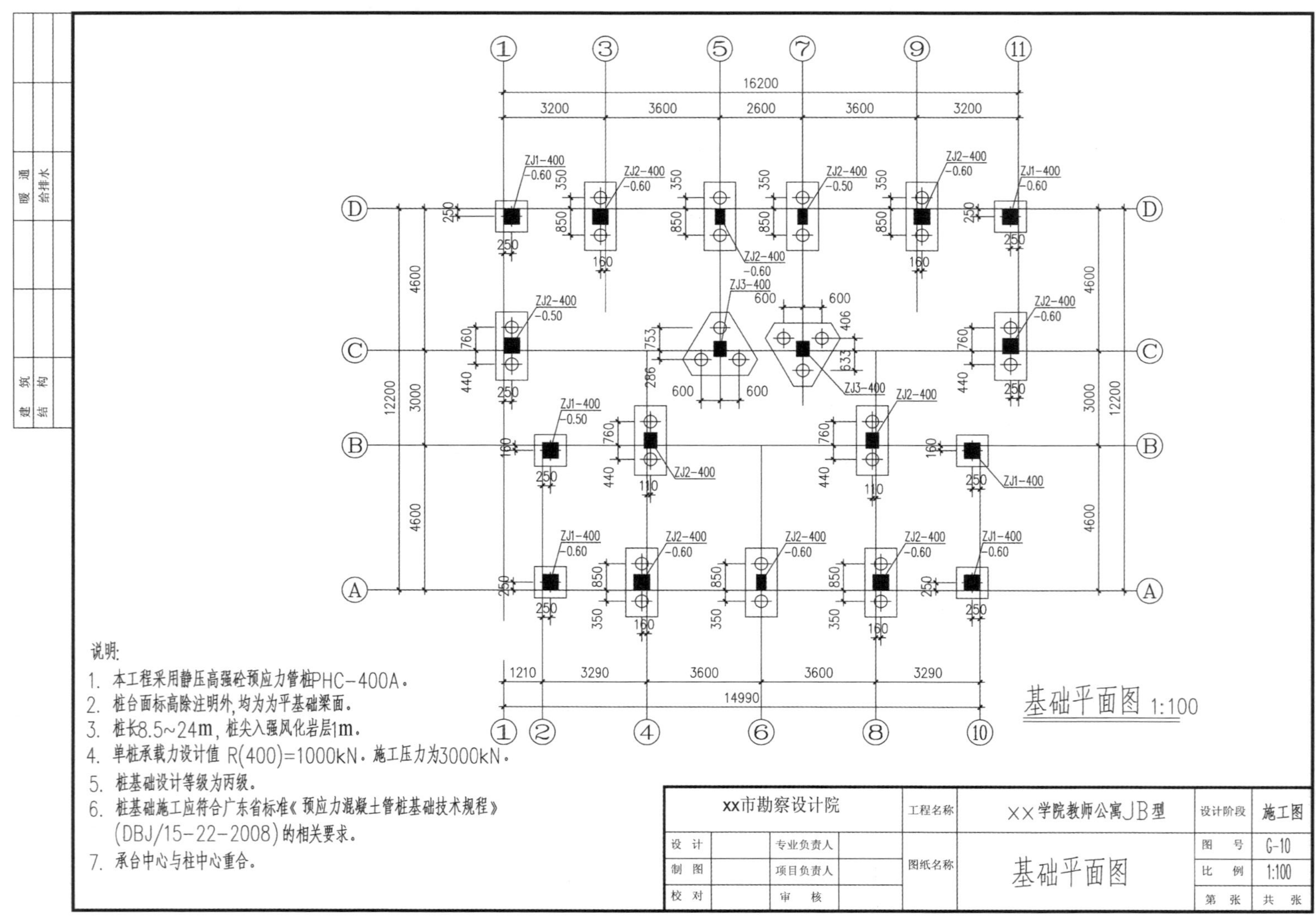
基础平面图 1:100
说明:
1. 本工程采用静压高强砼预应力管桩PHC-400A。
2. 桩台面标高除注明外,均为为平基础梁面。
3. 桩长8.5~24m,桩尖入强风化岩层1m。
4. 单桩承载力设计值 R(400)=1000kN。施工压力为3000kN。
5. 桩基础设计等级为丙级。
6. 桩基础施工应符合广东省标准《预应力混凝土管桩基础技术规程》(DBJ/15-22-2008)的相关要求。
7. 承台中心与柱中心重合。
XX市勘察设计院
设 计
专业负责人
制 图
项目负责人
校 对
审 核
工程名称
XX学院教师公寓JB型
图纸名称
基础平面图
设计阶段
施工图
图 号
G-10
比 例
1:100
第 张
共 张
建 筑
结 构
暖 通
给排水

柱编号	层号	高度或Hj/Ho	混凝土强度	截面型式	bxh或直径	b1xh1	t1	t2	① 竖筋	②	③	④	⑤a+⑤b	⑥ 插筋	⑦	⑧⑨ 中部	⑩⑪ 箍筋 端部	⑫⑬ Ln	号箍筋 节点内	⑨1 b边 短肢	⑨2 h边 长肢	备注
Z5 □	7	3700	C30	E1	300X500				2Φ18	1Φ16	2Φ16					Φ8@100	Φ8@100	全长	Φ8@100			
	2-6	3000	C30	E1	300X500				2Φ18	1Φ16	2Φ16					Φ8@100	Φ8@100	全长	Φ8@100			
	1	3000	C30	E1	300X500				2Φ18	1Φ16	2Φ16					Φ8@100	Φ8@100	全长	Φ8@100			
	Ho		C30	E1	300X500				2Φ18	1Φ16	2Φ16					Φ8@100	Φ8@100		Φ8@100			
	Hj		C30						2Φ18	1Φ16	2Φ16					上	中下	各	1Φ8			
Z4 □	7	3700	C30	E1	400X500				2Φ16	1Φ16	2Φ16					Φ8@100	Φ8@100	全长	Φ8@100			
	2-6	3000	C30	E1	400X500				2Φ16	1Φ16	2Φ16					Φ8@200	Φ8@100	700	Φ8@100			
	1	3000	C30	E1	400X500				2Φ16	1Φ16	2Φ16					Φ8@200	Φ8@100	700/1000	Φ8@100			
	Ho		C30	E1	400X500				2Φ16	1Φ16	2Φ16					Φ8@100	Φ8@100		Φ8@100			
	Hj		C30						2Φ16	1Φ16	2Φ16					上	中下	各	1Φ8			
Z3 □	2-6	3000	C30	E1	400X500				2Φ16	1Φ16	2Φ16					Φ8@200	Φ8@100	700	Φ8@100			
	1	3000	C30	E1	400X500				2Φ16	1Φ16	2Φ16					Φ8@200	Φ8@100	700/1000	Φ8@100			
	Ho		C30	E1	400X500				2Φ16	1Φ16	2Φ16					Φ8@100	Φ8@100		Φ8@100			
	Hj		C30						2Φ16	1Φ16	2Φ16					上	中下	各	1Φ8			
Z2	3-6	3000	C30	N	130X500	500X180			2Φ16	2Φ16	2Φ12	2Φ12	4Φ16			Φ8@150	Φ8@100	700	Φ8@100			
	2	3000	C30	N	130X500	500X180			2Φ16	2Φ16	2Φ12	2Φ12	4Φ16			Φ8@150	Φ8@100	700	Φ8@100			
	1	3000	C30	F	500X500				2Φ16	2Φ16	2Φ16			2Φ16	2Φ16	Φ8@150	Φ8@100	700/1000	Φ8@100			
	Ho		C30	F	500X500				2Φ16	2Φ16	2Φ16					Φ8@100	Φ8@100		Φ8@100			
	Hj		C30						2Φ16	2Φ16	2Φ16					上	中下	各	1Φ8			
Z1 □	2-6	3000	C30	F	500X400				2Φ16	2Φ16	2Φ16					Φ8@200	Φ8@100	700	Φ8@100			
	1	3000	C30	F	500X500				2Φ16	2Φ16	2Φ16					Φ8@200	Φ8@100	700/1000	Φ8@100			
	Ho		C30	F	500X500				2Φ16	2Φ16	2Φ16					Φ8@100	Φ8@100		Φ8@100			
	Hj		C30						2Φ16	2Φ16	2Φ16					上	中下	各	1Φ8			

截面尺寸   复合箍内箍肢数

会签		
建筑		电气
结构		暖通
给水		其他

XX市勘察设计院				工程名称	XX学院教师公寓JB型	设计阶段	施工图
设计		专业负责人		图纸名称	柱表	图号	G-11
制图		项目负责人				比例	1:100
校对		审核				第 张	共 张

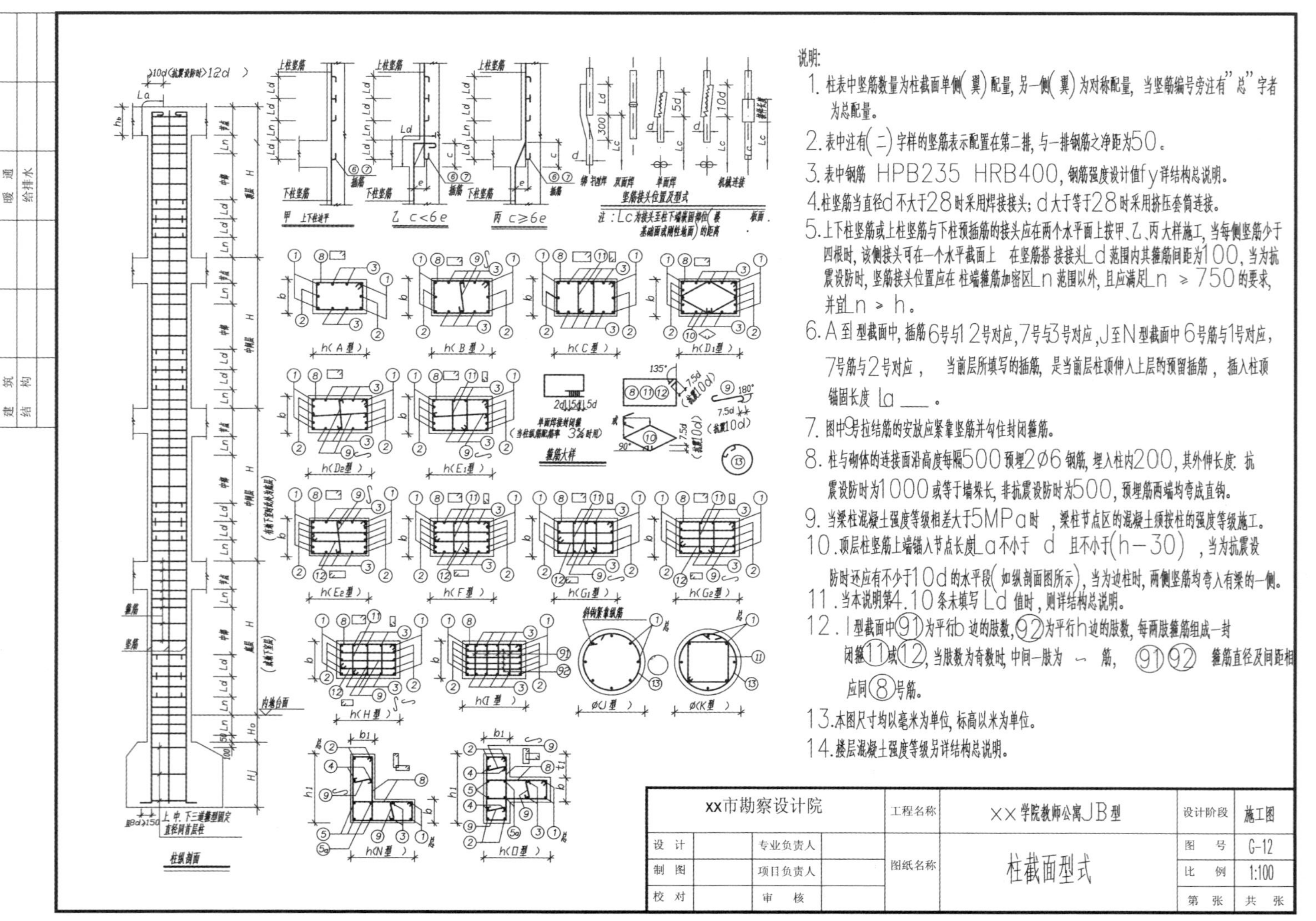
说明:
1. 柱表中竖筋数量为柱截面单侧(翼)配量,另一侧(翼)为对称配量,当竖筋编号旁注有"总"字者为总配量。
2. 表中注有(二)字样的竖筋表示配置在第二排,与一排钢筋之净距为50。
3. 表中钢筋 HPB235 HRB400,钢筋强度设计值fy详结构总说明。
4. 柱竖筋当直径d不大于28时采用焊接接头;d大于等于28时采用挤压套筒连接。
5. 上下柱竖筋或上柱竖筋与下柱预插筋的接头应在两个水平面上按甲、乙、丙大样施工,当每侧竖筋少于四根时,该侧接头可在一个水平截面上 在竖筋搭接接头Ld范围内其箍筋间距为100,当为抗震设防时,竖筋接头位置应在柱端箍筋加密区Ln范围以外,且应满足Ln ≥ 750的要求,并宜Ln > h。
6. A至型截面中,插筋6号与12号对应,7号与3号对应,J至N型截面中6号筋与1号对应,7号筋与2号对应, 当前层所填写的插筋,是当前层柱顶伸入上层的预留插筋,插入柱顶锚固长度 la ___。
7. 图中9号拉结筋的安放应紧靠竖筋并勾住封闭箍筋。
8. 柱与砌体的连接面沿高度每隔500预埋2Ø6钢筋,埋入柱内200,其外伸长度:抗震设防时为1000或等于墙垛长,非抗震设防时为500,预埋筋两端均弯成直钩。
9. 当梁柱混凝土强度等级相差大于5MPa时 ,梁柱节点区的混凝土须按柱的强度等级施工。
10. 顶层柱竖筋上端锚入节点长度La不小于 d 且不小于(h−30),当为抗震设防时还应有不少于10d的水平段(如纵剖面图所示),当为边柱时,两侧竖筋均弯入有梁的一侧。
11. 当本说明第4.10条未填写Ld值时,则详结构总说明。
12. I型截面中(91)为平行b边的肢数,(92)为平行h边的肢数,每两肢箍筋组成一封闭箍(11)或(12),当肢数为奇数时,中间一肢为 ~ 筋, (91)(92) 箍筋直径及间距相应同(8)号筋。
13. 本图尺寸均以毫米为单位,标高以米为单位。
14. 楼层混凝土强度等级另详结构总说明。
XX市勘察设计院
工程名称
XX学院教师公寓JB型
设计阶段
施工图
设 计
专业负责人
图纸名称
柱截面型式
图 号
G-12
制 图
项目负责人
比 例
1:100
校 对
审 核
第 张
共 张
建 筑
结 构
暖 通
给排水
柱纵剖面
竖筋接头位置及型式
箍筋大样
h(A型)
h(B型)
h(C型)
h(D1型)
h(D2型)
h(E1型)
h(E2型)
h(F型)
h(G1型)
h(G2型)
h(H型)
h(I型)
ø(J型)
ø(K型)
h(N型)
h(O型)

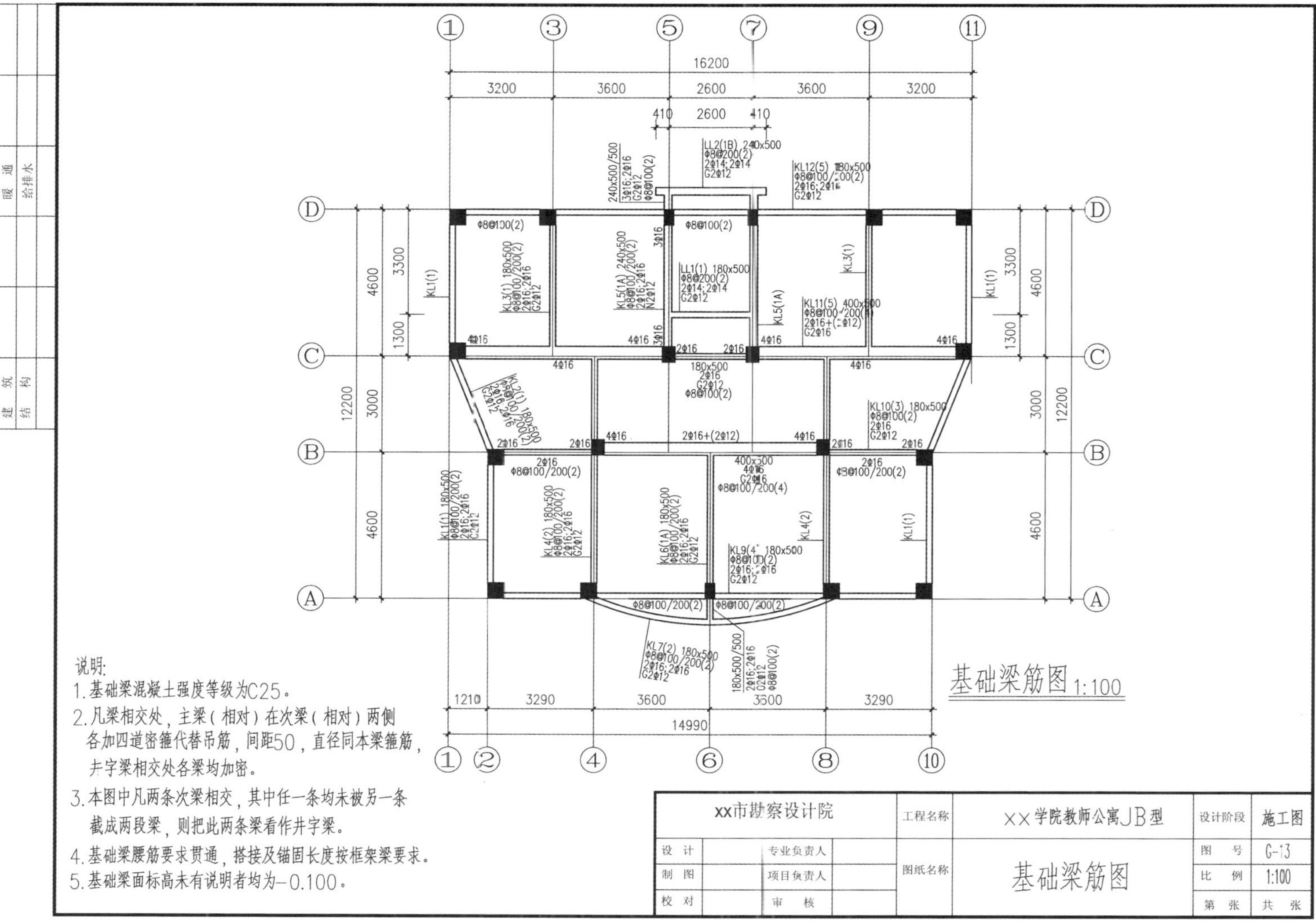
基础梁筋图 1:100
说明:
1.基础梁混凝土强度等级为C25。
2.凡梁相交处，主梁（相对）在次梁（相对）两侧各加四道密箍代替吊筋，间距50，直径同本梁箍筋，井字梁相交处各梁均加密。
3.本图中凡两条次梁相交，其中任一条均未被另一条截成两段梁，则把此两条梁看作井字梁。
4.基础梁腰筋要求贯通，搭接及锚固长度按框架梁要求。
5.基础梁面标高未有说明者均为-0.100。
XX市勘察设计院
工程名称
XX学院教师公寓JB型
设计阶段
施工图
设计
专业负责人
制图
项目负责人
校对
审核
图纸名称
基础梁筋图
图号
G-13
比例
1:100
第张
共张
建筑
结构
暖通
给排水

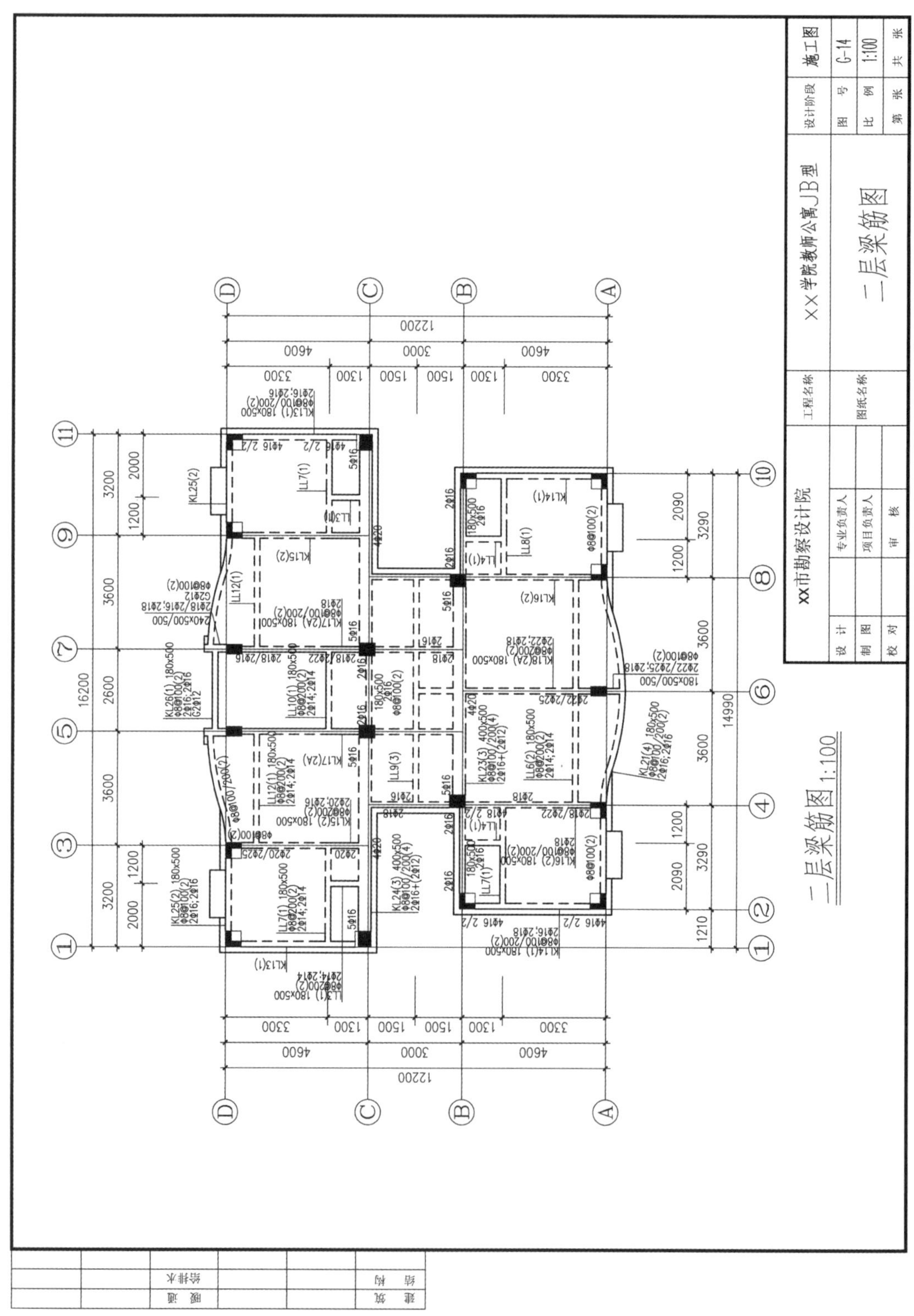
二层梁筋图 1:100
XX市勘察设计院
工程名称
XX学院教师公寓JB型
图纸名称
二层梁筋图
设计阶段
施工图
图号
G-14
比例
1:100
第 张
共 张
设计
制图
校对
专业负责人
项目负责人
审核
建筑
结构
暖通
给排水

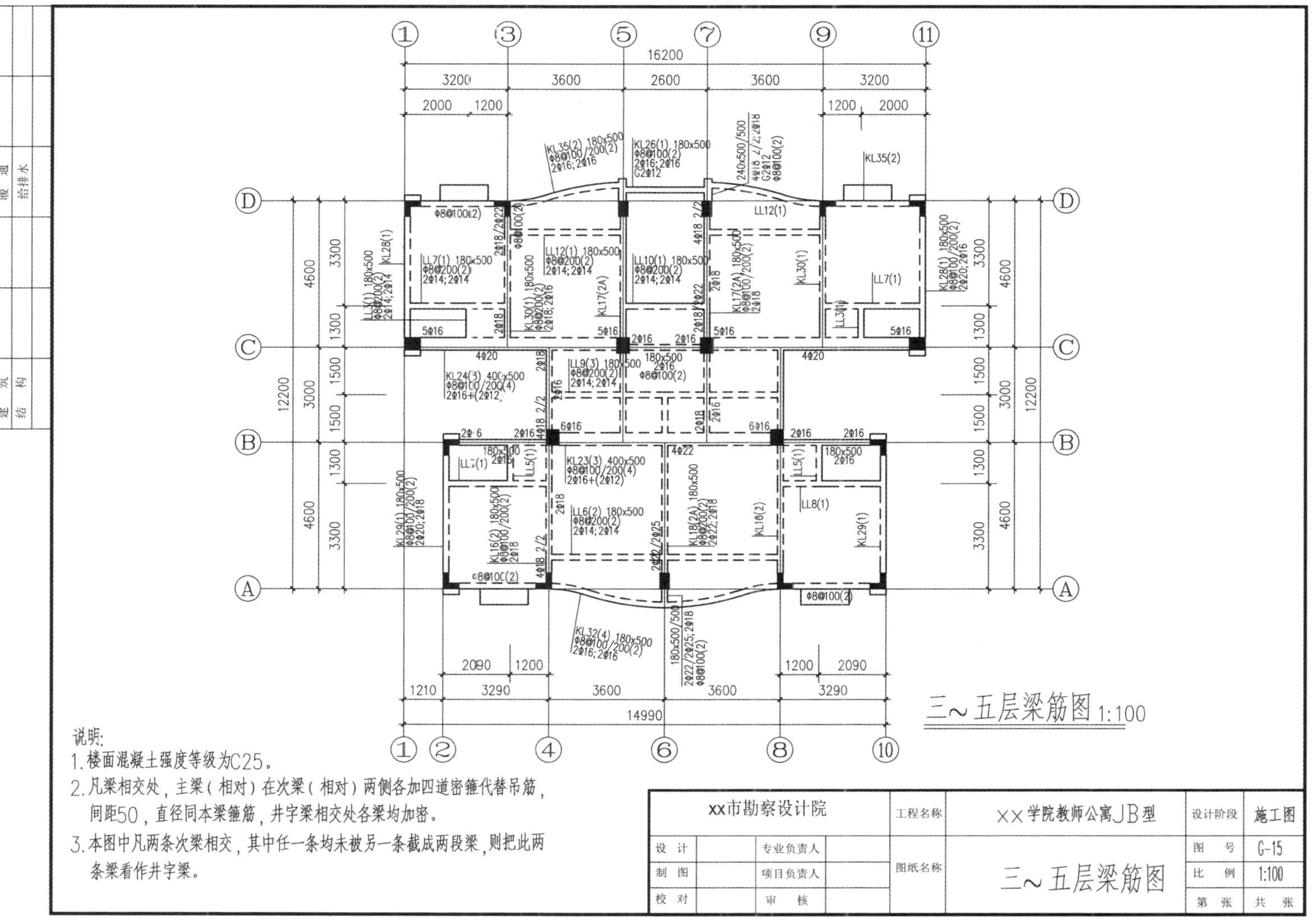
三～五层梁筋图 1:100
说明:
1. 楼面混凝土强度等级为C25。
2. 凡梁相交处，主梁（相对）在次梁（相对）两侧各加四道密箍代替吊筋，间距50，直径同本梁箍筋，井字梁相交处各梁均加密。
3. 本图中凡两条次梁相交，其中任一条均未被另一条截成两段梁，则把此两条梁看作井字梁。
XX市勘察设计院
工程名称
XX学院教师公寓JB型
设计阶段
施工图
设 计
专业负责人
图纸名称
三～五层梁筋图
图 号
G-15
制 图
项目负责人
比 例
1:100
校 对
审 核
第 张
共 张
建 筑
结 构
暖 通
给排水

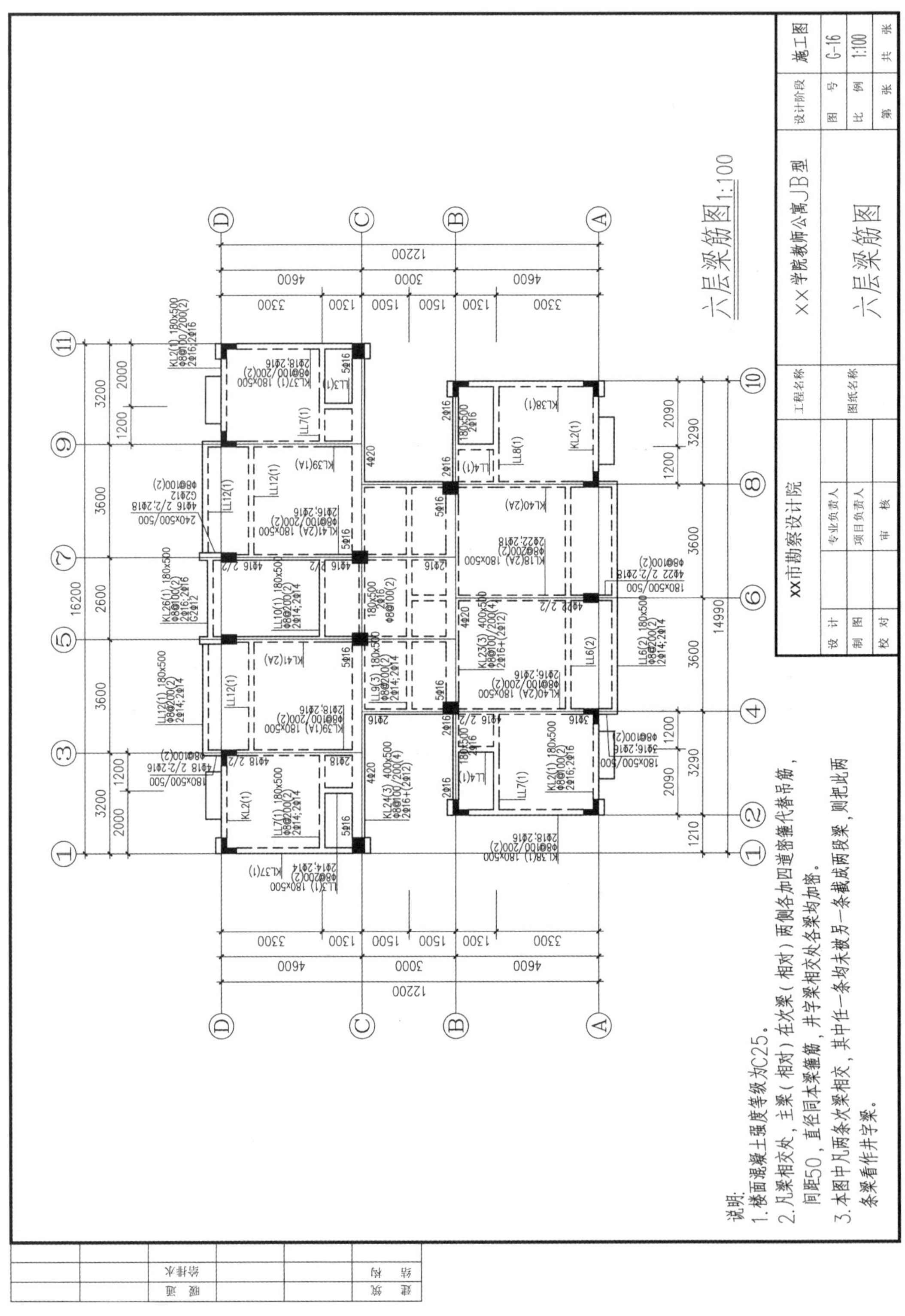
六层梁筋图1:100
说明:
1.楼面混凝土强度等级为C25。
2.凡梁相交处，主梁（相对）在次梁（相对）两侧各加四道密箍代替吊筋，间距50，直径同本梁箍筋，井字梁相交处各梁均加密。
3.本图中凡两条次梁相交，其中任一条均未被另一条截成两段梁，则把此两条梁看作井字梁。
XX市勘察设计院
工程名称
XX学院教师公寓JB型
设计阶段
施工图
设 计
专业负责人
图纸名称
六层梁筋图
图 号
G-16
制 图
项目负责人
比 例
1:100
校 对
审 核
第 张
共 张
建 筑
结 构
暖 通
给排水

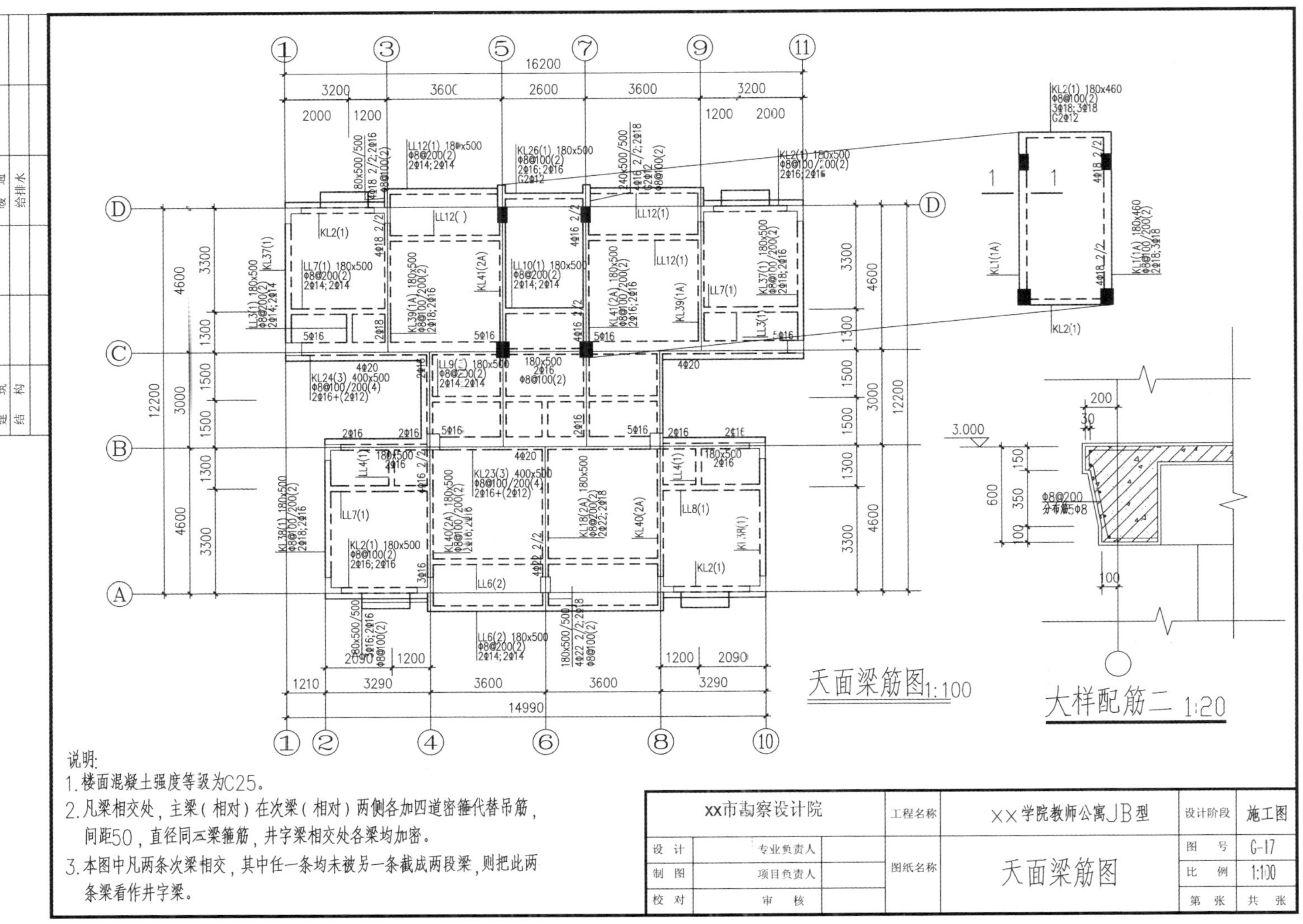
天面梁筋图1:100
大样配筋二 1:20
说明:
1.楼面混凝土强度等级为C25。
2.凡梁相交处，主梁（相对）在次梁（相对）两侧各加四道密箍代替吊筋，间距50，直径同二梁箍筋，井字梁相交处各梁均加密。
3.本图中凡两条次梁相交，其中任一条均未被另一条截成两段梁，则把此两条梁看作井字梁。
XX市勘察设计院
工程名称 ××学院教师公寓JB型
图纸名称 天面梁筋图
设计阶段 施工图
图号 G-17
比例 1:100

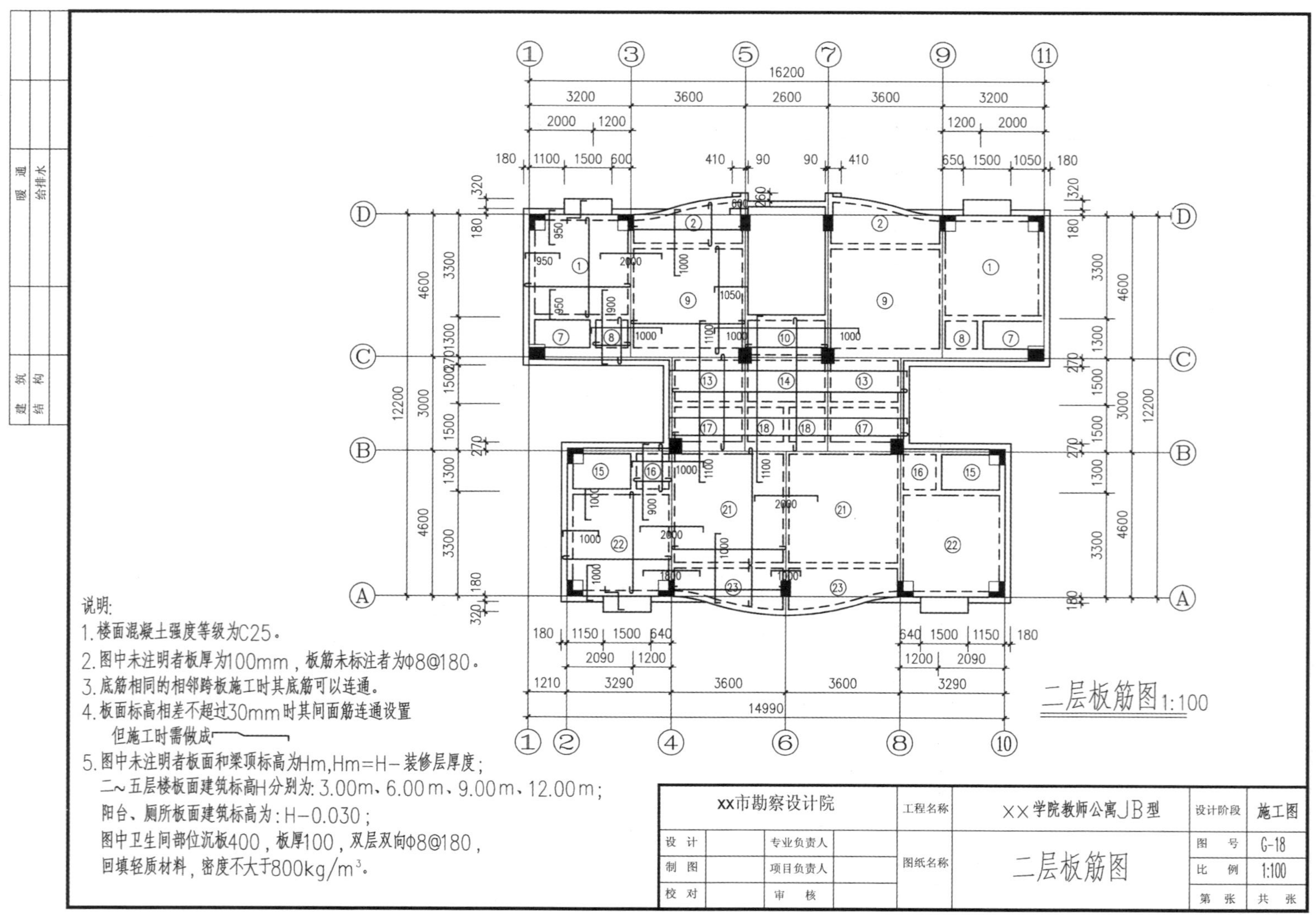
二层板筋图1:100
说明:
1.楼面混凝土强度等级为C25。
2.图中未注明者板厚为100mm，板筋未标注者为Φ8@180。
3.底筋相同的相邻跨板施工时其底筋可以连通。
4.板面标高相差不超过30mm时其间面筋连通设置
但施工时需做成
5.图中未注明者板面和梁顶标高为Hm,Hm=H−装修层厚度；
二～五层楼板面建筑标高H分别为:3.00m、6.00m、9.00m、12.00m；
阳台、厕所板面建筑标高为:H−0.030；
图中卫生间部位沉板400，板厚100，双层双向Φ8@180，
回填轻质材料，密度不大于800kg/m³。
XX市勘察设计院
工程名称
XX学院教师公寓JB型
设计阶段
施工图
设 计
专业负责人
制 图
项目负责人
校 对
审 核
图纸名称
二层板筋图
图 号
G-18
比 例
1:100
第 张
共 张
建 筑
结 构
暖 通
给排水

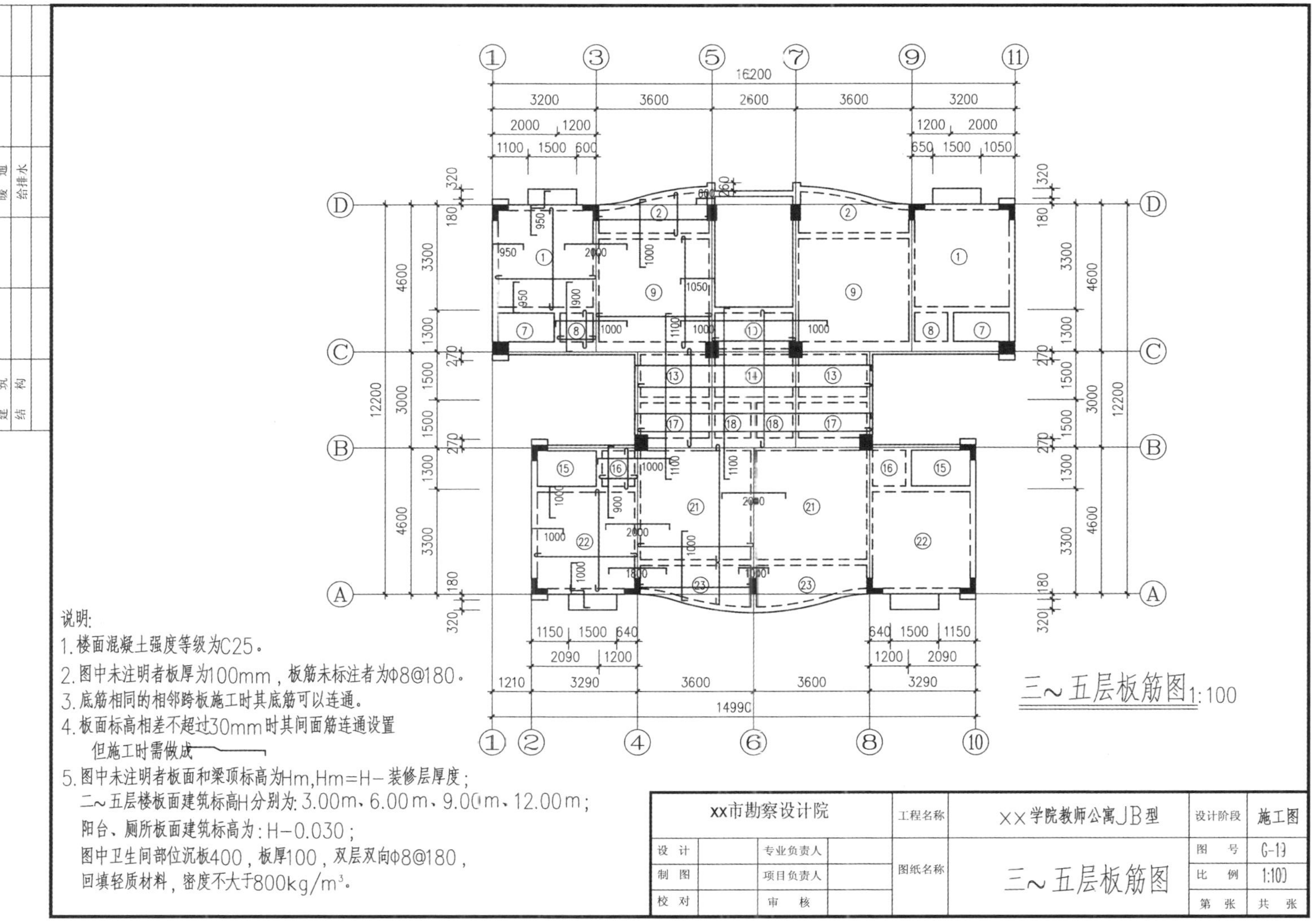
三～五层板筋图1:100
说明:
1.楼面混凝土强度等级为C25。
2.图中未注明者板厚为100mm，板筋未标注者为Φ8@180。
3.底筋相同的相邻跨板施工时其底筋可以连通。
4.板面标高相差不超过30mm时其间面筋连通设置
但施工时需做成
5.图中未注明者板面和梁顶标高为Hm,Hm=H－装修层厚度;
二～五层楼板面建筑标高H分别为:3.00m、6.00m、9.00m、12.00m;
阳台、厕所板面建筑标高为:H－0.030;
图中卫生间部位沉板400，板厚100，双层双向Φ8@180，
回填轻质材料，密度不大于800kg/m³。
XX市勘察设计院
工程名称
XX学院教师公寓JB型
设计阶段
施工图
设计
专业负责人
制图
项目负责人
校对
审核
图纸名称
三～五层板筋图
图号
G-13
比例
1:100
第 张
共 张
建筑
结构
暖通
给排水

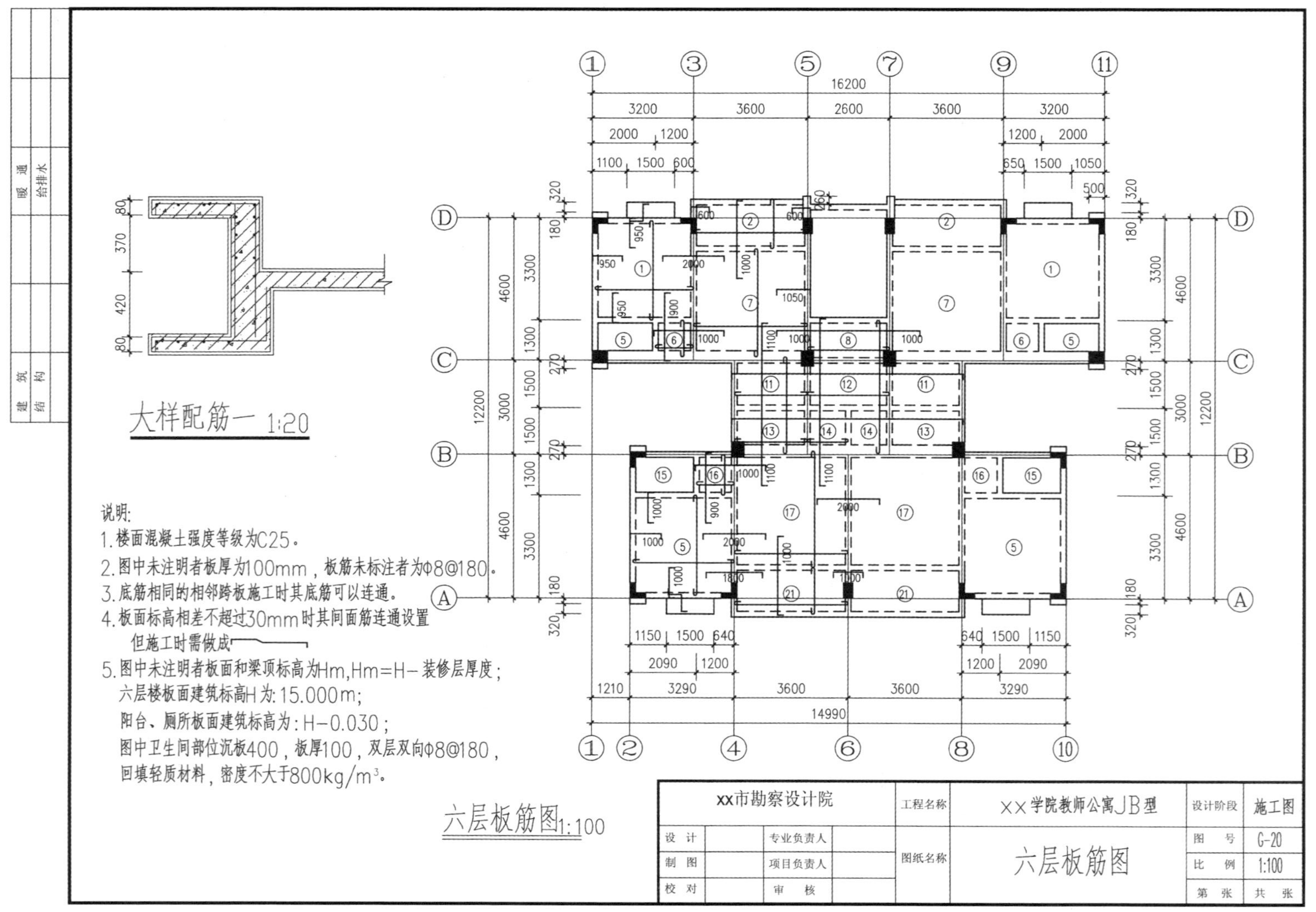
大样配筋一 1:20
说明:
1. 楼面混凝土强度等级为C25。
2. 图中未注明者板厚为100mm，板筋未标注者为φ8@180。
3. 底筋相同的相邻跨板施工时其底筋可以连通。
4. 板面标高相差不超过30mm时其面筋连通设置
但施工时需做成
5. 图中未注明者板面和梁顶标高为Hm,Hm=H−装修层厚度；
六层楼板面建筑标高H为:15.000m;
阳台、厕所板面建筑标高为:H−0.030；
图中卫生间部位沉板400，板厚100，双层双向φ8@180，
回填轻质材料，密度不大于800kg/m³。
六层板筋图 1:100
XX市勘察设计院
工程名称
XX学院教师公寓JB型
图纸名称
六层板筋图
设计阶段 施工图
图号 G-20
比例 1:100
第 张 共 张
设计
制图
校对
专业负责人
项目负责人
审核
建筑
结构
暖通
给排水

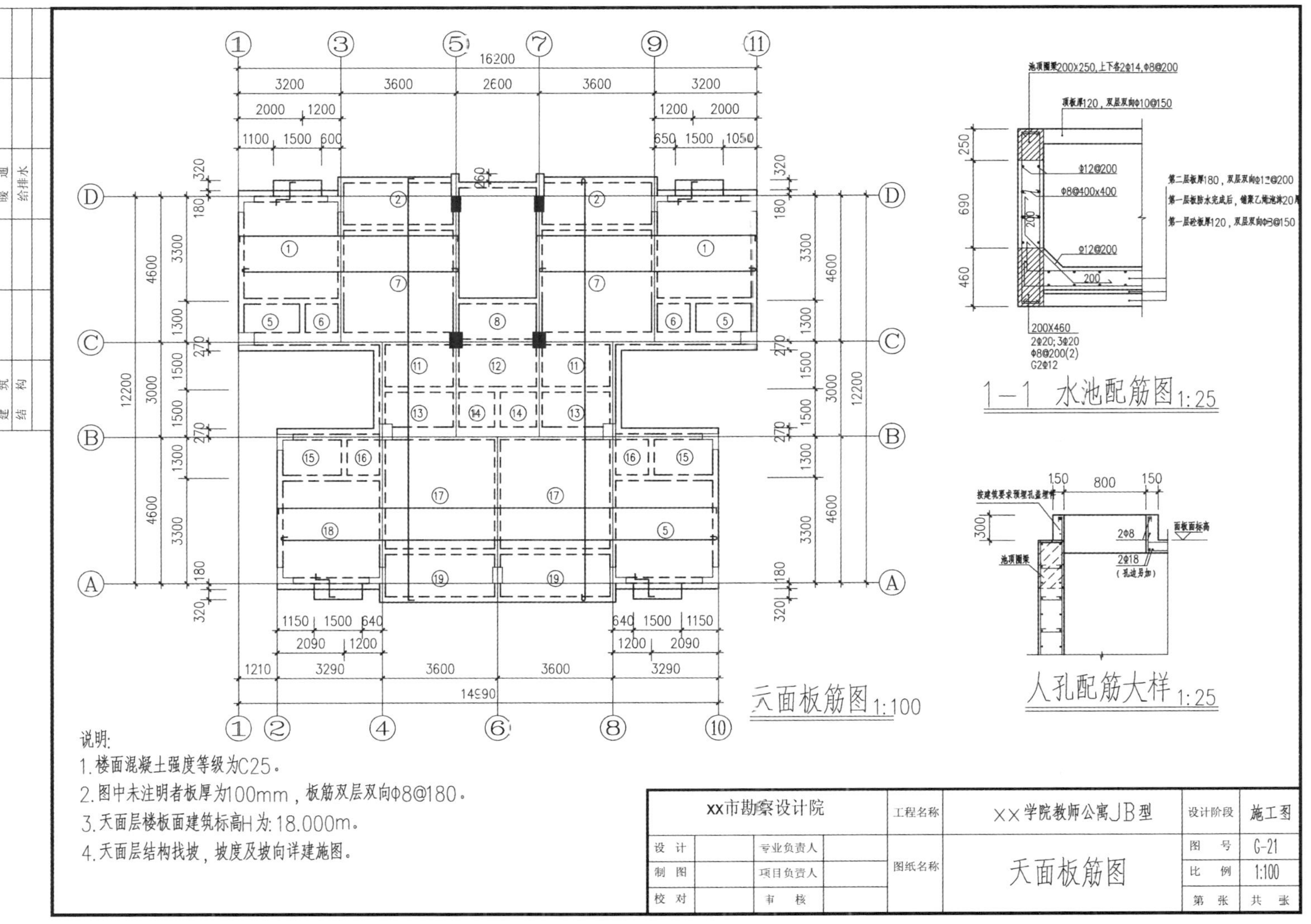
1—1 水池配筋图1:25
人孔配筋大样1:25
天面板筋图1:100
说明:
1.楼面混凝土强度等级为C25。
2.图中未注明者板厚为100mm，板筋双层双向Φ8@180。
3.天面层楼板面建筑标高H为:18.000m。
4.天面层结构找坡，坡度及坡向详建施图。
XX市勘察设计院
工程名称
XX学院教师公寓JB型
图纸名称
天面板筋图
设计阶段
施工图
图号
G-21
比例
1:100

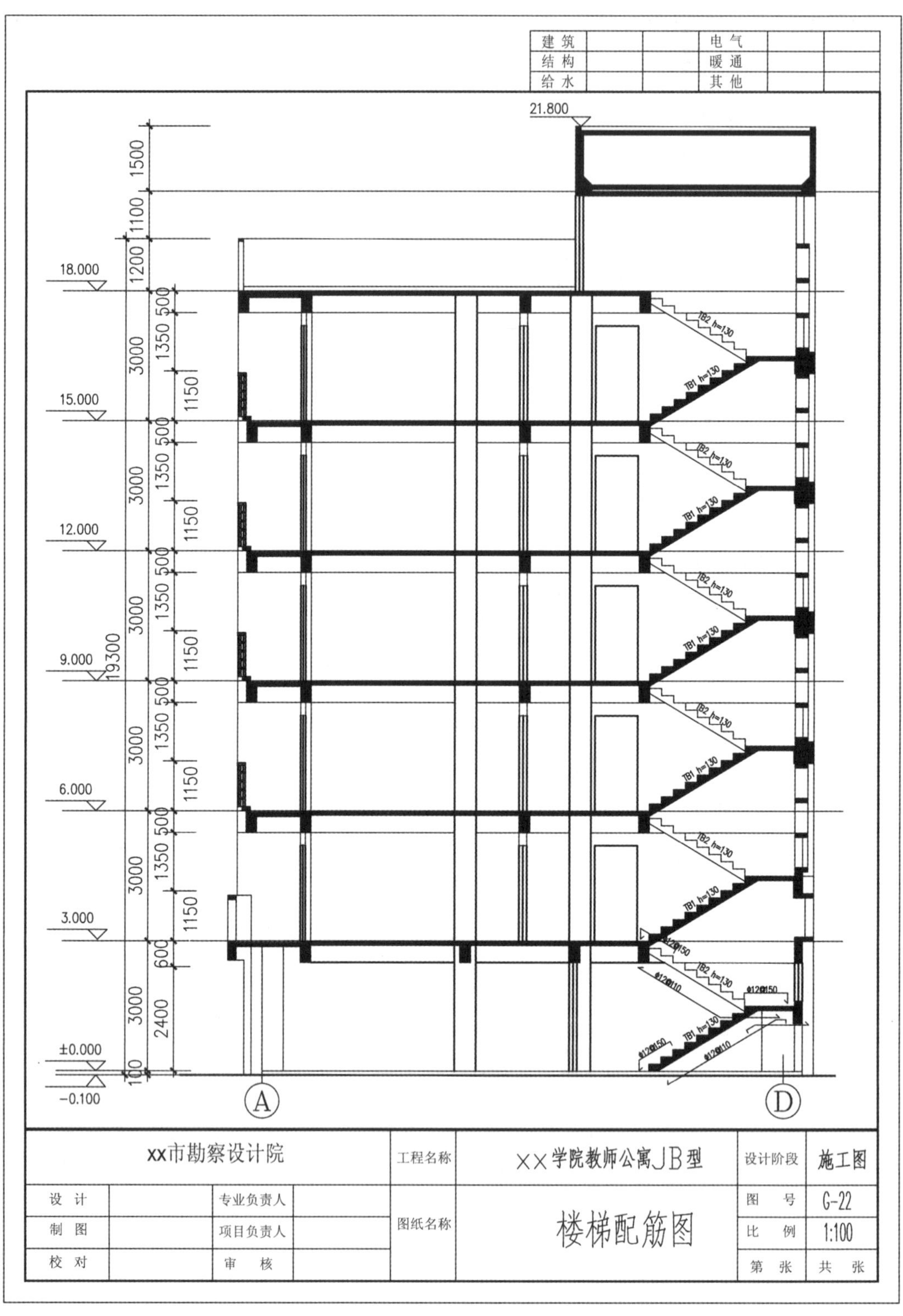

建筑
电气
结构
暖通
给水
其他
21.800
18.000
15.000
12.000
9.000
6.000
3.000
±0.000
−0.100
1500
1100
1200
3000
1350
500
1150
600
2400
100
19300
TB1 h=130
TB2 h=130
ϕ12@150
ϕ12@110
A
D
XX市勘察设计院
工程名称
XX学院教师公寓JB型
设计阶段
施工图
设 计
专业负责人
图纸名称
楼梯配筋图
图 号
G-22
制 图
项目负责人
比 例
1:100
校 对
审 核
第 张
共 张

参 考 文 献

[1] 中华人民共和国住房和城乡建设部，中华人民共和国国家质量监督检验检疫总局. 房屋建筑制图统一标准(GB/T 50001—2017)[S]. 北京：中国计划出版社，2018.

[2] 中华人民共和国住房和城乡建设部，中华人民共和国国家质量监督检验检疫总局. 建筑制图标准(GB/T 50104—2010)[S]. 北京：中国计划出版社，2011.

[3] 中华人民共和国住房和城乡建设部，中华人民共和国国家质量监督检验检疫总局. 建筑结构制图标准(GB/T 50105—2010)[S]. 北京：中国计划出版社，2011.

[4] 中华人民共和国住房和城乡建设部，中华人民共和国国家质量监督检验检疫总局. 民用建筑设计通则(GB 50352—2005)[S]. 北京：中国建筑工业出版社，2005.

[5] 中国建筑标准设计研究院. 钢筋混凝土结构施工图平面整体表示方法制图规则和构造详图(16G101—1)[S]. 北京：中国计划出版社，2011.

[6] 中华人民共和国住房和城乡建设部，中华人民共和国国家质量监督检验检疫总局. 建筑设计防火规范(GB 50016—2014)[S]. 北京：中国计划出版社，2014.

[7] 中华人民共和国住房和城乡建设部，中华人民共和国国家质量监督检验检疫总局. 建筑模数协调标准(GB/T 50002—2013)[S]. 北京：中国计划出版社，2014.

[8] 中华人民共和国住房和城乡建设部. 楼地面建筑构造(12J304)[S]. 北京：中国计划出版社，2012.

[9] 中华人民共和国住房和城乡建设部，中华人民共和国国家质量监督检验检疫总局. 地下防水工程质量验收规范(GB 50208—2011)[S]. 北京：中国建筑工业出版社，2012.

[10] 中国建筑标准设计研究院. 地下建筑防水构造(10J301)[S]. 北京：中国计划出版社，2010.

[11] 魏艳萍. 建筑识图与构造[M]. 2 版. 北京：中国电力出版社，2014.

[12] 张小平. 建筑识图与构造[M]. 2 版. 武汉：武汉理工大学出版社，2013.

[13] 郑贵超，赵庆双. 建筑构造与识图[M]. 2 版. 北京：北京大学出版社，2014.

[14] 吕淑珍. 建筑识图与构造[M]. 2 版. 北京：人民交通出版社，2016.

[15] 高远，张艳芳. 建筑构造与识图[M]. 3 版. 北京：中国建筑工业出版社，2015.

[16] 聂洪达，郑恩田. 房屋建筑学[M]. 3 版. 北京：北京大学出版社，2016.